Elkedagmar Heinrich
Hans-Dieter Janetzko

Das Maple Arbeitsbuch

Elkedagmar Heinrich
Hans-Dieter Janetzko

Das Maple Arbeitsbuch

Mit 72 Abbildungen und 55 Übungsaufgaben

CIP-Codierung angefordert

Der Verlag Vieweg ist ein Unternehmen der Bertelsmann Fachinformation GmbH.

Druck und buchbinderische Verarbeitung: W. Langelüddecke, Braunschweig
Gedruckt auf säurefreiem Papier
Printed in Germany

ISBN 3-528-06591-5

Vorwort

Als wir vor etwa drei Jahren zum ersten Mal das Computeralgebrapaket *MapleV* und dessen Möglichkeiten sahen, erkannten wir bald, daß sich in naher Zukunft (wie in den sechzigern Jahren durch den selbstverständlichen Besitz eines Taschenrechners) die Mathematik-Veranstaltungen für FH-Ingenieure verändern müssen.

Bald darauf berichteten unsere Studenten aus den Praxissemestern, daß ihnen dort Computeralgebra begegnet sei und sie damit sogar teilweise mathematische Probleme lösen mußten, beschlossen wir, bereits in die Mathematikvorlesungen für Anfangssemester solche Programme einzubeziehen, wobei wir wegen der allgemeinen Verfügbarkeit an sämtlichen Hochschulen Baden-Württembergs gern auf *MapleV* zurückgriffen.

Da der Besitz eines Notebooks heute noch nicht selbstverständlich ist, Klausuren also nur unter Zuhilfenahme des Taschenrechners absolviert werden können, wollten wir möglichst behutsam vorgehen, indem von uns *MapleV* zunächst als Hilfsmittel zum Überprüfen der Ergebnisse von Übungsaufgaben vorgeführt wurde. Viele Studenten griffen diese Anregungen interessiert auf, und in den Diskussionen in den Pausen tauchte immer wieder der Wunsch nach einem Buch auf, das die Befehle durch die Anwendung auf konkrete Probleme erläutert. Es hatte sich nämlich schon bald herausgestellt, daß für komplexere Anwendungen die Kenntnis der erforderlichen Befehle ohne Handlungsanweisungen meistens nicht ausreichend ist, zumal die Operatordenkweise von *MapleV* angehenden Ingenieuren nur schwer vermittelt werden kann.

Das vorliegende Buch erklärt daher anhand der von uns in Mathematikvorlesungen für Maschinenbauingenieure bzw. Statistikvorlesungen für BWL-Studenten gestellten Übungsaufgaben die Anwendung von *MapleV*, wobei nach unserer Auffassung die Aufgaben und deren Bearbeitung mit *MapleV* jedoch allgemein genug gehalten sind, um auch für Studenten anderer Fachrichtungen alle erforderlichen Erklärungen zu geben. Bei der Lösung haben wir nicht so sehr Wert auf eine (im Sinne von *MapleV*) elegante Lösung gelegt, sondern um eine für Nicht-Informatiker möglichst gut verständliche.

Wir stellen uns vor, daß durch die Verlagerung langwieriger Rechnungen bei einem konsequenten Einsatz von Computeralgebra mehr Zeit bleibt für die eigentlich wichtigste Aufgabe: die Entwicklung mathematischer Modelle für anspruchsvolle Ingenieurprobleme.

Dem Vieweg-Verlag danken wir für die gute Zusammenarbeit, insbesondere Herrn Wolfgang Schwarz, dem es gelungen ist, diesem Buch das von uns gewünschte Aussehen zu geben, was vor allem beim Einbinden der von *MapleV* erzeugten Bilder in den LaTeX-Text nicht einfach war. Unser Dank gilt ebenfalls Halldór Bilster Janetzko für seine Mithilfe und die Geduld, die er beim Fertigstellen dieses Buches aufgebracht hat.

Konstanz, den 26. April 1994

Nachtrag: Während der Korrekturarbeiten an diesem Buch erhielten wir *MapleV* Release 3, so daß es uns möglich war, an allen Stellen, an denen sich wesentliche Änderungen ergeben haben, auf diese hinzuweisen.

Konstanz, 10. September 1994

Wie ist dieses Buch zu lesen?

Nach unserer Meinung gibt es zwei mögliche Vorgehensweisen. Wenn Sie systematisch *MapleV* kennenlernen wollen, sollten Sie, nach Möglichkeit mit einem Rechner neben oder vor sich, Kapitel für Kapitel durcharbeiten und insbesondere die Aufgaben am Ende jedes Kapitels zu lösen versuchen.

Falls Sie nur an bestimmten Themen interessiert sind, sollten Sie auf jeden Fall unabhängig von der speziellen Aufgabenstellung das erste Kapitel lesen und erst dann die Sie eigentlich interessierenden Abschnitte bearbeiten. Dies wird Ihnen eine Menge Frustration ersparen.

Inhaltsverzeichnis

1 Einführung

1.1 Voraussetzungen, Installation

Falls Sie nicht vor einem PC sitzen, auf dem *MapleV* bereits installiert ist, Sie vielleicht sogar erst über die Anschaffung von *MapleV* nachdenken, sollten Sie als erstes überprüfen, ob Ihr Rechner für die Installation geeignet ist. Es gibt für die verschiedensten Computertypen (MS-DOS, Apple-Macintosh mit System 6.0.7 oder höher, Unix und Unix-Derivate, VMS, NeXT, DEC-Windows etc.) *MapleV*-Versionen; in jedem Fall benötigen Sie genügend Platz im Hauptspeicher und auf der Festplatte.

Von den wenigsten Benutzern wird heute die zeilenorientierte Arbeitsweise vergangener Tage noch als angenehm empfunden; für diese gibt es entsprechende Versionen von *MapleV*, die dann auch weniger Speicherplatz als hier angegeben verbrauchen. Da wir selbst die bildschirmorientierte Arbeitsweise vorziehen, auch wenn sie den Rechner etwas langsamer macht, haben wir *MapleV* auf MS-DOS unter Windows 3.1 installiert. Erforderlich sind hierfür ein Prozessor der 386-Klasse oder höher, mindestens 4 Megabyte Hauptspeicher und 11 Megabyte bisher ungenutzten Platzes auf der Festplatte. (Für die Studentenversion von *MapleV* genügen 8 Megabyte, weil der Umfang der mitgelieferten Pakete geringer ist. Desweiteren dürfen die Ausdrücke, mit denen Sie arbeiten, nicht zu kompliziert sein, Gleitkommazahlen höchstens 100 Stellen haben und Arrays maximal 5000 Elemente. Außerdem ist derzeit keine Unix-Version verfügbar.) Es ist in Ihrem eigenen Interesse, einen mathematischen Coprozessor zu besitzen.

Analoge Zahlen gelten auch für die anderen Systeme, wobei für die UNIX-, VMS- und NeXT-Versionen ein geeignetes Terminal (X11, DECwindows, NeXT, ReGIS, Tektronix) vorhanden sein muß, falls Sie Graphiken ausgeben lassen wollen.

Diese Mindestanforderungen sollte Ihr Rechner möglichst übererfüllen, damit Sie Freude an der Arbeit haben, wobei vor allem die Größe des Hauptspeichers und die Taktfrequenz das Arbeitstempo, besonders beim Erstellen von Graphiken, beeinflussen.
Beim Kauf von *MapleV* erhalten Sie das in diesem Buch als Handbuch [1] bezeichnete „Library Reference Manual“, die Einführung „First Leaves – A Tutorial“ [2] sowie das „Language Reference Manual“ [3]. Alle diese Bücher können Sie auch im Buchhandel erwerben – allerdings auf Englisch.

Ein großer Teil unserer Erläuterungen, insbesondere da, wo es sich um den Umgang mit der Maus und der Menüsteuerung handelt, beziehen sich auf die Windows-Version 2.0 von *MapleV*[1]. Während wir an diesem Buch gearbeitet haben, hatten wir mit drei verschiedenen *MapleV*-Oberflächen zu tun, die sich wesentlich unterschieden[2]. Auch die UNIX-Benutzeroberfläche ist wieder ganz anders, so daß Sie bei Abweichungen die interaktive Schnittstellenhilfe zu Rat ziehen sollten, die sich ganz konkret auf Ihr Betriebssystem bezieht. Entweder gibt es im Menü einen entsprechenden Knopf oder Text („Interface Help“) oder den Hinweis auf eine zu drückende Funktionstaste (etwa `Shift F1`).

[1] Dies heißt insbesondere, daß wir davon ausgehen, daß Sie über eine Maus verfügen – sonst ist der Umgang mit dieser *MapleV*-Version etwas mühsamer – und an den Umgang mit ihr und mit Menüs gewöhnt sind

[2] Inzwischen ist auch Release 3.0 verfügbar, so daß wir während der abschließenden Korrekturarbeiten dort, wo die neue Version wichtige Änderungen oder Verbesserungen erfahren hat, in Fußnoten darauf hinweisen

Beachten Sie bitte, daß die interaktive Hilfe Ihnen unter Umständen aktuellere Informationen liefert als die Handbücher; so sind z. B. die etwa 500 neuen Funktionen, die die Version 2 von *MapleV* bietet, nur hier dokumentiert, da es z. Zt. (April 94) noch keine Neuauflage der Handbücher gibt[3].

Soweit in diesem Buch Rechenzeiten angegeben sind, beziehen sie sich auf einen der beiden von uns benutzen Rechner: einen mit 33 MHz getakteten 386er DX-Prozessor mit 16 MB Hauptspeicher und mathematischem Koprozessor bzw. einen 486er DX-Prozessor mit 4MB Hauptspeicher und 33 MHz Taktfrequenz.

MapleV besteht aus verschiedenen Teilen, dem rechnerunabhängigen Kern, der Benutzeroberfläche, die in *MapleV*-Meldungen `Iris` genannt wird und die je nach benutztem Rechner variiert, und der Bibliothek, die Funktionen zu speziellen Anwendungsgebieten in Paketen zusammengefaßt anbietet. Ergänzt wird dieses System durch eine Share-Bibliothek zur Lösung spezieller Probleme. Der Leistungsumfang des Kerns und der Pakete hängt von der benutzten Version ab. Falls Sie eine ältere Version von *MapleV* besitzen, die vielleicht noch zeilenorientiert ist, sind daher von den Erläuterungen dieses Buches gewisse Abstriche zu machen; insbesondere gibt es einige Befehle erst seit der Version 2.0, und bei anderen Befehlen haben sich teilweise Optionen geändert, bzw. die Reaktion auf manche Befehle ist etwas unterschiedlich. Soweit wir uns auf die Benutzeroberfläche beziehen, ist die Windows-Version gemeint, sodaß Sie bei einem anderen Rechner u. U. kleine Abweichungen erleben werden.[4]

Durch den Befehl `?plot[device]` erhalten Sie die Liste der unter *MapleV* benutzbaren Druckertreiber. Für die Ausgabe von Graphiken, wie Sie sie in diesem Buch sehen, benutzen wir einen Postscript-Laserdrucker mit 4 Megabyte Arbeitsspeicher, was zu geringen Wartezeiten von etwa einer Minute pro Seite führt. Zum Abschluß dieser einleitenden Worte wollen wir nicht versäumen, Sie darauf hinzuweisen, daß kleine Fehler oft große Auswirkungen haben. Diese bestehen manchmal im Absturz von *MapleV*, häufig in nicht enden wollenden Rechnungen. Daher sollten Sie wichtige Ergebnisse zwischendurch immer wieder sichern und/oder ausdrucken lassen. Wenn Sie tatsächlich abgestürzt sind, sollten Sie unbedingt einen Warmstart machen, da sonst der nächste Absturz programmiert ist. Wenn Sie eine *MapleV*-Rechnung unterbrechen wollen, können Sie es mit den Tasten-Kombinationen `Strg-C`, `Strg-\`, `Strg-Untbr`, `Strg-Alt-←`, `Strg-Alt-Untbr`, `Strg-Alt-Entf` versuchen, falls Sie in Ihrem Betriebssystem (so wie wir) keinen entsprechenden Menüpunkt finden[5]. Dabei ist die Wirkung jedoch äußerst ungewiß und insbesondere nicht immer dieselbe. Es gibt nämlich viele *MapleV*-Befehle, die nicht unterbrochen werden können.

1.2 Kurzer Durchgang durch die Möglichkeiten

1.2.1 Einführung

In diesem Paragraphen wollen wir Ihnen zur Einstimmung einiges aus dem Leistungsspektrum von *MapleV* zeigen[6]. Wählen Sie also in Windows das *MapleV*-Symbol aus und klicken Sie es

[3] Inzwischen gibt es das aktuelle Handbuch [5].

[4] Da die Ausgabe des `Prettyprinters` etwas von der TEX-Ausgabe abweicht, wir dieses Buch aber in TEX geschrieben haben, wäre es ein nach unserer Meinung unverhältnismäßiger Aufwand gewesen, die Ausgabe exakt so, wie Sie sie am Bildschirm sehen, hier wiederzugeben. Sie werden also gelegentlich kleine Abweichungen feststellen.

[5] In der Windows-Version 3 finden Sie in der Werkzeugleiste (`Toolbar`) links vom Fragezeichen das Halt-Symbol.

[6] Zusätzliche Beispiele finden Sie im Unterkatalog `lib` von *MapleV* unter den Namen `quiktour.ms`, `2dplots.ms`, `3dplots.ms`, `moreplot.ms`, wobei sich die letzten drei auf die Graphikmöglichkeiten von *MapleV* beziehen. Sie können sich diese Beispiele ansehen, wenn Sie nach dem Aufruf von *MapleV* den Menüpunkt

an. *MapleV* meldet sich mit seinem Logo und einigen Zusatzinformationen; nach wenigen Sekunden erscheint das normale *MapleV*-Fenster, ein sogenanntes Worksheet. Neben den normalen Menüpunkten `File` und `Edit`, die jede Windows-Anwendung besitzt, sehen Sie in Abb. 1.1 zusätzlich die Punkte `Format`, `Options` und `Help` mit den aufgeklappten Untermenüs.

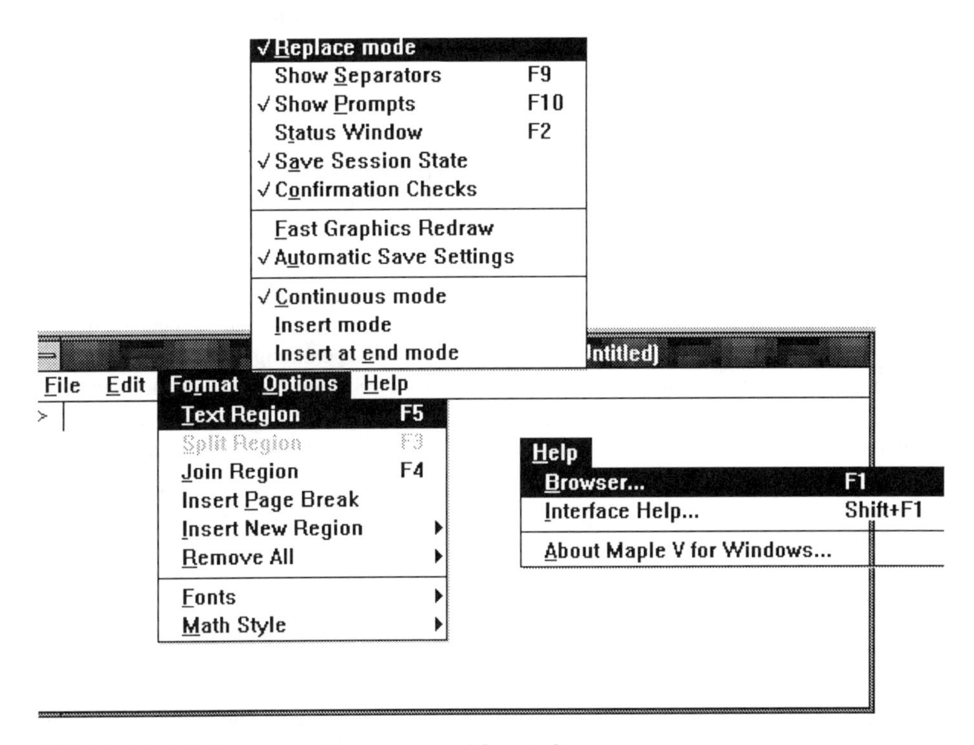

Bild 1.1 *MapleV*-Fenster und die angebotenen Menüpunkte

Die aufgeklappten Menüs enthalten nur *MapleV*-spezifische Möglichkeiten. Die unter `Format` angegebenen Punkte beziehen sich auf die Tatsache, daß ein Arbeitsblatt in Bereiche eingeteilt ist, die der mathematischen Ein- und Ausgabe und dem Einfügen normalen Textes dienen. Eingabebereiche werden durch die Eingabeaufforderung „>" gekennzeichnet, wenn Sie dies nicht bei `Options` ausschalten. Welche Schriftgrößen und -typen verwendet werden, können Sie unter `Fonts` verändern; jede Wahl bezieht sich dann aber auf alle Bereiche diesen Typs. Falls Sie übrigens mehrfach mitten in Ihrer Sitzung neue Regionen einfügen lassen, werden Sie über kurz oder lang mit einer VGA-Fehlermeldung abstürzen – hoffentlich haben Sie Ihre *MapleV*-Sitzung und evtl. weitere parallel laufende Windows-Anwendungen gesichert! Unter `Options` haben Sie unter anderem die Möglichkeit, sich ein Status-Fenster einblenden zu lassen; ihm können Sie entnehmen, wieviel Zeit während einer Rechnung vergangen ist. Auf die Angabe, wieviel Kilobyte noch frei bzw. verbraucht sind, sollten Sie sich nicht verlassen: bei längeren Rechnungen wird häufig das Status-Fenster erst bei der nächsten Rechnung vollständig aktualisiert. Die angebotene Hilfe besteht zum einen in einem nach Themen geordneten Verzeichnis der *MapleV*-Befehle, dem „Browser", sowie der Schnittstellenhilfe, die sich also auf Ihren speziellen Rechner und sein Betriebssystem bezieht. Weitere Hilfe zu einzelnen Befehlen erhalten Sie, indem Sie

---

`Open` des `File`-Menüs wählen und eine dieser Dateien öffnen lassen.

den entsprechenden Befehl hinter ein Fragezeichen setzen und die Enter-Taste drücken. Wir wollen die Menüpunkte nicht ausführlich besprechen, zumal sich einige auf den Fall beziehen, daß Sie in einem solchen Worksheet Texte erstellen, z. B. Vorlesungsskripten o. ä., während die Zielsetzung unseres Buches darin besteht, Sie mit dem Arbeiten unter Zuhilfenahme eines Computeralgebra-Programmes vertraut zu machen.

Zunächst können Sie *MapleV* wie einen normalen Taschenrechner benutzen, wobei die Grundrechenarten mit „+“, „-“, „*“, „/“ und Potenzieren mit „^“ anzugeben sind. Bei der Multiplikation darf das „*“ auf gar keinen Fall weggelassen werden. Soweit Sie Standardfunktionen wie sin x verwenden, müssen Sie darauf achten, daß der Name grundsätzlich mit einem Kleinbuchstaben beginnt und das Argument in runde Klammern einzuschließen ist. Anderenfalls wird die Funktion von *MapleV* nicht erkannt bzw. eine Fehlermeldung ausgegeben. Die Argumente trigonometrischer Funktionen sind im Bogenmaß einzugeben, wobei *MapleV* natürlich die Zahl π kennt; die jetzt allerdings mit einem Großbuchstaben beginnen muß. Das Ende einer Formel muß *MapleV* durch ein Semikolon bekanntgegeben werden – ein Relikt aus den zeilenorientierten Vorgängerversionen. Falls sich eine Formel über mehrere Zeilen erstreckt, können Sie einfach weiterschreiben, da Ihnen beim Erreichen des Zeilenendes jeweils eine neue Eingabezeile zur Verfügung gestellt wird; falls Sie zur besseren graphischen Aufbereitung bereits vor Erreichen des Zeilenendes in eine neue Zeile umschalten wollen, müssen Sie `Shift-Enter` drücken. Um Ihnen zu zeigen, daß Sie sich von der Taschenrechnereingabe ein wenig umgewöhnen müssen, wollen wir ein paar kleine Beispiele rechnen lassen. Tippen Sie als erstes eine Rechnung wie $2 + 3$ ein, und vergessen Sie das Semikolon nicht[7] .

```
> 2 + 3;
```

$$5$$

Da wir diesem Ergebnis keinen Namen gegeben haben, merkt sich *MapleV* diese Zahl nur kurze Zeit, genauer gesagt, für die Dauer der nächsten 3 Rechnungen, und zwar unter dem Namen " (= letztes Ergebnis), " " (= vorletztes Ergebnis) und " " " (= drittletztes Ergebnis).

Nun wollen wir das Ergebnis der Rechnung mit 4 multiplizieren. Eine Möglichkeit wäre, die Rechnung zu kopieren, dies ist jedoch relativ umständlich, da wir ja eigentlich nur das Ergebnis zum Weiterrechnen benötigen. Also bedienen wir uns des Namens, den dieses Ergebnis für *MapleV* hat.

```
> 4 * ";
```

$$20$$

Die Ausgabe von *MapleV* hängt von der Art ab, wie Sie Ihre Rechnung eingeben. Da 17.6 eine Dezimalzahl und 11^{13} ziemlich groß ist, gibt *MapleV* bei der folgenden Aufgabe das Ergebnis als Gleitkommazahl aus.

```
> 2 * 17.6 + 11^13 + sin(100000 * Pi);
```

$$.3452271214\ 10^{14}$$

Wenn Sie eine exakte Antwort haben wollen, müssen Sie die Zahl 17.6 als Bruch eingeben.

```
> 2 * 176/10 + 11^13 + sin(100000 * Pi);
```

$$\frac{172613560719831}{5}$$

Wenn in Ihrer Rechnung Funktionswerte auftauchen, die nicht exakt berechnet werden können, läßt *MapleV* diese Ausdrücke unausgewertet im Ergebnis stehen und rechnet gegebenenfalls auch mit diesen Ausdrücken weiter.

[7] Wenn Sie es doch einmal vergessen haben, erhalten Sie von *MapleV* eine neue Eingabeaufforderung und sollten jetzt das Semikolon dort eintragen und mit `Enter` abschicken.

```
> sin(4/9 * Pi) + sin(Pi/4);
```

$$\sin(\frac{4\,\pi}{9}) + \frac{\sqrt{2}}{2}$$

Wenn Sie stattdessen ein numerisches Ergebnis wünschen, müssen Sie den Befehl `evalf` benutzen.

```
> evalf(");
```

$$1.691914534$$

Hierbei können Sie die Genauigkeit steuern. Wenn Sie das Ergebnis auf 20 Stellen genau wissen wollen, geben Sie ein

```
> evalf("", 20);
```

$$1.6919145341987555838$$

Allerdings sollten Sie nicht zu viele Stellen ausgeben lassen, denn zum einen ist dies recht zeitaufwendig bei längeren Rechnungen, zum anderen rechnet *MapleV* letzten Endes mit der üblichen Gleitpunktarithmetik, so daß Sie bei „schlecht konditionierten" Algorithmen vor Rechenfehlern nicht sicher sein können. Näheres finden Sie im Paragraphen 1.4 im Abschnitt zur numerischen Genauigkeit von *MapleV*.

Die Stärke von Computeralgebra-Programmen liegt in der Möglichkeit, mit Symbolen (also wirklich algebraisch) zu rechnen. Wir geben einen Ausdruck, der die unbekannten Symbole a und b enthält, ein.

```
> 2 * a + 17 * (a + b) + sin(2 * Pi);
```

$$19\,a + 17\,b$$

Wir wollen den Ausdruck $(a + 7b)^4$ ausmultiplizieren lassen. Um mehrfach auf ihn zurückgreifen zu können, geben wir ihm den Namen c. Hierbei müssen Sie beachten, daß es für *MapleV* – wie für viele Programmiersprachen – zwei Arten von Gleichungen gibt, die meistens mit mathematische Gleichung und Definitionsgleichung bezeichnet werden. In unserem Fall handelt es sich um eine Definition, daher ist die linke von der rechten Seite durch „:=" zu trennen.

```
> c := (a + 7 * b)^4;
```

$$c := (a + 7\,b)^4$$

Die Ausgabe ist also diesmal nur ein (allerdings durch den sogenannten `Prettyprinter` graphisch schön aufbereitetes) Echo der Eingabe. Falls Sie hiervon etwas enttäuscht sind, sollten Sie bedenken, daß es vielleicht auch Situationen gibt, in denen Sie nicht wollen, daß ein solcher Ausdruck manipuliert wird. Aus diesem Grund müssen Sie in den meisten Fällen ausdrücklich befehlen, in welcher Weise ein Ausdruck bearbeitet werden soll. Hierfür gibt es eine Reihe von verschiedenen Möglichkeiten, deren einfachste wohl `expand` zum Ausmultiplizieren und `simplify` zum Vereinfachen sind. In manchen Beispielen bewirken beide Befehle dasselbe, in diesem Fall ist es nicht so.

```
> simplify(c);
```

$$(a + 7\,b)^4$$

```
> expand(c);
```

$$a^4 + 28\,a^3 b + 294\,a^2 b^2 + 1372\,a b^3 + 2401\,b^4$$

Manchmal werden Sie beide Befehle nacheinander anwenden müssen und auch noch die Befehle `convert` und `combine`, die wir Ihnen jeweils an geeigneter Stelle ebenfalls vorstellen werden. Im übrigen werden Sie noch an vielen Beispielen sehen, daß Ihre Meinung darüber, was eine Vereinfachung eines Ausdrucks darstellt, durchaus nicht mit der von *MapleV* übereinstimmen muß. Im folgenden werden wir in vielen Fällen, in denen die Ausgabe nur das Echo der Eingabe wäre, diese unterdrücken. Dies geschieht dadurch, daß die Eingabe mit einem Doppelpunkt anstelle des Semikolons abgeschlossen wird.

Wir wollen mit Ihnen nun einen kurzen Streifzug durch die Mathematik machen, um Ihnen zu zeigen, wo überall Sie *MapleV* einsetzen können. Es geht uns hier nicht darum, Sie in alle Einzelheiten einzuweihen – genauere Informationen erhalten Sie in den folgenden Kapiteln. Daß *MapleV* auch eine sehr mächtige Programmiersprache ist, wollen wir hier nur am Rande erwähnen. Im letzten Kapitel gehen wir auf diesen Aspekt näher ein.

1.2.2 Analysis

Ableitungen

Wir definieren eine Funktion $f(x) = \sin\sqrt{x^2+1}$, deren Ableitung zu bestimmen ist. Es ist allerdings in den meisten Fällen weder sinnvoll noch erforderlich, dies tatsächlich, d. h. im Sinne von *MapleV*, als Funktion zu definieren. Weniger aufwendig ist die Definition als Ausdruck, der auf der rechten Seite des Gleichheitszeichens x als unbestimmten Ausdruck enthält.

```
> f:=sin(sqrt(x^2 + 1));
```

$$f := \sin(\sqrt{x^2+1})$$

Um die Ableitung $f'(x)$ zu berechnen, geben Sie ein:

```
> diff(f, x);
```

$$\frac{\cos(\sqrt{x^2+1})x}{\sqrt{x^2+1}}$$

Um die 3. Ableitung von f nach x berechnen zu lassen, ist einzugeben:

```
> diff(f, x$3);
```

$$-\frac{\cos(\sqrt{x^2+1})x^3}{(x^2+1)^{3/2}} + \frac{3\sin(\sqrt{x^2+1})x^3}{(x^2+1)^2} - \frac{3\sin(\sqrt{x^2+1})x}{x^2+1} + \frac{3\cos(\sqrt{x^2+1})x^3}{(x^2+1)^{5/2}} - \frac{3\cos(\sqrt{x^2+1})x}{(x^2+1)^{3/2}}$$

Wenn Sie selbst versuchen, diese Ableitung auszurechnen, werden Sie sich vielleicht dafür interessieren, wie lange *MapleV* im Verhältnis zu Ihnen braucht. Hier ist die benötigte CPU-Zeit, die sich als Differenz der bisher benötigten zur insgesamt benötigten CPU-Zeit ergibt:

```
> t:=time(): diff(f, x$5): time() - t;
```

$$0$$

Dabei haben wir das restliche Ergebnis unterdrücken lassen. Ebenso können Sie mit Funktionen von 2 und mehr Variablen arbeiten. Wir definieren eine Funktion

$$g(x,y) = \sin x^2 + xy^3 + y^5$$

von 2 Variablen:

```
> g:=sin(x^2 + x * y^3 + y^5):
```

und lassen die partielle Ableitung $\frac{\partial g}{\partial y}$ berechnen:

```
> gy:=diff(g, y);
```

$$gy := \cos(x^2 + xy^3 + y^5)\left(3\,xy^2 + 5\,y^4\right)$$

Als Beispiel für die Berechnung höherer partieller Ableitungen lassen wir $\frac{\partial^2 g}{\partial y \partial x}$ berechnen.

```
> gxy:=diff(g, x, y);
```

$$gxy := -\sin(x^2 + xy^3 + y^5)\left(3\,xy^2 + 5\,y^4\right)\left(2\,x + y^3\right) + 3\,\cos(x^2 + xy^3 + y^5)y^2$$

Integrale

Auch exaktes Integrieren bereitet *MapleV* wenig Mühe, selbst wenn der Integrand Parameter enthält. Wir berechnen

$$\int_a^b \sin^5 xy\,dx$$

```
> integrate(sin(x * y)^5, x = a .. b);
```

$$-\frac{\cos(by)\left(3\,\sin(by)^4 + 4\,\sin(by)^2 + 8\right)}{15\,y} + \frac{\cos(ay)\left(3\,\sin(ay)^4 + 4\,\sin(ay)^2 + 8\right)}{15\,y}$$

Mit Hilfe von `simplify` können Sie versuchen, das Ergebnis zu vereinfachen, was in diesem Fall dazu führt, daß alle Ausdrücke auf einen gemeinsamen Hauptnenner gebracht werden.

```
> simplify(");
```

$$\frac{-15\,\cos(by) + 10\,\cos(by)^3 - 3\,\cos(by)^5 + 15\,\cos(ay) - 10\,\cos(ay)^3 + 3\,\cos(ay)^5}{15\,y}$$

Nun suchen wir die Stammfunktion einer rationalen Funktion. Beachten Sie hierbei bitte, daß von *MapleV* die Integrationskonstante weggelassen wird!

```
> int((x^11 + 3)/(x^4 - 5 * x^2 + 4), x);
```

$$\frac{x^8}{8} + \frac{5\,x^6}{6} + \frac{21\,x^4}{4} + \frac{85\,x^2}{2} - \frac{2\,\ln(x-1)}{3} + \frac{2051\,\ln(x-2)}{12} + \frac{2045\,\ln(x+2)}{12} + \frac{\ln(x+1)}{3}$$

Auch das bestimmte Integral über diese rationale Funktion wird mathematisch exakt angegeben:

```
> int((x^11 + 3)/(x^4 - 5 * x^2 + 4), x = 3 .. 5);
```

$$\frac{2051\,\ln(3)}{12} + \frac{191872}{3} - \ln(4) + \frac{\ln(6)}{3} + \frac{2045\,\ln(7)}{12} + \frac{2\,\ln(2)}{3} - \frac{2045\,\ln(5)}{12}$$

Dieser Ausdruck läßt sich noch vereinfachen.

```
> simplify(");
```

$$\frac{685\,\ln(3)}{4} + \frac{191872}{3} - \ln(2) + \frac{2045\,\ln(7)}{12} - \frac{2045\,\ln(5)}{12}$$

Wenn Sie ein numerisches Ergebnis erhalten wollen, erinnern Sie sich bitte an den Befehl `evalf`. Um ihn auf das letzte Ergebnis anzuwenden, müssen Sie also eingeben

```
> evalf(");
```

$$64202.11801$$

Wenn Sie dem Ergebnis einen Namen geben, so kann dies die Übersichtlichkeit deutlich steigern, z. B. wenn Sie mehrere Genauigkeiten verwenden wollen. Hier ist dasselbe Ergebnis auf 20 Stellen genau.

```
> numgenau := evalf("", 20);
```

$$64202.118017578052210$$

Wieviele Stellen Sie sich ausgeben lassen, ist Ihre Sache; hier also noch einmal dasselbe Ergebnis, nun mit 50 Stellen berechnet:

```
> numganzgenau := evalf(""", 50);
```

$$64202.118017578052209582176308359336752375972549769$$

Gewöhnliche Differentialgleichungen

Wir wollen die Differentialgleichung $y'(x) + 3y(x) = \sin x$ allgemein lösen, d. h. es gibt keine Anfangsbedingung.

```
> dsolve(diff(y(x), x) + 3 * y(x) = sin(x), y(x));
```

$$y(x) = -\frac{\cos(x)}{10} + \frac{3\sin(x)}{10} + e^{-3x}\_C1$$

Das Ergebnis bedeutet, daß in der Differentialgleichung $y(x)$ durch eine Funktion der Form $\frac{C_1}{\exp 3x} - \frac{\cos x}{10} + \frac{3\sin x}{10}$ mit beliebiger Konstante C_1 zu ersetzen ist, damit sie erfüllt wird. Nun soll dieselbe Differentialgleichung mit der Anfangsbedingung $y(0) = 1$ gelöst werden. Für *MapleV* handelt es sich formal um das gleichzeitige Lösen von einer Liste mit 2 Gleichungen; diese sind in geschweifte Klammern einzuschließen.

```
> dsolve({diff(y(x),x) + 3 * y(x) = sin(x), y(0) = 1}, y(x));
```

$$y(x) = -\frac{\cos(x)}{10} + \frac{3\sin(x)}{10} + \frac{11\,e^{-3x}}{10}$$

Wenn Sie die Ausgabe genau betrachten, so stellen Sie fest, daß es sich um eine mathematische Gleichung handelt. Um die Lösung zu zeichnen, dürfen Sie daher nicht etwa `plot(y(x),x=-1..1)` schreiben, da dies sofort zu einem Fehler führt. Am einfachsten helfen Sie sich mit einer Definition der folgenden Art `Y := rhs(")` und anschließendem `plot(Y, x=-1..1)`

Grenzwerte und Reihenentwicklung

Es soll der Grenzwert $\lim_{x\to 0} \dfrac{\sin x}{\sinh x}$ berechnet werden:

```
> g := limit(sin(x)/sinh(x), x = 0);
```

$$g := 1$$

Auch Grenzwerte, bei denen x gegen ∞ gehen soll, können berechnet werden, z. B.

$$\lim_{x\to\infty} \frac{x}{\exp x}$$

```
> h := limit(x/exp(x), x = infinity);
```

$$h := 0$$

Die Funktion $\sqrt{2+3x}$ ist um $x = 1$ in eine Taylorreihe bis zur Ordnung 4 zu entwickeln.

```
> series(sqrt(3 + 2 * x), x = 1, 5);
```

$$(\sqrt{5} + \frac{\sqrt{5}}{5}(x-1) - \frac{\sqrt{5}}{50}(x-1)^2 + \frac{\sqrt{5}}{250}(x-1)^3 - \frac{\sqrt{5}}{1000}(x-1)^4 + O\left((x-1)^5\right))$$

Die Funktion $\frac{\sin x}{x^2}$ ist um $x = 0$ in eine Laurentreihe bis zur Ordnung 5 zu entwickeln.

```
> a := series(sin(x)/x^2, x = 0, 8);
```

$$a := (x^{-1} - \frac{1}{6}x + \frac{1}{120}x^3 - \frac{1}{5040}x^5 + O\left(x^6\right))$$

Das Residuum der Funktion $\sin x/x^2$ im Punkt $x = 0$ ist zu bestimmen, die Funktion `residue` findet sich in der Sammlung der im Handbuch als „Miscellaneous Library Functions" bezeichneten Befehle und muß daher erst eingelesen werden.

```
> readlib(residue):

> residue(sin(x)/x^2, x = 0);
```

$$1$$

1.2.3 Vektoranalysis

Für die Berechnung von grad, div, rot, etc. benötigt man das Paket Lineare Algebra:

```
> with(linalg):
```

Warning: new definition for norm

Warning: new definition for trace

Hätten wir die Eingabe mit einem Semikolon abgeschlossen, wäre eine Liste aller derzeit im Paket verfügbaren Funktionen und Befehle ausgegeben worden. Nun wollen wir den Gradienten der Funktion $f(x, y, z) = \sin xy + y + x^2 z$ berechnen lassen. Da f mehrfach auftaucht, geben wir diesem Ausdruck auch einen Namen. Beachten Sie bitte, daß die Koordinaten in eckige Klammern einzuschließen sind.

```
> f := sin(x * y + y + x^2 * z):

> gradf := grad(f, [x, y, z]);
```

$$gradf := [\cos(xy + y + x^2 z)\,(y + 2\,xz)\,, \cos(xy + y + x^2 z)\,(x+1)\,, \cos(xy + y + x^2 z)x^2]$$

Von der vektorwertigen Funktion $g(x, y, z) = (f(x, y, z), \sqrt{3x + y}, z^3)$ soll die Divergenz berechnet werden.

```
> g := vector([f, sqrt(3 * x + y), z^3]):

> divergenz := diverge(g);
```

Error, (in diverge) wrong number or type of arguments

Wir haben vergessen, die Koordinaten, bzgl. derer die Divergenz zu berechnen ist, anzugeben. Also noch einmal:

```
> divergenz := diverge(g, [x, y, z]);
```

$$divergenz := \cos(xy + y + x^2 z)\,(y + 2\,xz) + \frac{1}{2\sqrt{3\,x + y}} + 3\,z^2$$

Daß auf englisch die Rotation „curl" heißt, muß man einfach wissen (oder hier nachlesen). Wir berechnen rot g.

```
> curl(g, [x, y, z]);
```

$$[0, \cos(xy + y + x^2 z)x^2, \frac{3}{2\sqrt{3x+y}} - \cos(xy + y + x^2 z)(x+1)]$$

Auch das Skalarenfeld Δf mit dem Laplace-Operator Δ können wir berechnen lassen.

```
> laplace := laplacian(f, [x, y, z]);
```

$$\mathit{laplace} := -\sin(xy + y + x^2 z)(y + 2xz)^2 + 2\cos(xy + y + x^2 z)z$$
$$-\sin(xy + y + x^2 z)(x+1)^2 - \sin(xy + y + x^2 z)x^4$$

Anstelle von kartesischen Koordinaten können viele andere Koordinatensysteme benutzt werden, z. B. Kugelkoordinaten. Allerdings ist es Ihre Aufgabe, dies *MapleV* mitzuteilen und auch die Funktion in der entsprechenden Weise zu schreiben. Soweit Sie als Namen der Koordinaten die Bezeichnung griechischer Buchstaben wie phi und $theta$ verwenden, werden Sie von *MapleV* in ϕ und θ umgewandelt.

```
> grad(r^2 * sin(theta * phi), [r, theta, phi]);
```

$$[2r\sin(\theta\,\phi), r^2\cos(\theta\,\phi)\phi, r^2\cos(\theta\,\phi)\theta]$$

1.2.4 Graphik

Graphische Darstellungen gehören auch in der neuen Version nicht zu den besonderen Stärken von *MapleV*. Allerdings sind die Möglichkeiten deutlich verbessert worden. Es gibt im wesentlichen zwei- und dreidimensionale Graphiken, und wir wollen Ihnen die wichtigsten Befehle kurz vorstellen. Es soll zunächst die gedämpfte Schwingung $\exp(\frac{-x}{10})\sin x$ im Intervall $[0, 8\pi]$ gezeichnet werden.

```
> plot(exp(-x/10) * sin(x), x = 0 .. 8 * Pi,
>      title = `(a)  Gedaempfte Schwingung`);
```

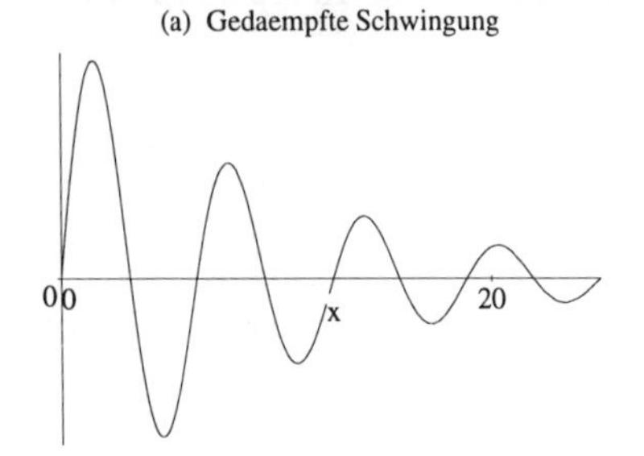

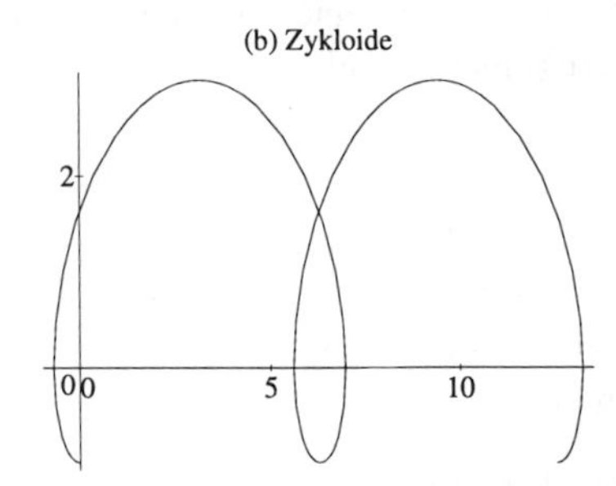

Bild 1.2
(a) Gedämpfte Schwingung, (b) Zykloide

Nun zeichnen wir eine Zykloide, bei der der rollende Kreis den Radius 1 und der beobachtete Punkt den Abstand 2 von seinem Mittelpunkt haben soll, im Intervall $[0, 4\pi]$. Für Rollkurven wird meist die Parameterdarstellung benutzt. Auch hier ist `plot` der Befehl für die graphische Ausgabe.

```
> plot([t - 2 * sin(t), 1 - 2 * cos(t), t = 0 .. 4 * Pi],
>       title = `(b) Zykloide`);
```

Falls Sie mehrere Funktionen in einer Graphik darstellen lassen wollen, müssen Sie sie auflisten, also für Abb. 1.3(a) z. B.

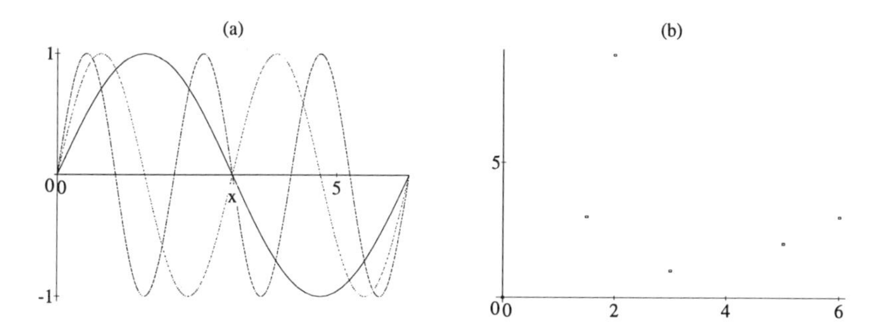

Bild 1.3 (a) Mehrere Sinuskurven in einer Graphik, (b) graphische Ausgabe diskreter Daten

```
> plot({sin(x), sin(2 * x), sin(3 *  x)},  x = 0 .. 2 * Pi, title = '(a)
> Mehrere Sinuskurven in einer Graphik');
```

Wenn Ihnen die Funktion nur in einzelnen Punkten bekannt ist – weil es sich z. B. um Meßwerte handelt -, so liegen diese in einer Liste vor. Auch diese können Sie mit `plot` zeichnen lassen und dabei speziell wählen, ob die einzelnen Punkte durch eine Linie verbunden sein sollen oder nicht. In Abb. 1.3(b) sehen Sie das Ergebnis bei Ausgabe der einzelnen Punkte.

```
> data := [(0, 0), (1.5, 3), (2, 9), (6, 3), (3, 1), (5, 2)]:
> plot(data, style = POINT, title = '(b) graphische Ausgabe
> diskreter Daten');
```

Der wichtigste Befehl zum Erzeugen dreidimensionaler Graphiken ist `plot3d`; in Abbildung 1.4(a) sehen Sie das Bild der gedämpften Schwingung $\sin x \exp(-y)$ über dem Rechteck $[0, 4\pi] \times [0, 5]$

```
> plot3d(sin(x) * exp(-y), x =  0 .. 4 * Pi, y = 0 .. 5, title = '(a)');
```

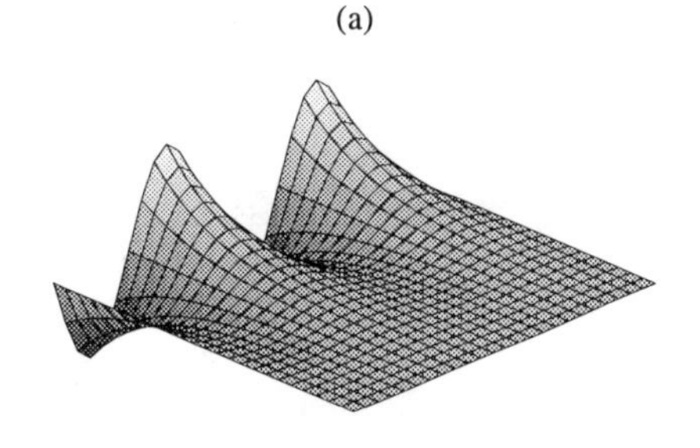

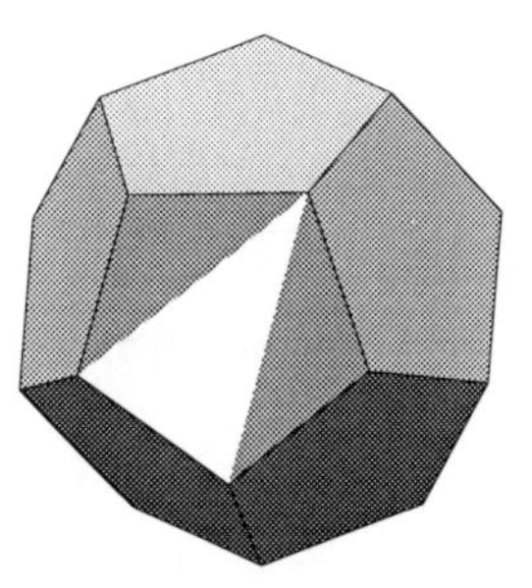

Bild 1.4 (a) Zweidimensionale gedämpfte Schwingung, (b) Dodekaeder

Einige geometrische Objekte (Punkt, Tetraeder, Oktaeder etc.) müssen von Ihnen nicht selbst definiert werden, sondern stehen Ihnen direkt zur Verfügung. In Abb. 1.4(b) sehen Sie ein Dodekaeder (d. h. einen Körper, der von 12 regelmäßigen Fünfecken berandet wird. Dieses Objekt findet sich nicht im Kern von *MapleV*, sondern im Graphik-Paket `plots`.

```
> with(plots):
> polyhedraplot([0, 0, 0], polytype = dodecahedron,
>               scaling = CONSTRAINED, orientation = [8, 88]);
```

1.2.5 Algebra

Gleichungen

Wir lassen die algebraische Gleichung 5. Grades $36x^5 + 36x^4 + 25x^3 + 25x^2 + 4x + 4 = 0$ lösen.

```
> solve(4 + 4 * x + 25 * x^2 + 25 * x^3  + 36 * x^4 + 36 * x^5 = 0, x);
```

$$-1, \frac{2I}{3}, -\frac{2I}{3}, \frac{I}{2}, -\frac{I}{2}$$

Das Ergebnis ist so zu verstehen, daß eine Folge von Werten ausgegeben wird, die jeder für die betreffende Variable einzusetzen sind, damit die Gleichung erfüllt ist. Auch das nichtlineare Gleichungssystem von 2 Gleichungen mit 2 Unbekannten

$$\begin{aligned} 3x^2 + 2y + 1 &= 0 \\ x^2 + y^2 - 1 &= 0 \end{aligned}$$

bereitet *MapleV* keine Schwierigkeiten.

```
> solve({3 * x^2 + 2 * y + 1 = 0, x^2 + y^2 -1 = 0}, {x, y});
```

$$\left\{x = \mathit{RootOf}(10\_Z^2 + 9\_Z^4 - 3), y = -\frac{3\,\mathit{RootOf}(10\_Z^2 + 9\_Z^4 - 3)^2}{2} - 1/2\right\}$$

Falls Sie mit dieser Ausgabe Ihre Probleme haben, würde uns dies nicht wundern. Sie bedeutet, daß x und y jeweils Wurzeln (d. h. Nullstellen) der angegebenen Gleichung sind. Wenn Sie eine andere Darstellung vorziehen, sollten Sie es mit `allvalues` versuchen.

```
> allvalues(", d);
```

$$\left\{x = \frac{\sqrt{-5 + 2\sqrt{13}}}{3}, y = 1/3 - \frac{\sqrt{13}}{3}\right\}, \left\{y = 1/3 - \frac{\sqrt{13}}{3}, x = -\frac{\sqrt{-5 + 2\sqrt{13}}}{3}\right\}$$

$$\left\{x = \frac{\sqrt{-5 - 2\sqrt{13}}}{3}, y = 1/3 + \frac{\sqrt{13}}{3}\right\}, \left\{x = -\frac{\sqrt{-5 - 2\sqrt{13}}}{3}, y = 1/3 + \frac{\sqrt{13}}{3}\right\}$$

Die Option `d` bewirkt dabei, daß für x und y jeweils dieselbe Nullstelle zur Berechnung benutzt wird.

Matrizen, Eigenwerte und Eigenvektoren

Wir definieren eine 3×3-Matrix $A = \begin{pmatrix} 1 & 0 & 1 \\ -1 & 3 & 0 \\ 0 & 1 & 1 \end{pmatrix}$ und lassen ihre Determinante ausrechnen.

Zur Behandlung von Vektoren und Matrizen benötigen Sie das Paket Lineare Algebra.

```
> with(linalg):
```

Warning: new definition for norm
Warning: new definition for trace

```
> A := array([[1, 0, 1], [-1, 3, 0], [0, 1, 1]]);
```

$$A := \begin{bmatrix} 1 & 0 & 1 \\ -1 & 3 & 0 \\ 0 & 1 & 1 \end{bmatrix}$$

```
> det(A);
```

$$2$$

Die Eigenwerte der Matrix A werden exakt berechnet:

```
> t := eigenvals(A);
```

$$t := 2, 3/2 + \frac{\sqrt{5}}{2}, 3/2 - \frac{\sqrt{5}}{2}$$

und die numerischen Werte der Eigenwerte ausgegeben. Beachten Sie, daß sich der Befehl `evalf` hier auf eine Folge von Zahlen bezieht.

```
> evalf(t);
```

$$2.0, 2.618033989, 0.381966011$$

Die Eigenvektoren von A erhalten Sie mit dem Befehl `eigenvects`.

```
> E := eigenvects(A);
```

Error, may not assign to a system constant

Sie sehen, daß `E` ein geschützter Name ist – er bezieht sich auf die (System-)Konstante `E`, die Eulersche Zahl . Also variieren wir unseren Befehl.

```
> E1 := eigenvects(A);
```

$$E1 := [RootOf(\_Z^2 - 3\_Z + 1), 1, \{[1, RootOf(\_Z^2 - 3\_Z + 1), RootOf(\_Z^2 - 3\_Z + 1) - 1]\}]$$

,

$$[2, 1, \{[1, 1, 1]\}]$$

Um nun herauszufinden, wie Sie jetzt die übliche Darstellung der Eigenvektoren erhalten können, isolieren wir zunächst den ersten Teil der Ausgabe.

```
> E1[1];
```

$$[RootOf(\_Z^2 - 3\_Z + 1), 1, \{[1, RootOf(\_Z^2 - 3\_Z + 1), RootOf(\_Z^2 - 3\_Z + 1) - 1]\}]$$

Wenn Sie nun `allvalues` den ersten Teil aufbereiten lassen, erkennen Sie auch, wie die Ausgabe zu verstehen ist.

```
> allvalues(E1[1], d);
```

$$[3/2 + \frac{\sqrt{5}}{2}, 1, \left\{[1, 3/2 + \frac{\sqrt{5}}{2}, 1/2 + \frac{\sqrt{5}}{2}]\right\}], [3/2 - \frac{\sqrt{5}}{2}, 1, \left\{[1, 3/2 - \frac{\sqrt{5}}{2}, 1/2 - \frac{\sqrt{5}}{2}]\right\}]$$

Es wird also für jeden Eigenwert eine Liste ausgegeben (dies zeigen die eckigen Klammern an), diese enthält an 1. Stelle den Eigenwert, an der zweiten Position seine (algebraische) Vielfachheit und dann eine Menge (dies zeigen die geschweiften Klammern an) zugehöriger linear unabhängiger Eigenvektoren, von denen jeder einzelne als Liste dargestellt wird. Dasselbe gilt für den 3. Eigenwert.

```
> E1[2];
```

$$[2, 1, \{[1, 1, 1]\}]$$

Lineare Gleichungssysteme

Wir lösen das Gleichungssystem $A \cdot \vec{x} = (1, b, 1)^t$ für die Matrix A des letzten Abschnitts, wobei b ein Parameter sein soll.

```
> linsolve(A, array([1, b, 1]));
```

$$[\frac{b}{2}, \frac{b}{2}, -\frac{b}{2} + 1]$$

Für eine andere 3×3-Matrix $B = \begin{pmatrix} 1 & 1 & 0 \\ 3 & 4 & 5 \\ 5 & 6 & 5 \end{pmatrix}$

```
> B := array([[1, 1, 0], [3, 4, 5], [5, 6, 5]]):
```

zeigt sich, daß das Gleichungssystem $B \cdot \vec{x} = (1, b, 1)^t$ i. a. keine Lösung hat.

```
> linsolve(B, array([1, b, 1]));

>
```

Die Tatsache, daß gar nichts ausgegeben wird, wird im Handbuch mit dem Namen `NULL` umschrieben. Eine genauere Betrachtung zeigt jedoch, daß es für den Spezialfall, daß der Parameter b den Wert -1 hat, tatsächlich unendlich viele Lösungen des Gleichungssystems gibt. Hierzu betrachten wir die um den Spaltenvektor $(1, b, 1)$ erweiterte Matrix und bestimmen ihren Rang gemäß dem Gaußschen Eliminationsverfahren.

```
> Berw := augment(B, array([1, b, 1]));
```

$$Berw := \begin{bmatrix} 1 & 1 & 0 & 1 \\ 3 & 4 & 5 & b \\ 5 & 6 & 5 & 1 \end{bmatrix}$$

```
> B1 := gausselim(Berw);
```

$$\begin{bmatrix} 1 & 1 & 0 & 1 \\ 0 & 1 & 5 & b-3 \\ 0 & 0 & 0 & -1-b \end{bmatrix}$$

Also setzen wir b auf den Wert -1 und lassen das Gleichungssystem nochmals lösen.

```
> b := -1:
> linsolve(B, array([1, b, 1]));
```

$$[5 + 5\_t_1, -4 - 5\_t_1, \_t_1]$$

Bei dieser Methode hat von jetzt an jedoch b den Wert -1; dies ist nur durch eine explizite Zuweisung an b zu verändern; soll im folgenden also b ein Parameter sein, müssen Sie nachhelfen durch

```
> b := evaln(b):
```

1.3 Bildschirmorientiertes Arbeiten mit *MapleV*

Wenn Sie einen Bereich in die Zwischenablage kopieren wollen, so klicken Sie mit der Maus diese Region an und wählen im `Edit`-Menü den Befehl `Copy`, falls es sich um einen Ausgabe-, Text- oder Graphikbereich handelt[8] Bei Eingabebereichen müssen Sie die Maus jeweils über eine Zeile ziehen und diese dann einzeln kopieren. Anderenfalls wird der Eingabebereich ebenso wie Ausgabebereiche als nicht veränderbares Objekt kopiert. Wollen Sie einen oder mehrere Bereiche ausdrucken, so markieren Sie sie, wählen im Menü „File" den Punkt „Print..." und kontrollieren, ob in dem sich öffnenden Fenster bei „Druckbereich" tatsächlich „Markierung" angekreuzt ist. In einem bildschirmorientierten Programm können Sie selbstverständlich Änderungen an bereits durchgeführten Rechnungen vornehmen. Falls Sie sich etwa verschrieben haben und anstelle von $3 + 5$ vielleicht $3 + 55$ eingetippt hatten, können Sie die Maus auf die zweite 5 positionieren und diese dann löschen. Allerdings müssen Sie darauf achten, daß Sie Ihre Rechnung in der Eingaberegion ändern. In Ausgabebereichen ist keine Änderung möglich.[9] Falls Sie die *MapleV*-Ausgabe in einer anderen Windows-Anwendung in irgendeiner Weise abändern wollen, wählen Sie im `Format`-Menü für „Math Style" die Option „Character". Diese Wahl können Sie durch Anklicken einer der drei Größenbezeichnungen wieder rückgängig machen.

Um aus anderen Windows-Anwendungen Daten oder Texte über die Zwischenablage nach *MapleV* zu kopieren, verfahren Sie wie gewohnt.

Markierter Text kann auch gelöscht werden, jedoch sollten Sie beachten, daß dies keinerlei Einfluß auf die interne Speicherung Ihrer *MapleV*-Sitzung hat. Auch nach Ausschneiden von z. B. `E1:=eigenvects(A);` bleibt der Wert von E1 gespeichert, und Sie können sich in folgenden Rechnungen auf dieses Ergebnis beziehen. Wenn Sie wirklich etwas intern löschen wollen, müssen Sie den Befehl `evaln` benutzen.

```
> x := 17.5:
> 2 * x;
```

$$35.0$$

Nachdem x gelöscht wurde, wird ein Ausdruck wie $2x$ wieder als Polynom in x aufgefaßt.

```
> x := evaln(x);
```

$$x := x$$

```
> 2 * x;
```

$$2x$$

Bei komplizierteren Rechnungen treten eine Reihe von Zwischenergebnissen auf, auf die im weiteren Verlauf der Sitzung kein Zeiger mehr zeigt. Damit auch diese gelöscht werden, ist `gc` zu verwenden, was gleichzeitig unnötig belegten Speicherplatz wieder freigibt, wie Sie an der Statusanzeige sehen können.

```
> gc()
```

---

[8] Anstelle der entsprechenden Menü-Punkte können Sie in der Version 3 auch die Symbole der Werkzeugleiste (,,`Toolbar`'' verwenden. Grundsätzlich ändert sich jejdoch nichts.

[9] Von welchem Typ eine Region ist, können Sie insbesondere daran sehen, ob das 1. Zeichen das Eingabeaufforderungszeichen > ist, weswegen wir Ihnen auch dringend davon abraten, auf seine Ausgabe zu verzichten. Es liegt an Ihnen, die Ausgabe von Textbereichen so vornehmen zu lassen, daß Sie sie von der mathematischen Ausgabe unterscheiden können.

Zum Schluß dieser Einleitung noch ein Hinweis: auch das beste Programm ist nicht fehlerfrei, und so wird es Ihnen gelegentlich passieren, daß *MapleV* sich „totstellt" oder abstürzt. In solchen Fällen ist ein Warmstart des Systems dringend erforderlich – es reicht meist nicht aus, Windows neu zu laden. Wir hoffen für Sie, daß Sie rechtzeitig daran gedacht hatten, wichtige Ergebnisse auf Platte oder Diskette zu sichern. Übrigens erhalten Sie weitere einführende Beispiele, wenn Sie `tutorial()` eintippen. Falls der zugehörige Text nicht vollständig auf Ihrem Bildschirm zu sehen sein sollte, wählen Sie im Format-Menü eine kleinere Ausgabe-Schriftgröße. Diese Einführung ist z. Zt. allerdings nur auf englisch verfügbar.

1.4 Darstellung von Zahlen, Vektoren, Matrizen, Funktionen

1.4.1 Zahlen und Operationen

Typen von Zahlen

Wenn Sie versuchen, sich eine Übersicht über die *MapleV* bekannten Datentypen zu verschaffen, werden Sie zunächst verzweifeln. Unter Verwendung des Browsers der Hilfe können Sie, von links nach rechts vorgehend, der Reihe nach die Punkte „Programming..." , „Datatypes..." , „Type Checking..." „,Types..." ankreuzen und erhalten dann im äußersten rechten Fenster eine Liste der verschiedenen Datentypen, die sich über 7 Hilfeseiten erstreckt. Durch Anklicken eines einzelnen Typs erhalten Sie dann nähere Informationen. Der besseren Übersichtlichkeit halber haben wir hier die Liste der *MapleV* derzeit bekannten Datentypen mit Hilfe von > `?type` ausgeben lassen:

```
The following type names are known to Maple:

    !          &*          &+          ^            *           **
    +          .           ..          <            <=          <>
    =          PLOT        PLOT3D      RootOf       TEXT        algebraic
    algext     algfun      algnum      algnumext    and         anyfunc
    anything   arctrig     argcheck    arithop      array       boolean
    complex    constant    defn        dot          equation    evenfunc
    evenodd    expanded    facint      factorial    float       fraction
    function   identical   indexed     infinity     integer     laurent
    linear     list        listlist    logical      mathfunc    matrix
    monomial   name        negative    nonneg       not         nothing
    numeric    operator    or          point        polynom     positive
    posneg     posnegint   primeint    procedure    protected   radext
    radfun     radfunext   radical     radnum       radnumext   range
    rational   ratpoly     realcons    relation     scalar      series
    set        specfunc    sqrt        square       string      structure
    surface    table       taylor      trig         type        uneval
    union      vector
```

Ein genaueres Hinschauen zeigt, daß sich nur einige davon auf Zahlen beziehen können, andere dagegen mathematische Ausdrücke kennzeichnen (eine Summe etwa hat den Datentyp „+").

Wir wollen uns zunächst mit den einfachsten Zahltypen befassen. *MapleV* kennt ganze, rationale, approximierte reelle Zahlen sowie komplexe Zahlen, für deren Real- und Imaginärteil dieselben Bedingungen gelten können. Zusätzliche Einschränkungen wie „positive" sind an manchen Stellen zulässig. Bei konkret angegebenen Zahlen wie „5" wird aufgrund des fehlenden oder existenten Dezimalpunkts der Typ festgelegt. Als Rechenoperationen sind „+" (Addition), „-" (Subtraktion), „*" (Multiplikation), „/" (Division) und „^" (Potenzierung) zugelassen. Ob eine

Zahl von einem bestimmten Typ ist, können Sie durch den Befehl `type` abfragen. Eine ganze Zahl unterscheidet sich für *MapleV* von einer reellen Zahl durch den fehlenden Dezimalpunkt.

```
> type(5, integer);
```

$$true$$

```
> type(5., integer);
```

$$false$$

```
> type(5., float);
```

$$true$$

Neben der direkten Frage auf einen bestimmten Typ gibt es auch die Möglichkeit, *MapleV* mit `whattype` nach dem Typ der Zahl zu fragen. Hierbei erhalten Sie jedoch, falls mehrere Antworten möglich sind, stets die allgemeinste, wie Sie im folgenden sehen. Der Ausdruck $5 + i$ ist zwar auch eine komplexe Zahl, aber vom abstrakten Standpunkt zunächst einmal eine Summe. Aus diesem Grund ist die Verwendung von `whattype` zumindest in automatisierten Abläufen nicht empfehlenswert.

```
> whattype(5);
```

$$integer$$

```
> whattype(5.);
```

$$float$$

```
> whattype(5 + I);
```

$$+$$

Die Angabe einer komplexen Zahl kann in der Form $a + bi$ mit reellen Zahlen a und b erfolgen.

```
> type(5 + I, complex);
```

$$true$$

Sie können sogar noch präziser fragen und erhalten die richtige Antwort, daß sowohl Real- als auch Imaginärteil der Zahl ganz sind .

```
> hastype(5 + I, complex(integer));
```

$$true$$

Wenn der Realteil ganz und der Imaginärteil 0 ist, wird die Zahl als ganz erkannt.

```
> hastype(5 + 0 * I, integer);
```

$$true$$

Wenn der Imaginärteil 0 ist und der Realteil keiner Bedingung unterliegt, wird die Zahl als reell erkannt.

```
> hastype(5. + 0 * I, float);
```

$$true$$

Komplexe Zahlen können auch in Exponentialschreibweise eingegeben werden. Auch hier erweist es sich als wesentlich, welche Typfrage Sie stellen.

```
> hastype(exp(I * Pi/2), complex);
```

$$true$$

```
> whattype(exp(I * Pi/2));
```

$\wedge$

Werden rationale Zahlen als Bruch eingegeben, so haben sie den Typ `rational`, und es wird mit ihnen exakt gerechnet.

```
> hastype(1/2, rational);
```

true

Der exakte Wert $\sqrt{5}$ ist von allgemeinem Typ ^, weil intern für die Quadratwurzel die Darstellung $5^{\frac{1}{2}}$ benutzt wird. Da es sich um den exakten Wert handelt, ist er nicht vom Typ `float`, aber eine algebraische Zahl.

```
> whattype(sqrt(5));
```

$\wedge$

```
> hastype(sqrt(5), float);
```

false

```
> hastype(sqrt(5), algebraic);
```

true

Und ein Ausdruck wie exp 1 liefert den Typ `function`.

```
> type(exp(1), function);
```

true

Andere Namen sind vom Typ `string`.

```
> type(x, string);
```

true

Neben den Befehlen `type` und `whattype` gibt es noch den Befehl `hastype`, der überprüft, ob der angegebene Ausdruck den gewünschten Typ enthält. Die unterschiedlichen Antworten dieser drei Befehle wollen wir Ihnen am Beispiel des Ausdrucks $a + 3b$ zeigen.

```
> c := a1 + 3 * b1:
> whattype(c);
```

$+$

```
> type(c, `+`);
```

true

```
> type(c, `*`);
```

false

```
> hastype(c, `*`);
```

true

Das Rechnen mit Zahlen und Symbolen

Neben den Befehlen `expand` und `simplify`[10], die Sie schon kennengelernt haben, gibt es zum Ausmultiplizieren komplexer Zahlen nach Real- und Imaginärteil den Befehl `evalc`[11], der allerdings voraussetzt, daß es erkennbare komplexe Zahlen in dem Ausdruck gibt. Wir lassen den Ausdruck $(c+1)^2$ nach Real- und Imaginärteil der komplexen Zahl c ausmultiplizieren[12].

```
> evalc((c + 1)^2);
```

$$(c+1)^2$$

```
> evalc(((c1 + I * d1) + 1)^2);
```

$$c1^2 + 2\,c1 - d1^2 + 1 + I\,(2\,c1\;d1 + 2\,d1)$$

Es gibt eine Reihe von Befehlen, mit denen Sie die Eigenschaften von Zahlen abfragen können. Dies macht z. T. Sinn bei sehr komplizierten, unüberschaubaren Ausdrücken, z. T. sind dies Befehle, die sich sehr gut für das Programmieren in *MapleV* eignen. Viele von ihnen liefern einen Wahrheitswert, d. h. `true` oder `false`, als Ergebnis. Einige von ihnen könnten Sie mit Leichtigkeit durch andere Befehle ersetzen. So entscheidet z. B `type(., numeric)`, ob es sich bei dem Argument um eine Zahl handelt oder nicht.

```
> type(3.5, numeric);
```

true

```
> type(c, numeric);
```

false

Es ist möglich, mehrere Überprüfungen, durch Komma getrennt, einzugeben; das Ergebnis ist dann eine Folge von Daten, die durch Kommata voneinander abgetrennt werden. Mit den Parametern `odd` und `even` kann `type` überprüfen, ob das Argument eine ungerade oder eine gerade ganze Zahl ist.

```
> type(-3, odd), type(4, odd), type(3.5, odd);
```

true, false, false

Falls Sie versehentlich eine solche Auflistung in geschweifte Klammern setzen, ist das Ergebnis eine Menge. Mengen enthalten jedoch jedes Element nur einmal!

```
> {type(-3, odd), type(4, odd), type(3.5, odd)};
```

$\{false, true\}$

Die Antwort ist so zu verstehen, daß es unter den eingegebenen Werten ungerade gibt, aber auch solche, auf die die Definition, aus welchen Gründen auch immer, nicht zutrifft; über die Reihenfolge ist nichts ausgesagt. Besser ist es, die Befehle durch eckige Klammern zu einer Liste zusammenzufassen, da so die Anzahl und die Reihenfolge der Antworten der Eingabe entspricht.

```
> [type(-3, odd), type(4, odd),  type(3.5, odd)];
```

[10]Was in diesem Buch als Befehl bzw. Anweisung bezeichnet wird, ist aus der Sicht von *MapleV* ebenfalls eine Funktion (oder ein Operator) wie etwa sin oder ln. Da es sich aus Ihrer Sicht jedoch um durchaus verschiedene Dinge handelt, haben wir hier diese Unterscheidung gewählt.

[11]Das Geheimnis, nach welchen Regeln *MapleV*-Befehle als englische Wörter ausgeschrieben oder abgekürzt werden, und nach welchen Regeln die Abkürzung dann erfolgt, hat sich uns bis auf den heutigen Tag nicht erschlossen. Im Zweifelsfall bleibt Ihnen nur der Griff zur Hilfe oder zum Handbuch.

[12]Wir gehen davon aus, daß jeder neue Abschnitt in einer neuen *MapleV*-Sitzung abgearbeitet wird, die Definition des letzten Abschnitts $c := a1 + 3 * b1$ also in diesem Abschnitt keine Auswirkungen hat.

$$[true, false, false]$$

Noch einfacher ist es für Sie, wenn Sie berücksichtigen, daß die meisten Befehle durch die Verwendung der Funktion map auf Listen angewendet werden können. Um also zu prüfen, welche der Zahlen $-3, 4, 3.5$ ungerade ist, können Sie auch eingeben:

```
> map(type, [-3, 4, 3.5], odd);
```

$$[true, false, false]$$

Auf eine Folge können Sie map nicht anwenden, weil dies zu Interpretationsproblemen von *MapleV* führt, bei der Anwendung auf eine Menge tritt das bereits besprochene Problem auf.

```
> map(type, {-3, 4, 3.5}, odd);
```

$$\{false, true\}$$

```
> map(type, -3, 4, 3.5, odd);
```

Error,
wrong number (or type) of parameters in function type;

Von jetzt an werden wir von dieser Art der Befehlseingabe immer dann Gebrauch machen, wenn es sich anbietet. Die folgende Anweisung überprüft, welche der angegebenen ganzen Zahlen Primzahlen (d. h. nur durch 1 und sich selbst teilbar) sind. Falls eine der Zahlen nicht ganz ist, führt dies zu einer Fehlermeldung[13].

```
> map(isprime, [-2, 0, 1, 2, 3, 4]);
```

$$[false, false, false, true, true, false]$$

```
> map(isprime, [-2, 0, 1, 2, 3, 4, 4.5]);
```

Error, (in isprime) argument must be an integer

Die numerische Auswertung von Zahlen wollen wir uns noch etwas genauer anschauen. Die Anwendung von evalf auf eine ganze Zahl wandelt sie in eine float-Zahl um,

```
> evalf(5);
```

$$5.$$

wie Sie durch die Anweisung type leicht nachprüfen können.

```
> type(", integer);
```

$$false$$

Angewandt auf eine reelle Zahl wie etwa $\sqrt{5}$ ist das Ergebnis ein Näherungswert für sie,

```
> evalf(sqrt(5));
```

$$2.236067978$$

wobei Sie die Anzahl der ausgegebenen Stellen beeinflussen können.

```
> evalf(sqrt(5), 25);
```

$$2.236067977499789696409174$$

Wenn Ihnen die dafür benötigte Rechenzeit und Speicherkapazität gleichgültig ist, können Sie auch mit 500 Stellen rechnen, z. B. wenn Sie schon immer einmal die Zahl π so genau wissen wollten.

[13]Falls bei sehr großen Zahlen die Antwort *true* ist, sind Sie nur „ziemlich" sicher, daß es sich um eine Primzahl handelt!

```
> evalf(Pi, 500);
```

3.1415926535897932384626433832795028841971693993751058209\
7494459230781640628620899862803482534211706798214808651328\
2306647093844609550582231725359408128481117450284102701938\
5211055596446229489549303819644288109756659334461284756482\
3378678316527120190914564856692346034861045432664821339360\
7260249141273724587006606315588174881520920962829254091715\
3643678925903600113305305488204665213841469519415116094330\
5727036575959195309218611738193261179310511854807446237996\
27495673518857527248912279381830119491

Der umgekehrte Schrägstrich („backslash") jeweils am Ende der ersten 8 Zeilen ist das *MapleV*-Fortsetzungszeichen . Es wird Ihnen häufig bei der Ausgabe komplizierter Formeln begegnen.

Bei der numerischen Auswertung von rationalen Zahlen ist es nicht möglich, eine periodische Dezimalzahl zu erhalten.

```
> evalf(2/3);
```

$$.6666666667$$

Allerdings können Sie ein Ergebnis durch den Befehl `convert` unter Angabe der Option `rational` wieder in eine rationale Zahl umwandeln lassen und erhalten hier das richtige Ergebnis zurück.

```
> convert(", rational);
```

$$\frac{2}{3}$$

Diese Genauigkeit gilt allerdings nicht immer. Wenn Sie die Rechnung etwa mit $\frac{5}{3}$ wiederholen, wird das Ergebnis falsch wie auch im folgenden Beispiel.

```
> a := evalf(311/700);
```

$$a := 0.4442857143$$

```
> b := convert(.442857143, rational);
```

$$b := \frac{31}{70}$$

Auch die mögliche Angabe der Option `exact` macht das Ergebnis nicht genauer.

```
> c := convert(.442857143, rational, 'exact');
```

$$c := \frac{442857143}{1000000000}$$

```
> evalf(b - a); evalf(c - a);
```

$$-.0014285714$$
$$-.0014285713$$

Bei der Verwendung von `evalf` sollten Sie beachten, daß die angegebene Stellenzahl auch für die weitere Rechnung herangezogen wird. Lassen Sie sich etwa π auf eine Nachkommastelle genau ausgeben, so wird bei einer nachfolgenden Rechnung dieses Ergebnis weiterhin benutzt.

```
> pi := evalf(Pi, 2);
```

$$\pi := 3.1$$

```
> 5 * ";
```

$$15.5$$

Wenn Sie bereits wissen, daß eine Zahl Näherungswert eines Bruches ist, können Sie versuchen, den Bruch mit Hilfe von `convert` und Angabe einer Stellenanzahl wiederzufinden. Als Beispiel können Sie etwa aus der Näherung 3.1416 für π den „klassischen" Näherungsbruch $\frac{22}{7}$ wiedergewinnen.

```
> pi := evalf(Pi, 5);
```

$$\pi := 3.1416$$

```
> convert(pi, rational, 3);
```

$$\frac{22}{7}$$

Bei manchen Problemen ist es erforderlich, eine Zahl in ihre Ziffern zu zerlegen. Dies ist eine beliebte Programmierübung. In *MapleV* benutzen Sie hierfür einfach den Befehl `convert` mit der Option `base` und der Angabe der Basis 10. Es werden die Ziffern der Dezimaldarstellung der Zahl in einer Liste ausgegeben, wobei allerdings die Reihenfolge umgekehrt zur üblichen Schreibweise ist.

```
> convert(6492, base, 10);
```

$$[2, 9, 4, 6]$$

Ebenso können Sie aber durch die Angabe einer anderen natürlichen Zahl veranlassen, daß anstelle der Dezimaldarstellung die Darstellung in der entsprechenden Basis benutzt wird, wobei die entsprechenden Ziffern zu dieser Basis allerdings in Dezimaldarstellung ausgegeben werden, also im folgenden Beispiel 12 anstelle von „C".

```
> convert(6492, base, 16);
```

$$[12, 5, 9, 1]$$

Für `float`-Zahlen mit nichtverschwindendem Nachkommateil[14] gibt es keinen Befehl zur Umwandlung, Sie müssen also selbst die geeigneten Befehle kombinieren. Dazu betrachten wir die wichtigen *MapleV*-Befehle `nops` und `op`. `nops` liefert die Anzahl der Teile (Operanden), aus denen ein Ausdruck besteht. Eine `float`-Zahl besteht aus zwei Teilen, der sogenannten Mantisse und dem Exponenten, der angibt, mit welcher Potenz von 10 die Mantisse zu multiplizieren ist, um die Zahl zu erhalten. Diese Einzelteile erhalten Sie durch `op`.

```
> nops(pi);
```

$$2$$

```
> op(1, pi); op(2, pi);
```

$$31416$$
$$-4$$

Also erhalten wir die Zerlegung von 3.1416 in seine Ziffern durch

```
> z := convert(op(1, pi), base, 10);
```

[14] In der Bezeichnung des Dezimalzeichens sind wir nicht sehr konsequent, weil zum einen in der deutschen Sprache das Komma hierfür gebräuchlich ist, zum anderen jedoch in weiten Teilen der von Amerika beeinflußten PC-Welt der Punkt zu benutzen ist, was auch in der Umgangssprache längst zur gleichberechtigten Benutzung beider Begriffe geführt hat.

$$z := [6, 1, 4, 1, 3]$$

Wenn Sie sich nun etwa für die Nachkommaziffern interessieren , so erhalten Sie diese, indem Sie sich soviele Ziffern der letzten Ausgabe holen, wie der Betrag des 2. Operanden der Dezimalzahl angibt. Die einzelnen Komponenten von z erhalten Sie, indem Sie in eckigen Klammern die Nummer der Komponente angeben, der Befehl `seq` erzeugt die Folge der gewünschten Komponenten. Da das Ergebnis wieder eine Liste sein soll, setzen wir den Befehl in eckige Klammern.

```
> [seq(z[i], i = 1 .. abs(op(2, pi)))];
```

$$[6, 1, 4, 1]$$

Die Anweisung `convert` kann auch nicht auf `rational`-Zahlen angewandt werden, wie das Beispiel $\frac{1}{3}$ zeigt, wobei die Fehlermeldung etwas irreführend ist, aber offenbar darauf beruht, daß auch rationale Zahlen aus zwei Teilen bestehen, dem Zähler und dem Nenner:

```
> convert(1/3, base, 10);
```

Error, (in convert/base) convert/base uses a 3rd argument,
beta, which is missing

```
> nops(1/3);
```

$$2$$

```
> [op(1, 1/3), op(2, 1/3)];
```

$$[1, 3]$$

Sie können eine exakte Zahl auch numerisch auswerten und dann die Ziffern bezüglich der Basis 16 oder 2 ausgeben lassen. In diesem Zusammenhang darf die Zahl auch Nachkommastellen haben. Als Beispiel wählen wir die Dualdarstellung des numerischen Wertes von $\frac{1}{3}$.

```
> convert(evalf(1/3), binary);
```

$$0.01010101010$$

Allerdings ist es nicht möglich, diese Zahl wieder in eine Dezimalzahl konvertieren zu lassen. Es gibt zwar eine Fassung von `convert`, die im Prinzip dafür gedacht ist; sie läßt aber wiederum nur ganze Zahlen als Argument zu.

```
> convert(", decimal, binary);
```

Error, (in convert/decimal) invalid arguments

```
> convert(1010101010, decimal, binary);
```

$$682$$

Also müssen Sie das Ergebnis mit der Potenz von 2 multiplizieren, die im 2. Operanden von .01010101010 steht, das ist -11.

```
> 682 * 2^(-11);
```

$$\frac{341}{1024}$$

```
> evalf(");
```

$$.3330078125$$

Wie Sie sehen, treten hier wieder Rundungsfehler auf. Auch für Sedezimalzahlen gilt dasselbe, nur daß der Parameter hier `hex` lautet.

```
> convert(31, hex);
```

$$1F$$

```
> convert(", decimal, hex);
```

$$31$$

Wir haben dieses letzte Beispiel gewählt, weil es uns etwas in die Irre führte. Es sieht nämlich so aus, als kenne *MapleV* die Konvention, bei einer Basis, die größer als 10 ist, die weiteren Ziffern mit Großbuchstaben zu bezeichnen. Wenn Sie diese Art der Eingabe einer Zahl aber etwa in dem Befehl `convert([F,1], base, 16, 10)` versuchen, der eigentlich dasselbe wie `convert(1F,decimal,hex)` bewirken müßte, so stellt sich *MapleV* von diesem Augenblick an tot. In einer solchen Liste müssen alle Ziffern in Dezimalschreibweise geschrieben sein. Also

```
> convert([15, 1], base, 16, 10);
```

$$[1,3]$$

Damit wollen wir uns von den anderen Zahlsystemen abwenden und von jetzt an nur noch die Dezimaldarstellung von Zahlen benutzen. Auf wieviele Stellen genau ist ein `float`-Ergebnis? Die Antwort hängt vom aktuellen Wert von `Digits` ab, wenn Sie nicht bei der Berechnung `evalf` mit einer Stellenangabe verwendet oder auf die Prozessorarithmetik zugegriffen haben. Den Wert der Systemkonstanten `Digits` können Sie jederzeit ändern. Die Voreinstellung ist 10. Der Wert von Digits gibt an, wieviele Ziffern bei der Berechnung arithmetischer Ausdrücke benutzt werden.

```
> Digits;
```

$$10$$

Wir wollen genauer verfolgen, was bei unterschiedlichen Stellenangaben geschieht, und uns insbesondere auch die für die Rechnung benötigte Zeit ausgeben lassen. Als Beispiel lassen wir π^{30} zunächst mit normaler Stellenanzahl numerisch berechnen.

```
> t := time(): a := evalf(Pi^30); time() - t;
```

$$a := .8212893336 \times 10^{15}$$

$$0$$

Nun lassen wir dieselbe Zahl auf 100 Stellen genau berechnen.

```
> t := time(): b := evalf(Pi^30, 100); time() - t;
```

$$b := .8212893304027495815865035854340488221964711968781 28\backslash$$
$$72744033711027572453906473704466409353644323453 40$$

$$0$$

Aufgrund der Rundungsfehler bei der Rechnung ist die Genauigkeit des Ergebnisses i. a. etwas schlechter, als es `Digits` angibt. Beim Rechnen mit sehr kleinen Zahlen wird auch bei numerischer Auswertung ein möglichst exaktes Ergebnis ausgegeben, wobei die Größe des Exponenten auf Wortlänge (bei den heute üblichen Rechnern also meistens auf 4 Bytes) beschränkt ist.

```
> evalf(10^(-12) * 10^(-8));
```

$$1.0 \times 10^{-20}$$

Im Einzelfall kann es Ihnen passieren, daß dies sehr unerwünschte Konsequenzen hat. Wenn Sie etwa für einen Basiswechsel die Eigenvektoren einer Matrix direkt ausrechnen wollen und hierfür numerisch ausgewertete Eigenwerte benutzen, wird die Determinante der Matrix dann nicht mehr 0 sein, sondern eine betragsmäßig sehr kleine Zahl. Infolgedessen finden Sie dann keine Eigenvektoren mehr. Um solche Effekte zu vermeiden, sollten Sie u. U. über das Abschneiden der letzten Ziffern nachdenken. Leider gibt es keine Anweisung, die dies für Sie erledigt. Wir wollen Ihnen daher zeigen, wie Sie etwa erreichen können, daß Zahlen nicht mehr Nachkommastellen ungleich Null haben als `Digits` angibt. Falls Sie eine andere Schranke wünschen, können Sie natürlich auch diese angeben.

```
> c := 0.000000023434567 89:
> chopc := evalf(trunc(c * 10^Digits)/10^Digits);
```

$$chopc := 0.0000000234000000$$

Genauere Untersuchungen zur Verläßlichkeit von *MapleV*-Ergebnissen finden Sie am Ende dieses Kapitels.

Als nächstes wollen wir das Rechnen mit arithmetischen Ausdrücken, die Symbole enthalten, noch etwas genauer betrachten. Wenn Sie einen Ausdruck wie $(a+2b)^2$ ausmultiplizieren lassen wollen, sollten Sie sicher sein, daß Sie den Symbolen a und b nicht in einer zurückliegenden Anweisung einen Wert zugewiesen haben. Vorsichtshalber können Sie eventuelle Zuweisungen löschen lassen.

```
> print(a);
```

$$.8212893336\ 10^{15}$$

```
> a := evaln(a);
```

$$a := a$$

```
> print(a);
```

$$a$$

Um das ständige Zurücksetzen zu vermeiden, ist es am einfachsten, alle Ergebnisse durchzunumerieren, also a1, a2 usw. als Namen zu verwenden. Die Eingabe des Ausdrucks allein bewirkt gar nichts,

```
> (a + 2 * b)^2;
```

$$(a+2\,b)^2$$

erst durch die explizite Anweisung, den Ausdruck auszumultiplizieren, erreichen Sie das gewünschte Ergebnis.

```
> expand((a + 2 * b)^2);
```

$$a^2+4\,ab+4\,b^2$$

Ausdrücke können Sie ausmultiplizieren oder durch Ausklammern zusammenfassen. Im folgenden Beispiel soll $(a+2b)^2+(a+2b)^3$ durch Ausklammern vereinfacht werden. Wir versuchen es mit `simplify` und stellen fest, daß dies dieselbe Wirkung wie `expand` hat.

```
> (a + 2 * b)^2 + (a + 2 * b)^3:
> simplify(");
```

$$a^2+4\,ab+4\,b^2+a^3+6\,a^2b+12\,ab^2+8\,b^3$$

Sie werden häufig feststellen, daß *MapleV* eine ganz andere Vorstellung als Sie davon hat, was eine Vereinfachung eines Ausdrucks darstellt. Der richtige Befehl ist hier `factor`.

```
> factor(");
```

$$(2b+1+a)(a+2b)^2$$

Mit Hilfe von `simplify` können Sie aber offensichtlich mögliche Vereinfachungen von Brüchen erzwingen, die nicht von alleine erfolgen.

```
> (20 * a + 16 * b * I)/(4 * I);
```

$$-\frac{I(20a+16Ib)}{4}$$

```
> simplify(");
```

$$-I(5a+4Ib)$$

Enthält ein Ausdruck komplizierte Brüche, so sollten Sie mit `normal` arbeiten, da `expand` und `simplify` auf solche Ausdrücke nicht immer wunschgemäß wirken. Als Beispiel wollen wir den Ausdruck

$$\frac{\sqrt{\frac{-2+x}{2+x}}+\sqrt{\frac{2+x}{-2+x}}}{-\sqrt{\frac{-2+x}{2+x}}+\sqrt{\frac{2+x}{-2+x}}}$$

vereinfachen lassen.

```
> u := (sqrt((-2 + x)/(2 + x)) + sqrt((2 + x)/(-2 + x)))/
>                       (-sqrt((-2 + x)/(2 + x)) + sqrt((2 + x)/(-2 + x)));
```

$$u := \frac{\frac{\sqrt{-2+x}}{\sqrt{2+x}}+\frac{\sqrt{2+x}}{\sqrt{-2+x}}}{-\frac{\sqrt{-2+x}}{\sqrt{2+x}}+\frac{\sqrt{2+x}}{\sqrt{-2+x}}}$$

Wenn Sie nun den entstandenen Ausdruck mit `normal`[15] auf einen gemeinsamen Hauptnenner bringen lassen, erhalten Sie das überraschend einfache Ergebnis.

```
> normal(u);
```

$$\frac{x}{2}$$

Wenn der zu untersuchende Ausdruck komplizierter ist, müssen Sie u. U. mehrere Methoden ausprobieren. Wir wollen Ihnen dies an

$$\frac{1}{\sqrt{\frac{\left(1+\frac{1}{x}\right)x\left((-1+x)^2+x\right)(-1+x^3)}{(1+x)(1+x^3)\left(-x+(1+x)^2\right)}}}$$

demonstrieren. Die Ausgabe ist demgegenüber bereits etwas vereinfacht, wobei *MapleV* davon ausgeht, daß alle Faktoren unter dem Wurzelzeichen positiv sind.

```
> u := (sqrt((x^3 - 1)/(1 + x) * x/(x^3 + 1)/(((1 + x)^2 - x)/
>                        ((-1 + x)^2 + x)) * (1 + 1/x)))^(-1);
```

$$u := \frac{\sqrt{1+x}\sqrt{x^3+1}\sqrt{x^2+x+1}}{\sqrt{x^3-1}\sqrt{x}\sqrt{x^2-x+1}\sqrt{1+x^{-1}}}$$

Wir versuchen, wie im letzten Beispiel durch die Hauptnennerbildung zum Erfolg zu kommen, sind allerdings diesmal nicht sehr erfolgreich.

```
> normal(u);
```

[15] In diesem Fall können Sie auch `simplify` verwenden.

$$\frac{\sqrt{x^3+1}\sqrt{1+x+x^2}}{\sqrt{x^3-1}\sqrt{1-x+x^2}}$$

In diesem Fall ist tatsächlich `simplify` die richtige Methode.

```
> simplify(u);
```

$$\frac{\sqrt{1+x}}{\sqrt{-1+x}}$$

In manchen Fällen, vor allem, wenn trigonometrische und mit diesen verwandte Funktionen beteiligt sind, sollten Sie auch über die Verwendung von `combine` und `convert` nachdenken.

```
> combine(sin(x) * cos(y) + cos(x)^2 - sin(x)^2, trig);
```

$$\frac{\sin(x+y)}{2}+\frac{\sin(x-y)}{2}+\cos(2\,x)$$

```
> convert(", tan);
```

$$\frac{\tan(\frac{x}{2}+\frac{y}{2})}{1+\tan(\frac{x}{2}+\frac{y}{2})^2}+\frac{\tan(\frac{x}{2}-\frac{y}{2})}{1+\tan(\frac{x}{2}-\frac{y}{2})^2}+\frac{1-\tan(x)^2}{1+\tan(x)^2}$$

Sie werden häufig vor der Aufgabe stehen, in einen Ausdruck Werte, vielleicht konkrete Zahlen, einsetzen zu wollen. Hierzu dient der Ersetzungsbefehl `subs`. Als Beispiel lassen wir in dem Ausdruck $(x+3)^{10}$ zunächst die Variable x durch a ersetzen. Dafür ist als 1. Parameter des Befehls die Ersetzungsgleichung zu schreiben, hier also „x = a", bzw. eine Menge von Ersetzungsgleichungen, d. h. eine in geschweifte Klammern eingeschlossene Aufzählung aller vorzunehmenden Ersetzungen. Der 2. Parameter ist der Ausdruck, in den eingesetzt werden soll.

```
> (x + 3)^10;
```

$$(x+3)^{10}$$

```
> subs(x = a, ");
```

$$(a+3)^{10}$$

Nun lassen wir in dem ursprünglichen Ausdruck x den Wert 2 annehmen.

```
> subs(x = 2, "");
```

$$9765625$$

Der Ausdruck selbst ändert seinen Wert also nicht. Ersetzungsgleichungen können von Ihnen selbst gefunden oder Ihnen von *MapleV* geliefert werden. Im folgenden Beispiel soll die 1. Lösung der Gleichung $x^3-x^2\,a-x\,a^2+a^3=0$ in den Ausdruck $7x+15$ eingesetzt werden. Wir lösen also zunächst die Gleichung.

```
> l := solve(x^3 - x^2 * a - x * a^2 + a^3 = 0, x);
```

$$l := -a, a, a$$

Das Ergebnis ist eine Folge, die sämtliche Werte angibt, die für x eingesetzt werden können.

```
> subs(x = l[1], 7 * x + 10);
```

$$-7\,a+10$$

Wie müßten Sie verfahren, wenn der Reihe nach alle Ergebnisse eingesetzt werden sollen? Es sind alle Fälle aufzuzählen; dies geht am einfachsten mit `seq`.

```
> seq(subs(x = l[i], 7 * x + 10), i = 1 .. 3);
```

$$-7\,a+10, 7\,a+10, 7\,a+10$$

Falls dabei mehrfach auftretende Werte nur einmal eingesetzt erscheinen sollen, setzen Sie den Befehl in geschweifte Klammern und machen das Ergebnis so zu einer Menge.
An dieser Stelle wollen wir einmal grundsätzlich auf die Datentypen Folge, Menge und Liste eingehen, da es häufig vorkommt, daß ein Befehl Ergebnisse von einem dieser Datentypen liefert und der nächste Befehl als Argument einen anderen Datentyp verlangt. Am Beispiel der Lösungsfolge

$$l = -a, a, a$$

wollen wir Ihnen zeigen, wie Sie jeden dieser Typen in einen der anderen beiden umwandeln können. Zunächst wandeln wir also die Folge in eine Menge und eine Liste um.

```
> l;
```

$$-a, a, a$$

```
> lMenge := {l};
```

$$lMenge := \{-a, a\}$$

```
> lListe := [l];
```

$$lListe := [-a, a, a]$$

Nun verwandeln wir die Liste in eine Menge, dies geschieht durch den sehr vielseitigen `convert`-Befehl mit der Option `set`. Auf eine Folge können Sie ihn nicht anwenden.

```
> lMenge1 := convert(lListe, set);
```

$$lMenge1 := \{-a, a\}$$

```
> lMenge2 := convert(l, set);
```

Error, unable to convert

Auch zum Konvertieren einer Menge in eine Liste ist `convert`, diesmal mit der Option `list`, geeignet.

```
> lListe1 := convert(lMenge, list);
```

$$lListe1 := [a, -a]$$

Als schwierigste Operation erweist sich die Umwandlung in eine Folge, da es bei `convert` die Option `seq` nicht gibt. Wir müssen daher auf den Befehl `seq` zurückgreifen, der eine Folge erzeugt. Der direkte Versuch zur Erzeugung der Folge führt zum Erfolg, allerdings müssen Sie natürlich darauf achten, daß die Menge in diesem Fall nur 2 Elemente hat.

```
> l1 := seq(lListe[i], i = 1 .. 3);
```

$$-a, a, a$$

```
> l2 := seq(lMenge[i], i = 1 .. 2);
```

$$-a, a$$

Falls Ihnen, etwa in automatisierten Abläufen, die Anzahl nicht genau bekannt ist, kommen Sie nur durch die Verwendung von `op` zum Ergebnis. Wir fragen zunächst nach der Anzahl der Operanden.

```
> nops(lMenge);
```

$$2$$

```
> l2 := seq(op(i, lMenge), i = 1 .. 2);
```

$$l2 := a, -a$$

Wie können Sie in Folgen, Listen und Mengen Werte für Elemente einsetzen? Wir starten mit

```
> lf := -a, a, b:  lm := {-a, a, b}:  ll := [-a, a, b]:
```

und wollen in jedem Fall für a den Wert 3 einsetzen lassen.

```
> lm1 := subs(a = 3, lm);
```

$$lm1 := \{-3, 3, b\}$$

```
> ll1 := subs(a = 3, ll);
```

$$ll1 := [-3, 3, b]$$

```
> lf1 := seq(subs(a = 3, lf[i]), i = 1 .. 3);
```

$$lf1 := -3, 3, b$$

Für numerische Auswertungen können Sie jeweils `eval` verwenden.

```
> evalf(lm1); evalf(ll1); evalf(lf1);
```

$$\{-3., 3., b\}$$
$$[-3., 3., b]$$
$$-3., 3., b$$

Hier ist auch einer der wesentlichen Unterschiede zwischen einem Feld („Array") und einer Liste zu finden, da für Felder (speziell also Vektoren oder Matrizen) prinzipiell der Befehl `map` zu verwenden ist.

```
> la := array([3, 3, 3]):
> evalf(la);
```

$$la$$

```
> map(evalf, la);
```

$$[3., 3., b]$$

Nur beim Ersetzen von Komponenten durch andere Werte können Sie nicht so verfahren, da die Parameterreihenfolge von `subs` dies nicht zuläßt. Um also in dem Feld

$$[a + 2 * b, b * c, c + a]$$

Werte für a, b, c einsetzen zu lassen, müssen Sie die Fassung benutzen:

```
> v1 := array([seq(subs({a = 2, b = 3, c = 5}, v[i]), i = 1 .. 3)]);
```

Zum Abschluß wollen wir einige Ausführungen über das Rechnen mit Ungleichungen machen. Sie können Ungleichungen direkt eingeben

```
> ugl := x/(x+2) < 2;
```

$$ugl := \frac{x}{2 + x} < 2$$

und dann z. B. mit einer Zahl multiplizieren; bei Verwendung von Symbolen als Multiplikator sieht *MapleV* diese stillschweigend als positiv an.

```
> x * ugl;
```

$$\frac{x^2}{2+x} < 2\,x$$

```
> (-x) * ugl;
```

$$-2\,x < -\frac{x^2}{2+x}$$

Der Spielraum, den Sie haben, ist allerdings stark eingeschränkt. Um etwa auf beiden Seiten der Ungleichung eine Zahl zu addieren, müssen Sie die Ungleichung in ihre linke und rechte Seite aufteilen. Dies bewirken die Befehle `rhs` und `lhs`, die Sie ebenso auf Gleichungen anwenden können.

```
> ugl1 := lhs(ugl) + x < rhs(ugl) + x;
```

$$ugl1 := \frac{x}{2+x} + x < 2 + x$$

MapleV ist auch imstande, eine einzelne Ungleichung zu lösen. Mehrere Ungleichungen können derzeit nicht gelöst werden.

```
> solve(x/(x + 1) < 2, x);
```

$$\{x < -2\}, \{-1 < x\}$$

```
> solve({x/(x + 1) < 2, 1/x > 3}, x);
```

Error, (in solve) not implemented yet

Der Wert des Quadrates $(x+1)^2$ ist für $x \neq -1$ stets positiv, dies wird von *MapleV* auch erkannt.

```
> solve((x + 1)^2 > 0, x);
```

$$\{x \neq -1\}$$

Bei Ungleichungen, die den Absolutbetrag von Zahlen enthalten, werden Sie meistens erfolglos bleiben.

```
> solve(abs(1 + X) - abs(X - 1) < 1);
```

Error, (in solve/ineqs)
unable to determine sign of expression

Vektoren

MapleV kennt sehr viele Konzepte zur Speicherung von Daten, was zu einer gewissen Unübersichtlichkeit führt. Vektoren sind entweder als Spezialfall eines Feldes („array") anzusehen und als solches einzugeben, sie können aber auch als Vektor definiert werden. Es ist aber häufig auch möglich, sie einfach als Liste einzugeben. Eine Liste beginnt mit „[", gefolgt von der entsprechenden Anzahl von Einträgen, und endet mit „]". Ein (eindimensionales) Feld wird durch den Befehl `array` definiert, dessen Argument eine Liste sein muß. Auch für die Vereinbarung als Vektor mit `vector` muß das Argument eine Liste sein; zusätzlich muß das Paket zur Bearbeitung von Problemen der linearen Algebra geladen sein. Die Einträge der Liste können dabei Zahlen, arithmetische Ausdrücke, Funktionen etc. sein. Der Vektor $\vec{a}$ mit den Komponenten 1, 2 und 3 in einer gewissen Basis soll eingegeben werden.

```
> a := array([1, 2, 3]);
```

$$a := [1, 2, 3]$$

Vektoren können addiert bzw. subtrahiert werden. Dies geschieht am einfachsten, indem Sie den Befehl `evalm` benutzen.

```
> b := array([-1, 3, 5]);
```

$$b := [-1, 3, 5]$$

```
> evalm(a + b);
```

$$[0, 5, 8]$$

```
> evalm(a - b);
```

$$[2, -1, -2]$$

Sie können mit einem Skalar multipliziert werden.

```
> evalm(2 * a);
```

$$[2, 4, 6]$$

Die skalare Multiplikation zweier Vektoren können Sie zwar auch durch `evalm` erhalten[16], jedoch ist es wohl einfacher und verständlicher, den Befehl `dotprod` aus dem Paket `linalg` zu benutzen.

```
> with(linalg):
```

Warning: new definition for norm
Warning: new definition for trace

```
> dotprod(a, b);
```

$$20$$

Die Länge von $\vec{a}$ können Sie mit `norm` und dem zusätzlichen Parameter 2 berechnen[17].

```
> norm(a, 2);
```

$$\sqrt{14}$$

Die Komponenten von Vektoren dürfen auch Parameter enthalten.

```
> c := array([1, t, 5 + t]);
```

$$c := [1, t, 5 + t]$$

Mit ihnen kann genauso wie mit Vektoren, deren Komponenten konkrete Zahlen sind, gerechnet werden.

```
> dotprod(a, c);
```

$$16 + 5\,t$$

Allerdings werden Sie dann gelegentlich bei Berechnungen auf eingebaute Befehle verzichten müssen.

```
> norm(c, 2);
```

$$\sqrt{1 + |t|^2 + |5 + t|^2}$$

Es ist nicht möglich, eine Auswertung der Absolutbeträge zu erhalten, solange der Wert von t nicht bekannt ist. Daher wollen wir uns die Länge des Vektors anders berechnen lassen. Hierzu müssen Sie wissen, daß für *MapleV* die i-te Komponente von $\vec{c}$ den Namen `c[i]` hat.

```
> Norm := sqrt(c[1]^2 + c[2]^2 + c[3]^2)
```

[16] Der Befehl muß dann `evalm(transpose(a) &* b);` lauten.

[17] Dies liegt daran, daß es in der Mathematik viele verschiedene Normen gibt, die *MapleV* alle kennt.

$$Norm := \sqrt{26 + 2\,t^2 + 10\,t}$$

Weniger Schreibarbeit (vor allem bei Vektoren mit mehr als 3 Komponenten) haben Sie, wenn Sie sich an die mathematische Schreibweise $\sqrt{\sum_{i=1}^{3} a_i^2}$ erinnern. Die Umsetzung lautet:

```
> n := sqrt(sum(c[i]^2, i = 1 .. 3));
```

$$n := \sqrt{26 + 2\,t^2 + 10\,t}$$

Ist etwa $\vec{X}$ der Koordinatenvektor eines beliebigen Punktes im Raum:

```
> X := array([x, y, z]):
```

so können Sie jede Komponente durch Angabe der richtigen Nummer ansprechen.

```
> X[2];
```

$$y$$

Wenn Sie nun konkrete Werte für x, y, z einsetzen lassen wollen, so werden Sie feststellen, daß dies gar nicht so einfach ist.[18] Der Befehl `subs` kann nämlich nur auf einen einzelnen Ausdruck, aber nicht auf einen Vektor angewandt werden und zeigt hier aus diesem Grund keine Wirkung.

```
> Y := subs({x = 1, y = 2, z = 7},  X);
```

$$Y := X$$

```
> print(Y);
```

$$[x, y, z]$$

Nun gibt es den Befehl `map`, der eine Funktion auf sämtliche Komponenten eines Vektors anwendet; aber auch er ist wegen der für ihn falschen Reihenfolge der Argumente von `subs` nicht anwendbar.

```
> map(subs, X, {x = 1, y = 2, z = 7});
```

Error,
wrong number (or type) of parameters in function subs;

Es gibt hier nur die Möglichkeit, die Ersetzungen einzeln vornehmen zu lassen, aus dieser Folge eine Liste zu erzeugen, die die Komponenten eines Vektors darstellt.

```
> Xein := seq(subs({x = 1, y = 2, z = 7}, X[i]), i = 1 .. 3);
```

$$Xein := 1, 2, 7$$

```
> Xeinvektor := array([Xein]);
```

$$Xeinvektor := [1, 2, 7]$$

Sie können natürlich gegen dieses komplizierte Verfahren einwenden, daß man ja einfach x, y, z die Werte $1, 2, 7$ zuweisen kann.

```
> x := 1: y := 2: z := 7:
> map(eval,X);
```

$$[1, 2, 7]$$

Allerdings sind von nun an x, y, z keine Variablen mehr, bis Sie sie wieder zurücksetzen. Dies kann zu unerwünschten Effekten führen, wenn Sie etwa nach einer halben Stunde wieder x verwenden und längst vergessen haben, daß Sie x einen Wert zugewiesen hatten. Wir setzen die Wertzuweisungen zurück:

[18] Wir verzichten in diesem Fall wie auch im folgenden auf die Darstellung der trivialen Methode, einfach „zu Fuß" einen neuen Vektor zu definieren, da Sie in komplizierteren Fällen und automatisierten Abläufen dieses Verfahren nur schlecht oder gar nicht anwenden können.

```
> x := evaln(x):  y := evaln(y):  z := evaln(z):
```

Die Ersetzungsgleichungen können komplizierte Ausdrücke sein, die z. B. die Komponenten anderer Vektoren benutzen.

```
> Xneu := array([seq(subs({x = 3 * c[1], y = c[2], z = c[3]}, X[i]),
         i = 1 .. 3)]);
```

$$Xneu := [3, t, 5 + t]$$

Wenn Sie vor dem Problem stehen, die Komponenten eines Vektors als Argumente einer Funktion verwenden zu müssen, hängt es von der speziellen Aufgabe ab, ob es sinnvoll ist, unter Angabe der Funktion den Befehl `map` zu benutzen. Dies wollen wir an zwei Beispielen demonstrieren. Es soll zunächst aus sämtlichen Komponenten des Vektors $\vec{a}$ die Quadratwurzel gezogen werden.

```
> map(sqrt, a);
```

$$[1, \sqrt{2}, \sqrt{3}]$$

Nun sollen alle Komponenten des Vektors $\vec{a}$ addiert werden. Der Versuch, genauso vorzugehen, scheitert zunächst daran, daß i bereits in einem vorangegangenen Befehl benutzt wurde und daher den Wert 4 hat. Nach Abänderung des Namens der Summationsvariablen wird ein falsches Ergebnis geliefert.

```
> map(sum, a, i = 1 .. 3);
```

Error, (in sum) summation variable previously assigned,
second argument evaluates to, 4 = 1 .. 3

```
> map(sum, a, j = 1 .. 3);
```

$$[3, 6, 9]$$

Es wurde also jede Komponente verdreifacht! `map` liefert grundsätzlich ein Ergebnis, das dieselbe Dimension hat wie die Ausgangsdaten, in diesem Fall also einen Vektor. Der richtige Befehl lautet daher

```
> sum(a[i], i = 1 .. 3);
```

$$6$$

Falls Sie das Produkt der Komponenten benötigen, ist `sum` durch `product` zu ersetzen.
Das Kreuzprodukt zweier Vektoren berechnet der Befehl `crossprod`.

```
> crossprod(a, b);
```

$$[1, -8, 5]$$

Um den Umgang mit Vektoren in *MapleV* zu erlernen, wollen wir für Sie einige Probleme lösen[19]

- Es soll die Gleichung der Geraden durch die Punkte $P = (1, 0, -2)$ und $Q = (3, 4, 5)$ in Parameterform aufgestellt werden.

[19]Einige der folgenden Rechnungen ließen sich ohne Kenntnis der Formeln mit dem Paket `geom3d` lösen. Da wir diese Aufgaben aber nur als Beispiele für den Umgang mit Vektoren ansehen, die Ihnen helfen sollen, Ihre eigenen Probleme zu lösen, haben wir auf den Einsatz dieses Pakets verzichtet, weil hier ein ganz anderes Eingabeformat erforderlich ist. Hinzu kommt, daß etwa bei der Berechnung des Lotes von einem Punkt auf eine Gerade eine Ebene ausgegeben wird und Sie zur Lösung der eigentlichen Aufgabe die Daten erst wieder in das Vektorformat konvertieren und dann weiterrechnen müßten. Uns erscheint es demgegenüber wesentlich einfacher, die üblicherweise in der Mathematikvorlesung hergeleiteten Formeln zu benutzen.

```
> P := array([1, 0, -2]):  Q := array([3, 4, 5]):
> g := evalm(P + t * (Q - P));
```

$$g := [1 + 2\,t, 4\,t, -2 + 7\,t]$$

Für den Fall, daß Sie übrigens im Handbuch den Befehl add gefunden haben und sich fragen, warum wir stattdessen mit evalm arbeiten, sehen Sie hier die Aufstellung der Geradengleichung in dieser Version. Wir können dieser Fassung nicht sehr viel abgewinnen.

```
> gAbschreckung := add(P, scalarmul(add(Q, scalarmul(P, -1)), t));
```

$$gAbschreckung := [1 + 2\,t, 4\,t, -2 + 7\,t]$$

- Wir wollen die orthogonale Zerlegung von $\vec{a}$ bzgl. $\vec{b}$ bestimmen. Der zu $\vec{b}$ parallele Anteil $\vec{a}_{\vec{b}}$ von $\vec{a}$ ergibt sich nach der Formel

$$\vec{a}_{\vec{b}} = \frac{\vec{a} \cdot \vec{b}}{|\vec{b}|^2}\vec{b}$$

also berechnen wir zunächst den Betrag von $\vec{b}$

```
> absb := norm(b, 2);
```

$$absb := \sqrt{35}$$

und lassen dann $\vec{a}_{\vec{b}}$ gemäß der Formel bestimmen.

```
> aparallelb := evalm(dotprod(a, b)/absb^2 * b);
```

$$aparallelb := [-4/7, \frac{12}{7}, \frac{20}{7}]$$

Der zu $\vec{b}$ senkrechte Anteil $\vec{a}_n$ von $\vec{a}$ ergibt sich aus $\vec{a}_n = \vec{a} - \vec{a}_{\vec{b}}$, also

```
> anormalb :=  evalm(a - aparallelb);
```

$$anormalb := [\frac{11}{7}, 2/7, 1/7]$$

- Es soll das Lot durch den Punkt $R = (1, 1, 1)$ auf die oben berechnete Gerade g gefällt werden. Der Lotvektor $\overrightarrow{RS}$ ist gegeben durch die Gleichung

$$\overrightarrow{RS} = \frac{1}{|\vec{c}|^2}\vec{c} \times (\overrightarrow{RP} \times \vec{c})$$

wobei $\vec{c}$ einen Richtungsvektor von g bezeichnet. Neben der Eingabe des Punktes R lassen wir also $\vec{c}$ berechnen

```
> R := array([1, 1, 1]):   c := evalm(Q - P);
```

$$c := [2, 4, 7]$$

sowie die Länge von $\vec{c}$

```
> absc := norm(c, 2);
```

$$absc := \sqrt{69}$$

und setzen dann in die Formel ein

```
> lotvonRaufg := evalm(1/absc^2 * crossprod(c, crossprod(P - R, c)));
```

$$lotvonRaufg := [\frac{50}{69}, \frac{31}{69}, -\frac{32}{69}]$$

- Es soll der Abstand zweier Geraden berechnet werden. Hier ist zunächst zu klären, ob die Richtungsvektoren parallel sind, weil die zu verwendende Abstandsformel hiervon abhängt. Die Richtungsvektoren sollen $\vec{u} = (3, 0, 1)$ und $\vec{v} = (1, 1, -3)$ sein.

```
> u := array([3, 0, 1]):  v := array([1, 1, -3]):
```

Zwei Vektoren $\vec{u}, \vec{v}$ sind parallel, wenn es einen Skalar λ gibt, so daß $\vec{u} = \lambda\vec{v}$ gilt. Also lassen wir diese Gleichung mit Hilfe von `solve` lösen[20]. Nähere Informationen finden Sie im Abschnitt 5.1.1 des Kapitels Algebra.

```
> a := solve({seq(u[i] = lambda * v[i], i = 1 .. 3)}, lambda);
```

$$a :=$$

Diese Ausgabe besagt, daß es keine Lösung gibt, $\vec{u}$ und $\vec{v}$ also nicht parallel sind. Die Gerade mit Richtung $\vec{u}$ soll durch den Punkt $A = (2, 4, -1)$, die Gerade mit Richtung $\vec{v}$ soll durch den Punkt $B = (0, 1, 5)$ verlaufen.

```
> g1 := evalm(array([2, 4, -1]) + t * u);
```

$$g1 := [2 + 3\,t, 4, -1 + t]$$

```
> g2 := evalm(array([0, 1, 5]) + s * v);
```

$$g2 := [s, 1 + s, 5 - 3\,s]$$

Der Abstand der Geraden ist nach der Formel

$$d = \frac{|[\overrightarrow{AB}, \vec{u}, \vec{v}]|}{|\vec{u} \times \vec{v}|}$$

zu berechnen, wobei mit den eckigen Klammern das Spatprodukt der Vektoren bezeichnet ist. Da $\vec{u} \times \vec{v}$ in der Rechnung zweimal benötigt wird, lassen wir dies zuerst bestimmen.

```
> uxv := crossprod(u, v);
```

$$uxv := [-1, 10, 3]$$

Damit ergibt sich das Spatprodukt und sein Absolutbetrag[21].

```
> spat := dotprod(evalm(array([0, 1, 5]) - array([2, 4, -1])), uxv);
```

$$spat := -10$$

```
> absspat := abs(spat);
```

[20] Bei unserer Vorgehensweise, nach Möglichkeit konkrete Probleme zu lösen, anstatt der Reihe nach *MapleV*-Befehle vorzustellen, werden wir häufig auf das Problem stoßen, daß die benötigten Anweisungen noch nicht bekannt sind. Wir werden sie dann ohne weiteren Kommentar verwenden, und Sie auf die entsprechenden Abschnitte verweisen, wo Sie nähere Erläuterungen finden. Für eine erste Information können Sie natürlich auf den Paragraphen 1.2 zurückgreifen.

[21] Für die Namen der üblichen mathematischen Funktionen verweisen wir auf das *MapleV*-Handbuch [1]

$$absspat := 10$$

Der Nenner der Formel ergibt sich durch

```
> absuxv := norm(uxv, 2);
```

$$absuxv := \sqrt{110}$$

Nun können wir den Abstand berechnen lassen.

```
> d := absspat/absuxv;
```

$$d := \frac{\sqrt{110}}{11}$$

- Es soll die Gleichung der Ebene, die durch die Punkte P, Q und R geht, bestimmt werden.

```
> e := evalm(P + s * (Q - P) + t * (R - P));
```

$$e := [1 + 2\,s, 4\,s + t, -2 + 7\,s + 3\,t]$$

Nun wollen wir die Hessesche Normalform dieser Ebenengleichung finden. Wir lassen einen Vektor orthogonal zur Ebene berechnen.

```
> normal := crossprod(evalm(Q - P), evalm(R - P));
```

$$normal := [5, -6, 2]$$

Zur Normierung lassen wir seine Länge bestimmen

```
> absnormal := norm(normal, 2);
```

$$absnormal := \sqrt{65}$$

und erhalten so den gewünschten Normalenvektor.

```
> n := evalm(1/absnormal * normal);
```

$$n := [\frac{\sqrt{65}}{13}, -\frac{6\,\sqrt{65}}{65}, \frac{2\,\sqrt{65}}{65}]$$

Hieraus erhalten wir die linke Seite der Hesse-Form der Ebenengleichung.

```
> hesse := evalm(dotprod(n, array([x, y, z])) - dotprod(n, P));
```

$$hesse := \frac{\sqrt{65}x}{13} - \frac{6\,\sqrt{65}y}{65} + \frac{2\,\sqrt{65}z}{65} - \frac{\sqrt{65}}{65}$$

Natürlich können wir sie uns auch numerisch ausgeben lassen:

```
> hessenum := evalf(hesse);
```

$$hessenum := 0.6201736729x - 0.7442084075y + 0.2480694692z - 0.1240347345$$

- Nun wollen wir den Abstand des Punktes $W = (2, 3, 7)$ zu dieser Ebene berechnen. Dies ist einfach, da wir den Normalenvektor $\vec{n}$ bereits kennen.

```
> W := array([2, 3, 7]):
> d := abs(dotprod(evalm(W - P), n));
```

$$d := \frac{\sqrt{65}}{13}$$

- Es soll der Winkel ϕ zwischen der Ebene und einer Geraden mit der Richtung $\vec{c} = (-1, -1, 2)$ bestimmt werden. Es ist $\sin\phi = \frac{1}{|\vec{c}|}\vec{n} \cdot \vec{c}$.

```
> c := array([-1, -1, 2]):
> sinus := evalm(1/norm(c, 2) * dotprod(n, c));
```

$$sinus := \frac{\sqrt{65}\sqrt{6}}{78}$$

Alternativ können Sie auch den Befehl `angle` benutzen, dieser berechnet allerdings den Winkel zwischen den angegebenen Vektoren, so daß das Ergebnis nicht den Winkel zwischen $\vec{c}$ und der Ebene angibt, sondern erst noch korrigiert werden muß.

```
> angle(n, c);
```

$$\arccos\left(\frac{\sqrt{65}\sqrt{6}}{78}\right)$$

```
> phi := Pi/2 - angle(n, c);
```

$$\phi := \frac{\pi}{2} - \arccos(\frac{\sqrt{65}\sqrt{6}}{78})$$

Um hieraus einen Winkel (im Bogenmaß) zu erhalten, muß diese Zahl numerisch ausgewertet werden, daher geben wir ein

```
> winkel := evalf(arcsin(sinus));
```

$$winkel := 0.255970950$$

Hieraus können wir einen Winkelangabe in Grad machen, müssen dabei aber darauf achten, die Umrechnung auch numerisch ausführen zu lassen, weil sonst π nicht ausgewertet werden würde.

```
> evalf(convert(winkel, degrees));
```

$$14.66605508\ degrees$$

- Als komplizierteste Anwendung wollen wir eine der Grundaufgaben des CAD lösen: die Bestimmung von Schrägrissen. Als Beispiel wählen wir die Einheitskugel

$$x_1^2 + x_2^2 + (x_3 - 1)^2 = 1$$

mit Mittelpunkt $(0, 0, 1)$. Unter Beleuchtung parallel zur Richtung $(0, 1, 2)$ soll ihr Schrägriß in die x_1-x_2-Ebene berechnet werden. Jeder Lichtstrahl $\vec{X}$ genügt der Gleichung

```
> X := evalm(array([x, y, 0]) + t * array([0, 1, 2]));
```

$$X := [x, y + t, 2\,t]$$

wobei $(x, y, 0)$ sein Schnittpunkt mit der x_1-x_2-Ebene ist. Um nun den Punkt zu finden, in dem der Lichtstrahl die Kugel trifft, geben wir die Kugelgleichung in der Form

```
> K := x1^2 + x2^2 + (x3 - 1)^2 - 1 = 0:
```

ein; beachten Sie bitte, daß es möglich ist, die Kreisgleichung $x_1^2 + x_2^2 + (x_3 - 1)^2 - 1 = 0$ einzugeben – beim Rechnen mit dieser Gleichung müssen wir jedoch jeweils die linke und rechte Seite der Gleichung getrennt betrachten. Für die Bestimmung des Schnittpunktes setzen wir die Komponenten von $\vec{X}$ in K ein. Am einfachsten geschieht dies unter Verwendung von Ersetzungsgleichungen. Zusätzlich lassen wir alle Klammern ausmultiplizieren.

```
> K1 := expand(subs({x1 = X[1], x2 = X[2], x3 = X[3]},
        lhs(K))) = rhs(K);
```

$$K1 := x^2 + y^2 + 2\,yt + 5\,t^2 - 4\,t = 0$$

Wir lassen diesen Ausdruck nach Potenzen von t sortieren.

```
> K2 := collect(lhs(K1), t) = rhs(K1);
```

$$K2 := 5\,t^2 + (2\,y - 4)\,t + x^2 + y^2 = 0$$

Der Lichtstrahl trifft die Kugel entweder gar nicht, in einem oder in 2 Punkten, und zwar in einem Punkt genau dann, wenn er einen Außenpunkt des Umrisses trifft. Dementsprechend ist also festzustellen, unter welchen Bedingungen die quadratische Gleichung $5t^2 + x^2 + y^2 + t(-4 + 2y) = 0$ genau eine Lösung hat. Dies ist genau dann der Fall, wenn die Diskriminante der Gleichung 0 ist. Also lassen wir die Diskriminante mit `discrim` berechnen.

```
> D1 := discrim(lhs(K2), t);
```

$$D1 := -20\,x^2 - 16\,y^2 + 16 - 16\,y$$

(Natürlich können Sie die Diskriminantenformel auch direkt eingeben

```
> D2 := expand(- 4 * coeff(lhs(K2), t, 2) * coeff(lhs(K2), t, 0) +
>              coeff(lhs(K2), t, 1)^2);
```

das Ergebnis ist beide Male dasselbe)

Der Schrägriß ist also ein Kegelschnitt, und zwar eine Ellipse. Um ihre genaue Lage festzustellen, müssen wir das Prinzip der quadratischen Ergänzung benutzen. Am leichtesten geht dies unter Verwendung des Pakets `student`.

```
> with(student):
> D3 := completesquare(D1, y);
```

$$D3 := -16\,(y + 1/2)^2 + 20 - 20\,x^2$$

Um auch die Halbachsen einfach bestimmen zu können, lassen wir die Ellipsengleichung nach der Konstanten auflösen.

```
> gleichung := D3 = 0;
```

$$gleichung := -16\,(y + 1/2)^2 + 20 - 20\,x^2 = 0$$

```
> isolate(gleichung, 20);
```

$$20 = 16\,(y + 1/2)^2 + 20\,x^2$$

```
> gleichung1 := lhs(")/20 = rhs(")/20;
```

$$gleichung1 := 1 = \frac{4\,(y + 1/2)^2}{5} + x^2$$

und daher ist der Mittelpunkt der Ellipse $(0, -\frac{1}{2})$ und ihre Halbachsen betragen $a = 1$ und $b = \sqrt{5}/2$.

Matrizen

Wir definieren die Matrizen $A = \begin{pmatrix} 1 & 2 & 3 \\ 2 & 2 & 1 \end{pmatrix}$, $B = \begin{pmatrix} 1 & 2 \\ 3 & 5 \end{pmatrix}$ sowie $C = \begin{pmatrix} a & b \\ c & d \end{pmatrix}$, wobei zu beachten ist, daß eine Matrix für *MapleV* eine Liste von Zeilenvektoren ist.

```
> A := array([[1, 2, 3], [2, 2, 1]]):
> B := array([[1, 2], [3, 5]]):
> C := array([[a, b], [c, d]]);
```

$$C := \begin{bmatrix} a & b \\ c & d \end{bmatrix}$$

Falls bei Ihnen die Matrix C anders aussieht, liegt es vielleicht daran, daß Sie sich nicht in einer neuen *MapleV*-Sitzung befinden. Lassen Sie die entsprechenden Namen mit `evaln` zurücksetzen. Die Anzahl der Zeilen und Spalten der Matrix A erhalten Sie durch

```
> rowdim(A);
```

$$2$$

```
> coldim(A);
```

$$3$$

Die erste Zeile der Matrix C können Sie ansprechen mit

```
> row(C, 1);
```

$$[a, b]$$

die erste Spalte von C erhalten Sie mit

```
> col(C, 1);
```

$$[a, c]$$

und das Element in der ersten Zeile und zweiten Spalte mit

```
> C[1, 2];
```

$$b$$

Matrizen werden von `evalm` unter Verwendung des üblichen Pluszeichens addiert.

```
> evalm(B + C);
```

$$\begin{bmatrix} 1+a & 2+b \\ 3+c & 5+d \end{bmatrix}$$

Das Matrizenprodukt ist eine Verallgemeinerung des Skalarprodukts von Vektoren und kann durch `multiply` oder, bei Verwendung von `evalm`, durch „&*“ bezeichnet werden. Um eine $n \times m$- und eine $m \times k$-Matrix miteinander multiplizieren zu können, müssen Sie allerdings die richtige Reihenfolge einhalten, anderenfalls ist das Produkt nicht definiert, was *MapleV* mit einer Fehlermeldung quittiert.

```
> multiply(A, B);
```

Error, (in multiply) matrix dimensions incompatible

Bei Verwendung der richtigen Reihenfolge wird die Rechnung problemlos ausgeführt.

```
> multiply(B, A);
```

$$\begin{bmatrix} 5 & 6 & 5 \\ 13 & 16 & 14 \end{bmatrix}$$

```
> evalm(B &* A);
```

$$\begin{bmatrix} 5 & 6 & 5 \\ 13 & 16 & 14 \end{bmatrix}$$

Sie dürfen auf gar keinen Fall das „&" bei der Multiplikation vergessen, weil *MapleV* nur so beachtet, daß die Matrizenmultiplikation nichtkommutativ ist.

```
> evalm(B * C);    evalm(C * B);
```

$$\begin{bmatrix} a+2c & b+2d \\ 3a+5c & 3b+5d \end{bmatrix}$$

$$\begin{bmatrix} a+2c & b+2d \\ 3a+5c & 3b+5d \end{bmatrix}$$

```
> evalm(B &* C); evalm(C &* B);
```

$$\begin{bmatrix} a+2c & b+2d \\ 3a+5c & 3b+5d \end{bmatrix}$$

$$\begin{bmatrix} a+3b & 2a+5b \\ c+3d & 2c+5d \end{bmatrix}$$

Bei vielen Problemen tritt die transponierte oder gespiegelte Matrix A^t auf, deren Zeilen gerade die Spalten von A und umgekehrt sind.

```
> transpose(A);
```

$$\begin{bmatrix} 1 & 2 \\ 2 & 2 \\ 3 & 1 \end{bmatrix}$$

Manchmal werden Sie auch den Wunsch haben, unter Vernachlässigung der zweidimensionalen Struktur eine Matrix als eindimensionale Liste auffassen zu lassen. Dies erreichen Sie nur durch zweimaliges Anwenden von `seq`.

```
> array([seq(seq(row(A, j)[i], i = 1 .. 3), j = 1 .. 2)]);
```

$$[1,2,3,2,2,1]$$

Für einen automatisierten Ablauf, bei dem die Zeilen- und Spaltenanzahl der Matrix nicht bekannt sind, wäre diese Anweisung etwas abzuändern:

```
> array([seq(seq(row(A,j)[i], i = 1 .. coldim(A)), j = 1 .. rowdim(A))]):
```

Mit `entries` erhalten Sie zwar auch eine Folge der Matrixelemente, jedoch wird jedes Matrixelement als Liste dargestellt, müßte also erst wieder zu einer Folge gemacht werden. Außerdem ist die Reihenfolge der Ausgabe willkürlich.

```
> entries(A);
```

$$[2],[2],[1],[3],[1],[2]$$

Um eine Matrix mit einem Skalar zu multiplizieren, gehen Sie wie bei der analogen Aufgabe für einen Vektor vor.

```
> evalm(3 * C);
```

$$\begin{bmatrix} 3a & 3b \\ 3c & 3d \end{bmatrix}$$

Für quadratische Matrizen mit nichtverschwindender Determinante können Sie die inverse Matrix bestimmen lassen.

```
> inverse(B);
```

$$\begin{bmatrix} -5 & 2 \\ 3 & -1 \end{bmatrix}$$

```
> inverse(A);
```

Error, (in inverse) expecting a square matrix

Hierbei darf die Matrix auch beliebig viele Parameter enthalten.[22]

```
> inverse(C);
```

$$\begin{bmatrix} -\frac{d}{-ad+bc} & \frac{b}{-ad+bc} \\ \frac{c}{-ad+bc} & -\frac{a}{-ad+bc} \end{bmatrix}$$

Neben der stets möglichen direkten Eingabe einer Matrix als geschachtelter Liste gibt es einige Matrizen, die spezielle Namen haben, so daß die Eingabe etwas schneller erfolgen kann. Hier ist zum einen die $n \times n$-Einheitsmatrix zu nennen, die erst bei einer konkreten Rechnung in der Größe angepaßt wird.

```
> Id := &* ();
```

&*()

```
> evalm(B - Id);
```

$$\begin{bmatrix} 0 & 2 \\ 3 & 4 \end{bmatrix}$$

zum anderen jede $n \times n$-Diagonalmatrix.

```
> diagonal := diag(1, 2, c);
```

$$diagonal := \begin{bmatrix} 1 & 0 & 0 \\ 0 & 2 & 0 \\ 0 & 0 & c \end{bmatrix}$$

Aber auch Bandmatrizen, bei denen in der Diagonale sowie der unteren und/oder oberen Nebendiagonalen jeweils derselbe Wert steht, können bequem definiert werden.

```
> Band := band([1, 2, -1], 4);
```

$$Band := \begin{bmatrix} 2 & -1 & 0 & 0 \\ 1 & 2 & -1 & 0 \\ 0 & 1 & 2 & -1 \\ 0 & 0 & 1 & 2 \end{bmatrix}$$

In manchen Aufgaben taucht das Problem auf, an eine Matrix eine Zeile oder Spalte anzuhängen. Für Zeilen geschieht dies mit Hilfe des Befehls `stack`, für Spalten mit `augment`. Wir wollen an die Matrix $A = \begin{pmatrix} 1 & 2 \\ 3 & 4 \end{pmatrix}$ den Vektor $\vec{b} = (4, 5)$ einmal als Zeilen- und einmal als Spaltenvektor anhängen.

[22] Dabei wird die Inverse nur für den „generischen“ Fall bestimmt, daß nämlich nicht gerade aufgrund einer speziellen Wahl der Parameter die Determinante 0 wird.

```
> A := array([[1, 2], [3, 4]]):    b := array([4, 5]):
> stack(A, b);
```

$$\begin{bmatrix} 1 & 2 \\ 3 & 4 \\ 4 & 5 \end{bmatrix}$$

```
> augment(A, b);
```

$$\begin{bmatrix} 1 & 2 & 4 \\ 3 & 4 & 5 \end{bmatrix}$$

Soll für eine gegebene Matrix, die eine Drehung beschreibt, der Drehwinkel aus den Komponenten berechnet werden, so taucht in der zu benutzenden Formel, wie auch bei anderen Aufgaben, die Summe der Diagonalelemente der Matrix auf, die auch Spur der Matrix heißt. Wir wollen die Spur der Matrix A berechnen und gehen dabei im Prinzip genauso vor wie bei der Bestimmung der Norm eines Vektors.[23]

```
> Spur := sum(A[i, i], i = 1 .. 2);
```

$$Spur := 5$$

Für die Fortgeschrittenen unter Ihnen wollen wir nicht versäumen zu erwähnen, wie Sie Tensorprodukte berechnen lassen können.

```
> evalm(array([1, 2, 3]) &* transpose(array([t, u, v])));
```

$$\begin{bmatrix} t & u & v \\ 2t & 2u & 2v \\ 3t & 3u & 3v \end{bmatrix}$$

Funktionen

MapleV kennt eine Reihe von mathematischen Funktionen – wahrscheinlich mehr, als Sie jemals benötigen werden. Wenn Sie einmal unsicher sind, wie der korrekte Funktionsname in *MapleV* lautet, geben Sie nach einem Fragezeichen den vermutlichen Anfang des Namens ein. Ausgegeben werden alle Funktionen und Befehle, die mit der angegebenen Zeichenfolge beginnen.

```
> ?lo;
```

Try one of the following topics:
{log, log10, local, logplot, logp, loglogplot, loop, logic, logical}

Gelegentlich werden Sie feststellen, daß manche Namen in *MapleV* anders als erwartet sind. Wenn Sie etwa die Funktion Arsinh x benutzen wollen und annehmen, daß sie den Namen $arsinh$ zu finden ist, werden Sie enttäuscht.

```
> ?arsinh
```

[23] Einfacher ist es natürlich, auf den englischen Namen zu kommen und `trace(A)` einzugeben.

The argument passed to help was: arsinh
Sorry, unable to explain this topic. See ?index for
a list of topics which are available.

In einem solchen Fall können Sie entweder ein wenig herumprobieren oder sich mit dem Browser die Liste der *MapleV* bekannten Funktionen anschauen, bis Sie die gewünschte Funktion (hier unter dem Namen `arcsinh`) finden. Beim Aufruf eingebauter Funktionen müssen Sie grundsätzlich darauf achten, das Argument mitanzugeben, da anderenfalls die Funktion als Konstante angesehen wird. Wenn Sie also etwa die Sinusfunktion ableiten wollen und eingeben

```
> diff(sin, x);
```

$$0$$

so ist das Ergebnis aufgrund dieser Interpretation falsch. Zum richtigen Ergebnis führt die Eingabe

```
> diff(sin(x), x);
```

$$\cos(x)$$

Es gibt jedoch in *MapleV* Situationen, in denen Sie das Ableiten einer Funktion als Operator auffassen müssen, etwa die Formulierung einer Anfangswertbedingung der Form $y'(0) = 1$[24]. Hierfür gibt es den Differentialoperator `D`, bei dessen Anwendung auf eine Funktion Sie den Funktionsnamen ohne Variable schreiben müssen.

```
> D(sin);
```

$$cos$$

Wenn Sie in dieser Situation wieder zum Ausdruck bringen wollen, daß es sich um eine Funktion von x handeln soll, ist diese Angabe hinter den Befehl zu setzen, also

```
> D(sin)(x);
```

$$\cos(x)$$

Bei der Verwendung der trigonometrischen Funktionen und ihrer Umkehrfunktionen werden Sie manchmal von den Ergebnissen enttäuscht sein. So weiß *MapleV* etwa, daß $\sin^2(x) + \cos^2(x) = 1$ ist.

```
> simplify(sin(x)^2 + cos(x)^2);
```

$$1$$

Falls Sie jedoch versuchen, den Ausdruck $1 - \cos^2(x)$ vereinfachen zu lassen, werden Sie scheitern.

```
> simplify(1 - cos(x)^2);
```

$$-\cos(x)^2 + 1$$

Auch andere Befehle zur Umwandlung trigonometrischer Funktionen liefern hier nicht das gewünschte Ergebnis $\sin^2(x)$.

```
> combine(1 - cos(x)^2, trig);
```

$$-\frac{\cos(2\,x)}{2} + 1/2$$

Auch der für den Umgang mit trigonometrischen Formeln häufig hilfreiche Befehl:

```
> readlib(trigsubs):
```

[24] Nähere Informationen finden Sie im Paragraphen 4.1 des Kapitels 4.

nutzt hier nichts, wenn Sie nicht ohnehin die Antwort auf das Problem wissen.

```
> trigsubs(1 - (cos(x))^2);
```

Error, (in trigsubs)
sum or difference of two functions expected not , $1 - cos(x)^2$

```
> trigsubs((sin(x))^2);
```

$$[\sin(x)^2, 1-\cos(x)^2, -\frac{\cos(2\,x)}{2}+1/2, \sin(x)^2, \sin(x)^2, 4\,\cos(\frac{x}{2})^2\sin(\frac{x}{2})^2,$$
$$\csc(x)^{-2}, \csc(x)^{-2}, \frac{4\,\tan(\frac{x}{2})^2}{\left(1+\tan(\frac{x}{2})^2\right)^2}, -\frac{\left(e^{\sqrt{-1}x}-e^{-Ix}\right)^2}{4}]$$

Nach dieser Erfahrung wird es Sie nicht wundern, daß der Ausdruck $\sin^2(x)$ beim „Vereinfachen" leidet.

```
> simplify(sin(x)^2);
```

$$-\cos(x)^2+1$$

Soweit Sie mit eigenen Funktionen arbeiten wollen, wird es in vielen Fällen ausreichend sein, einfach den entsprechenden arithmetischen Ausdruck (benannt oder unbenannt) zu verwenden, ohne ihn ausdrücklich als Funktion zu deklarieren.

```
> g := 1/x;
```

$$g := \frac{1}{x}$$

```
> diff(g, x);
```

$$-\frac{1}{x^2}$$

Wenn Sie unbedingt eine Funktion definieren wollen, etwa, um so leichter Funktionswerte berechnen zu lassen, gibt es verschiedene Möglichkeiten. Die einfachste davon ist die Pfeildefinition.

```
> g1 := x -> 1/x;
```

$$g1 := x \mapsto x^{-1}$$

Der Aufruf erfolgt dann in der für Funktionen üblichen Art.

```
> g1(2);
```

$$\frac{1}{2}$$

```
> diff(g1(x), x);
```

$$-\frac{1}{x^2}$$

Soll die Ableitung wieder eine Funktion sein, ist der Operator `D` zu verwenden.

```
> g2 := D(g1);
```

$$g2 := x \mapsto -x^{-2}$$

```
> g2(3);
```

$$\frac{-1}{9}$$

Sobald Sie jedoch vor dem Problem stehen, eine Funktion stückweise definieren zu wollen, z. B.

$$f(x) = \begin{cases} 2x & \text{falls } x \geq 0 \\ -3x & \text{sonst} \end{cases}$$

und vielleicht diese Funktion nur auf den ganzen Zahlen erklärt sein soll, kommen Sie ohne Verwendung einer Prozedur nicht zum Ziel, so daß Sie ohne eine gewisse Programmiererfahrung keine komplizierteren Funktionen definieren können. Es ist zu beachten, daß zunächst der Name der Funktion auf der linken Seite einer Definitionsgleichung stehen muß. Auf der rechten Seite dieser Definitionsgleichung muß als erstes das Wort `proc` stehen, gefolgt von einer in runde Klammern gesetzten Auflistung der beim Funktionsaufruf zu übergebenden Variablen. Das letzte Wort muß `end` sein. Die einzelnen Bedingungen werden mit `if` bzw. `elif` bzw. `else` formuliert, wobei die Verknüpfung von Bedingungen durch `and` und `or` zulässig ist. Jedes `if` muß mit `fi` abgeschlossen werden. In unserem Fall sollen nur ganze Zahlen als Argument zugelassen sein, deshalb vermerken wir dies zusätzlich. Der Fehlerausgang über `ERROR` bewirkt eine Meldung, falls das Argument keine ganze Zahl ist.

```
> h1 := proc(x) if (x >= 0 and type(x, integer)) then 2 * x
>               elif (x < 0 and type(x, integer)) then 3 * x
>               else ERROR(`Zahl muss ganzzahlig sein`, x) fi
> end;
```

h1 := proc(x)
if 0 <= x and type(x,integer) then 2*x
elif x < 0 and type(x,integer) then 3*x
else ERROR(`Zahl muss ganzzahlig sein`,x)
fi
end

Sie können sich nun vom Erfolg dieser Definition überzeugen und etwa einige Funktionswerte berechnen lassen.

```
> [h1(2), h1(-3), h1(0)];
```

$$[4, -9, 0]$$

```
> h1(1.5); h1(sqrt(4.));
```

Error, (in h1) Zahl muss ganzzahlig sein, 1.5
Error, (in h1) Zahl muss ganzzahlig sein, 2.000000000

Der Umgang mit solchen Prozeduren ist teilweise etwas problematisch. Zum Beispiel können sie nicht abgeleitet werden.

```
> diff(h1(x), x);
```

Error, (in h1) Zahl muss ganzzahlig sein, x

Auch wenn Sie dem Handbuch folgen und erzwingen, daß die Auswertung verzögert wird, führt dies nur zu einer formalen Ableitung.

```
> diff('h1(x)', 'x');
```

$$\frac{\partial}{\partial x} h1(x)$$

```
> subs(x = 3, ");
```

Error, (in h1) Zahl muss ganzzahlig sein, x

Die Veränderung der Auswertungsreihenfolge ist auch erforderlich, wenn Sie einige Funktionswerte addieren wollen, da sonst *MapleV* eine Fehlermeldung ausgibt.

```
> sum(h1(x), x = -3 .. 5);
```

Error, (in h2) Zahl muss ganzzahlig sein, x

```
> sum('h1(x)', 'x' = -3 .. 5);
```

$$12$$

Um eine nur auf den ganzen Zahlen definierte Funktion zeichnen zu lassen, müssen Sie eine Liste der Form $[x_1, y_1, x_2, y_2, \ldots, x_n, y_n]$ anlegen, wobei mit y_i die Funktionswerte bezeichnet sind. Das Anfertigen einer solchen Liste ist nicht ganz einfach, da ein einfaches Aneinanderreihen der Folge der Argumente und der Folge der Funktionswerte zum falschen Ergebnis führt und `seq` zwar Listen und Mengen als Argument zuläßt, aber keine Folgen.

```
> liste1 := [seq(i2, i2 = -10 .. 15), seq(h1(i1), i1 = -10 .. 15)];
```

$$liste1 := [-10, -9, -8, -7, -6, -5, -4, -3, -2, -1, 0, 1, 2, 3, 4, 5, 6, 7, 8, 9, 10, 11, 12, 13, 14, 15, -30, -27, -24, -21, -18, -15, -12, -9, -6, -3, 0, 2, 4, 6, 8, 10, 12, 14, 16, 18, 20, 22, 24, 26, 28, 30]$$

```
> liste2 := [seq(i1, h1(i1), i1 = -10 .. 15)];
```

Error,
wrong number (or type) of parameters in function seq;

```
> liste3 := [seq({i1, h1(i1)}, i1 = -10 .. 15)];
```

$$liste3 := [\{-10, -30\}, \{-9, -27\}, \{-8, -24\}, \{-7, -21\}, \{-6, -18\}, \{-5, -15\}, \{-4, -12\}, \{-3, -9\}, \{-2, -6\}, \{-3, -1\}, \{0\}, \{1, 2\}, \{4, 2\}, \{3, 6\}, \{4, 8\}, \{5, 10\}, \{6, 12\}, \{7, 14\}, \{8, 16\}, \{9, 18\}, \{10, 20\}, \{11, 22\}, \{12, 24\}, \{13, 26\}, \{14, 28\}, \{15, 30\}]$$

```
> liste4 := [seq([i1, h1(i1)], i1 = -10 .. 15)];
```

$$liste4 := [[-10, -30], [-9, -27], [-8, -24], [-7, -21], [-6, -18], [-5, -15], [-4, -12], [-3, -9], [-2, -6], [-1, -3], [0, 0], [1, 2], [2, 4], [3, 6], [4, 8], [5, 10], [6, 12], [7, 14], [8, 16], [9, 18], [10, 20], [11, 22], [12, 24], [13, 26], [14, 28], [15, 30]]$$

Da wir im Abschnitt über Matrizen besprochen haben, wie aus einer Matrix ein Vektor gemacht werden kann, benutzen wir das letzte Ergebnis zur Erzeugung unserer gewünschten Liste. Die Umwandlung dauert bei uns etwa 36 Sekunden – werden Sie also nicht ungeduldig!

```
> liste := [seq(seq(row(liste4, j)[i], i = 1 .. coldim(listex)),
  j = 1 .. rowdim(listex))];
```

$$liste := [-10, -30, -9, -27, -8, -24, -7, -21, -6, -18, -5, -15, -4, -12, -3, -9, -2, -6, -1, -3, 0, 0, 1, 2, 2, 4, 3, 6, 4, 8, 5, 10, 6, 12, 7, 14, 8, 16, 9, 18, 10, 20, 11, 22, 12, 24, 13, 26, 14, 28, 15, 30]$$

Diese Liste können Sie nun ausdrucken lassen, wobei es derzeit nicht möglich ist, die Punktgröße zu verändern (Abb. 1.5)[25]. Nähere Informationen finden Sie im Paragraphen 7.1 des Kapitels 7.

```
> plot(liste, style = POINT);
```

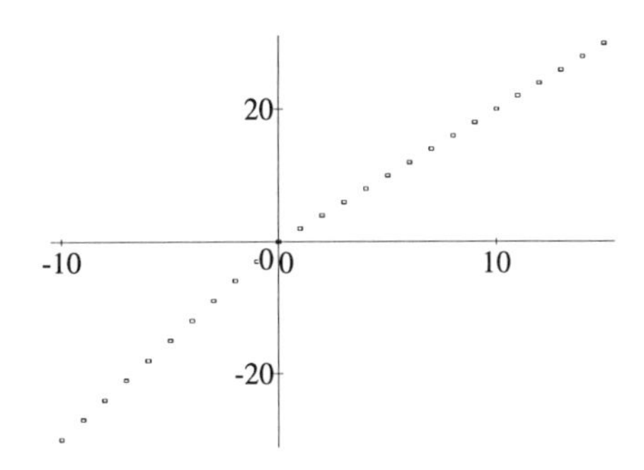

Bild 1.5 Graph einer nur für ganze Zahlen definierten Funktion

Zum Schluß wollen wir Ihnen zeigen, wie Sie die (euklidische) Länge eines Vektors mit Hilfe einer selbstdefinierten Funktion berechnen lassen können. Da die Berechnung im Prinzip immer nach der gleichen Formel erfolgt, wollen wir uns von der Anzahl der Komponenten nicht abhängig machen. Infolgedessen ist die Variable unserer Funktion vom Typ `array`. Für eine vorgegebene Liste ist die Anzahl der Komponenten mit der Anweisung `nops` abfragbar. Die Summation erstreckt sich über alle Komponenten von der ersten bis zur letzten. Für den Index sollten Sie hier einen Namen wählen, der von Ihnen ansonsten nicht benutzt wird.

```
> betrag := Z -> sqrt(sum(Z[K]^2, K = 1 .. nops(Z);
```

$$betrag := Z \mapsto \sqrt{\sum_{K=1}^{nops(Z)} Z_K^2}$$

Von jetzt an können Sie für die Dauer Ihrer *MapleV*-Sitzung die Funktion `Betrag` immer dann benutzen, wenn Sie die Länge irgendeines Vektors berechnen lassen wollen.

```
> betrag([1, 2, 3]);
```

$$\sqrt{14}$$

Hat der Vektor nur eine Komponente, so müssen Sie darauf achten, ihn trotzdem als Liste einzugeben, da die Funktion nicht auf Skalare angewendet werden kann, was zu einer merkwürdigen Antwort von *MapleV* führt.

```
> betrag(2);
```

$$2_{[1]}$$

Bei richtiger Eingabe wird das korrekte Ergebnis ausgegeben.

```
> betrag([2]);
```

$$2$$

Wenn Sie der Meinung sind, eine von Ihnen definierte Funktion ist so nützlich, daß Sie sie auch in den folgenden *MapleV*-Sitzungen zur Verfügung haben wollen, können Sie entweder jedesmal zu Beginn der Sitzung die Funktion neu definieren oder sich in das Thema „Programmieren in *MapleV*" vertiefen. Dann ist es jedoch besser, den Betrag als Prozedur zu definieren, weil Sie so im Fehlerfall eine vernünftige Meldung erhalten und außerdem die Summationsvariable nicht mit Variablen Ihrer *MapleV*-Sitzung kollidieren kann.

[25] In Version 3 können Sie jedoch unter Verwendung der Option `symbol` ein anderes Symbol für die Punkte wählen und so indirekt eine Größenänderung vornehmen.

```
> Betrag:=proc(x) local i;
>   if type(x, array) or type(x, list) or
>      type (x, vector) then
>      sqrt(sum(x[i]^2, i=1..nops(x)))
>   else
>      ERROR('Argument muss Vektor, Array oder Liste sein', x)
>   fi
>      end;
```

Einige weitere Anregungen dazu finden Sie im Kapitel 8 im Abschnitt 8.2.3.

1.4.2 Zur numerischen Genauigkeit

Wir besitzen eine kleine Sammlung von Aufgaben, die von den meisten Rechnern nicht zufriedenstellend bearbeitet werden. Um die im folgenden dokumentierten Ergebnisse von *MapleV* besser würdigen zu können, sollten Sie die Rechnungen mit einem beliebigen Rechner nachvollziehen, wobei Sie vom Taschenrechner bis zum Großrechner jeden Typ verwenden können, vom Ergebnis aber nicht allzuviel erwarten sollten. Der auftretende Fehler beruht jeweils darauf, daß große Zahlen mit relativ geringer Differenz voneinander subtrahiert werden.

- Der Ausdruck $10^n + 1 - 10^n$ hat für jedes n den Wert 1.

```
> 10^100 + 1 - 10^100;
```

$$1$$

- Der Ausdruck $x^2 - 2y^2$ hat für $x = 665857, y = 470832$ den Wert 1.

```
> u := x^2 - 2 * y^2:
> subs( {x = 665857, y = 470832}, u);
```

$$1$$

- Der Ausdruck $9x^4 - y^4 + 2y^2$ hat für $x = 10864, y = 18817$ den Wert 1.

```
> v := 9 * x^4 - y^4 + 2 * y^2:
> subs({x = 10864, y = 18817}, v);
```

$$1$$

Diese Beispiele zeigen, daß *MapleV* beim Rechnen mit ganzen Zahlen keine Probleme hat.

- Wie verhält es sich nun, wenn die Ausdrücke auch nichtganze Zahlen enthalten? Der Ausdruck

$$333.75x^6 + y^2(11x^2y^2 - x^6 - 121x^4 - 2) + 5.5x^8 + \frac{y}{2x}$$

hat für $x = 33096, y = 77617$ den Wert -0.827396.

```
> w := 333.75 * x^6 + y^2 * (11 * x^2 * y^2 - x^6 - 121 * x^4 -2) +
>                                      5.5 * x^8 + y/(2 * x):
> subs({x = 33096, y = 77617}, w);
```

$$1.172603940$$

Der Fehler des *MapleV*-Ergebnisses beträgt etwa 300 %, selbst das Vorzeichen ist falsch. Er tritt auf, weil Dezimalzahlen für *MapleV* grundsätzlich nur Näherungen exakter Zahlen sind, sodaß die übliche Gleitkomma-Arithmetik verwendet wird. Es ist ganz typisch, daß bei einer Erhöhung der Genauigkeit der in der Rechnung verwendeten Zahlen das Ergebnis ständig wechselt.

```
> Digits;
```

$$10$$

```
> Digits := 15:
> subs({x = 33096, y = 77617}, w);
```

$$.100000000000000\ 10^{23}$$

Durch Erhöhung der Genauigkeit oder besser gesagt, der Anzahl der berücksichtigten Stellen, ist aus einer starken Abweichung eine Katastrophe geworden! Wir erhöhen `Digits` weiter und beobachten das Ergebnis.

```
> Digits := 20:
> subs({x = 33096, y = 77617}, w);
```

$$.10000000000000000117\ 10^{18}$$

```
> Digits := 25:
> subs({x = 33096, y = 77617}, w);
```

$$-.1999999999998827396059947\ 10^{13}$$

```
> Digits := 30:
> subs({x = 33096, y = 77617}, w);
```

$$.100000011726039400531786318588\ 10^{8}$$

```
> Digits := 35:
> subs({x = 33096, y = 77617}, w);
```

$$-198.82739605994682136814116509547982$$

```
> Digits := 40:
> subs({x = 33096, y = 77617}, w);
```

$$-0.8273960599468213681411650954798162919990$$

Bei weiterer Erhöhung von `Digits` bleibt des Ergebnis stabil. Wenn wir allerdings nicht gewußt hätten, daß die anderen Ergebnisse falsch waren, hätte unser Ergebnis von dem Wert abgehangen, den wir `Digits` aus irgendeinem Grund zufällig gegeben hatten. Welche Möglichkeiten gibt es, sich vor solchen Fehlern zu schützen? Die beste Lösung ist es, falls möglich eine exakte Berechnung zu erzwingen und erst am Ende den numerischen Wert dieses exakten Ergebnisses ausgeben zu lassen. Wenn Sie sich den Ausdruck noch einmal genau ansehen, werden Sie feststellen, daß die Dezimalzahlen als Brüche geschrieben werden können. Wir lassen den Ausdruck daher in rationale Form konvertieren.

```
> Digits := 15:
> w1 := convert(w, rational);
```

$$w1 := \frac{1335\,x^6}{4} + y^2\left(11\,x^2y^2 - x^6 - 121\,x^4 - 2\right) + \frac{11\,x^8}{2} + \frac{y}{2\,x}$$

```
> subs({x = 33096, y = 77617}, w1);
```

$$-\frac{54767}{66192}$$

Das Ergebnis ist ein Bruch (also für *MapleV* eine exakte Zahl), dessen numerischer Wert das richtige Ergebnis liefert.

```
> evalf(");
```

$$-0.827396059946821$$

- Auch bei Matrizen können Sie auf die exakte Arithmetik zurückgreifen. Der Einfachheit halber wollen wir mit der rationalen Matrix anfangen.

```
> with(linalg):
> A := hilbert(7):
```

$$A := \begin{bmatrix} 1 & 1/2 & 1/3 & 1/4 & 1/5 & 1/6 & 1/7 \\ 1/2 & 1/3 & 1/4 & 1/5 & 1/6 & 1/7 & 1/8 \\ 1/3 & 1/4 & 1/5 & 1/6 & 1/7 & 1/8 & 1/9 \\ 1/4 & 1/5 & 1/6 & 1/7 & 1/8 & 1/9 & 1/10 \\ 1/5 & 1/6 & 1/7 & 1/8 & 1/9 & 1/10 & 1/11 \\ 1/6 & 1/7 & 1/8 & 1/9 & 1/10 & 1/11 & 1/12 \\ 1/7 & 1/8 & 1/9 & 1/10 & 1/11 & 1/12 & 1/13 \end{bmatrix}$$

```
> b := array([-85, -55, -37, -35, 97, 50, 79]):
> x := linsolve(A, b);
```

$$x := [4477193, -177976176, 1709082900, -6626983440, 12123307350, -10457392176, 3428597172]$$

Wir lassen nun die Einträge in Gleitkommazahlen umwandeln und lösen das Gleichungssystem $A\vec{x} = \vec{b}$ nochmals, und zwar mit der voreingestellten Stellenzahl 10. Um die Fehler in den einzelnen Komponenten besser vergleichen zu können, lassen wir zusätzlich die Differenz des Gleitkomma-Ergebnisses vom wahren Ergebnis bestimmen.

```
> Digits := 10:
> An10 := map(convert, A, float):  bn10 := map(convert, b, float):
> xn10 := linsolve(An10, bn10):
> diff10 := evalm(x - xn10):
```

Um die Ergebnisse besser vergleichen zu können, lassen wir die Lösungen und die Differenz als Spaltenvektoren in einer Matrix zusammenfassen.

```
> augment(x, xn10, diff10);
```

$$\begin{bmatrix} 4477193 & 4470744.0 & 6449.0 \\ -177976176 & -177760307.9 & -215868.1 \\ 1709082900 & 1707254292.0 & 1828608.0 \\ -6626983440 & -6620547319.0 & -6436121.0 \\ 12123307350 & 12112411970.0 & 10895380.0 \\ -10457392176 & -10448575130.0 & -8817050.0 \\ 3428597172 & 3425857288.0 & 2739884.0 \end{bmatrix}$$

Fairerweise müssen wir hinzufügen, daß bei Erhöhung der Stellenzahl der Fehler schnell klein wird, was aber nichts an dem Problem ändert, daß Sie vor Beginn einer Rechnung entscheiden müssen, welchen Wert Sie `Digits` zuweisen wollen. Falls Sie in die Situation gekommen sind, daß Ihre Matrix Gleitkommaeinträge hat, die Sie in rationale Zahlen konvertieren wollen, wartet das nächste Problem auf Sie, das wir Ihnen am Beispiel unserer Matrix A noch zeigen wollen.

```
> A10rat := map(convert, An10, rational);
```

$$A10rat := \begin{bmatrix} 1 & 1/2 & \frac{3333333333}{10000000000} & 1/4 & 1/5 & \frac{1666666667}{10000000000} & \frac{1428571429}{10000000000} \\ 1/2 & \frac{3333333333}{10000000000} & 1/4 & 1/5 & \frac{1666666667}{10000000000} & \frac{1428571429}{10000000000} & 1/8 \\ \frac{3333333333}{10000000000} & 1/4 & 1/5 & \frac{1666666667}{10000000000} & \frac{1428571429}{10000000000} & 1/8 & \frac{1111111111}{10000000000} \\ 1/4 & 1/5 & \frac{1666666667}{10000000000} & \frac{1428571429}{10000000000} & 1/8 & \frac{1111111111}{10000000000} & 1/10 \\ 1/5 & \frac{1666666667}{10000000000} & \frac{1428571429}{10000000000} & 1/8 & \frac{1111111111}{10000000000} & 1/10 & \frac{9090909091}{100000000000} \\ \frac{1666666667}{10000000000} & \frac{1428571429}{10000000000} & 1/8 & \frac{1111111111}{10000000000} & 1/10 & \frac{9090909091}{100000000000} & \frac{8333333333}{100000000000} \\ \frac{1428571429}{10000000000} & 1/8 & \frac{1111111111}{10000000000} & 1/10 & \frac{9090909091}{100000000000} & \frac{8333333333}{100000000000} & \frac{1923076923}{25000000000} \end{bmatrix}$$

Diese Matrix hat mit der ursprünglichen nicht mehr viel gemeinsam[26], und wenn wir nicht wüßten, wie die Einträge von A lauten, würden wir mit dieser Matrix weiterrechnen.

```
> brat := map(convert, bn10, rational):    linsolve(A10rat, brat):
> augment(x, map(evalf, xrat), map(evalf, evalm(x - xrat)));
```

$$\begin{bmatrix} 4477193 & 4476279.270 & 913.7298802 \\ -177976176 & -177955793.5 & -20382.49601 \\ 1709082900 & 1708985638.0 & 97262.39412 \\ -6626983440 & -6626873502.0 & -109938.2823 \\ 12123307350 & 12123468290.0 & -160935.5945 \\ -10457392176 & -10457771930.0 & 379751.5057 \\ 3428597172 & 3428784518.0 & -187346.3665 \end{bmatrix}$$

Der Fehler tritt übrigens nur wegen der abermaligen Konvertierung auf Gleitkommazahlen auf, wie die Probe zeigt.

```
> evalm(map(evalf, A10rat) &* xrat);
```

$$[-85.1, -54.2, -36.2, -35.3, 97.1, 50.3, 79.3]$$

```
> evalm(A10rat &* xrat);
```

$$[-85, -54, -36, -35, 97, 50, 79]$$

Die jetzt gefundene Lösung ist also in Wahrheit richtig, nur wegen der aufgeblasenen Brüche nicht wiederzuerkennen. In unserem speziellen Fall gewinnen wir übrigens die Originalmatrix zurück, wenn wir den Konvertierungsbefehl abändern und die Anzahl der Ziffern in den Brüchen einschränken,aber bei realen Problemen wissen Sie natürlich nicht, welche Einschränkung sinnvoll ist.

[26] In der Version 3 tritt dieses Phänomen erst auf, wenn Sie `Digits` während der Rechnung verändert oder weitere Rechnungen mit der Matrix durchgeführt haben, weil sich *MapleV* die Herkunft der Einträge merkt und richtig zurückkonvertiert.

```
> map(convert, An10, rational, 4);
```

$$\begin{bmatrix} 1 & 1/2 & 1/3 & 1/4 & 1/5 & 1/6 & 1/7 \\ 1/2 & 1/3 & 1/4 & 1/5 & 1/6 & 1/7 & 1/8 \\ 1/3 & 1/4 & 1/5 & 1/6 & 1/7 & 1/8 & 1/9 \\ 1/4 & 1/5 & 1/6 & 1/7 & 1/8 & 1/9 & 1/10 \\ 1/5 & 1/6 & 1/7 & 1/8 & 1/9 & 1/10 & 1/11 \\ 1/6 & 1/7 & 1/8 & 1/9 & 1/10 & 1/11 & 1/12 \\ 1/7 & 1/8 & 1/9 & 1/10 & 1/11 & 1/12 & 1/13 \end{bmatrix}$$

Es ist also auf jeden Fall ratsam, gegebenenfalls die Probe zu machen.

Welche Konsequenzen soll man aus solchen Beispielen ziehen? Wenn sich die Struktur von Ergebnissen durch Steigerung der Genauigkeit wesentlich verändert wie im vorletzten Beispiel, ist mit Sicherheit Vorsicht geboten und eine genauere Überprüfung angebracht. In manchen Fällen ist es empfehlenswert, die Eingabedaten in rationale Zahlen zu konvertieren. Häufig bietet es sich an, zusätzlich eine Skizze anfertigen zu lassen, um so kritische Situationen erkennen zu können, etwa wenn Nullstellen einer Funktion sehr dicht beieinander liegen, oder wenn bestimmte Integrale einen Wert sehr nahe bei Null haben, obwohl der Integrand positiv ist. Beispiele für solche Vorsichtsmaßnahmen finden Sie in jedem der folgenden Kapitel. Bei kritischen Problemen werden Sie vielleicht zusätzlich eine weitere Bestätigung des Ergebnisses wünschen. Zum einen haben wir festgestellt, daß verschiedene Computeralgebra-Programme hier bei verschiedenen Aufgaben Probleme bekommen – so wird das Gleichungssystem etwa von *Mathematica* problemlos auch bei 10stelliger Genauigkeit ausgeführt, dafür haben wir bei anderen Aufgaben Ungenauigkeiten ähnlichen Ausmaßes gefunden -, so daß die parallele Benutzung eines zweiten CA-Programms eine Möglichkeit einer solchen Bestätigung darstellt. Zum anderen können Sie natürlich auch auf Programme zugreifen, die die Intervallarithmetik benutzen und Ihnen so zusammen mit dem Ergebnis auch Fehlerschranken angeben.

1.4.3 Übungen

1. Lassen Sie sich ausgeben, von welchem Zahltyp die Lösungen der quadratischen Gleichung $x^2 + px + q = 0$ sind, wenn $p \in \{-5, -4, \ldots, 4, 5\}$ und $q \in \{-2, -1, 0, 1, 2\}$ gilt. (Sie sollen sich also nicht die Lösungen ausgeben lassen!)

2. Liegen die Punkte $P_1 = (3, 0, 4), P_2 = (1, 1, 1)$ und $P_3 = (-1, 2, -2)$ auf einer Geraden?

3. Wie liegen die Geraden g_1, g_2 zueinander? g_1 geht durch die Punkte $P_1 = (3, 4, 6)$ und $P_2 = (-1, -2, 4)$; g_2 geht durch die Punkte $P_3 = (3, 7, -2)$ und $P_4 = (5, 15, -6)$. Bestimmen Sie ihren Abstand bzw. Schnittpunkt und Schnittwinkel!

4. Liegen die Punkte $P_1 = (3, 2, 0), P_2 = (1, 1, 1), P_3 = (12, -4, 12)$ und $P_4 = (4, -1, 5)$ auf einer Ebene?

5. Wie liegen die Gerade g und die Ebene E zueinander? g geht durch den Punkt $P_1 = (5, 1, 2)$ mit Richtungsvektor $\vec{a} = (3, 1, 2)$; E geht durch den Punkt $P_2 = (2, 1, 8)$ mit Normalenvektor $\vec{n} = (-1, 3, 1)$. Bestimmen Sie den Abstand bzw. Schnittpunkt und Schnittwinkel!

6. Bestimmen Sie die Schnittgerade und den Schnittwinkel der Ebenen E_1, E_2! E_1 geht durch den Punkt $P_1 = (2, 2, -1)$ mit Normalenvektor $\vec{n} = (1, 0, 1)$; E_2 geht durch den Punkt $P_2 = (-1, 2, -11)$ mit den Richtungsvektoren $\vec{a} = (2, 5, 9)$ und $\vec{b} = (1, 8, -3)$

7. Definieren Sie die Matrix

$$A = \begin{pmatrix} 1 & x_1 & x_1^2 & x_1^3 & \dots & x_1^{n-1} \\ 1 & x_2 & x_2^2 & x_2^3 & \dots & x_2^{n-1} \\ \vdots & \vdots & \vdots & \ddots & \vdots & \\ 1 & x_n & x_n^2 & x_n^3 & \dots & x_n^{n-1} \end{pmatrix}$$

(n natürliche Zahl) Überprüfen Sie Ihre Definition für $n = 5$, berechnen Sie die (Vandermond-)Determinante für $x_1 = 2, x_2 = 3, x_4 = 5, x_5 = 11$ und prüfen Sie nach, ob das Ergebnis mit

$$\prod_{1 \le i < j \le 5} (x_j - x_i)$$

übereinstimmt.

8. Definieren Sie die Matrix

$$A = \begin{pmatrix} 1 & 2 & 3 & 4 & \dots & n-2 & n-1 & n \\ 2 & 3 & 4 & 5 & \dots & n-1 & n & 1 \\ 3 & 4 & 5 & 6 & \dots & n & 1 & 2 \\ \vdots & \vdots & \vdots & \vdots & \ddots & \vdots & \vdots & \vdots \\ n & 1 & 2 & 3 & \dots & n-3 & n-2 & n-1 \end{pmatrix}$$

(n natürliche Zahl) Lassen Sie die Determinante von A berechnen und prüfen Sie nach, daß diese $(-1)^{\frac{n(n-1)}{2}} \dfrac{(n+1)n^{n-1}}{2}$ ist.

9. Definieren Sie die Matrix

$$A = \begin{pmatrix} 1 & 1 & 1 & 1 & \dots & 1 \\ 1 & 2 & 3 & 4 & \dots & n \\ 1 & 2^2 & 3^2 & 4^2 & \dots & n^2 \\ \vdots & \vdots & \vdots & \vdots & \ddots & \vdots \\ 1 & 2^{n-1} & 3^{n-1} & 4^{n-1} & \dots & n^{n-1} \end{pmatrix}$$

(n natürliche Zahl) Lassen Sie die Determinante von A berechnen und prüfen Sie nach, daß diese $1!2!3!4! \cdots (n-1)!$ ist.

2 Differentialrechnung

2.1 Differentialrechnung einer Veränderlichen

2.1.1 Ableiten

Zu einer vorgegebenen differenzierbaren Funktion $y = f(x)$ wird die Ableitung $y' = \dfrac{df}{dx}$ durch den Befehl `diff(y, x);` berechnet. Dabei kann die Funktion f eine *MapleV* bekannte Funktion sein oder von Ihnen definiert werden, und die Variable kann selbstverständlich auch einen anderen Namen haben.

Falls es sich um einen von Ihnen definierten Ausdruck handelt, müssen Sie ihn beim Aufruf genauso nennen wie bei der Definition, d. h. nach der Benennung `a:=x^2;` müssen Sie zur Berechnung der Ableitung `diff(a, x);` eingeben. Haben Sie stattdessen jedoch `b := x -> x^2;` eingegeben, muß der Befehl `diff(b(x), x);` lauten, weil anderenfalls b als Konstante gilt, die die Ableitung Null hat. *MapleV* kennt die üblichen Ableitungsregeln und wendet sie an.

Es spielt in diesem Zusammenhang für *MapleV* keine Rolle, ob das Argument, nach dem Sie ableiten, reell oder komplex ist. Wenn Sie jedoch die Funktion einer komplexen Variablen als Funktion in dem Real- und Imaginärteil der Variablen geschrieben haben, handelt es sich um eine Funktion von 2 Veränderlichen, und Sie sollten beim Ableiten gemäß dem folgenden Abschnitt 2.2 verfahren.
Beispiele:

1. Es ist die Ableitung von $x^3 + 27x^2 + 9x + 16 + \dfrac{7}{x}$ zu berechnen. Da wir diesen Ausdruck noch mehrfach benutzen wollen, erhält er zunächst einen Namen:

```
> a := x^3 + 27 * x^2 + 9 * x + 16 + 7/x;
```

$$a := x^3 + 27\,x^2 + 9\,x + 16 + \frac{7}{x}$$

```
> diff(a, x);
```

$$3\,x^2 + 54\,x + 9 - \frac{7}{x^2}$$

2. Es soll die 1. Ableitung von $x\sin(x)$ berechnet werden:

```
> b1 := x * Sin(x);
```

$$x\,Sin(x)$$

```
> diff(b1, x);
```

$$Sin(x) + x\frac{d}{dx}Sin(x)$$

Diese Antwort werden Sie nicht erwartet haben – sollte *MapleV* etwa die Ableitung von $x\sin(x)$ nicht kennen? Fehler dieser Art gehören zu den häufigsten, die Ihnen im Umgang mit *MapleV* unterlaufen können: alle Funktionsnamen müssen mit kleinem Anfangsbuchstaben eingegeben werden[1], anderenfalls wird die Funktion als unbekannt eingestuft. Korrigieren wir unsere Eingabe:

```
> b := x * sin(x):
```

und lassen die Ableitung berechnen:

```
> diff(b, x);
```

$$\sin(x) + x\cos(x)$$

Der Versuch, einfach `b';` einzugeben, führt übrigens zu der Fehlermeldung

```
> b';

syntax error:
b';
^
```

3. Wir wollen versuchen, die Eingabe des 2. Beispiels zu variieren:

```
> c := x * sin;
```

$$c := x\sin$$

Der Versuch, das Argument wegzulassen, führt trotz der Kleinschreibung nicht zum Erfolg, wie die Ableitung zeigt:

```
> diff(c, x);
```

$$sin$$

d.h. `sin` wird als Konstante aufgefaßt[2]. Auch eine von uns explizit definierte Funktion

```
> b2 := x -> x * sin(x);
```

$$b2 := x \mapsto x\sin(x)$$

wird problemlos abgeleitet, jedoch ist das Ergebnis bei dieser Vorgehensweise keine Funktion:

```
> b2strich := diff(b2(x), x);
```

$$b2strich := \sin(x) + x\cos(x)$$

Wie wir bereits im Kapitel 1 erwähnt haben, unterscheidet *MapleV* zwischen der von Ihnen definierten Funktion $b2(x)$ und einer Konstanten $b2$, wie Sie hier sehen:

---

[1] Bei den Area-Funktionen ist zusätzlich zu dieser von der üblichen Schreibweise abweichenden Regelung zu beachten, daß auch der Name leicht abgewandelt ist zu `arcsinh` etc.

[2] Wenn Sie allerdings wie wir die *MapleV*-Ausgabe über den Befehl `latex` in eine andere Anwendung übertragen, erkennt das System den Namen `sin` als Prozedur!

```
> diff(b2, x);
```

$$0$$

4. Produktregel: Mit `a:=x^3+27*x^2+9*x+16+7/x;` und `b:=xsin(x);` können Sie zur Berechnung von $(ab)'$ eingeben:

```
> diff(a * b, x);
```

$$\left(3\,x^2+54\,x+9-\frac{7}{x^2}\right)x\sin(x)+\left(x^3+27\,x^2+9\,x+16+\frac{7}{x}\right)\sin(x) + \left(x^3+27\,x^2+9\,x+16+\frac{7}{x}\right)x\cos(x)$$

Selbstverständlich können Sie das Produkt auch explizit in den Befehl hineinschreiben, wie wir im 2. Beispiel anhand von b gesehen haben.
Sie können *MapleV* auch direkt nach der Produktregel fragen:

```
> diff(f(x) * g(x), x);
```

$$\left(\frac{d}{dx}f(x)\right)g(x)+f(x)\frac{d}{dx}g(x)$$

5. Quotientenregel: Mit `a := x^3 + 27 x^2 + 9 x + 16 + 7/x;` und `b := x sin(x);` können Sie zur Berechnung von $\left(\frac{a}{b}\right)'$ eingeben:

```
> diff(a/b, x);
```

$$\left(3\,x^2+54\,x+9-\frac{7}{x^2}\right)x^{-1}\sin(x)^{-1} - \left(x^3+27\,x^2+9\,x+16+\frac{7}{x}\right)x^{-2}\sin(x)^{-1}-\left(x^3+27\,x^2+9\,x+16+\frac{7}{x}\right)\cos(x)x^{-1}\sin(x)^{-2}$$

Und falls Sie die Quotientenregel vergessen haben – hier ist sie:

```
> h := diff(f(x)/g(x), x);
```

$$h:=\frac{\frac{d}{dx}f(x)}{g(x)}-\frac{f(x)\frac{d}{dx}g(x)}{g(x)^2}$$

Falls Ihnen dieser Ausdruck etwas merkwürdig erscheint, lassen Sie den Hauptnenner bilden (darauf werden wir im Abschnitt 5.1.3 noch zurückkommen):

```
> normal(h);
```

$$\frac{\left(\frac{d}{dx}f(x)\right)g(x)-f(x)\frac{d}{dx}g(x)}{g(x)^2}$$

6. Kettenregel: Mit `e:=x->x*sin(x):` können Sie zur Berechnung von $(e(e(x)))'$ angeben:

```
> diff(e(e(x)), x);
```

$$\sin(x)\sin(x\sin(x)) + x\cos(x)\sin(x\sin(x)) + x\sin(x)\cos(x\sin(x))\,(\sin(x) + x\cos(x))$$

Die Funktionen können hierbei beliebig tief ineinandergeschachtelt sein. Wer häufig gezwungen ist, die Ableitung mehrfach zusammengesetzter Funktionen zu berechnen, wird *MapleV* bald nicht mehr missen wollen.[3]

Falls Sie eine implizit durch $F(x,y) = 0$ gegebene Funktion $f(x)$ ableiten wollen, müssen Sie sich an die Formel $y'(x) = -\frac{F_x}{F_y}$ erinnern.

```
> F := 4 * x^2 + 3 * y^2 - 5:
```

```
> fstrich := - diff(F, x)/diff(F, y);
```

$$fstrich := -\frac{4\,x}{3\,y}$$

2.1.2 Höhere Ableitungen

Nehmen wir an, Sie benötigen von dem Ausdruck $e = x\sin(x)$ außer der 1. auch noch die 3. Ableitung, so stehen Ihnen zwei Möglichkeiten zur Verfügung:

- Sie können der Reihe nach die 1., 2. und 3. Ableitung ausrechnen lassen, dann erhalten Sie zwar die 2. Ableitung unnötigerweise, müssen sich aber nicht näher mit diesem Abschnitt befassen. Das sieht dann z.B. so aus:

```
> estrich(x_) := diff(e, x);
```

$$estrich := \sin(x) + x\cos(x)$$

```
> e2strich := diff(estrich, x);
```

$$e2strich := 2\,\cos(x) - x\sin(x)$$

```
> e3strich := diff(e2strich, x);
```

$$e3strich := -3\,\sin(x) - x\cos(x)$$

- Sie können die 3. Ableitung auch direkt ausrechnen lassen mit dem Befehl

```
> f := diff(e, x$3);
```

$$f := -3\,\sin(x) - x\cos(x)$$

Dieses Verfahren hat, gerade bei komplizierten Funktionen, den Vorteil, daß Sie nicht in sinnlosen Informationen ertrinken. Selbstverständlich können Sie so auch anstelle der dritten andere höhere Ableitungen ausrechnen lassen. Der abzuleitende Ausdruck kann auch als Funktion definiert sein; das Ergebnis ist dann allerdings ein Ausdruck und keine Funktion. Mit `a:= x -> x^3+27*x^2+9*x+16+7/x;` erhalten Sie für die 4. Ableitung

```
> diff(a(x), x$4);
```

$$\frac{168}{x^5}$$

[3]Falls Sie die übliche mathematische Schreibweise $(e \circ e)(x)$ vorziehen, können Sie auch eingeben `diff((e@e)(x), x);`, d. h. dem Kompositionssymbol $\circ$ entspricht in *MapleV* der Klammeraffe @.

- Es ist übrigens auch möglich, einen entsprechend geschachtelten Befehl zu geben, also etwa

```
> diff(diff(diff(diff(a(x), x), x), x), x);
```

$$\frac{168}{x^5}$$

- Soll das Ergebnis des Ableitens wieder eine Funktion sein, so müssen Sie anstelle von `diff` den Ableitungsoperator `D` verwenden. Dies ist nur selten wirklich erforderlich, etwa beim Lösen von Differentialgleichungen mit Anfangswertvorgabe. Für die Funktion

$$e(x)$$

des Abschnitts 2.1.1 hieße es also zur Berechnung der 1. Ableitung

```
> D(e);
```

$$x \mapsto \sin(x) + x\cos(x)$$

und für die 4. Ableitung

```
> (D@@4)(e);
```

$$x \mapsto -4\cos(x) + x\sin(x)$$

wobei Sie anstelle von (D@@4)(e) auch D(D(D(D(e)))) schreiben könnten.

2.1.3 Anwendungen

Differentiale

Es soll das Differential der Funktion $f(x) = \sqrt{x^4+3}$ an der Stelle $x = 3$ zum Argumentzuwachs $h = 0.01$ berechnet werden:

```
> f := unapply(sqrt(x^4 + 3), x);
```

$$f := x \mapsto \sqrt{x^4+3}$$

```
> fstrich := unapply(diff(f(x), x), x);
```

$$x \mapsto \frac{2\,x^3}{\sqrt{x^4+3}}$$

```
> h := 0.01;
```

$$h := .01$$

```
> dy := fstrich(3) * h;
```

$$dy := 0.006428571429\sqrt{84}$$

```
> numdy := evalf(dy);
```

$$numdy := .05891883037$$

Dieses Verfahren hat den Vorteil, daß Sie den x-Wert direkt einsetzen lassen können, und den Nachteil, daß die Definition von Funktionen relativ kompliziert ist. Daher zum Vergleich der alternative Lösungsweg:

```
> f := sqrt(x^4 + 3);
```

$$f := \sqrt{x^4+3}$$

```
> fstrich := diff(f, x):
```

```
> dy := subs(x = 3, fstrich) * h;
```

$$dy := 0.006428571429\sqrt{84}$$

Krümmung

Es soll die Krümmung der Kurve $y = \sin(x^2)$ als Funktion von x berechnet werden:

```
> g := unapply(sin(x^2), x):
> kruemmung := unapply(diff(g(x), x$2)/sqrt(1 + diff(g(x), x)^2), x);
```

$$kruemmung := x \mapsto \frac{-4\,\sin(x^2)x^2 + 2\,\cos(x^2)}{\sqrt{1 + 4\,\cos(x^2)^2 x^2}}$$

Wäre hier nicht ausdrücklich verlangt, daß die Krümmung als *Funktion* von x darzustellen ist, hätten wir auch eingeben können:

```
> g := sin(x^2);
```

$$g := \sin(x^2)$$

```
> kruemmung := diff(g, x$2)/sqrt(1 + diff(g, x)^2);
```

$$kruemmung := \frac{-4\,\sin(x^2)x^2 + 2\,\cos(x^2)}{\sqrt{1 + 4\,\cos(x^2)^2 x^2}}$$

Extremstellen und Wendepunkte

Es sollen die Extremstellen der Funktion $f(x) = \dfrac{x^2+1}{x^3-1}$ gefunden werden. Bei Aufgaben dieser Art (gleiches gilt natürlich auch für die Berechnung von Wendepunkten) können Sie entweder die exakte Lösung suchen oder nach einer Näherungslösung fragen. Hier gibt es zwei mögliche Vorgehensweisen, da Sie entweder so verfahren können, wie Sie es in Ihrer Mathematikvorlesung gelernt haben oder direkt auf den Befehl `extrema` zugreifen können. Das erste Verfahren hat die Vorteile, daß Sie jeden Schritt nachvollziehen können und auch in schwierigen Fällen zumindest Näherungslösungen finden, dauert jedoch etwas länger. Wir wollen beide Versionen erläutern. Im 1. Fall ist also zunächst die Ableitung $f'(x)$ zu bestimmen:

```
> f := (x^2 + 1)/(x^3 - 1):
> fstrich := diff(f, x);
```

$$fstrich := \frac{2\,x}{x^3-1} - \frac{\left(3\,x^2+3\right)x^2}{(x^3-1)^2}$$

Zur Bestimmung der Nullstellen verwenden Sie den Befehl `solve` (ausführliche Informationen finden Sie im Paragraphen 5.1 des Kapitels 5), wobei Sie *MapleV* die Arbeit erleichtern können, indem Sie den Hauptnenner des Ergebnisses bilden lassen und dann nur die Nullstellen des Zählers suchen. (Auch die Befehle `normal` und `numer` werden im Paragraphen 5.1.3 des Kapitels 5 näher erläutert.) Achten Sie bitte darauf, daß die Ausgabe nicht als Folge von Werten, sondern als Menge erfolgen sollte, damit die numerische Auswertung problemlos abläuft.

```
> f1 := normal(fstrich);
```

$$f1 := -\frac{x\left(x^3+2+3\,x\right)}{(x^3-1)^2}$$

```
> z := numer(f1);
```

$$z := -x\left(x^3+2+3\,x\right)$$

```
> r1 := {solve(z = 0, x)};
```

$$r1 := \left\{ 0, \frac{\sqrt[3]{\sqrt{2}+1}}{2} - \frac{1}{2\sqrt[3]{\sqrt{2}+1}} + \frac{I\sqrt{3}\left(-\sqrt[3]{\sqrt{2}+1} - \frac{1}{\sqrt[3]{\sqrt{2}+1}}\right)}{2}, \right.$$

$$\left. \frac{\sqrt[3]{\sqrt{2}+1}}{2} - \frac{1}{2\sqrt[3]{\sqrt{2}+1}} - \frac{I\sqrt{3}\left(-\sqrt[3]{\sqrt{2}+1} - \frac{1}{\sqrt[3]{\sqrt{2}+1}}\right)}{2}, -\sqrt[3]{\sqrt{2}+1} + \frac{1}{\sqrt[3]{\sqrt{2}+1}} \right\}$$

Falls *MapleV* hier keine Nullstellen findet oder sie in der Form `RootOf` ausgibt, müssen Sie anstelle von `solve` den Befehl `fsolve` verwenden. Seine Syntax ist dieselbe, nur können Sie zusätzlich Optionen angeben, die etwa regeln, ob Sie auch komplexe Nullstellen suchen lassen wollen oder innerhalb welchen Intervalls reelle Nullstellen zu suchen sind. Ein Beispiel finden Sie am Ende dieses Abschnitts; nähere Informationen zur Syntax finden Sie im Abschnitt 5.1.5 des Kapitels 5.

Es bietet sich jetzt der besseren Übersicht halber an, die Nullstellen numerisch ausgeben zu lassen

```
> r1n := evalf(r1);
```

$$r1n := 0, -.5960716386, .2980358193 - 1.807339495I, .2980358193 + 1.807339495I$$

weil so direkt ersichtlich ist, daß lediglich zwei Nullstellen reell sind. Um herauszufinden, ob es sich um Extremstellen handelt und welcher Art sie sind, lassen wir die 2. Ableitung berechnen

```
> f2strich := diff(fstrich, x);
```

$$f2strich := \frac{2}{x^3-1} - \frac{12\,x^3}{(x^3-1)^2} + \frac{\left(18\,x^2+18\right)x^4}{(x^3-1)^3} - \frac{\left(6\,x^2+6\right)x}{(x^3-1)^2}$$

und setzen die gefundenen reellen Nullstellen ein:

```
> seq(simplify(evalc(subs(x = r1n[k], f2strich))), k = 1 .. 2);
```

$$-2, 1.650457678$$

Also liegt bei $x = 0$ ein Maximum vor, der Funktionswert an dieser Stelle ist

```
> subs(x = 0, f);
```

$$-1$$

An der Stelle $x = -0.596072$ liegt ein Minimum mit Funktionswert

```
> subs(x = - 0.596072, f)
```

$$-1.118433799$$

vor.

Anstelle dieser Rechnung können Sie auch den Befehl `extrema` verwenden. Hierzu müssen Sie ihn zunächst bereitstellen lassen, da er nicht zu den internen Funktionen gehört:

```
> readlib(extrema);

proc(fcn,cnstrnts,vars,candidates) ... end
```

Jede Prozedur meldet sich auf diese abgekürzte Weise, solange Sie nicht durch Verwendung von `interface` eingreifen. Der Befehl

```
> interface(verboseproc = 2);
```

bewirkt, daß Sie sich die Prozedur durch Eingabe von `print(extrema);` am Bildschirm ausgeben lassen können – etwa um Programmierbeispiele zu betrachten. Da `extrema` auch zur Bestimmung von Extrema mit Nebenbedingungen benutzt werden kann, ist der Aufruf entsprechend kompliziert. Zur Bestimmung der Extremwerte sind i. a. vier Angaben erforderlich: die Funktion (oder der Ausdruck), deren Minima und Maxima gesucht werden; die eventuell geltenden Nebenbedingungen – falls es keine gibt, ist hier die leere Menge {} einzusetzen –; der Variablenname oder die Menge der Variablennamen; eine Zeichenkette, die den Namen darstellt, unter dem die Extremstellen gespeichert sind. Die Funktionswerte selbst werden direkt nach Ausführung des Befehls ausgegeben

```
> t := extrema((x^2 + 1)/(x^3 - 1), {}, x, 's');
```

$$t := \Big\{\max\Big(-1, \frac{1}{3}(\%4 + \%6 + 2\,\%5 - \%3 - \%2 + 1 + I\sqrt{3})\,\%4\Big) / (-\%5 + \%4 + \%6 + \%3 + \%2 + 2 + 2\sqrt{2} + \%1\Big), -\frac{1}{3}(\%4 + \%6 + 2\,\%5 + \%3 + \%2 + 1 - I\sqrt{3})\,\%4\Big) / \big(\%5 - 2 - 2\sqrt{2} - \%4 - \%6 + \%3 + \%2 + \%1)\big), \min\Big(\frac{1}{3}\,\frac{-\%4 - \%6 + (\%5 - 1)\,\%4}{1 + \sqrt{2} - \%4 - \%6 + \%5}, \frac{1}{3}\big(\%4 + \%6 + 2\,\%5 - \%3 - \%2 + 1 + I\sqrt{3}\big)\,\%4/ \big(-\%5 + \%4 + \%6 + \%3 + \%2 + 2 + 2\sqrt{2} + \%1\big), -\frac{1}{3}\big(\%4 + \%6 + 2\,\%5 + \%3 + \%2 + 1 - I\sqrt{3}\big)\,\%4/ \big(\%5 - 2 - 2\sqrt{2} - \%4 - \%6 + \%3 + \%2 + \%1\big)\Big)\Big\}$$

$$\%1 := I\sqrt{3}\,\big(1 + \sqrt{2}\big)^{2/3}, \quad \%2 := I\,\big(1 + \sqrt{2}\big)^{1/3}\sqrt{3}\sqrt{2}, \quad \%3 := I\,\big(1 + \sqrt{2}\big)^{1/3}\sqrt{3}$$
$$\%4 := \big(1 + \sqrt{2}\big)^{1/3}, \quad \%5 := \big(1 + \sqrt{2}\big)^{2/3}, \quad \%6 := \sqrt{2}\,\big(1 + \sqrt{2}\big)^{1/3}$$

Wie Sie sehen, wird eine Liste von möglichen Minimal- bzw. Maximalwerten ausgegeben, die allerdings auch komplexe Werte enthalten kann und selbst bei einfach aufgebauten Funktionen oft unübersichtlich ist. Es ist daher sinnvoll, sich zusätzlich zu den exakten auch die numerischen Werte ausgeben zu lassen. Leider ist es in der Version 2 im Gegensatz zu den vorangegangenen Fassungen nicht mehr möglich, dies einfach mit `evalf` zu erreichen.

```
> evalf(t);

Error, (in simpl/min) constants must be real
```

Die Kandidaten für Minima sind unter dem Namen `t[1]`, die möglichen Maxima unter `t[2]` jeweils als Menge zusammengefaßt.

```
> mini := seq(evalf(op(i, t[1])), i = 1 .. 3);
```

$$mini := 0.05921689943 + 0.3591012710\,I, -1.118433801, 0.05921689943 - 0.3591012710\,I$$

```
> maxi := seq(evalf(op(i, t[2])), i = 1 .. 3);
```

$$maxi := -1.0, 0.05921689943 + 0.3591012710\,I, 0.05921689943 - 0.3591012710\,I$$

Die komplexen Funktionswerte sind natürlich weder Minimal- noch Maximalwerte, da komplexe Zahlen nicht angeordnet werden können. Daher ist der maximale Funktionswert -1, der minimale -1.118433798, wobei wir noch nicht wissen, an welchen Stellen diese Werte angenommen werden. Diese Information finden wir in s, wobei wir der Einfachheit halber uns gleich die numerischen Werte ausgeben lassen.

```
> evalf(s);
```

$$\{\{x=0\}, \{x=-0.5960716383\}, \{x=0.2980358191+1.807339496\,I\}, \{x=0.2980358191-1.807339496\,I\}\}$$

Welcher x-Wert gehört nun zu welchem Funktionswert? Dies läßt sich leider nur auf eine einzige Art feststellen: indem Sie die Funktionswerte für alle hier aufgeführten Argumente ausrechnen lassen. Wir wollen nicht jeden der Werte einzeln abschreiben, sondern die *MapleV*-Ausgabe direkt benutzen. Da s eine Menge von Mengen ist, deren Elemente jeweils eine Gleichung sind, können wir diese Gleichungen unter den Namen `s[1]` etc. im `subs`-Befehl ansprechen. Die numerischen Ergebnisse lassen wir der Reihe nach berechnen.

```
> seq(evalf(subs(s[i], (x^2 + 1)/(x^3 - 1))), i = 1 .. 4);
```

$$-1.0, -1.118433800, 0.05921689955+0.3591012710\,I, 0.05921689955-0.3591012710\,I$$

Damit ist klar, daß in $x = 0$ das Minimum, in $x = 1$ das Maximum liegt. Diese etwas unbequeme Vorgehensweise ist einer der Gründe, warum wir den direkten Weg vorziehen. Ein weiterer ist die Tatsache, daß `extrema` nicht in jedem Fall erfolgreich ist. So findet *MapleV* etwa für die Funktion $\sin(x)$ lediglich den maximalen Funktionswert an der Stelle $\frac{\pi}{2}$.

```
> extrema(sin(x), {}, x, 's');
```

$$1$$

```
> s;
```

$$\left\{\left\{x=\frac{\pi}{2}\right\}\right\}$$

und im folgenden Beispiel ist das Ergebnis völlig falsch, wie auch das Bild zeigt, da in $x = 0$ ein Wendepunkt vorliegt.

```
> extrema((x - sin(x))/(x + cos(x)), {}, x, 's');
```

$$0$$

```
> s;
```

$$\{\{x=0\}\}$$

```
> plot((x - sin(x))/(x + cos(x)), x = - 5 .. 5);
```

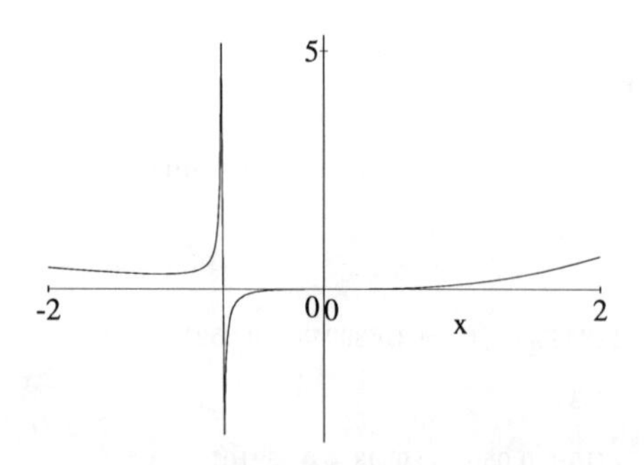

Bild 2.1 Die Funktion $\dfrac{x-\sin x}{x+\cos x}$ hat im Nullpunkt kein Extremum

Wenn Sie ein wenig in der Liste der Bibliotheksfunktionen blättern, werden Sie wahrscheinlich die Befehle `minimize` und `maximize` finden und versucht sein, sie auf Extremalprobleme anzuwenden. Beide Funktionen werden durch

```
> readlib(minimize):
```

aufgerufen und benötigen als Eingabe den Ausdruck, dessen Minima/Maxima gesucht sind, sowie die Variablen, bezüglich derer die Extremwerte zu finden sind.

```
> tmin := minimize((x^2 + 1)/(x^3 - 1), x):

Error, (in minimize) invalid arguments for minimize
```

Die Fehlermeldung beim Aufruf beruht auf der Tatsache, daß es im Gegensatz zu `extrema` zwingend erforderlich ist, die Variablen als Menge einzugeben.

```
> tmin := minimize((x^2 + 1)/(x^3 - 1), {x});
```

$$tmin := -\infty$$

Das Ergebnis zeigt, daß hier das globale Minimum der Funktion gefunden wurde. Analog liefert

```
> tmax := maximize((x^2 + 1)/(x^3 - 1), {x});
```

$$tmax := \infty$$

das globale Maximum der Funktion, ist also zum Auffinden relativer Extrema hier nicht geeignet. Anders verhält es sich bei einer (differenzierbaren) Funktion wie $\sin(x)$; allerdings erhalten Sie nicht die x-Werte, an denen das Minimum auftritt.

```
> minimize(sin(x), {x});
```

$$-1$$

Bei nicht-differenzierbaren Funktionen hüllt sich *MapleV* in Schweigen.

```
> minimize(abs(x), {x});

>
```

Anhand der Extrema der Funktion $x \cdot \sin(2 \cdot x)$ im Intervall $[0, 2\pi]$ wollen wir Ihnen zeigen, wie Sie in schwierigen Fällen Extremwerte bestimmen können. Eine Zeichnung zeigt, daß im Intervall $[0, 2\pi]$ vier Extremstellen vorliegen.

```
> f := x * sin(2 * x);
```

$$f := x \sin(2\,x)$$

```
> plot(f, x = 0 .. 2 * Pi);
```

Wir lassen also die 1. Ableitung berechnen und ihre Nullstellen suchen. Die Antwort $x = 0$ ist zwar richtig, gehört jedoch zu einem Wendepunkt, und die übrigen Nullstellen werden nicht gefunden.

```
> f1 := diff(f, x);
```

$$f1 := \sin(2\,x) + 2\,x\cos(2\,x)$$

```
> solve(f1 = 0, x);
```

$$0$$

Aufgrund der Zeichnung wissen wir, daß die vier Extrema in den Intervallen $[0, 2]$, $[2, 3]$, $[3, 4]$ sowie $[5, 6]$ liegen. Daher benutzen wir den numerischen Gleichungslöser `fsolve` mit der Intervalloption und finden so die Nullstellen.

```
> n1 := fsolve(f1 = 0, x, x = 0 .. 2);
```

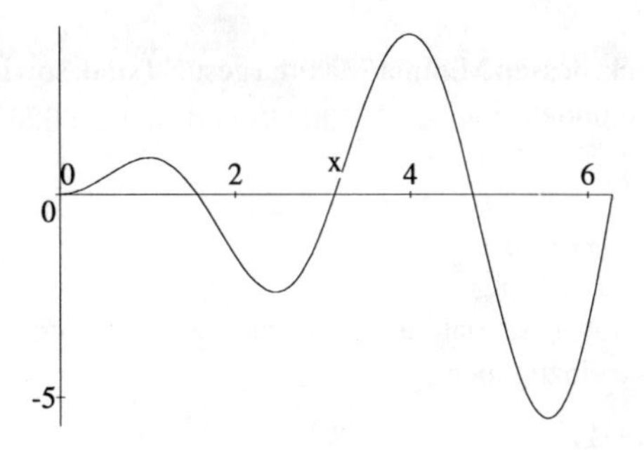

Bild 2.2 Die Extrema von $x\sin(2\,x)$ im Intervall $[0, 2\pi]$

$$n1 := 1.014378919$$

```
> n2 := fsolve(f1 = 0, x, x = 2 .. 3);
```

$$n2 := 2.456590220$$

```
> n3 := fsolve(f1 = 0, x, x = 3 .. 4);
```

$$n3 := 3.989332856$$

```
> n4 := fsolve(f1 = 0, x, x = 5 .. 6);
```

$$n4 := 5.542769203$$

Um die gefundenen Kandidaten bequem in die 2. Ableitung einsetzen lassen zu können, fassen wir sie zusammen. Dabei macht es theoretisch keinen Unterschied, ob dies in einer Menge oder einer Liste geschieht, jedoch wird bei einer Menge die Reihenfolge der Elemente intern festgelegt und stimmt nicht unbedingt mit der von Ihnen gewählten überein, während bei einer Liste die von Ihnen eingegebene Reihenfolge erhalten bleibt.

```
> set := {n1, n2, n3, n4};
```

$$set := \{3.989332856, 2.456590220, 5.542769203, 1.014378919\}$$

```
> list := [n1, n2, n3, n4];
```

$$list := [1.014378919, 2.456590220, 3.989332856, 5.542769203]$$

Wir lassen also die 2. Ableitung berechnen und die Kandidaten für Extremstellen der Reihe nach einsetzen.

```
> f2:=diff(f1,x);
```

$$f2 := 4\cos(2\,x) - 4\,x\sin(2\,x)$$

```
> seq(subs(x = list[i], f2), i = 1 .. 4);
```

$$\begin{gathered}4\cos(2.028757838) - 4.057515676\sin(2.028757838),\\ 4\cos(4.913180440) - 9.826360880\sin(4.913180440),\\ 4\cos(7.978665712) - 15.95733142\sin(7.978665712),\\ 4\cos(11.08553841) - 22.17107681\sin(11.08553841)\end{gathered}$$

Günstiger ist es allerdings, wenn Sie sich gleich die numerischen Werte ausgeben lassen.

```
> seq(evalf(subs(x = list[i], f2)), i = 1 .. 4);
```

$$-5.407893854, 10.42671959, -16.33089982, 22.44078729$$

Damit liegen in 1.014378919 und 3.989332856 Maxima, in 2.456590220 und 5.542769203 Minima vor, die Funktionswerte sind:

```
> seq(evalf(subs(x=list[i],f)),i=1..4);
```

$$.9098528706, -2.407234945, 3.958363686, -5.520354006$$

Kurven in Parameterdarstellung

Ist die von Ihnen betrachtete Kurve in Parameterform $x = x(t), y = y(t)$ gegeben, so müssen Sie zur Berechnung von $\frac{dy}{dx}$ die Formel $y'(x) = \frac{\dot{y}}{\dot{x}}$ verwenden, also z. B. für die Zykloide

$$x(t) = 3(t - \sin t) \qquad y(t) = 3(1 - \cos t)$$

ergibt sich

```
> x:=3*(t-sin(t)): y:=3*(1-cos(t)):

Error, use union and minus for sets
```

Über diese etwas kryptische Fehlermeldung werden Sie wahrscheinlich eine ganze Weile nachdenken: wo ist hier eine Menge versteckt? Vielleicht erinnern Sie sich: Beim Aufruf von Extrema hatten wir die Extremwerte unter dem Namen `t` speichern lassen. Zur Vermeidung solcher Fehlermeldungen empfiehlt sich also eine gewisse Disziplin bei der Vergabe von Namen, z. B. Ergebnisse stets mit Großbuchstaben beginnen lassen. Falls Sie sich nicht mehr erinnern sollten, was der Anlaß einer solchen Fehlermeldung ist, können Sie sich mit `print(t)` oder `whattype(t)` helfen. Wir benennen die Variable einfach um und fahren fort.

```
> x := 3 * (T - sin(T)):

> y := 3 * (1 - cos(T)):

> ystrich := diff(y, T)/diff(x, T);
```

$$ystrich := \frac{3\ \sin(T)}{3 - 3\ \cos(T)}$$

Wie kann man nun die Ableitung als Funktion der Variablen x bzw. y schreiben? Dies ist im allgemeinen ein schwieriges Problem, weil Sie die Variable T als Funktion von x bzw. y ausdrücken müssen, was häufig nicht möglich ist. Wir probieren also zunächst aus, T als Funktion von x zu schreiben. Um zu verhindern, daß `solve` durch direktes Einsetzen dabei die triviale Gleichung $0 = 0$ findet, verwenden wir einen Großbuchstaben.

```
> solve(X=3*(T-sin(T)),T);
>

> print(X);
```

$$X$$

Da *MapleV* erfolglos ist, versuchen wir es mit Y:

```
> solve(Y=3*(1-cos(T)),T);
```

$$\pi - \arccos(\frac{Y}{3} - 1)$$

Nun können wir diesen Wert für T in die Ableitung einsetzen lassen.

```
> subs(T=",ystrich);
```

$$\frac{3\sin(\pi - \arccos(\frac{Y}{3} - 1))}{3 - 3\cos(\pi - \arccos(\frac{Y}{3} - 1))}$$

Aus Ihren Mathematikvorlesungen kennen Sie wahrscheinlich die Tricks, wie ein solcher Ausdruck unter Verwendung der zwischen den trigonometrischen Funktionen bestehenden Relationen vereinfacht werden kann. Wir überlassen diese Arbeit *MapleV*.

```
> simplify(",trig);
```

$$\frac{\sqrt{-Y^2 + 6Y}}{Y}$$

Und das dürfen Sie nicht

Natürlich kann auch *MapleV* nicht mehr als die Mathematiker, und daher ist es verboten, nicht differenzierbare Funktionen ableiten zu wollen, allerdings überläßt *MapleV* es gelegentlich Ihnen, dies festzustellen. Die Funktion $|x|$ hat für positive x-Werte die Ableitung $+1$, für negative x-Werte die Ableitung -1 und ist nicht differenzierbar in $x = 0$.

```
> diff(abs(x),x);
```

$$\frac{|x|}{x}$$

Die angegebene Funktion ist im Nullpunkt nicht definiert und hat außerhalb die gewünschten Eigenschaften. Mit selbstgebastelten nicht ableitbaren Funktionen ist die Reaktion von *MapleV* teilweise problematisch, wie Sie z. B. mit der Treppenfunktion

$$treppe(x) := \begin{cases} 3 & \text{falls } x \geq 2 \\ 1 & \text{falls } x < 2 \end{cases}$$

ausprobieren können.

```
> treppe := proc(Z);
>           if Z < 2 then 1 else 3 fi;
> end;

treppe := proc(Z) if Z < 2 then 1 else 3 fi end
```

Diese Funktion ist an der Stelle $Z = 2$ nicht differenzierbar, da hier eine Sprungstelle vorliegt. Die *MapleV*-Antwort ist irritierend

```
> diff(treppe(Z),Z);

Error, (in treppe) cannot evaluate boolean
```

Falls Sie nun auf die Idee kommen, in solchen Fällen sich durch die Frage nach der Stetigkeit der Funktion Gewißheit zu verschaffen, werden Sie ebenfalls enttäuscht, da `iscont` nur auf Polstellen (=Unendlichkeitsstellen) des Arguments oder der Funktion überprüft und solche bei unserer Funktion nicht vorliegen.

```
> iscont(treppe(Z), Z=0..5);
```

```
Error, (in treppe) cannot evaluate boolean
```

In diesem Fall können Sie sich noch über `plot(treppe, Z = 0 .. 5);` mit einer Zeichnung helfen, kombiniert mit dem Wissen, daß in Sprungstellen keine Tangente und damit keine Ableitung existiert. Schwieriger wird es im folgenden Fall: wir setzen die Funktion e^{-1/x^2} einmal stetig in den Nullpunkt fort durch den Funktionswert 0, einmal unstetig durch den Funktionswert 10.

```
> super1 := proc(x);
>     if x = 0 then 0 else exp(-1/x^2) fi;
> end:

> super2 := proc(x);
>     if x = 0 then 10 else exp(-1/x^2) fi;
> end:
```

Die Frage nach der Stetigkeit dieser Funktionen im abgeschlossenen Intervall $[0, 1]$ wird in beiden Fällen erwartungsgemäß mit `true` beantwortet, da hier für *MapleV* Sprungstellen nicht zählen, witzigerweise wird auf die Frage nach der Stetigkeit der (stetigen) Funktion im Intervall $]-1, 1[$ jedoch `false` ausgegeben.

```
> iscont(super1(x), x = 0 .. 1, 'closed');
```

$$true$$

```
> iscont(super2(x), x = 0 .. 1, 'closed');
```

$$true$$

```
> iscont(super1(x), x = - 1 .. 1);
```

$$false$$

Auch die Zeichnung hilft bei einer isolierten Unstetigkeitsstelle nicht weiter.

```
> plot(super1(x), x = - 1 .. 1, title = `(a)`);
> plot(super2(x), x = - 1 .. 1, title = `(b)`);
```

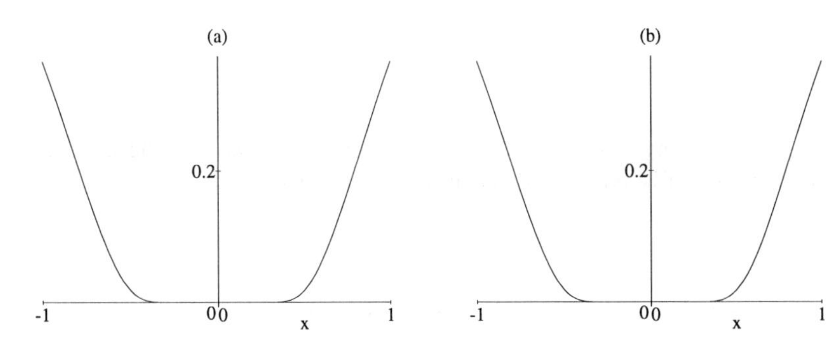

Bild 2.3 Daß in (b) eine Sprungstelle vorliegt, ist nicht zu sehen

In beiden Fällen wird die Ableitung berechnet, obwohl die zweite Funktion im Nullpunkt nicht differenzierbar ist.

```
> diff(super1(x), x);
```

$$2\,\frac{e^{-x^{-2}}}{x^{-3}}$$

```
> diff(super2(x), x);
```

$$2\,\frac{e^{-x^{-2}}}{x^{-3}}$$

Da solche Sprungstellen immer dann auftauchen können, wenn eine Funktion fallweise definiert ist, empfehlen wir Ihnen, in solchen Fällen mit `limit` das Verhalten in den Randpunkten prüfen zu lassen. Bei Treppenfunktionen führt dieser Versuch zu der uns schon bekannten Fehlermeldung

```
> limit(treppe(Z), Z = 2, right);

Error, (in treppe) cannot evaluate boolean
```

was aber nicht weiter problematisch ist, da wir uns hier mit der Zeichnung behelfen können. Für isolierte Sprungstellen dagegen ist dieses Vorgehen erfolgreich: bei unserer stetig in den Nullpunkt fortgesetzten Funktion stimmen der rechts- und der linksseitige Grenzwert miteinander sowie mit dem Funktionswert in 0 überein.

```
> limit(super1(x), x = 0, right);
```

$$0$$

```
> limit(super1(x), x = 0, left);
```

$$0$$

```
> super1(0);
```

$$0$$

Bei der unstetig in Null fortgesetzten Funktion stimmen zwar rechts- und linksseitiger Grenzwert miteinander überein, jedoch nicht mit dem Funktionswert in diesem Punkt.

```
> limit(super2(x), x = 0, right);
```

$$0$$

```
> limit(super2(x), x = 0, left);
```

$$0$$

```
> super2(0);
```

$$10$$

Falls *MapleV* die Eingabe unverändert wieder ausgibt, könnte es sein, daß die angegebene Funktion nicht differenzierbar ist oder von Ihnen noch nicht definiert wurde.

```
> diff(signum(x), x);
```

$$\mathit{signum}(1, x)$$

Das ist die *MapleV*-Formulierung der 1. Ableitung dieser Funktion, wie Sie in der interaktiven Hilfe sehen können. Vorsicht ist also geboten:

- wenn die Ausgangsfunktion fallweise definiert ist – hier ist auf jeden Fall eine genauere Untersuchung für die Randpunkte erforderlich;
- wenn das Ergebnis 0 ist, Ihre Funktion aber keine Konstante ist – vielleicht haben Sie vergessen, das Argument dazuzusetzen;
- wenn die Ausgabe mit der Eingabe übereinstimmt – vielleicht haben Sie vergessen, die Eingabe zu definieren.

2.2 Differentialrechnung mehrerer Veränderlicher

2.2.1 Partielle Ableitungen

Beim partiellen Ableiten einer Funktion von mehreren Veränderlichen nach einer der Variablen werden alle anderen Veränderlichen als konstant angesehen, daher können Sie für die partielle Ableitung den Befehl `diff` benutzen:

```
> f := x * sin(y) + y * z * cos(x) + z * sin(x) * cos(y);
```

$$f := x\sin(3-3\cos(T)) + (3-3\cos(T))\,z\cos(x) + zsin(x)\cos(3-3\cos(T))$$

```
> f_x := diff(f, x);
```

$$f\_x := \sin(y) - yz\sin(x) + z\cos(x)\cos(y)$$

```
> f_y := diff(f, y);
```

$$f\_y := x\cos(y) + z\cos(x) - z\sin(x)\sin(y)$$

```
> f_z := diff(f, z);
```

$$f\_z := y\cos(x) + \sin(x)\cos(y)$$

Wieviele Variable Ihre Funktion hat und wie diese Variablen heißen, ist Ihnen und Ihren Problemen überlassen. Benötigen Sie bei einer Funktion von 3 Veränderlichen sämtliche partiellen Ableitungen, so empfiehlt es sich, diese auf einmal ausrechnen zu lassen, da mit dem Gradienten der Funktion meist noch sinnvoll weitergerechnet werden kann. Hierfür müssen Sie folgendermaßen vorgehen (nähere Informationen finden Sie im Paragraphen 2.5).

```
> with(linalg):

Warning: new definition for norm
Warning: new definition for trace

> gradient_f := grad(f, [x, y, z]);
```

$$gradient\_f := [\sin(y) - yz\sin(x) + z\cos(x)\cos(y), x\cos(y) + z\cos(x) - z\sin(x)\sin(y),\\ y\cos(x) + \sin(x)\cos(y)]$$

Mit dem Vektor `gradient_f` können Sie nun weiterarbeiten; benötigen Sie in einer Folgerechnung nur die partielle Ableitung nach y, so können Sie diese mit `gradient_f[2]` ansprechen. Zur Berechnung höherer partieller Ableitungen wie etwa $f_{yx} = \dfrac{\partial^2 f}{\partial x \partial y}$ können Sie der Reihe nach vorgehen, also etwa

```
> f_yx := diff(diff(f, y), x);
```

$$f\_yx := \cos(y) - z\sin(x) - z\cos(x)\sin(y)$$

Sie können stattdessen aber auch direkt eingeben:

```
> f_yx_1 := diff(f, y, x);
```

$$f\_yx\_1 := \cos(y) - z\sin(x) - z\cos(x)\sin(y)$$

Die Reihenfolge der Variablen ändert sich also bei den unterschiedlichen Eingabemethoden nicht! Falls Sie die Differentiationsreihenfolge nicht beachten, kann dies nach dem Satz von Schwarz zu Fehlern führen, wenn die 2. partiellen Ableitungen nicht stetig sind. Dies zeigt sich etwa in folgendem Fall:

```
> h := x * y * (x^2 - y^2) / (x^2 + y^2);
```

$$h := \frac{xy\left(x^2 - y^2\right)}{x^2 + y^2}$$

```
> h_yx := normal(diff(h, y, x)):
> h_xy := normal(diff(h, x, y)):
```

Man kann für (x, y) hier nicht einfach den Nullpunkt einsetzen, weil dabei formal durch 0 geteilt werden müßte, daher lassen wir jeweils den Grenzwert ausrechnen (nähere Informationen finden Sie im Paragraphen 2.3, wenn wir uns dem Nullpunkt auf einer der Achsen nähern:

```
> h_xy_0 := limit(subs(x = 0, h_xy), y = 0);
```

$$h\_xy\_0 := -1$$

```
> h_yx_0 := limit(subs(y = 0, h_yx), x = 0);
```

$$h\_yx\_0 := 1$$

Sie können auch direkt versuchen, den zweidimensionalen Grenzwert zu berechnen:

```
> limit(h_xy, {x = 0, y = 0});
```

$$undefined$$

Die Richtungsableitung von $f(\vec{x})$ in Richtung $\vec{v}$ berechnen Sie gemäß

$$f_{\vec{v}} = \operatorname{grad}(f) \cdot \frac{\vec{v}}{\|\vec{v}\|}\,.$$

Falls der Richtungsvektor also bereits normiert ist, erhalten Sie die Richtungsableitung durch den Befehl

```
> f_v := dotprod (grad(f, [x, y, z]), vector([v1, v2, v3]));
```

$$f_v := (\sin(y) - yz\sin(x) + z\cos(x)\cos(y))\, v1 + (x\cos(y) + z\cos(x) - z\sin(x)\sin(y))\, v2 + (y\cos(x) + \sin(x)\cos(y))\, v3$$

Anderenfalls müssen Sie ihn erst normieren.

```
> v := vector([v1, v2, v3]);
```

$$v := [v1, v2, v3]$$

```
> v_betrag := sqrt(sum(v[i]^2, i=1..3));
```

$$v\_betrag := \sqrt{v1^2 + v2^2 + v3^2}$$

```
> v_normiert := scalarmul(v, 1 / v_betrag);
```

$$v\_normiert := \left[\frac{v1}{\sqrt{v1^2 + v2^2 + v3^2}}, \frac{v2}{\sqrt{v1^2 + v2^2 + v3^2}}, \frac{v3}{\sqrt{v1^2 + v2^2 + v3^2}}\right]$$

bevor Sie die Richtungsableitung berechnen lassen können.

```
> f_v := dotprod( grad(f, [x, y, z]), v_normiert);
```

$$f\_v := \frac{(\sin(y) - yz\sin(x) + z\cos(x)\cos(y))\, v1}{\sqrt{v1^2 + v2^2 + v3^2}} + \frac{(x\cos(y) + z\cos(x) - z\sin(x)\sin(y))\, v2}{\sqrt{v1^2 + v2^2 + v3^2}} + \frac{(y\cos(x) + \sin(x)\cos(y))\, v3}{\sqrt{v1^2 + v2^2 + v3^2}}$$

Selbstverständlich können Sie die Normierung mit einem (etwas längeren) Befehl auch direkt einsetzen lassen. Das sieht dann so aus:

```
> f_v := dotprod( grad(f, [x, y, z]),
>              scalarmul(v, 1 / sqrt(sum(v[i]^2, i = 1 .. 3)))):
```

wobei wir das Ergebnis nicht noch einmal ausgeben lassen, weil wir es bereits kennen.

2.2.2 Die totale Ableitung und ihre Anwendungen

Das totale Differential

$$df(\vec{x}) = \text{grad}\,(f) \cdot d\vec{x}$$

erhalten Sie am einfachsten durch die geeignete Übertragung dieser Formel in *MapleV*, wie folgendes Beispiel mit `a := x^2 + y^3 + z^4;` zeigt:

```
> da := dotprod( grad(a, [x, y, z]), vector([dx, dy, dz]));
```

$$da := 2\,x\,dx + 3\,y^2\,dy + 4\,z^3\,dz$$

d. h. Sie müssen darauf achten, den Vektor $d\vec{x}$ in der Form `vector([dx, dy, dz])` einzugeben. Falls Sie mit Differentialformen arbeiten wollen oder müssen, erreichen Sie dasselbe, wenn Sie zunächst das Paket `difforms` laden und mit Hilfe des Befehls `defform` die Namen der Variablen in folgender Form angeben:

```
> with(difforms):

> defform(x = 0, y = 0, z = 0);
```

Dies bedeutet, daß x, y, z Formen vom Grad 0 sind. Nun können Sie das Differential berechnen lassen.

```
> d(a);
```

$$2\,x d(x) + 3\,y^2 d(y) + 4\,z^3 d(z)$$

Alle Anwendungen des totalen Differentials beruhen auf der Idee, daß in erster Näherung das totale Differential den Funktionszuwachs in einer kleinen Umgebung eines vorgegebenen Punktes beschreibt. Dies wollen wir anhand von 3 Beispielen erläutern.

- In einer kleinen Umgebung des Punktes $(x_0, y_0) = (1, 3)$ wird die Funktion $f(x, y) = x^y = e^{y \cdot \ln(x)}$ angenähert durch

  $$z = f(x_0, y_0) + f_x(x_0, y_0)(x - x_0) + f_y(x_0, y_0)(y - y_0)\ ,$$

  also

```
> f := x^y:   x0 := 1:   y0 := 3:

> f_x := diff(f, x); f_y := diff(f, y);
```

$$f\_x := \frac{x^y\,y}{x}$$
$$f\_y := x^y \ln(x)$$

```
> z := subs({x = x0, y = y0}, f) + subs({x = x0,y = y0},f_x)*(x - x0)
>     + subs({x = x0, y = y0},f_y) * (y - y0);
```

$$z := -2 + 3\,x + \ln(1)(y - 3)$$

```
> simplify(z);
```

$$-2 + 3\,x$$

Um uns eine Vorstellung von der Genauigkeit dieser Rechnung zu machen, berechnen wir den angenäherten Funktionswert im Punkt $(1.02, 3.01)$:

```
> subs({x = 1.02, y = 3.01}, ");
```

$$1.06$$

Der wahre Funktionswert an dieser Stelle beträgt 1.061418168...

- Wird aufgrund von Meßfehlern statt der wahren Variablen $\vec{x}_0$ die Variable $\vec{x}$ zur Berechnung von $f(\vec{x})$ benutzt, so ist nach dem Gaußschen Fehlerfortpflanzungsgesetz der mittlere absolute Fehler bestimmt durch

$$|df(\vec{x}_0)| \approx \sqrt{\sum_{i=1}^{n}(\frac{\partial f(\vec{x}_0)}{\partial x_i}\Delta x_i)^2}$$

wobei Δx_i die Differenz der i-ten Komponenten von $\vec{x_0}$ und $\vec{x}$ ist. Im obigen Beispiel mit $x_0 = 1.02$ und $y_0 = 3.06$, $\Delta x = 0.02$, $\Delta y = 0.06$ (also einem Meßfehler von 2%) ergibt sich für den mittleren absoluten Fehler

```
> u := sqrt( (subs({x = 1.02, y = 3.06}, f_x) * 0.02)^2 +
>            (subs({x = 1.02, y = 3.06}, f_y) * 0.06)^2);
```

$$u := \sqrt{.004063830188 + .004063830188\ \ln(1.02)^2}$$

```
> evalf(u);
```

$$.06376067593$$

d. h. der relative Fehler beträgt etwa 6%.

- Die Tangentialebene an eine Niveaufläche $f(x, y, z) = c$ einer total differenzierbaren Funktion $f(x, y, z)$ im Punkt (x_0, y_0, z_0) geben Sie am einfachsten in der Normalform

$$f_x((x_0, y_0, z_0)(x - x_0) + f_y(x_0, y_0, z_0)(y - y_0) + f_z(x_0, y_0, z_0)(z - z_0) = 0$$

bzw.

$$\mathrm{grad}\,(f(x_0, y_0, z_0)) \cdot (x - x_0, y - y_0, z - z_0) = 0$$

an und können, wenn Sie wollen, diese Form nach einer der Variablen auflösen lassen:

```
> gradi := grad(x^2 * y * z^3, [x, y, z]);
```

$$\mathrm{grad}\,i := [2\,xyz^3, x^2z^3, 3\,x^2yz^2]$$

```
> x0 := 1: y0 := 2: z0 := 3:
```

Es ist nun allerdings nicht ganz einfach, Werte für x, y, z in den Gradienten einsetzen zu lassen, da der Befehl subs grundsätzlich nur auf *einen* Ausdruck angewandt werden kann. Wenn Sie also versuchen würden, direkt einsetzen zu lassen, würde gar nichts geschehen (nicht einmal eine Fehlermeldung wird ausgegeben).

```
>   subs({x = x0, y = y0, z = z0}, gradi);
```

$$\mathrm{grad}\,i$$

Wenn Sie dagegen nur in eine Komponente einsetzen lassen, führt dies zum Erfolg.

```
>   subs({x = x0, y = y0, z = z0}, gradi[1]);
```

$$108$$

Daher ist es am einfachsten, durch Verwendung von `seq` in alle Komponenten des Gradienten einsetzen zu lassen, und das Ergebnis in einer Liste zusammenzufassen, da die Komponenten eines Vektors stets eine Liste darstellen.

```
> gradi_123 := [seq(  subs({x = x0, y = y0, z = z0}, gradi[k]),
>                                                     k = 1..3)];
```

$$grad\,i\_123 := [108, 27, 54]$$

Nun können wir die Tangentialebene leicht bestimmen lassen.

```
> tangential := dotprod(  vector( gradi_123),
>                         vector([x - x0, y - y0, z - z0]));
```

$$tangential := 108\,x - 324 + 27\,y + 54\,z$$

Um die Tangentialebene in einer üblichen Form darzustellen, lassen wir nach z auflösen.

```
> solve(tangential = 0, z);
```

$$-2\,x + 6 - \frac{1}{2}\,y$$

2.2.3 Höhere Ableitungen

Für hinreichend oft stetig differenzierbare Funktionen mehrerer Veränderlicher gibt es eine Verallgemeinerung der Taylorformel, wobei das Taylorpolynom 2. Grades eine besonders wichtige Rolle spielt, weil es u. a. zur Berechnung der Schmiegequadrik an die Fläche $z = f(x, y)$ benutzt wird. Hierbei wird die Hesse-Matrix

$$H_f(\vec{x}) = (f_{x_i x_j}(\vec{x})) \tag{2.1}$$

benötigt. Ist f eine Funktion von 2 oder 3 Variablen, können Sie sie natürlich direkt angeben

```
> hesse_1 := matrix(3,3,
> [diff(f(x,y,z),  x$2), diff(f(x,y,z), x, y), diff(f(x,y,z), x, z),
>  diff(f(x,y,z), y, x), diff(f(x,y,z),  y$2), diff(f(x,y,z), y, z),
>  diff(f(x,y,z), z, x), diff(f(x,y,z), z, y), diff(f(x,y,z), z$2)]):
```

aber dieses Verfahren ist mühsam und anfällig gegen Tippfehler. Es ist einfacher, wenn Sie den Befehl `hessian` verwenden, der Ihnen die Hesse-Matrix direkt liefert.

```
> hesse_2 := hessian(f(x, y, z), [x, y, z]);
```

$$hesse\_2 := \begin{bmatrix} \frac{\partial^2}{\partial x^2} f(x,y,z) & \frac{\partial^2}{\partial x \partial y} f(x,y,z) & \frac{\partial^2}{\partial z \partial x} f(x,y,z) \\ \frac{\partial^2}{\partial x \partial y} f(x,y,z) & \frac{\partial^2}{\partial y^2} f(x,y,z) & \frac{\partial^2}{\partial z \partial y} f(x,y,z) \\ \frac{\partial^2}{\partial z \partial x} f(x,y,z) & \frac{\partial^2}{\partial z \partial y} f(x,y,z) & \frac{\partial^2}{\partial z^2} f(x,y,z) \end{bmatrix}$$

Wir wollen die Hesse-Matrix für ein Beispiel ausrechnen, und wählen hierfür die Funktion $f(x, y, z) = x \cdot \sin(y) \cdot \cosh(z)$.

```
> f := x * sin(y) * cosh(z):
> hesse_f := hessian(f, [x, y, z]);
```

$$\mathit{hesse\_f} := \begin{bmatrix} 0 & \cos(y)\cosh(z) & \sin(y)\sinh(z) \\ \cos(y)\cosh(z) & -x\sin(y)\cosh(z) & x\cos(y)\sinh(z) \\ \sin(y)\sinh(z) & x\cos(y)\sinh(z) & x\sin(y)\cosh(z) \end{bmatrix}$$

Zur Berechnung des quadratischen Anteils der Schmiegequadrik benötigen wir die Hesse-Matrix im Punkt x_0. Wir wählen z. B. $x_0 = (1, 2, 3)$ und setzen ein, wobei wiederum zu beachten ist, daß nur komponentenweise eingesetzt werden darf. Wenn Sie den Versuch unternehmen, die Komponenten einfach durchzunumerieren, quittiert *MapleV* dies mit einer Fehlermeldung:

```
> komp := [seq(subs({x = 1, y = 2, z = 3}, hesse_f[i]), i = 1 .. 9)];

Error, index incompatible with bounds
```

Wir sind also gezwungen, hier zwei Sequenzen ineinanderzuschachteln:

```
> komp := [seq(seq(subs({x = 1, y = 2, z = 3}, hesse_f[i,j]),
>            i = 1 .. 3), j = 1 .. 3)];
```

$$\mathit{komp} := [0, \cos(2)\cosh(3), \sin(2)\sinh(3), \cos(2)\cosh(3), -\sin(2)\cosh(3), \cos(2)\sinh(3), \sin(2)\sinh(3), \cos(2)\sinh(3), \sin(2)\cosh(3)]$$

und können nun die Hessesche im gewünschten Punkt definieren:

```
> hesse_f_123 := matrix(3, 3, komp);
```

$$\mathit{hesse\_f\_123} := \begin{bmatrix} 0 & \cos(2)\cosh(3) & \sin(2)\sinh(3) \\ \cos(2)\cosh(3) & -\sin(2)\cosh(3) & \cos(2)\sinh(3) \\ \sin(2)\sinh(3) & \cos(2)\sinh(3) & \sin(2)\cosh(3) \end{bmatrix}$$

Der quadratische Anteil der Taylorformel ergibt sich gemäß

```
> v := vector([x - 1, y - 2, z - 3]):
> quadratAnteil := 0.5 * dotprod(v, multiply(hesse_f_123, v));
```

$$\mathit{quadratAnteil} := 0.5\,(x-1)\,(\cos(2)\cosh(3)y - 2\,\cos(2)\cosh(3) + \sin(2)\sinh(3)z$$
$$-3\,\sin(2)\sinh(3)) + 0.5\,(y-2)\,(\cos(2)\cosh(3)x - \cos(2)\cosh(3) - \sin(2)\cosh(3)y + 2$$
$$\sin(2)\cosh(3) + \cos(2)\sinh(3)z - 3\,\cos(2)\sinh(3)) + 0.5\,(z-3)\,(\sin(2)\sinh(3)x - \sin(2)\sinh(3) +$$
$$\cos(2)\sinh(3)y - 2\,\cos(2)\sinh(3) + \sin(2)\cosh(3)z - 3\,\sin(2)\cosh(3))$$

Da meistens mit numerischen Werten weitergearbeitet werden muß, lassen wir statt der exakten eine numerische Näherungslösung ausgeben, wobei es erforderlich ist, das Ergebnis zusätzlich noch vereinfachen zu lassen.

```
> quadratAnteil_numerisch := simplify(evalf(quadratAnteil));
```

$$\mathit{quadratAnteil\_numerisch} := -4.189625692xy - 18.94843231x + 9.109227896xz +$$
$$35.00534487y + 16.82123842 - 28.23491142z - 4.577249575y^2 - 4.168906961yz + 4.577249575z^2$$

Die Hesse-Matrix benötigen Sie auch, um Extrema ohne Nebenbedingungen zu finden; denn ein stationärer Punkt der Funktion f (d. h. ein Punkt $\vec{x}_0$ mit grad $f(\vec{x}_0) = \vec{0}$) ist dann Extremstelle, wenn alle Eigenwerte der Hesse-Matrix $H_f(\vec{x}_0)$ gleiches Vorzeichen haben, und zwar ist $\vec{x}_0$ eine lokale Minimalstelle, wenn alle Eigenwerte positiv sind, anderenfalls eine lokale Maximalstelle. Gibt es dagegen sowohl positive wie negative Eigenwerte, so ist $\vec{x}_0$ ein Sattelpunkt. Ein Beispiel finden Sie im Abschnitt 5.6 des Kapitels 5.

2.2.4 Extrema mit Nebenbedingungen: Lagrange-Multiplikatoren

Gesucht sind z. B. bei einer Temperaturverteilung $T[x, y, z] = xy + xz$ die wärmsten Punkte auf der Sphäre $x^2 + y^2 + z^2 = 1$. Sie müssen zunächst diese Funktionen eingeben.

```
> T := x * y + x * z;
```

$$T := xy + xz$$

```
> S := x^2 + y^2 + z^2;
```

$$S := x^2 + y^2 + z^2$$

Der Befehl `extrema` ist auch geeignet zur Bestimmung von Extrema unter Nebenbedingungen, da er die Methode der Lagrange-Multiplikatoren benutzen kann. Also lesen wir ihn ein

```
> readlib(extrema):
```

und rufen ihn auf, wobei die Nebenbedingung als Gleichung $S = 1$ eingegeben wird.

```
> extrema(T, {S = 1}, {x, y, z}, 's');
```

$$\left\{\frac{\sqrt{2}}{2}, -\frac{\sqrt{2}}{2}\right\}$$

```
>s;
```

$$\left\{\left\{z = -1/2, x = \frac{\sqrt{2}}{2}, y = -1/2\right\}, \left\{x = \frac{\sqrt{2}}{2}, z = 1/2, y = 1/2\right\},\right.$$
$$\left\{z = -1/2, y = -1/2, x = -\frac{\sqrt{2}}{2}\right\}, \left\{x = 0, z = \frac{\sqrt{2}}{2}, y = -\frac{\sqrt{2}}{2}\right\},$$
$$\left.\left\{x = 0, z = -\frac{\sqrt{2}}{2}, y = \frac{\sqrt{2}}{2}\right\}, \left\{z = 1/2, x = -\frac{\sqrt{2}}{2}, y = 1/2\right\}\right\}$$

Um nun die Maxima zu finden, setzen Sie alle gefundenen Kandidaten in die Funktion T ein.

```
> werte := seq(subs(s[i], T), i=1..6);
```

$$werte := -\frac{\sqrt{2}}{2}, \frac{\sqrt{2}}{2}, \frac{\sqrt{2}}{2}, 0, 0, -\frac{\sqrt{2}}{2}$$

Der Vergleich mit der Ausgabe von `extrema` zeigt, daß in den beiden Punkten $\pm(\frac{1}{\sqrt{2}}, \frac{1}{2}, \frac{1}{2})$ die Maxima liegen . Ein weiteres Beispiel einer Extremwertaufgabe mit Nebenbedingungen finden Sie im Abschnitt 5.6 des Kapitels 5.

2.3 Grenzwerte: `limit`

Um den Grenzwert $\lim_{x \to 0} \frac{\sin x}{x}$ zu berechnen, geben Sie ein:

```
> l1 := limit(sin(x)/x, x = 0);
```

$$l1 := 1$$

Falls Sie einen Grenzwert für $x \to \infty$ berechnen lassen wollen: das Symbol ∞ hat in *MapleV* den Namen `infinity`.

```
> l2 := limit(1/x^2, x = infinity);
```

$$l2 := 0$$

```
> l3 := limit(1/sqrt(x), x = - infinity);
```

$$l3 := 0$$

In den meisten Fällen wird der Grenzwert über die entsprechende Reihenentwicklung berechnet. Im Handbuch findet sich der Hinweis, daß daher der Wert der globalen Variablen `Order` – die angibt, bis zu welcher Ordnung Potenzreihen berechnet werden – die Rechnung in schwierigen Fällen beinflussen könne – dies konnten wir in keinem Beispiel nachvollziehen. Falls Sie einen einseitigen Grenzwert berechnen müssen, z. B. $\lim_{x\to 0^+} (\frac{1}{x})^x$, können Sie den zusätzlichen Operanden `right` bzw. `left` verwenden, wobei die Angabe `right` bedeutet, daß der rechtsseitige Grenzwert, bei dem sich die Variable also von oben dem kritischen Punkt nähert, gemeint ist.

```
> l4 := limit((1/x)^x, x = 0, right);
```

$$l4 := 1$$

Wenn Sie keine Richtung angeben, ist für *MapleV* der beidseitige reelle Grenzwert gemeint, soweit der zu betrachtende Punkt nicht der Punkt `infinity` bzw. `-infinity` ist.

```
> l5 := limit(exp(-1/x^2),x = infinity);
```

$$l5 := 1$$

In einem gewissen Umfang dürfen die zu berechnenden Grenzwerte auch Konstanten enthalten, jedoch wird dann von *MapleV* angenommen, daß es sich um reelle, von Null verschiedene Größen handelt, und insbesondere keine Fallunterscheidung getroffen, auch wenn diese für gewisse Spezialfälle nötig sein sollte. Dies führt manchmal zu richtigen, manchmal zu unvollständigen Ergebnissen.

```
> l6 := limit((exp(a * x) - exp(b * x))/(exp(x) - 1), x = 0);
```

$$l6 := a - b$$

```
> l7 := limit(a^x, x = 0);
```

$$l7 := 1$$

Bei dieser Aufgabe wurde der Fall $a = 0$ nicht berücksichtigt. Bei dem folgenden Problem findet *MapleV* keinen Grenzwert, weil es nicht bereit ist, eine Fallunterscheidung zu machen:

```
> l8 := limit(a^x, x = infinity);
```

$$l8 := \lim_{x\to\infty} a^x$$

Falls die betrachtete Funktion in einer Umgebung des kritischen Punktes beschränkte Variation hat, wird als Antwort ein Bereich ausgegeben, den Sie etwa für Zeichnungen auch weiter nutzen können.

```
> l9 := limit(sin(1/x), x = 0);
```

$$l9 := -1..1$$

```
> plot(sin(1/x),x = - Pi .. Pi, l9);
```

Die Funktion, deren Grenzwert Sie berechnen wollen, kann übrigens auch komplexwertig sein:

```
> l10 := limit(sin(I * x)/x, x = 0);
```

$$l10 := I$$

Diese an sich erfreuliche Tatsache ist jedoch der Grund dafür, daß Sie auch dann eine Antwort erhalten, wenn Sie den Grenzwert einer Funktion in (reell) verbotener Art und Weise suchen, weil *MapleV* annimmt, Sie meinen die komplexe Fortsetzung der Funktion:

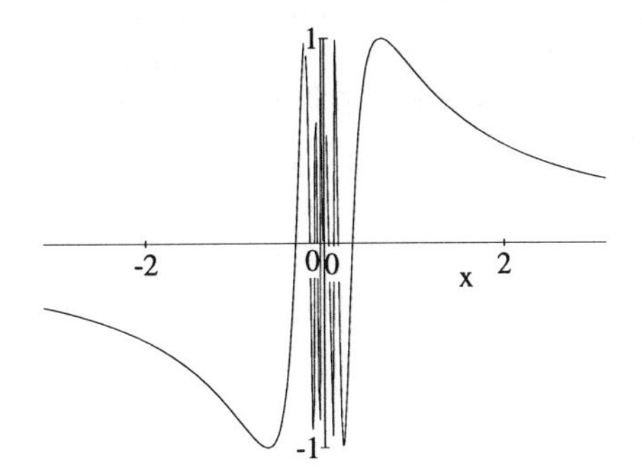

Bild 2.4 Die Funktion sin $\frac{1}{x}$ ist im Nullpunkt unstetig.

```
> l11 := limit((1/x)^x, x = 0, left);
```

$$l11 := 1$$

```
> l12 := limit(log(x), x = - 1);
```

$$l12 := \ln(-1)$$

```
> l13 := evalc(limit(log(x), x = - 1, complex));
```

$$l13 := \pi I$$

2.3.1 Potenzreihen und Residuen: `Series` und `Residue`

Wir wollen die Potenzreihenentwicklung der Funktion $\frac{1}{x}$ um den Punkt $x_0 = 3$ finden. Wenn Sie hierbei nur die Funktion und den Entwicklungspunkt angeben, wird zur Bestimmung der gewünschten Ordnung der Wert der globalen Variablen Order herangezogen. Dieser ist auf 6 voreingestellt, kann von Ihnen jedoch geändert werden (s. u.).

```
> series(1/x, x = 3);
```

$$\left(\frac{1}{3} - \frac{1}{9}(x-3) + \frac{1}{27}(x-3)^2 - \frac{1}{81}(x-3)^3 + \frac{1}{243}(x-3)^4 - \frac{1}{729}(x-3)^5 + O\left((x-3)^6\right)\right)$$

Wie Sie sehen, wird das Restglied nicht exakt angegeben. Sie können im Befehl auch die gewünschte Entwicklungsordnung explizit angeben:

```
> series(1/x, x = 3, 4);
```

$$\left(\frac{1}{3} - \frac{1}{9}(x-3) + \frac{1}{27}(x-3)^2 - \frac{1}{81}(x-3)^3 + O\left((x-3)^4\right)\right)$$

Im Umgang mit Reihenentwicklungen sollten Sie jedoch stets beachten, daß die betrachtete Funktion nur dann durch die abbrechende Reihe approximiert wird, wenn das Restglied gegen 0 geht. Wenn Sie z. B. in die hier angegebene Reihe den Wert $x = -1$ einsetzen, erhalten Sie als Ergebnis 3.214, was beim besten Willen nicht als Näherungswert für den wahren Funktionswert -1 angesehen werden kann. Dies liegt daran, daß der Konvergenzradius der Reihenentwicklung von $\frac{1}{x}$ um den Punkt $x_0 = 3$ wegen der Singularität im Nullpunkt 3 ist, -1 jedoch von $x_0 = 3$ den Abstand 4 hat.

Falls die Funktion im Punkt x_0 keine Singularität hat, wird Ihnen durch den Befehl `series` die Taylorentwicklung bis zur Ordnung n um den Punkt x_0 berechnet. Liegt in x_0 ein Pol vor, so hängt es von der Funktion ab, was Sie erhalten; enthält sie weder gebrochene Potenzen von x noch $\log x$, so wird die Laurententwicklung ausgegeben:

```
> series(1/x, x = 0);
```

$$\frac{1}{x}$$

Gebrochene Potenzen von x sowie $\log x$ werden übernommen:

```
> series(sqrt(x), x = 0, 4);
```

$$\sqrt{x}$$

```
> series(log(x), x = 0, 4);
```

$$\ln(x)$$

Natürlich können Sie die Taylorentwicklung der Funktion $\sqrt{x}$ um einen regulären Punkt berechnen lassen, denn die angegebene Ausnahme gilt nur in Polstellen.

```
> series(sqrt(x), x = 1, 4);
```

$$(1 + \frac{1}{2}(x-1) - \frac{1}{8}(x-1)^2 + \frac{1}{16}(x-1)^3 + O\left((x-1)^4\right))$$

Hat die Sie interessierende Funktion im Punkt x_0 eine wesentliche Singularität, so entdeckt *MapleV* dies und gibt eine entsprechende Meldung aus:

```
> series(sin(1/x), x = 0, 4);

Error, (in series/trig) unable to compute series
```

Sie können eine Funktion auch um den Punkt ∞ entwickeln, falls sie dort keine wesentliche Singularität hat.[4]

```
> series(x^2 * sin(1/x), x = infinity);
```

$$x - \frac{1}{6\,x} + \frac{1}{120\,x^3} + O(x^{-4})$$

Es spielt keine Rolle, ob die zu entwickelnde Funktion reell- oder komplexwertig ist; auch der Entwicklungspunkt darf eine komplexe Zahl sein, wie das folgende Beispiel zeigt. Allerdings sollten Sie hier sofort eine Auswertung der komplexen Koeffizienten vornehmen lassen, um die Übersicht zu behalten.

```
> evalc(series(1/(1 - x), x = I, 5));
```

$$(\frac{1}{2}+\frac{I}{2}+\frac{I}{2}(x-I)+\left(-\frac{1}{4}+\frac{\sqrt{-1}}{4}\right)(x-I)^2-\frac{1}{4}\left(x-\sqrt{-1}\right)^3+\left(-\frac{1}{8}-\frac{I}{8}\right)(x-I)^4+O\left(\left(x-\sqrt{-1}\right)^5\right))$$

Sie können auch die Potenzreihenentwicklung von zusammengesetzten Funktionen berechnen lassen, jedoch sollten Sie hierbei eine hinreichend hohe Ordnung angeben, bis zu der gerechnet werden soll, da häufig etliche Summanden Null sind.

```
> s1 := series(sin(sinh(x)), x = 0, 14);
```

[4] Falls Sie eine ältere Version von *MapleV* besitzen, sollten Sie allerdings die erforderliche Koordinatentransformation $x \to \frac{1}{x}$ selbst durchführen. Wenn Sie dies nämlich nicht tun, sieht das Ergebnis selbst nach Vereinfachung äußerst ungewöhnlich aus.

$$s1 := (x - \frac{1}{15}x^5 - \frac{1}{90}x^7 + \frac{1}{5670}x^9 + \frac{1}{3150}x^{11} + \frac{2417}{48648600}x^{13} + O\left(x^{14}\right))$$

Benötigen Sie eine Approximation der Umkehrfunktion, so können Sie die Reihe mit Hilfe von `solve` direkt invertieren lassen, wobei Sie der Reihe den Namen einer Variablen zuweisen und dann nach x auflösen lassen müssen.

```
> solve(s1 = Y, x);
```

$$(Y + \frac{1}{15}Y^5 + O\left(Y^6\right))$$

Die Ordnung dieser Potenzreihe wird durch die Ordnung der ursprünglichen Reihe bestimmt und nicht etwa durch den Wert der Variablen `Order`, wie Sie im folgenden sehen[5].

```
> Order := 30:
```

```
> solve(s1 = Y, x);
```

$$(Y + \frac{1}{15}Y^5 + O\left(Y^6\right))$$

```
> Order := 14:
```

```
> s11 := series(sin(sinh(x)), x = 0, 20):
```

```
> solve(s11 = Y, x);
```

$$(Y + \frac{1}{15}Y^5 + \frac{1}{90}Y^7 + \frac{25}{1134}Y^9 + \frac{3}{350}Y^{11} + \frac{59569}{5405400}Y^{13} + \frac{1800277}{283783500}Y^{15} + \frac{8177978}{1206079875}Y^{17} + O\left(Y^{18}\right))$$

Natürlich können Sie die Reihe ableiten lassen

```
> diff(s1,x);
```

$$(1 - \frac{1}{3}x^4 - \frac{7}{90}x^6 + \frac{1}{630}x^8 + \frac{11}{3150}x^{10} + \frac{2417}{3742200}x^{12} + O\left(x^{13}\right))$$

oder auch integrieren.

```
> int(s1, x);
```

$$(\frac{1}{2}x^2 - \frac{1}{90}x^6 - \frac{1}{720}x^8 + \frac{1}{56700}x^{10} + \frac{1}{37800}x^{12} + \frac{2417}{681080400}x^{14} + O\left(x^{15}\right))$$

Wenn Sie mit dem Näherungspolynom rechnen, also den Term `O(x)` abschneiden wollen, geschieht dies durch den Befehl `convert`

```
> convert(s1, polynom);
```

$$x - \frac{x^5}{15} - \frac{x^7}{90} + \frac{x^9}{5670} + \frac{x^{11}}{3150} + \frac{2417\,x^{13}}{48648600}$$

Dieser Ausdruck ist ein echtes Polynom (d. h. er wird intern anders als eine Reihenentwicklung gespeichert).

Wie Sie in *MapleV* mit Hilfe des Potenzreihenansatzes Differentialgleichungen näherungsweise lösen können, werden wir Ihnen im Kapitel 4 zeigen. Auch Funktionen von mehreren Veränderlichen können Sie entwickeln lassen.

```
> s1 := series(x * y^3 + sinh(x * y^2), x = 0, 3);
```

$$s1 := (\left(y^3 + y^2\right)x + O\left(x^3\right))$$

Statt nach x können Sie die Funktion auch nach y entwickeln lassen,

```
> s2 := series(x * y^3 + sinh(x * y^2), y = 0, 6);
```

[5] In den älteren *MapleV*-Versionen war es genau umgekehrt.

$$s2 := (xy^2 + xy^3 + O\left(y^6\right))$$

jedoch gibt es keine Möglichkeit, eine Doppelreihe zu erhalten, da der Versuch, beide Variablen in demselben Befehl anzugeben, syntaktisch nicht zulässig ist,

```
> series(x * y^2 + sinh(x * y), x = 0, 3, y = 0, 4);

Error, wrong number (or type) of parameters in function
series;
```

und das simple Hintereinanderausführen grundsätzlich zum Ergebnis

```
> s3 := series(s1, y = 0, 6);
```

$$s3 := O(y^0)$$

führt.

Ist $f(x)$ eine im konzentrischen Kreisring um x_0 analytische (komplexe) Funktion, so heißt der (-1)-te Koeffizient der Laurententwicklung von f um x_0 das Residuum Res $f(x)_{x=x_0}$ von $f(x)$ in x_0. Dies dient manchmal der Berechnung bestimmter Integrale. Ist nämlich z. B. f(x) eine in der ganzen oberen (komplexen) Halbebene einschließlich der reellen Achse analytische Funktion mit Ausnahme der singulären Punkte $a_1, a_2, \ldots, a_n$, so gilt $\int\limits_{-\infty}^{+\infty} f(x)dx = 2\pi i \sum_{j=1}^{n} \text{Res}\, f(x)_{x=a_j}$.

Um ein Beispiel zu rechnen, bestimmen wir $\displaystyle\int\limits_{-\infty}^{+\infty} \frac{dx}{(1+x^2)^3}$. Die einzige Singularität in der oberen Halbebene liegt in $x = i$ vor. Um dieses Residuum berechnen zu lassen, müssen wir zunächst die Funktion einlesen lassen.

```
> readlib(residue):
```

Nun ist *MapleV* imstande, die Berechnung durchzuführen[6].

```
> res1 := residue(1/((1 + x^2)^3), x = I);
```

$$-\frac{3\,I}{16}$$

Falls *MapleV* sich einmal weigert, das Residuum zu berechnen, bleibt Ihnen nur übrig, auf die Definition des Residuums zurückzugreifen und „zu Fuß" zu rechnen.

```
> s4 := series(1/(1 + x^2)^3, x = I):
```

$$s4 := (\frac{I}{8}(x-I)^{-3} - \frac{3}{16}(x-I)^{-2} - \frac{3\,I}{16}(x-I)^{-1} + \frac{5}{32} + \frac{15\sqrt{-1}}{128}(x-I) - \frac{21}{256}\left(x-\sqrt{-1}\right)^2 + O\left((x-I)^3\right))$$

Um nun den -1-ten Koeffizienten dieser Entwicklung herauszugreifen, könnten wir ihn abschreiben. Da wir jedoch versuchen wollen, Aufgaben so zu lösen, daß die Methode auch jederzeit in ein Programm übernommen werden kann, wollen wir den Befehl coeff verwenden. Dies ist jedoch nicht unmittelbar möglich, weil er nur auf ein Polynom in x, nicht jedoch auf ein Polynom in $x - i$ angewandt werden kann – anderenfalls erfolgt eine Fehlermeldung.

```
> res3 := coeff(s4, x, - 1);

Error, unable to compute coeff
```

Um Abhilfe zu schaffen, lassen wir x durch $x + i$ ersetzen und bestimmen dann den -1-ten Koeffizienten.

[6] Dies war in älteren *MapleV*-Versionen merkwürdigerweise nicht der Fall.

```
> hilf := subs(x = x + I, s4);
```

$$hilf := (\frac{I}{8}x^{-3} - \frac{3}{16}x^{-2} - \frac{3\sqrt{-1}}{16}x^{-1} + \frac{5}{32} + \frac{15\,I}{128}x - \frac{21}{256}x^2 + O(x^3))$$

```
> res3 := coeff(hilf, x, -1);
```

$$res3 := -\frac{3\,I}{16}$$

Also ist $\int\limits_{-\infty}^{+\infty} \frac{dx}{(1+x^2)^3} = \frac{2\pi i \cdot (-3i)}{16} = \frac{3}{8}\pi.$

2.4 Interpolation

Wenn Sie zu einer Liste von Meßwerten eine geeignete Funktion finden müssen, so gibt es verschiedene Möglichkeiten des Vorgehens, die wir an einigen Beispielen vorstellen wollen. Wenn Sie den Befehl `interp` verwenden, wird zu $n+1$ Punkten der Ebene das Interpolationspolynom vom Grad n berechnet. Wenn Sie mit dem Befehl `regression` arbeiten, werden die auftretenden Koeffizienten von *MapleV* so bestimmt, daß $\chi^2 = \sum_i |F_i - f_i|^2$ minimiert wird, wobei f_i Ihre Meßwerte und F_i die entsprechenden Funktionswerte sind[7]. Um die Güte der Interpolation bewerten zu können, lassen wir die Funktionen sowie die Liste der Meßwerte jeweils zeichnen. Nähere Informationen hierzu finden Sie im Kapitel 7. Hierbei tritt das Problem auf, daß die Meßdaten für die einzelnen Befehle in unterschiedlicher Form vorliegen müssen. Insbesondere benötigen Sie das Paket `linalg` für die leichtere Umsetzung der Meßdaten von einem Format in ein anderes, das Paket `plots`, falls Sie sowohl Listen von Meßwerten als auch (errechnete) Funktionen in derselben Zeichnung vereinigen wollen, sowie das Paket `stats`, um den Befehl `regression` zur Verfügung zu haben.

Erzeugen und Zeichnen der Meßwerte

Wir erzeugen zunächst eine Tabelle von Meßwerten. Damit wir die Güte verschiedener Interpolationen besser überprüfen können, legen wir eine Funktion, nämlich $f(x) = 2 + 5.1x + 7.3x^2$, zugrunde.

```
> with(linalg):

Warning: new definition for norm
Warning: new definition for trace

> d11 := [seq([x, 7.3 * x^2 + 5.1 * x + 2], x = 1 .. 20)];
```

$$d11 := [[1, 14.4], [2, 41.4], [3, 83.0], [4, 139.2], [5, 210.0], [6, 295.4], [7, 395.4], [8, 510.0], [9, 639.2], [10, 783.0], [11, 941.4], [12, 1114.4], [13, 1302.0], [14, 1504.2], [15, 1721.0], [16, 1952.4], [17, 2198.4], [18, 2459.0], [19, 2734.2], [20, 3024.0]]$$

Die graphische Darstellung der Funktionswerte in den Punkten $1, 2, \ldots, 20$ sehen Sie in Abb. 2.5. Hierfür müssen die Daten als Liste (oder auch als Menge) in der Form $[x_1, y_1, x_2, y_2, \ldots, x_n, y_n]$ vorliegen. In Vorbereitung dieser Darstellung lassen wir durch `op` aus der geschachtelten Liste zunächst eine Folge einfacher Listen machen.

[7] In diesem Fall liegen die Meßwerte dann nicht unbedingt auf der Kurve, so daß wir strenggenommen nicht von Interpolation sprechen dürften. Da dem Praktiker solche mathematischen Unterscheidungen bei der Lösung seiner Probleme jedoch gleichgültig sind, haben auch wir auf die Unterscheidung verzichtet.

```
> dplot_vorbereitung := op(d11);
```

$$dplot\_vorbereitung := [1, 14.4], [2, 41.4], [3, 83.0], [4, 139.2], [5, 210.0], [6, 295.4], [7, 395.4], [8, 510.0], [9, 639.2], [10, 783.0], [11, 941.4], [12, 1114.4], [13, 1302.0], [14, 1504.2], [15, 1721.0], [16, 1952.4], [17, 2198.4], [18, 2459.0], [19, 2734.2], [20, 3024.0]$$

Jede einzelne Liste kann nun unter dem Namen `dplot_Vorbereitung`, in eckigen Klammern gefolgt von ihrer Nummer, angesprochen werden. Aus jeder Liste machen wir durch `op` eine Folge von zwei Zahlen und schreiben alle diese Zahlen in eine Liste.

```
> dplot := [seq(op(dplot_vorbereitung[i]), i = 1 .. 20)];
```

$$dplot := [1, 14.4, 2, 41.4, 3, 83.0, 4, 139.2, 5, 210.0, 6, 295.4, 7, 395.4, 8, 510.0, 9, 639.2, 10, 783.0, 11, 941.4, 12, 1114.4, 13, 1302.0, 14, 1504.2, 15, 1721.0, 16, 1952.4, 17, 2198.4, 18, 2459.0, 19, 2734.2, 20, 3024.0]$$

Nun können wir die Liste zeichnen lassen, müssen dabei aber beachten, daß die Voreinstellung von `plot` die Option `style=SPLINE` hat, die Punkte also wieder verbunden würden.

```
> plot(dplot, style = POINT);
```

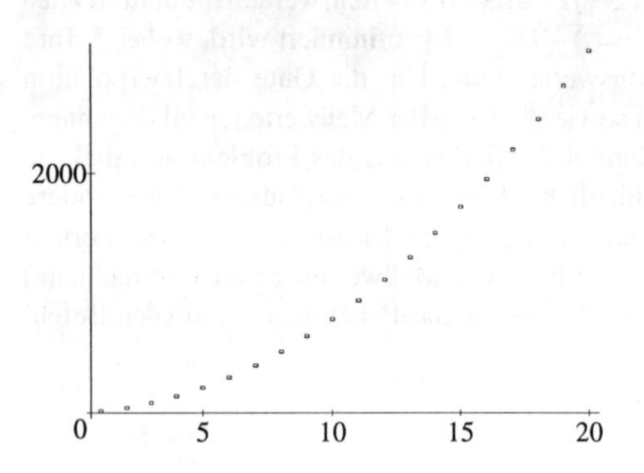

Bild 2.5 Meßdaten

Das Interpolationspolynom

Durch $n + 1$ Punkte der Ebene wird eindeutig ein Polynom n-ten Grades bestimmt, dessen Graph durch diese Punkte verläuft, das sog. Interpolationspolynom. Dieses wollen wir für unsere Daten bestimmen lassen. Dafür müssen alle x-Werte in einem und alle y-Werte in einem anderen Vektor gespeichert vorliegen. Diese Umwandlung geht am einfachsten vonstatten, wenn wir die Liste als Matrixelemente auffassen lassen.

```
> dinterp_vorbereitung := array(d11);
```

$$dinterp\_vorbereitung := \begin{bmatrix} 1 & 14.4 \\ 2 & 41.4 \\ 3 & 83.0 \\ 4 & 139.2 \\ 5 & 210.0 \\ 6 & 295.4 \\ 7 & 395.4 \\ 8 & 510.0 \\ 9 & 639.2 \\ 10 & 783.0 \\ 11 & 941.4 \\ 12 & 1114.4 \\ 13 & 1302.0 \\ 14 & 1504.2 \\ 15 & 1721.0 \\ 16 & 1952.4 \\ 17 & 2198.4 \\ 18 & 2459.0 \\ 19 & 2734.2 \\ 20 & 3024.0 \end{bmatrix}$$

Dieses Vorgehen erlaubt uns jetzt nämlich, die Spalten der entstandenen Matrix direkt ansprechen zu können.

```
> dinterp_x := col(dinterp_vorbereitung, 1);
```

$$dinterp\_x := [1, 2, 3, 4, 5, 6, 7, 8, 9, 10, 11, 12, 13, 14, 15, 16, 17, 18, 19, 20]$$

```
> dinterp_y := col(dinterp_vorbereitung, 2);
```

$$dinterp\_y := [14.4, 41.4, 83.0, 139.2, 210.0, 295.4, 395.4, 510.0, 639.2, 783.0, 941.4, 1114.4, 1302.0, 1504.2, 1721.0, 1952.4, 2198.4, 2459.0, 2734.2, 3024.0]$$

Beim Aufruf von `interp` muß neben den beiden Vektoren noch der Name einer Variablen angegeben werden. Hierfür dürfen wir nicht x verwenden, weil wir beim Erzeugen der Meßwerte x der Reihe nach die Werte von 1 bis 20 annehmen ließen. Damit ist x keine Variable mehr.

```
> f1 := interp(dinterp_x, dinterp_y, X);
```

$$f1 := 7.300000000X^2 + 5.100000000X + 2.0$$

Sie sehen, daß das Ergebnis erwartungsgemäß mit dem den Meßwerten zugrundeliegenden Polynom übereinstimmt.

Wir wollen uns in *einer* Graphik die Meßwerte und die interpolierende Funktion ansehen. Da es sich im einen Fall jedoch um eine diskrete, im anderen Fall eine kontinuierliche Darstellung handelt, müssen wir die Graphiken zunächst getrennt erzeugen. Damit nur das endgültige Bild ausgegeben wird, unterdrücken wir die Ausgabe durch einen Doppelpunkt.[8]

[8] Da wir den Bildern hier Namen geben, unterdrücken wir übrigens nicht die Ausgabe des Bildes, sondern die der zugehörigen `Plot`-Datenstruktur.

```
> pic1 := plot(dplot, style = POINT):
> pic2 := plot(f1, X = 0 .. 20):
```

Um nun beide Graphiken in einem Bild ausgeben zu lassen, rufen wir das Paket `plots` auf und benutzen den Befehl `display`. In Abb. 2.6(a) sehen Sie die Daten zusammen mit der Interpolationsfunktion.

```
> with(plots):

> display({pic1, pic2}, title = ` (a) `);
```

Regressionsfunktionen

Wenn Sie nicht wissen, ob die Meßdaten von einem Polynom stammen, sollten Sie mit der Funktion `regression` aus dem Statistik-Paket arbeiten.

```
> with(stats):
```

Dieser Befehl setzt voraus, daß die Meßwerte als Matrix vorliegen, wobei die erste Zeile die Namen der Variablen enthalten muß. Also erzeugen wir zunächst die geschachtelte Liste der Matrixelemente und weisen diese dann der Matrix `degression` zu.

```
> dregression_vorbereitung := [[X, Y], op(d11)];
```

$$dregression\_vorbereitung := [[X,Y],[1,14.4],[2,41.4],[3,83.0],[4,139.2],[5,210.0],[6,295.4],[7,395.4],[8,510.0],[9,639.2],[10,783.0],[11,941.4],[12,1114.4],[13,1302.0],[14,1504.2],[15,1721.0],[16,1952.4],[17,2198.4],[18,2459.0],[19,2734.2],[20,3024.0]]$$

```
> dregression := array(dregression_vorbereitung):
```

Nun lassen wir *MapleV* die Koeffizienten einer linearen Regression bestimmen. Hierbei ergeben sich starke Abweichungen (Abb. 2.6(b)).

```
> koeff1 := regression(dregression, Y = a0 + a1 * X);
```

$$koeff1 := \{a0 = -560.1000000, a1 = 158.4000000\}$$

Um hieraus die gesuchte Funktion zu erhalten, lassen wir substituieren.

```
> fit1 := subs(koeff1, a0 + a1 * X);
```

$$fit1 := -560.1000000 + 158.4000000X$$

Nun lassen wir die Interpolationen zeichnen.

```
> pic3 := plot(fit1, X = 1 .. 20):
> display({pic1, pic3}, title = `(b)`);
```

Wenn wir ein quadratisches Interpolationspolynom für die Daten suchen, ist die Linearkombination $a_0 + a_1 \cdot x + a_2 \cdot x^2$ anzugeben[9]. *MapleV* bestimmt dann die Koeffizienten der Linearkombination so, daß die Meßdaten möglichst gut interpoliert werden. In diesem Fall erhalten wir tatsächlich das ursprüngliche Polynom.

```
> f2 := regression(dregression, Y = a0 + a1 * X + a2 * X^2);
```

$$f2 := \{a0 = 2.000000000, a1 = 5.100000000, a2 = 7.300000000\}$$

[9] Es ist also jeweils eine Linearkombination aller Funktionen anzugeben, aus denen die interpolierende Funktion gebildet werden soll.

```
> fit2 := subs(f2, a0 + a1 * X + a2 * X^2);
```

$$fit2 := 2.000000000 + 5.100000000X^2 + 7.300000000X$$

Wenn wir neben 1, x und x^2 auch noch x^3 für die Interpolation zulassen, wird ein von Null verschiedener, wenn auch sehr kleiner Koeffizient für x^3 bestimmt, d. h. *MapleV* fühlt sich verpflichtet, alle angegebenen Funktionen auch tatsächlich zu benutzen, selbst wenn dies zu einem ungünstigeren Ergebnis führt. Dies können Sie nicht direkt unterdrücken lassen. Wir empfehlen Ihnen daher, in solchen Fällen durch Weglassen der entsprechenden Summanden im `regression`-Befehl selbst zu prüfen, ob die Interpolation besser wird.

```
> f3 := regression(dregression,
>                Y = a0 + a1 * X + a2 * X^2 + a3 * X^3);
```

$$f3 := \{a1 = 5.100000001, a2 = 7.300000000, a0 = 1.999999999, a3 = .225\,10^{-11}\}$$

Anstelle von Potenzen von x können Sie auch irgendwelche anderen Funktionen für die Interpolation benutzen.

```
> f4 := regression(dregression, Y = a0 + a1 * sin(X) +
>                a2 * sin(2 * X) + a3 * sin(3 * X) + a5 * exp(X));
```

$$f4 := \{a3 = 22.61027274, a1 = -261.2535179, a0 = 887.2210859,$$
$$a2 = -95.81532413, a5 = .6080911615\,10^{-5}\}$$

```
> fit4 := subs(f4, a0 + a1 * sin(X) + a2 * sin(2 * X)
>                  + a3 * sin(3 * X) + a5 * exp(X));
```

$$fit4 := 887.2210859 - 261.2535179\sin(X) - 95.81532413\sin(2X) + 22.61027274\sin(3X)$$
$$+.6080911615\,10^{-5}e^X$$

Daß diese Wahl für die Interpolation nicht günstig ist, sehen Sie in Abb. 2.6(c).

```
> pic4 := plot(fit4, X = 0 .. 20):
> display({pic1, pic4}, title = `(c)`);
```

(a) (b) (c)

Bild 2.6 (a) Quadratische Interpolation, (b) lineare Interpolation, (c) Interpolation mit trigonometrischen und Exponentialfunktionen an die Meßdaten von 2.5

Vergleich der Methoden

Wenn die betrachteten Meßwerte nicht von einem Polynom herrühren, hat das Interpolationspolynom große Nachteile, da zwischen den Meßwerten die interpolierende Funktion starken Schwankungen unterworfen ist. Um Ihnen dies zu demonstrieren, legen wir eine Tabelle von Werten der Funktion $\sqrt[3]{x}$ an und lassen diese in einer Graphik ausgeben[10].

```
> d22 := [seq([i^3, i], i = 1 .. 10)];
```

$$d22 := [[1,1],[8,2],[27,3],[64,4],[125,5],[216,6],[343,7],[512,8],[729,9],[1000,10]]$$

```
> dplot2 := [seq(op(op(d22)[i]), i = 1 .. 10)]:

> pic5 := plot(dplot2, style = POINT):
```

Nun konvertieren wir die Daten für das Interpolationspolynom. Da wir wie im 2. Abschnitt vorgehen, unterdrücken wir diese Ausgaben. Wenn Sie beim Nachvollziehen zu einem anderen Ergebnis kommen sollten als wir, sollten Sie sich die einzelnen Ausgaben natürlich anschauen – wahrscheinlich haben Sie sich vertippt.

```
> dinterp1_x := col(array(d22), 1):

> dinterp1_y := col(array(d22), 2):

> f6 := interp(dinterp1_x, dinterp1_y, X);
```

$$\begin{aligned} f6 := {} & \frac{1406128538091205253872 03\, X^9}{115915977418383226310970518363191267252224 00} - \frac{233532626907108110262131\, X^8}{6351560406486752126628521554147466698752} \\ & + \frac{6250786675741175528430184147 67\, X^7}{142963038816005979116863639314602562944409 60} - \frac{6162873664160476984918599063079\, X^6}{2343656374032884903555141628108238736793 60} \\ & + \frac{161066679905669633534556429400693\, X^5}{18670894451613684095189191499882795212800} - \frac{4697700405465339344475171163149214 79\, X^4}{3009748185600125876144497669781106588303 36} + \\ & \frac{16254753897406171168347311670328105420 31\, X^3}{10722227911200448433764772948595192220830720} - \frac{1008623921173214560771954473249676176914 9\, X^2}{13402784889000560542205966185743990276038 40} \\ & + \frac{1865159816284950602579888279245310045181 7\, X}{93074895062503892654208098512111043583600} + \frac{6082747377897815077184050634901828 0}{7537649421971484665873671729195905 7} \end{aligned}$$

Das Interpolationspolynom enthält rationale Koeffizienten, weil die Ausgangsdaten ganzzahlig sind, und ist ein schönes Beispiel für die Mühelosigkeit, mit der *MapleV* auch mit sehr großen ganzen Zahlen umgeht. Nun lassen wir die Funktion zeichnen. Abb. 2.7(a) zeigt, daß die Schwankungen so groß sind, daß sie das Format der Zeichnung sprengen. Insbesondere treten negative Werte auf, was bei $\sqrt[3]{x}$ für positives Argument gewiß nicht der Fall ist.

```
> pic6 := plot(f6, X = 1 .. 1000, y = - 10 .. 10):

> display({pic5, pic6}, title = `(a)`);
```

Zum Vergleich wollen wir mit `regression` ebenfalls ein Polynom 9. Grades finden, daß sich den Daten möglichst gut anpaßt. Wir konvertieren sie daher nach dem bekannten Schema.

```
> deg2 := array([[X,Y], op(d22)]);

> f9 := regression(deg2,Y = a0 + a1 * X + a2 * X^2 + a3 * X^3 +
> a4 * X^4 + a5 * X^5 + a6 * X^6 + a7 * X^7 + a8 * X^8 + a9 * X^9);
```

[10] Die Konvertierung erfolgt nach dem bereits im 1. Abschnitt erprobten Schema, so daß wir die Ausgabe unterdrückt haben.

$$f9 := \{a9 = -.1922386275\,10^{-21}, a6 = -.4567764345\,10^{-12}, a8 = .3358646885\,10^{-18},$$
$$a7 = .4974442665\,10^{-16}, a1 = .1308190710, a2 = -.002508914125,$$
$$a3 = .00002625490163, a4 = -.1403197974\,10^{-6}, a0 = .9521163558, a5 = .3798579855\,10^{-9}\}$$

```
> fit9 := subs(f9, a0 + a1 * X + a2 * X^2 + a3 * X^3 + a4 * X^4 +
>              a5 * X^5 + a6 * X^6 + a7 * X^7 + a8 * X^8 + a9 * X^9);
```

$$fit9 := .9521163558 + .1308190710X^2 - .002508914125X + .00002625490163X^3$$
$$-.1403197974\,10^{-6}\,X^4 + .3798579855\,10^{-9}\,X^5 - .4567764345\,10^{-12}\,X^6 + .4974442665\,10^{-16}\,X^7 +$$
$$.3358646885\,10^{-18}\,X^8 - .1922386275\,10^{-21}\,X^9$$

Sie können sich nun selbst davon überzeugen, daß die so gefundene Funktion nicht das Interpolationspolynom ist.

```
> evalf(f6);
```

$$.1213058432\,10^{-19}X^9 - .3676775658\,10^{-16}X^8 + .4372309604\,10^{-13}X^7 - .2629597808\,10^{-10}X^6$$
$$+.8626618308\,10^{-8}X^5 - .1560828387\,10^{-5}X^4 + .0001515986606X^3 - .007525480186X^2$$
$$+.2003934375X + .8069819963$$

Auch diese Funktion weicht teilweise noch stark von $\sqrt[3]{x}$ ab, interpoliert jedoch deutlich besser. Außerdem können Sie es ja auch mit einem anderen Satz von Funktionen versuchen.

```
> pic9 := plot(fit9, X = 1 .. 1000, Y = - 10 .. 20):
```

```
> display({pic5, pic9}, title = `(b)`);
```

Um möglichst glatte Interpolationen zu erhalten, werden in vielen technischen Anwendungen Splinefunktionen benutzt. Diese Methode wird von *MapleV* etwa beim Zeichnen von Listen verwendet, wenn Sie keine andere Option angeben.

```
> plot(dplot);
```

Hierbei wird ein kubischer Spline erzeugt.

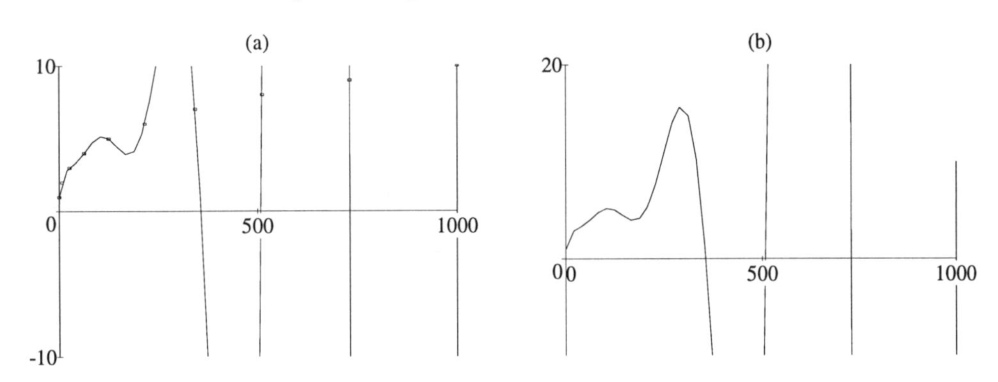

Bild 2.7 (a) Interpolationspolynom, (b) Regressionsfunktion von $\sqrt[3]{x}$

Um direkt Spline-Funktionen berechnen zu lassen, müssen Sie die Funktion erst laden.

```
> readlib(spline):
```

Die x- und y-Werte müssen jeweils in einem Vektor vorliegen. Als Beispiel wählen wir wieder einige Punkte auf dem Graphen von $\sqrt[3]{x}$.

```
> d22_x := [seq(i^3, i = 1 .. 10)];
```

$$d22\_x := [1, 8, 27, 64, 125, 216, 343, 512, 729, 1000]$$

```
> d22_y :=[seq(i, i = 1 .. 10)];
```

$$d22\_y := [1, 2, 3, 4, 5, 6, 7, 8, 9, 10]$$

Beim Aufruf von `spline` müssen Sie neben den x- und y-Werten noch eine Variable angeben, sowie den Grad, den die einzelnen Polynome haben sollen. Wenn Sie die letzte Information weglassen, wird ein kubischer Spline berechnet. Das Ergebnis wird als Fallunterscheidung ausgegeben[11].

```
> Digits:=5:
> spline(map(evalf,d22_x),map(evalf, d22_y), x, 3);
```

$$\begin{aligned}
&If(x < 8.0, 0.84498 + 0.15451x + 0.0007598x^2 - 0.00025327x^3, x < 27.0,\\
&0.66502 + 0.22199x - 0.007675x^2 + 0.00009819x^3, x < 64.0,\\
&2.6958 - 0.003297x + 0.00066322x^2 - 0.0000045821x^3, x < 125.0,\\
&1.1904 + 0.067261x - 0.00043931x^2 + 0.0000011603x^3, x < 216.0,\\
&3.5637 + 0.010298x + 0.000016394x^2 - 0.000000054872x^3, x < 343.0,\\
&2.6310 + 0.023249x - 0.000043561x^2 + 0.000000037650x^3, x < 512.0,\\
&4.0418 + 0.010910x - 0.000007587x^2 + 0.0000000026904x^3, x < 729.0,\\
&4.1137 + 0.010489x - 0.000006766x^2 + 0.0000000021566x^3,\\
&3.9725 + 0.011070x - 0.000007563x^2 + 0.0000000025211x^3)
\end{aligned}$$

Wenn Sie den Spline zeichnen lassen wollen, müssen Sie dieses Ergebnis erst in eine Prozedur umwandeln lassen:

```
> splin := `spline/makeproc`(",x);
```

```
splin := proc(x)
if x < 8. then .84498 + .15451 * x + .0007598 * x^2 - .00025327 * x^3
elif x < 27. then .66502 + .22199 * x - .007675 * x^2 + .00009819 * x^3
elif x < 64. then
2.6958 - .003297 * x + .00066322 * x^2 - .45821 * 10^(- 5) * x^3
elif x < 125. then
1.1904 + .067261 * x - .00043931 * x^2 + .11603 * 10^(- 5) * x^3
elif x < 216. then
3.5637 + .010298 * x + .000016394 * x^2 - .54872 * 10^(- 7) * x^3
elif x < 343. then
2.6310 + .023249 * x - .000043561 * x^2 + .37650 * 10^(- 7) * x^3
elif x < 512. then
4.0418 + .010910 * x - .7587 * 10^(- 5) * x^2 + .26904 * 10^(- 8) * x^3
elif x < 729. then
4.1137 + .010489 * x - .6766 * 10^(- 5) * x^2 + .21566 * 10^(- 8) * x^3
else 3.9725 + .011070 * x - .7563 * 10^(- 5) * x^2 + .25211 * 10^(- 8) * x^3
fi
end
```

Nun ist es problemlos möglich, die Funktion zeichnen zu lassen.

[11] Bei exakter Berechnung des Splines wären zur Ausgabe hier 3 Seiten erforderlich. Aus diesem Grund haben wir hier anstelle des Befehls `spline(d22_x, d22_y, x, 3);` die numerische Fassung bei herabgesetzter Stellenzahl gewählt. Natürlich können Sie selbst an Ihrem Rechner einmal die exakte Fassung ausprobieren!

```
> plot(splin, 1 .. 1000, title = `(a)`);
```

Leider ist der Befehl `spline` nicht fehlerfrei: so wird etwa beim Erzeugen einer Splinefunktion mit Polynomen vom Grad 4 einer der Koeffizienten nicht berechnet, was Ihnen – falls Sie die vorhergehende Ausgabe unterdrücken – spätestens bei der Fehlermeldung von `plot` auffallen wird.

```
> spline(d22_x, d22_y, x, 4):

> splin4 := `spline/makeproc`(", x):

> plot(splin4, 0 .. 1000, y = 0 .. 10);

Warning in iris-plot: empty plot
```

Für Polynome vom Grad 5 ergeben sich keine Probleme.

```
> spline(d22_x, d22_y, x, 5):

> splin5 := `spline/makeproc`(",x):

> plot(splin5,0..1000,y=0..10,title=`(b)`);
```

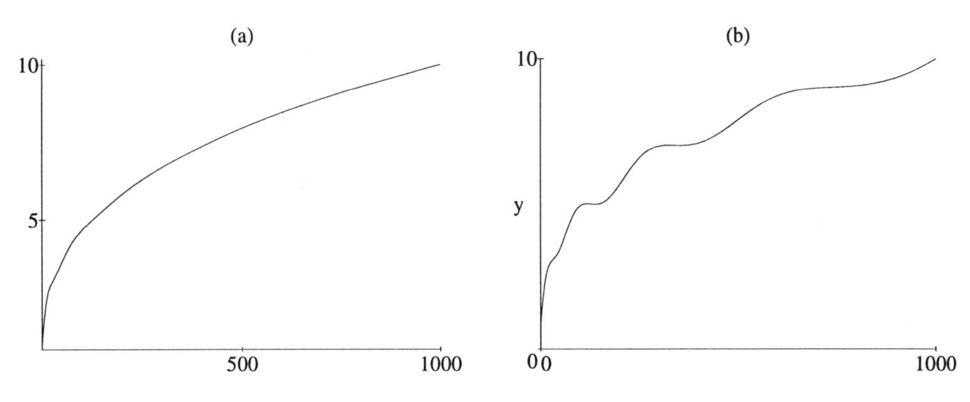

Bild 2.8 Splinefunktionen (a) kubisch, (b) mit Polynomen vom Grad 5

2.5 Vektoranalysis

2.5.1 Raumkurven

Um die verschiedenen Aufgaben, die im Rahmen der Vektoranalysis auftreten, lösen zu können, benötigen Sie das Paket `linalg`. Es enthält eine Reihe wichtiger Befehle, die Ihnen das Leben erleichtern können. In diesem Abschnitt wollen wir für eine parametrisierte Kurve $\vec{x}(t)$ die Länge, das begleitende Dreibein, Krümmung und Torsion berechnen, wobei die Kurve eine Spirale sein soll.

```
> with(linalg):

Warning: new definition for norm
Warning: new definition for trace
```

```
> spirale := vector([t * cos(t), t * sin(t), t]);
```

$$spirale := [t\cos(t), t\sin(t), t]$$

Es gibt keinen *MapleV*-Befehl zur Berechnung der Länge des Bogenelements im vorgegebenen Koordinatensystem (in unserem Fall also in kartesischen Koordinaten). Wir müssen also die erforderlichen Befehle selbst geeignet kombinieren. Hierbei treten einige Schwierigkeiten auf. Zum einen müssen Sie beachten, daß für eine korrekte Auswertungsreihenfolge der Ableitungsbefehl in einfache Hochkommata zu setzen ist – anderenfalls wäre das Ergebnis 0[12]. Zum anderen müssen Sie die Vereinfachung des Radikanden erzwingen, indem in der Wurzel zunächst ausmultipliziert und dann vereinfacht wird. Der richtige Befehl lautet daher

```
> bogenlaenge := sqrt(simplify(expand(
>               sum(('diff(spirale[i], t)')^2, i = 1 .. 3))));
```

$$bogenlaenge := \sqrt{2+t^2}$$

Die Länge des Federstücks, das sich aus zwei Windungen ergibt, ist dann also $\int_0^{4\pi} bogenlaenge\, dt$. Wir lassen uns exaktes und numerisches Ergebnis ausgeben, wobei auffällt, daß anstelle von Arsinh x der natürliche Logarithmus verwendet wird.

```
> laenge := int(bogenlaenge, t = 0 .. 4 * Pi);
```

$$laenge := 2\sqrt{2+16\pi^2}\pi + \ln(4\pi + \sqrt{2+16\pi^2}) - \frac{\ln(2)}{2}$$

```
> evalf(laenge);
```

$$82.33601125$$

Zur Berechnung des begleitenden Dreibeins $(\vec{T}, \vec{N}, \vec{B})$ bedienen wir uns der Formeln

$$\vec{T} = \frac{\dot{\vec{x}}}{|\dot{\vec{x}}|}$$

$$\vec{B} = \frac{\dot{\vec{x}} \times \ddot{\vec{x}}}{|\dot{\vec{x}} \times \ddot{\vec{x}}|}$$

$$\vec{N} = \vec{B} \times \vec{T}$$

wobei wir der Übersichtlichkeit halber das Argument t jeweils weggelassen haben. Um eine Vektorfunktion abzuleiten, ist es nicht möglich, einfach einzugeben

```
> xpunkt := diff(spirale, t);
```

$$xpunkt := 0$$

weil der Befehl `diff` nur auf eine skalare Funktion angewandt werden kann. Wir müssen also durch Verwendung von `map` dafür sorgen, daß jede Komponente abgeleitet wird. Wenn Sie nun allerdings eingeben

```
> xpunkt := map(diff, spirale);

Error, wrong number (or type) of parameters in function diff;
```

so erinnert Sie die Fehlermeldung daran, daß beim Differenzieren jeweils die Variable angegeben werden muß.

[12] Weitere Beispiele hierzu finden Sie im Paragraphen 1.4 des Kapitels 1.

```
> xpunkt := map(diff, spirale, t);
```

$$xpunkt := [\cos(t) - t\sin(t), \sin(t) + t\cos(t), 1]$$

Da die Länge von $\dot{\vec{x}}$ gerade die Bogenlänge ist, gilt

```
> tangentialvektor := scalarmul(xpunkt, 1/bogenlaenge);
```

$$tangentialvektor := [\frac{\cos(t) - t\sin(t)}{\sqrt{2+t^2}}, \frac{\sin(t) + t\cos(t)}{\sqrt{2+t^2}}, \frac{1}{\sqrt{2+t^2}}]$$

Zur Bestimmung des Binormalenvektors berechnen wir $\ddot{\vec{x}}$

```
> x2punkt := map(diff, xpunkt, t);
```

$$x2punkt := [-2\sin(t) - t\cos(t), 2\cos(t) - t\sin(t), 0]$$

und das Kreuzprodukt.

```
> kreuz := crossprod(xpunkt, x2punkt);
```

$$kreuz := [-2\cos(t) + t\sin(t), -2\sin(t) - t\cos(t), (\cos(t) - t\sin(t))(2\cos(t) - t\sin(t)) - (\sin(t) + t\cos(t))(-2\sin(t) - t\cos(t))]$$

Um die Komponenten dieses Vektors zu vereinfachen, müssen wir die Befehle expand und simplify auf jede von ihnen anwenden lassen.

```
> kreuz1 := map(simplify, map(expand, kreuz));
```

$$kreuz1 := [-2\cos(t) + t\sin(t), -2\sin(t) - t\cos(t), 2 + t^2]$$

Nun ist die Länge dieses Vektors zu bestimmen. Die Verwendung von Simplify und Expand ist erforderlich, um einen einfachen Ausdruck zu erhalten.

```
> betrag := sqrt(simplify(expand(dotprod(kreuz1, kreuz1))));
```

$$betrag := \sqrt{8 + 5t^2 + t^4}$$

```
> binormalenvektor := scalarmul(kreuz, 1/betrag);
```

$$binormalenvektor := [\frac{-2\cos(t) + t\sin(t)}{\sqrt{8+5t^2+t^4}}, \frac{-2\sin(t) - t\cos(t)}{\sqrt{8+5t^2+t^4}}, \frac{(\cos(t) - t\sin(t))(2\cos(t) - t\sin(t)) - (\sin(t) + t\cos(t))(-2\sin(t) - t\cos(t))}{\sqrt{8+5t^2+t^4}}]$$

Damit ergibt sich der Hauptnormalenvektor, wobei normal die Zusammenfassung der auftretenden Brüche bewirkt.

```
> hauptnormalenvektor := map(simplify, map(normal, crossprod
>                          (binormalenvektor, tangentialvektor)));
```

$$hauptnormalenvektor := [-\frac{4\sin(t) + 3t\cos(t) + \sin(t)t^2 + t^3\cos(t)}{\sqrt{8+5t^2+t^4}\sqrt{2+t^2}}, -\frac{-4\cos(t) + 3t\sin(t) + \sin(t)t^3 - t^2\cos(t)}{\sqrt{8+5t^2+t^4}\sqrt{2+t^2}}, -\frac{t}{\sqrt{8+5t^2+t^4}\sqrt{2+t^2}}]$$

Die Krümmung κ wird nach der Formel

$$\kappa = \frac{|\dot{\vec{x}} \times \ddot{\vec{x}}|}{|\dot{\vec{x}}|^3}$$

berechnet.

```
> kruemmung := betrag/bogenlaenge^3;
```

$$kruemmung := \frac{\sqrt{8+5\,t^2+t^4}}{(2+t^2)^{3/2}}$$

Zur Berechnung der Torsion benötigen wir die 3. Ableitung, da

$$\tau = \frac{\det(\dot{\vec{x}}, \ddot{\vec{x}}, \dddot{\vec{x}})}{|\dot{\vec{x}}|^2}$$

gilt

```
> x3punkt := map(diff, x2punkt, t);
```

$$x3punkt := [-3\,\cos(t) + t\sin(t), -3\,\sin(t) - t\cos(t), 0]$$

```
> torsion := simplify(1/betrag*det(matrix
>                    ([xpunkt, x2punkt, x3punkt])));
```

$$torsion := \frac{6+t^2}{\sqrt{8+5\,t^2+t^4}}$$

2.5.2 Koordinatensysteme

MapleV kennt einige verschiedene Koordinatensysteme, die jedoch nur bei Zeichnungen benutzt werden dürfen, so daß Sie im allgemeinen darauf angewiesen sind, sich selbst zu helfen[13]. Bei Flächen- oder Volumenintegralen führt ein Koordinatenwechsel häufig zu einem einfacheren Integral. Hierbei tritt die Funktional- oder Jacobideterminante auf. Als Beispiel wollen wir ein Trägheitsmoment berechnen. Das axiale Trägheitsmoment der vollen Kugel K vom Radius R mit homogener Dichte der Gesamtmasse 1 um die z-Achse beträgt

$$\int\int\int_K (x^2+y^2)\,dxdydz$$

Hier bietet sich die Verwendung von Kugelkoordinaten an. Zur Abkürzung setzen wir

```
> spherical := vector([r * cos(phi) * sin(theta),
>                      r * sin(phi) * sin(theta), r * cos(theta)]):
```

und lassen die Funktionaldeterminante der Transformation von Kugel- zu kartesischen Koordinaten berechnen.

```
> jac := simplify(det(jacobian(spherical, [r, phi, theta])));
```

$$jac := -\sin(\theta)r^2$$

Nun müssen wir im Integranden noch x und y durch die entsprechenden Ausdrücke in Kugelkoordinaten ersetzen lassen.

```
> integrand := simplify(subs({x = spherical[1], y = spherical[2]},
>                       x^2 + y^2));
```

$$integrand := r^2 - r^2\cos(\theta)^2$$

Wenn wir nun – wie erforderlich – den Absolutbetrag der Funktionaldeterminanten einsetzen und dies vermöge der Funktion `abs` tun, so stellt sich heraus, daß dieses Integral nicht berechnet werden kann, obwohl $\sin(\theta)$ im gesamten Intervall $[0, \pi]$ positiv ist.

[13] In der Version 3 sind *MapleV* auch für Rechnungen verschiedene Koordinatensysteme bekannt.

```
> traeg := int(int(int(integrand * abs(jac), r = 0 .. R),
>                     theta = 0 .. Pi), phi = 0 .. 2 * Pi);
```

$$traeg := \int_0^{2\pi}\int_0^{\pi} -\frac{|\sin(\theta)|\, R^5 \left(-1+\cos(\theta)^2\right)}{5}\, d\theta\, d\phi$$

Deswegen berechnen wir selbst den Betrag der Funktionaldeterminante und lassen so das transformierte Integral bestimmen.

```
> traeg := int(int(int(integrand * (-jac), r = 0 .. R),
>                  theta = 0 .. Pi),  phi = 0 .. 2 * Pi);
```

$$traeg := \frac{8\, R^5 \pi}{15}$$

Es ist deutlich schwieriger, die Gleichung einer Kurve in kartesischen Koordinaten zu finden, die in anderen Koordinaten gegeben ist. Als Beispiel wählen wir die Polardarstellung $r = a\sqrt{2\cos 2\phi}$ einer Lemniskate.

```
> L := vector([a * sqrt(2 * cos(2 * phi)), phi]);
```

$$L := [a\sqrt{2}\sqrt{\cos(2\,\phi)}, \phi]$$

```
> polar := vector([r * cos(phi), r * sin(phi)]);
```

$$polar := [r\cos(\phi), r\sin(\phi)]$$

Durch den folgenden Befehl erhalten wir die (x, y)-Darstellung, allerdings in Abhängigkeit von den Polarkoordinaten.

```
> Lkart := vector([seq(simplify(expand(subs({r = L[1], phi = L[2]},
>                                polar[i]))), i = 1 .. 2)]);
```

$$Lkart := [a\sqrt{2}\sqrt{2\,\cos(\phi)^2-1}\cos(\phi), a\sqrt{2}\sqrt{2\,\cos(\phi)^2-1}\sin(\phi)]$$

Wir prüfen nun nach, daß die Lemniskatengleichung in kartesischen Koordinaten $(x^2+y^2)^2 - 2a^2(x^2-y^2) = 0$ lautet. Dazu lassen wir erst $x^2 + y^2$ berechnen, wobei für x die erste und für y die zweite Komponente des Ergebnisses `Lkart` zu benutzen sind.

```
> s1 := simplify(expand(Lkart[1]^2 + Lkart[2]^2));
```

$$s1 := 4\,a^2\cos(\phi)^2 - 2\,a^2$$

Nun bestimmen wir nach demselben Verfahren $x^2 - y^2$.

```
> s2 := simplify(expand(Lkart[1]^2 - Lkart[2]^2));
```

$$s2 := 8\,a^2\cos(\phi)^4 - 8\,a^2\cos(\phi)^2 + 2\,a^2$$

Da das Ergebnis als Polynom in $\cos(\phi)$ den Grad 4 hat, quadrieren wir $x^2 + y^2$

```
> s1_quad := simplify(expand(s1^2));
```

$$s1\_quad := 16\,a^4\cos(\phi)^4 - 16\,a^4\cos(\phi)^2 + 4\,a^4$$

Nun ist die gesuchte Gleichung gefunden, denn

```
> simplify(expand(s1_quad - 2 * a^2 * s2));
```

$$0$$

Wenn Ihnen das Ergebnis nicht bekannt ist, hilft nur längeres Probieren, das natürlich durch *MapleV* deutlich vereinfacht wird.

2.5.3 Gradient, Divergenz, Rotation und der Laplace-Operator

In der Physik und vielen technischen Anwendungen spielen Gradient, Divergenz, Rotation und der Laplace-Operator eine wichtige Rolle. Den Gradienten eines Skalarenfeldes, das von 3 Veränderlichen abhängt, erhalten wir durch den Aufruf von `grad`.

```
> t := x * y + x * z:

> gradient := grad(t, [x, y, z]);
```

$$gradient := [y + z, x, x]$$

Die Anzahl der Variablen Ihrer Funktion ist dabei unbegrenzt, die Variablenliste muß aber bei jedem Befehl mit angegeben werden. Wir stellen zunächst fest, daß das Gradientenfeld von t quellenfrei ist.

```
> divergenz := diverge(gradient, [x, y, z]);
```

$$divergenz := 0$$

Wir berechnen die Divergenz eines anderen Vektorfeldes

```
> s := vector([x * sin(y^2 + z), z^4, x * y * z]);
```

$$s := [x \sin(y^2 + z), z^4, xyz]$$

```
> diverge(s, [x, y, z]);
```

$$\sin(y^2 + z) + xy$$

Rotation heißt auf englisch „curl", daher ist rot S zu berechnen durch den Aufruf

```
> curl(s, [x, y, z]);
```

$$[xz - 4\,z^3, x\cos(y^2 + z) - yz, -2\,x\cos(y^2 + z)y]$$

Wir überprüfen die Aussage, daß jedes Rotationsfeld quellenfrei ist.

```
> diverge(curl(vector([f1(x, y, z), f2(x, y, z), f3(x, y, z)]),
>                              [x, y, z]), [x, y, z]);
```

$$0$$

Einem Skalarenfeld $f(x, y, z)$ wird durch den Laplace-Operator Δ das Skalarenfeld $\Delta f(x, y, z)$ zugeordnet.

```
> laplacian(diverge(s, [x, y, z]), [x, y, z]);
```

$$-4\,\sin(y^2 + z)y^2 + 2\,\cos(y^2 + z) - \sin(y^2 + z)$$

Die Divergenz eines Gradientenfeldes ist dasselbe wie Δf:

```
> diverge(grad(f(x, y, z), [x, y, z]), [x, y, z])
>   - laplacian(f(x, y, z), [x, y, z]);
```

$$0$$

2.5.4 Übungen

1. Folgende Grenzwerte sind zu bestimmen!
   a) $\lim_{x \to 0}(\cos x)^{\frac{1}{x}}$
   b) $\lim_{x \to 0+}(\ln \frac{1}{x})^x$
   c) $\lim_{x \to 1} \frac{x^n - 1}{x^m - 1}$ (n, m von 0 verschiedene ganze Zahlen)
   d) Wir betrachten die quadratische Gleichung $ax^2 + bx + c = 0$. Was geschieht mit den Nullstellen dieser Gleichung, wenn a gegen Null geht?

2. Bestimmen Sie die Extrem- und Wendepunkte der folgenden Kurven, falls es sie gibt!
   a) $\arctan(x^2 + 1)$
   b) $x^2 \ln |x|$ $(x \neq 0)$
   c)
   $$f(v) = \begin{cases} \frac{2}{\sigma^3 \cdot \sqrt{2\pi}} v^2 \cdot \exp(-\frac{v^2}{2\sigma^2}) & \text{falls } v > 0 \\ 0 & \text{falls } v \leq 0 \end{cases}$$
   (Diese Funktion tritt für $v > 0$ im Maxwellschen Verteilungsgesetz der Geschwindigkeiten von Gasmolekülen auf, wobei v die Molekülgeschwindigkeit ist und $2\sigma^2 = v_0^2$ gilt mit der wahrscheinlichsten Geschwindigkeit v_0.)

3. Gegeben ist die Kurve $F(x, y) = 12y^5 - 20xy^3 + 5x^4 = 0$ (mit $x > 0, y > 0$). In der Umgebung welcher Punkte ist hierdurch implizit eine Funktion $y = f(x)$ bestimmt? Geben Sie dort die Ableitung $f'(x)$ an!

4. Zwischen den Größen x, y, z bestehe der Zusammenhang
   $$F(x, y, z) = \exp xy + y \sin y \cdot z \cdot \exp x - \exp x - 2\pi z = 0$$
   Offenbar ist $F(0, \pi, \frac{1}{2}) = 0$. Geben Sie die Abschätzung nach Gauß für die Veränderung von z an, wenn x um $\Delta x = 0.1$ und y um $\Delta y = -0.01$ verändert wird.

5. Bestimmen Sie bei der Kurve
   $$x^4(x - y) + 2x^2 y(x + y) + y(x^2 + y^2) + c = 0$$
   die Konstante c so, daß die Kurve durch den Punkt $P_0 = (1, 1)$ geht. Fassen Sie diese Kurve als Niveaulinie von $F(x, y) = 0$ auf und bestimmen Sie den Winkel, mit dem sie die Gerade g durch P_0 mit Richtungsvektor $(1, 4)$ schneidet.

6. Bestimmen Sie die Torsion von $\vec{w}(t) = (\exp t, \exp(-t), \sqrt{2} \cdot t)$ für $t \in [0, 5]$!

7. Bestimmen Sie die Tangentialebene an das Ellipsoid
   $$\frac{x^2}{4} + y^2 + \frac{z^2}{16} = 1$$
   im Punkt $(1, \frac{1}{2}, 2\sqrt{2})$

8. Bestimmen Sie die Schmiegquadrik an die Niveaufläche
   $$x \cos y + y \cos z + z \cos x = 2$$
   im Punkt $(0, 0, 2)$. Was ist ihre Normalform?

9. Rechnen Sie für die stetig differenzierbaren dreidimensionalen Vektorfelder $\vec{v}(\vec{x}), \vec{w}(\vec{x})$ die Beziehung
   $$\operatorname{grad}(\vec{v}(\vec{x}) \cdot \vec{w}(\vec{x})) = J_{\vec{v}}^t \vec{w}(\vec{x}) + J_{\vec{w}}^t \vec{v}(\vec{x})$$
   nach, wobei $J_{\vec{v}}$ die Jacobimatrix des Vektorfeldes $\vec{v}$ bezeichnet.

3 Integralrechnung

3.1 Integralrechnung einer Veränderlichen

3.1.1 Unbestimmte Integrale

Das unbestimmte Integral über die (beschränkte) Funktion $f(x)$ erhalten Sie durch den Befehl `int(f(x), x)`, Dabei kann die Funktion f eine *MapleV* bekannte Funktion sein oder von Ihnen definiert werden, und die Variable kann selbstverständlich auch einen anderen Namen haben.

Falls es sich um einen von Ihnen definierten Ausdruck handelt, müssen Sie ihn beim Aufruf genauso nennen wie bei der Definition, d. h. nach der Benennung `a:=x^2` müssen Sie zur Berechnung des Integrals `int(a,x)` eingeben. Haben Sie stattdessen jedoch `b:=x->x^2` eingegeben, muß der Befehl `int(b(x),x)` lauten, weil anderenfalls *b* als unbekanntes Objekt gilt, dessen Stammfunktion *MapleV* nicht kennt. Es spielt in diesem Zusammenhang für *MapleV* keine Rolle, ob die zu integrierende Funktion reell- oder komplexwertig ist. *MapleV* berechnet, falls dies möglich ist, die Stammfunktion, läßt die Integrationskonstante jedoch weg. Bei der Berechnung der Stammfunktion wird nicht darauf geachtet, ob der Integrand Pole hat. Alles, was wir über die Verwendung benutzereigener Namen im Abschnitt Differentialrechnung einer Veränderlichen gesagt haben, gilt auch hier, so daß wir es nicht wiederholen wollen. Beispiele:

- Es ist die Stammfunktion von $x^3 + 27x^2 + 9x + 16 + \frac{7}{x}$ zu berechnen. Wir geben diesem Ausdruck zunächst einen Namen und lassen ihn dann integrieren.

```
> a := x^3 + 27 * x^2 + 9 * x + 16 + 7/x:
```

```
> int(a, x);
```

$$\frac{x^4}{4} + 9\,x^3 + \frac{9\,x^2}{2} + 16\,x + 7\,\ln(x)$$

- Die komplexwertige Funktion $\sin(i\,x) + i\,x^2$ soll integriert werden:

```
> int(sin(I * x) + I * x^2, x);
```

$$I\cosh(x) + \frac{Ix^3}{3}$$

- Wenn Sie sich die Regel der partiellen Integration ausgeben lassen wollen, stoßen Sie zunächst auf Widerstand:

```
> int(f1(x) * diff(g(x), x), x);
```

$$\int f1(x)\frac{d}{dx}g(x)dx$$

Dies liegt daran, daß *MapleV* Integrale nicht so berechnet, wie Sie es in Ihrer Vorlesung gelernt haben. Für solche und ähnliche Aufgaben müssen Sie das Paket `student` laden – die entsprechende Funktion heißt `intparts`.

```
> with(student):
```

```
> intparts(int(f1(x) * diff(g(x), x), x));
```

Error, (in intparts) intparts uses a 2nd argument, expr
(of type algebraic), which is missing

MapleV verlangt hier allerdings trotz der von uns bereits gewählten suggestiven Eingabe, daß wir den Faktor, der im Rahmen der Formel abgeleitet werden muß, explizit angeben; erst dann erfolgt die gewünschte Ausgabe.

```
> intparts(int(f1(x) * diff(g(x), x), x), f1(x));
```

$$f1(x)g(x) - \int \left(\frac{d}{dx} f1(x)\right) g(x)dx$$

- Das Integral einer logarithmischen Ableitung hingegen können Sie sich direkt ausgeben lassen:

```
> int(diff(f1(x), x) / f1(x), x);
```

$$\ln(f1(x))$$

- Ist der Integrand eine ganz-rationale Funktion, benutzt *MapleV* die Partialbruchzerlegung zur Ausgabe des Integrals:

```
> int((x^3 + 2) / (x^3 - x^2 + x - 1), x);
```

$$x + \frac{3\ln(x-1)}{2} - \frac{\ln(x^2+1)}{4} - \frac{3\arctan(x)}{2}$$

Wenn allerdings die Partialbruchzerlegung des Integranden nicht so leicht zu finden ist, weil es keine rationalen Nullstellen des Nenners gibt, wird Ihnen die *MapleV*-Ausgabe wenig Freude bereiten. Zunächst produzieren wir hier einen typischen Fehler beim Versuch, dem Integral einen Namen zu geben.

```
> I := int((1 + 3 * x) / (x^3 + 3 * x^2 + 2 * x + 1), x);
```

Error, Illegal use of an object as a name

Der Name `I` ist für $\sqrt{-1}$ reserviert. Also benennen wir das Integral um.

```
> I1 := int((1 + 3 * x) / (x^3 + 3 * x^2 + 2 * x + 1), x);
```

$$I1 := \sum_{\_R = RootOf(23\_Z^3 - 33\_Z + 17)} \_R \ln(x + \frac{115\_R^2}{63} + \frac{23\_R}{63} - \frac{47}{63})$$

Um hieraus einen lesbaren Ausdruck zu machen, können Sie z. B. mit `evalf` arbeiten.

```
> evalf(I1);
```

$$-1.400860021 \ln(|x+2.324717957|) + 0.7004300104 \ln((x+0.3376410214)^2$$
$$+0.3161582497) + 0.1924161893 \arctan(-0.5622795121\, x + 0.3376410214)$$
$$-0.1924161893 \arctan(0.5622795121\, x + 0.3376410214)$$
$$+1.0 I(-2.200465775 + 2.200465775 \mathit{signum}(x + 2.324717957)$$
$$+0.7004300104 \arctan(-0.5622795121\, x + 0.3376410214) +$$
$$0.7004300104 \arctan(0.5622795121 x + 0.3376410214))$$

Es ist nicht einfach, aus diesem komplexen Ausdruck einen reellen zu machen. Entgegen der Handbuchbehauptung werden durch `convert` die auftretenden arctan-Ausdrücke nicht in ln-Ausdrücke umgewandelt.

```
> convert(", ln);
```

$$-1.400860021 \ln(|x+2.324717957|) + 0.7004300104 \ln((x+0.3376410214)^2$$
$$+0.3161582497) + 0.1924161893 \arctan(-0.5622795121\, x + 0.3376410214)$$
$$-0.1924161893 \arctan(0.5622795121\, x + 0.3376410214) + 1.0 I(-2.200465775 +$$
$$2.200465775 \mathit{signum}(x + 2.324717957)$$
$$+0.7004300104 \arctan(-0.5622795121\, x + 0.3376410214)$$
$$+0.7004300104 \arctan(0.5622795121, x + 0.3376410214))$$

Sie haben also nur die Möglichkeit, hier an irgendeiner Stelle von Hand einzugreifen, oder, falls solche Probleme in von Ihnen geschriebenen Programmen gelöst werden sollen, können Sie, wie im Abschnitt 5.1.3 des Kapitels 5 beschrieben, die Partialbruchentwicklung vornehmen lassen und dann integrieren. Um Ihnen zu zeigen, wie Sie `RootOf`-Ausdrücke wieder umwandeln können, wollen wir Ihnen hier eine der Manipulationsmöglichkeiten demonstrieren. (Die hier vorgeführte Umwandlung von `RootOf`-Ausdrücken klappt auch im Release 3 jedoch nur, wenn Sie den Ausdruck einzeln eingeben.

```
> I2 := convert(I1, radical):

> eval(subs(RootOf = solve, I2));
```

Error, (in sum)
wrong number (or type) of parameters in function type;

Es ist zu hoffen, daß sich dies langfristig ändert.) Der erste Befehl scheint nichts zu bewirken, wenn Sie sich nur die Bildschirmausgabe anschauen, ist aber unbedingt erforderlich für die Ausführung des folgenden Kommandos, das die eigentliche Umwandlung bewerkstelligt.

```
> l := convert(RootOf(23 * _Z^3 - 33 * _Z + 17), radical);
```

$$l := \mathit{RootOf}(23\,\_Z^3 - 33\,\_Z + 17)$$

```
> l1 := eval(subs(RootOf = solve, l));
```

$$l1 := -\sqrt[3]{\frac{17}{46} + \frac{21\sqrt{3}\sqrt{23}}{1058}} - \frac{11}{23\sqrt[3]{\frac{17}{46} + \frac{21\sqrt{3}\sqrt{23}}{1058}}} \frac{\sqrt[3]{\frac{17}{46} + \frac{21\sqrt{3}\sqrt{23}}{1058}}}{2} + \frac{11}{46\sqrt[3]{\frac{17}{46} + \frac{21\sqrt{3}\sqrt{23}}{1058}}}$$
$$+\frac{I\sqrt{3}\left(-\sqrt[3]{\frac{17}{46} + \frac{21\sqrt{3}\sqrt{23}}{1058}} + \frac{11}{23\sqrt[3]{\frac{17}{46}+\frac{21\sqrt{3}\sqrt{23}}{1058}}}\right)}{2} \frac{\sqrt[3]{\frac{17}{46} + \frac{21\sqrt{3}\sqrt{23}}{1058}}}{2} +$$

$$\frac{11}{46\sqrt[3]{\frac{17}{46}+\frac{21\sqrt{3}\sqrt{23}}{1058}}} - \frac{I\sqrt{3}\left(-\sqrt[3]{\frac{17}{46}+\frac{21\sqrt{3}\sqrt{23}}{1058}}+\frac{11}{23\sqrt[3]{\frac{17}{46}+\frac{21\sqrt{3}\sqrt{23}}{1058}}}\right)}{2}$$

Nun lassen wir das Integral gemäß der von *MapleV* ausgegebenen Formel berechnen. Wir ersparen Ihnen hier die exakte Ausgabe (die Sie sich natürlich am Bildschirm anschauen können) und lassen stattdessen die numerische Auswertung ausgeben.

```
> I2 := sum(l1[j] * ln(x + 115/63 * l1[j]^2 + 23/63 * l1[j] - 47/63),
>           j = 1 .. 3):
> evalf(I2);
```

$$-1.400860021\ln(x+2.324717956)+(0.7004300104-0.1924161895I)\ln(x+0.3376410210$$
$$-0.5622795124I)+(0.7004300104+0.1924161895I)\ln(x+0.3376410210+0.5622795124I)$$

Diese Formel ist zwar übersichtlicher als unser erstes Ergebnis, enthält jedoch immer noch komplexe Ausdrücke. Wenn Sie sich die Formel genau anschauen, werden Sie entdecken, daß sie einen Ausdruck der Form $konstante1 * i * (\ln z - ln\bar{z})$ sowie einen weiteren der Form $konstante2 * i * (\ln z + ln\bar{z})$ enthält. Im folgenden zeigt sich, daß *MapleV* beim Versuch, diese Ausdrücke auszuwerten, fehlerhaft arbeitet. Zwar wird für konkrete Zahlen gemäß der Formel $\ln z = \ln|z| + i \cdot arg(z)$ richtig gerechnet:

```
> evalc(ln(I) - ln(conjugate(I)));
```

$$I\pi$$

```
> evalc(ln(I) + ln(conjugate(I)));
```

$$0$$

aber in der allgemeinen Formel

```
> evalc(ln(z) + ln(conjugate(z)));
```

$$2\ln(|z|)+2I\left(1/2-\frac{signum(z)}{2}\right)\pi$$

```
> evalc(I * ln(z) - I * ln(conjugate(z)));
```

$$0$$

sind die Ergebnisse vertauscht. Es ist nämlich (für $z \neq 0$)

$$\begin{aligned}
\ln z + \ln\bar{z} &= \ln|z| + i\cdot\phi + \ln|z| - i\cdot\phi \\
&= 2\ln|z| \\
&= \ln z\bar{z} \\
\ln z - \ln\bar{z} &= \ln|z| + i\cdot\phi - (\ln|z| - i\cdot\phi) \\
&= 2i\phi
\end{aligned}$$

wobei wir mit ϕ das Argument von z bezeichnet haben. Also geben wir die Lösung direkt ein.

```
> r :=  -1.400860021 * ln(x + 2.324717956) +
>      0.7004300104 * ln(evalc((x + 0.337641021 - 0.5622795124 * I)
>                         * (x + 0.337641021 + 0.5622795124 * I)))
>      + evalc(0.1924161895 * I * 2 *I)*
>                               arctan(0.5622795124 /(x + 0.337641021));
```

$$r := -1.400860021 \ln(x + 2.324717956) + 0.7004300104 \ln(x^2 + 0.675282042x + 0.4301597092) \\ -0.3848323790 \arctan(\frac{0.5622795124}{x + 0.337641021})$$

Für automatisierte Abläufe ist dieses Verfahren offensichtlich unbrauchbar.

- Falls *MapleV* die Stammfunktion nicht finden kann, wird Ihre Eingabe wiederholt; jedoch kann *MapleV* mit diesem Objekt weiterrechnen, es also z. B. ableiten, wie das folgende Beispiel, bei dem die Funktionen $f1$ und h nicht näher definiert sind, zeigt:

```
> g := int(h(t, x) * f1(x), x);
```

$$g := \int h(t, x) f1(x) dx$$

```
> g_t := diff(g, t);
```

$$g\_t := \int \left(\frac{\partial}{\partial t} h(t, x)\right) f1(x) dx$$

```
> g_x := diff(g, x);
```

$$g\_x := h(t, x) f1(x)$$

Im Gegensatz zur Ableitung einer Funktion kann eine Kombination einer rationalen Funktion in x mit z. B. einer trigonometrischen Funktion bereits nicht mehr elementar integrierbar sein; auch in einem solchen Fall zeigt *MapleV* dies an, wobei die für einige dieser Integrale in der Literatur üblichen Bezeichnungen verwendet werden:

```
> int(sin(x)/x, x);
```

$$Si(x)$$

3.1.2 Bestimmte Integrale

Das bestimmte Integral über die (beschränkte) Funktion $f(x)$ im Intervall $[a, b]$ erhalten Sie durch den Befehl `int(f(x), x = a .. b)`. Alles, was wir über die Verwendung (benutzereigener oder *MapleV* bekannter) Namen im Abschnitt 3.1.1 gesagt haben, gilt auch hier, so daß wir es nicht wiederholen wollen. Beispiele:

- Es ist das bestimmte Integral von $x^3 + 27x^2 + 9x + 16 + \frac{7}{x}$ im Intervall $[1, 4]$ zu berechnen.

```
> int(x^3 + 27 * x^2 + 9 * x + 16 + 7/x, x = 1 .. 4);
```

$$\frac{2985}{4} + 7 \ln(4)$$

- Die komplexe Funktion $\sin(Ix) + Ix^2$ soll entlang der Strecke von I nach 2 integriert werden:

```
> int(sin(I * x) + I * x^2, x = I .. 2);
```

$$\frac{I\left(3\, e^{-2^2} + 3 + 16\, e^{-2}\right)}{6\, e^{-2}} - \frac{3\, I e^{I^2} + 3\, I + 2\, e^{I}}{6\, e^{I}}$$

```
> expand(simplify("));
```

$$-I\cos(1)+\frac{Ie^{-2}}{2}+\frac{Ie^{2}}{2}+\frac{8\,I}{3}-1/3$$

```
> simplify(convert(", trig));
```

$$-I\cos(1)+I\cosh(2)+\frac{8\,I}{3}-1/3$$

- Häufig wird das bestimmte Integral für Flächenberechnungen benötigt; hierbei ist jedoch erhöhte Vorsicht erforderlich, falls die Funktion im betrachteten Intervall sowohl positive wie negative Funktionswerte besitzt.

```
> int(sin(x), x = 0 .. 2 * Pi);
```

$$0$$

Die in Mathematikvorlesungen angegebene Formel, die besagt, über den Absolutbetrag der Funktion zu integrieren, führt bei *MapleV* leider nicht zum Erfolg:

```
> int(abs(sin(x)), x = 0 .. 2 * Pi);
```

$$\int_0^{2\,\pi}|\sin(x)|\,dx$$

Daraus ergibt sich, daß Sie zunächst Vorbereitungen treffen müssen, wenn Sie eine Fläche berechnen wollen. Eine Zeichnung wie in Abb. 3.1 der Funktion zeigt Ihnen, ob es negative Funktionswerte gibt. Falls dies der Fall ist, lassen Sie zunächst die im Integrationsintervall liegenden Nullstellen des Integranden suchen und berechnen dann die gesuchte Fläche als Summe der Absolutbeträge der Teilflächen. Wie mit Hilfe von `solve` bei der Nullstellensuche zu verfahren ist, entnehmen Sie dem Kapitel Algebra.

Beispiel: Es ist die Fläche von $f(x) = x^3 - 6x^2 + 11x - 6$ im Intervall $[0, 4]$ zu bestimmen.

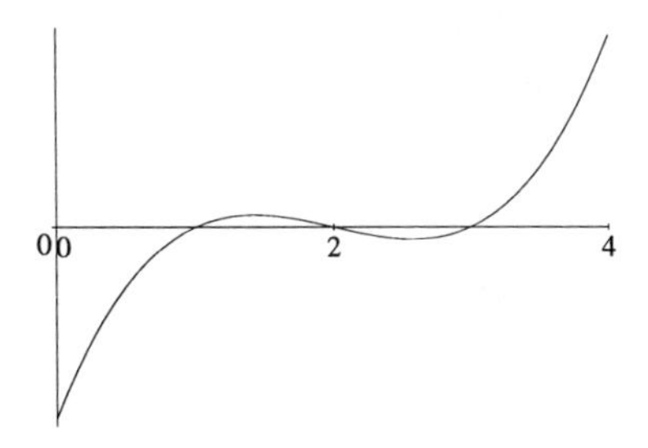

Bild 3.1 Die Funktion $f(x) = x^3 - 6x^2 + 11x - 6$

```
> f := - 6 + 11 * x - 6 * x^2 + x^3:
> plot(f, x = 0 .. 4);
```

Wir bestimmen die Nullstellen von f.

```
> solve(f = 0, x);
```

$$1, 2, 3$$

integrieren über die Teilintervalle und addieren die Absolutbeträge dieser Integrale.

```
> F := abs(int(f, x = 0 .. 1)) + abs(int(f, x = 1 .. 2))
>      + abs(int(f, x = 2 .. 3)) + abs(int(f, x = 3 .. 4));
```

$$F := 5$$

Um die dabei auftretende lästige Schreiberei zu vermeiden, können Sie auch alle vorkommenden Intervallgrenzen in einen Vektor packen. Der Einfachheit halber benutzen wir die `array`-Definition.

```
> X := array([0, 1, 2, 3, 4]):
```

und die Summe dann mit dem Summenbefehl berechnen lassen:

```
> F:=sum(abs(int(f, x = X[i] .. X[i + 1])), i = 1 .. 4);
```

$$F := 5$$

- Viele wichtige nicht elementar integrierbare Funktionen sind *MapleV* bekannt; einige tragen sogar eigene Namen wie z. B. das Integral über die Normalverteilung.

```
> int(exp(- x^2/(2 * sigma^2))/(sigma * sqrt(2 * Pi)),
>      x = - sigma .. sigma);
```

$$erf(\frac{\sqrt{2}}{2})$$

```
> evalf(");
```

$$0.6826894920$$

Im Gegensatz zur Normalverteilung werden manche Funktionen nicht erkannt. Im folgenden Beispiel wird das unvollständige elliptische Integral zweiter Gattung berechnet:

```
> int(sqrt(1 - 0.5 * (sin(theta))^2), theta = 0 .. Pi/6);
```

$$\int_0^{0.5235987758} \sqrt{1.0 - 0.5000000000 \sin(\theta)^2}\, d\theta$$

Bei der numerischen Berechnung gibt es keine Probleme.

```
> evalf(");
```

$$0.5120493225$$

Obwohl es nach dieser Erfahrung so aussieht, als kenne *MapleV* die elliptischen Funktionen nicht, ist dies nicht richtig, wie Sie sehen, wenn Sie sie mit dem „richtigen" Funktionsnamen `LegendreE` aufrufen. Wie der Name schon sagt, wird hier die Legendresche Normalform des elliptischen Integrals 2. Gattung benutzt. Es wird sofort der numerische Wert ausgegeben.

```
> evalf(LegendreE(sin(Pi/6), sqrt(0.5)));
```

$$0.5120493225$$

- Falls Sie ein Vektorfeld $\vec{v}$ längs einer parametrisierten Kurve $\vec{w}(t)$ mit Anfangspunkt $\vec{w}(t_0)$ und Endpunkt $\vec{w}(t_1)$ integrieren wollen gemäß der Formel

$$\int_{\vec{w}} \vec{v} \cdot d\vec{w} = \int_{t_0}^{t_1} \vec{v}(\vec{w}(t)) \cdot \dot{\vec{w}}(t)\, dt \; ,$$

so empfiehlt sich folgende Vorgehensweise, die wir am Beispiel erläutern wollen. Es soll das Vektorfeld $\vec{v}(x, y) = (y^2, x^2)$ längs des im Gegenuhrzeigersinn durchlaufenen, oberhalb der x-Achse gelegenen Teiles der Ellipse $\frac{x^2}{4} + \frac{y^2}{9} = 1$ berechnet werden. Als Parametrisierung wählen wir $\vec{w}(t) = (2\cos t, 3\sin t)$ und erhalten:

```
> w := array([2 * cos(t), 3 * sin(t)]):
> wpunkt := [seq(diff(w[i], t), i = 1 .. 2)];
```

$$wpunkt := [-2\,\sin(t), 3\,\cos(t)]$$

```
> v := array([y^2, x^2]):
```

Zur Berechnung von $\vec{v}(\vec{w}(t))$ ersetzen wir x durch die 1., y durch die 2. Komponente von $\vec{w}(t)$ und integrieren dann das Skalarprodukt.

```
> v_laengs_w := subs({x = w[1], y = w[2]}, v);
```

$$v\_laengs\_w := [9\,\sin(t)^2, 4\,\cos(t)^2]$$

```
> with(linalg):
```

Warning: new definition for norm
Warning: new definition for trace

```
> int(dotprod(v_laengs_w, wpunkt), t = 0 .. Pi);
```

$$-24$$

3.1.3 Uneigentliche Integrale

Wenn Sie ein bestimmtes Integral berechnen wollen, in dessen einer Grenze die Funktion nicht definiert ist, so kann es sein, daß dieses uneigentliche Integral nicht konvergiert:

```
> int(1/(x - 1), x = 0 .. 1);
```

$$-\infty$$

Es kann aber auch sein, daß es konvergiert:

```
> int(1/sqrt(x - 1), x = 1 .. 2);
```

$$2$$

Dabei kann die kritische Grenze auch der Punkt ∞ sein:

```
> int(1/(x - 1)^2, x = 2 .. infinity);
```

$$1$$

Falls der Integrand im betrachteten Intervall einen Pol besitzt, wird die Integration zunächst nicht durchgeführt:

```
> int(1/(x - 1), x = 0 .. 2);
```

$$\int_0^2 (x-1)^{-1}\,dx$$

Erst die Angabe der Option `'continuous'` bewirkt die Auswertung des Integrals (in der komplexen Ebene).

```
> int(1/(x - 1), x = 0 .. 2, 'continuous');
```

$$-I\pi$$

Die betrachteten Funktionen dürfen auch solche sein, die nicht elementar integrierbar sind:

```
> int(sin(x)/x, x = 0 .. 1);
```

$$Si(1)$$

```
> int(sin(x)/x, x = 0 .. infinity);
```

$$\frac{1}{2}\pi$$

Falls Sie numerische Ergebnisse wollen, sollten Sie den nächsten Abschnitt lesen.

3.1.4 Numerische Integration

Es macht für *MapleV* einen großen Unterschied, ob Sie ein bestimmtes Integral zunächst exakt berechnen und sich dann das numerische Ergebnis ausgeben lassen oder sofort die numerische Integration durch die Kombination der Befehle `evalf` und `Int` aufrufen. Um dies zu zeigen, verwenden wir im folgenden Beispiel zusätzlich den Befehl `time`, der die bisher insgesamt benötigte CPU-Zeit ausgibt, so daß wir die für eine Rechnung benötigte Zeit als Differenz der nach Aufruf des Befehls vergangenen Zeit und der vor Aufruf des Befehls vergangenen Zeit erhalten.

```
> t := time():  int(arcsin(x)/x, x = 0 .. 0.5);  time() - t;
```

$$\int_0^{0.5} \frac{\arcsin(x)}{x}\,dx$$

$$9.000$$

```
> t := time():  evalf(""");  time() - t;
```

$$0.5074708032$$

$$2.000$$

```
> t := time():  evalf(Int(arcsin(x)/x, x = 0 .. 0.5)); time() - t;
```

$$0.5074708032$$

$$1.000$$

Auf Ihrem Rechner können diese absoluten Zeitangaben natürlich variieren, der relative Zeitunterschied wird jedoch derselbe sein.

Bei der Benutzung der direkten numerischen Integration liegt es in Ihrer eigenen Verantwortung, das Ergebnis zu überprüfen, und Sie sollten dies auf keinen Fall vernachlässigen. Das Problem liegt darin, daß bei der numerischen Berechnung des Integrals von *MapleV* nur die Funktionswerte an einer gewissen Anzahl von Stützstellen benutzt werden unter der Annahme, daß die Funktion zwischen diesen Stellen keine große Änderung erfährt. Falls dies jedoch nicht zutrifft, die zu integrierende Funktion also etwa in einem kleinen Teilintervall sehr steil ansteigt und wieder fällt, so hängt es von dem Längenverhältnis des Teilintervalls zum Integrationsintervall ab, ob diese Spitze gefunden wird oder nicht, sowie vom verwendeten Algorithmus. Wir wollen dies an einem einfachen Beispiel demonstrieren.

```
> f := 10 * exp(- x^2);
```

$$f := 10\,e^{-x^2}$$

```
> plot(f, x = - 5 .. 5, numpoints = 1000);
```

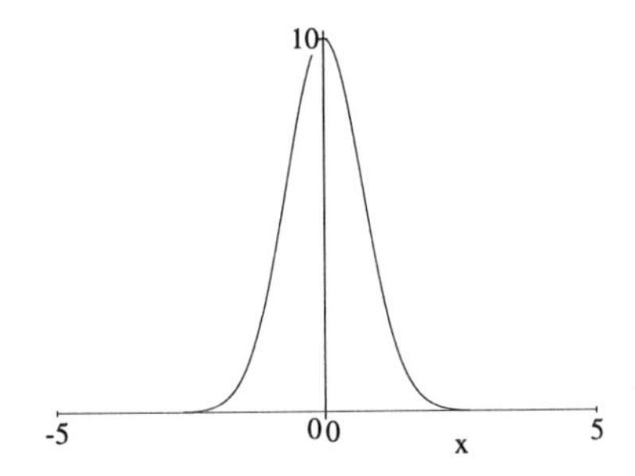

Bild 3.2 Die Funktion $f(x) = 10e^{-x^2}$

Im Intervall $[-5, 5]$ ergibt sich bis auf einen Fall kein Unterschied bei der Berechnung. Um die verschiedenen Algorithmen aufrufen zu können, müssen Sie zunächst die Funktion `` `evalf\int` `` laden. Bitte achten Sie darauf, daß hier als Anführungszeichen wirklich der Accent grave der Tastatur und nicht das Hochkomma zu benutzen ist! Nähere Informationen zu den benutzten Rechenverfahren finden Sie in der *MapleV*-Hilfe. Beim Aufruf der verschiedenen Algorithmen ist als 3. Parameter unbedingt die gewünschte Genauigkeit anzugeben.

```
> evalf(Int(f, x = - 5 .. 5)); evalf(int(f, x = - 5 .. 5));
```

$$17.72453847$$

$$17.72453847$$

```
> readlib(`evalf/int`);
> `evalf/int`(f, x = - 5 .. 5, Digits, _CCquad);
```

Error, (in evalf/int)
singularity in or near interval of integration

```
> `evalf/int`(f, x = - 5 .. 5, Digits, _Dexp);
```

$$17.72453847$$

```
> `evalf/int`(f, x = - 5 .. 5, Digits, _NCrule);
```

$$17.72453847$$

Ebenso verhält es sich bei dem Intervall $[-100, 100]$.

```
> Ia := evalf(Int(f, x = - 100 .. 100));
> In := evalf(int(f, x = - 100 .. 100));
> IC := `evalf/int`(f, x = - 100 .. 100, Digits, _CCquad);
> ID := `evalf/int`(f, x = - 100 .. 100, Digits, _Dexp);
> IN := `evalf/int`(f, x = - 100 .. 100, Digits, _NCrule);
```

$$Ia := 17.72453851$$
$$In := 17.72453851$$

Error, (in evalf/int)
singularity in or near interval of integration

$$ID := 17.72453851$$
$$IN := 17.72453851$$

Wenn Sie das Intervall noch größer machen, etwa $[-10\,000\,000, 10\,000\,000]$, so erhalten Sie von `evalf/Int` wie auch von `` `evalf/int`/_CCquad `` falsche Ergebnisse – von einer Singularität ist jetzt nicht mehr die Rede..

```
> Ia := evalf(Int(f, x = - 10000000 .. 10000000));
> In := evalf(int(f, x = - 10000000 .. 10000000));
> IC := `evalf/int`(f, x = - 10000000 .. 10000000, Digits, _CCquad);
> ID := `evalf/int`(f, x = - 10000000 .. 10000000, Digits, _Dexp);
> IN := `evalf/int`(f, x = - 10000000 .. 10000000, Digits, _NCrule);
```

$$Ia := .1744950459\,10^8$$
$$In := 17.72453851$$
$$IC := .1744950459\,10^8$$
$$ID := 17.72453851$$
$$IN := 17.72453851$$

Interessanterweise wird das Verhalten der Algorithmen teilweise wieder „normal“, wenn das Integral von $-\infty$ bis $+\infty$ berechnet werden soll. Sie sehen jedoch, daß die Rechenzeiten ganz unterschiedlich sind.

```
> t := time(): Ia := evalf(Int(f, x = -infinity..infinity),15);
> time() - t;
> t := time(): In := evalf(int(f, x = -infinity..infinity),15);
> time() - t;
> t := time(): IC := `evalf/int`(f, x = -infinity..infinity),15,_CCquad);
> time() - t;
> t := time(): ID := `evalf/int`(f, x = -infinity..infinity),15,_Dexp);
> time() - t;
> t := time(): Ia := `evalf/int`(f, x = -infinity..infinity),15,_NCrule);
> time() - t;
```

$$Ia := 17.7245385090552$$
$$7.000$$
$$In := 17.7245385090552$$
$$0$$

Error, (in evalf/int)
singularity in or near interval of integration

$$16.000$$
$$ID := 17.7245385090552$$
$$39.000$$
$$IN := 17.7245385090552$$
$$24.000$$

Meldungen der hier gezeigten Art bzw. Abweichungen in den Ergebnissen der verschiedenen Arten der numerischen Auswertung sollten für Sie daher stets ein Anlaß sein, die Funktion genauer zu untersuchen (s. auch den folgenden Abschnitt). Eine weitere Möglichkeit, die Genauigkeit der Rechnung zu verbessern, besteht darin, die Anzahl der gewünschten Dezimalstellen zu erhöhen. Dieses Vorgehen ist jedoch recht zeitaufwendig und bringt in diesem Fall auch nicht mehr.

```
> t := time():  Ia := evalf(Int(f, x = -infinity..infinity),30);
> time() - t;
> t := time():  In := evalf(int(f, x = -infinity..infinity),30);
> time() - t;
> t := time():  IC := `evalf/int`(f, x = -infinity..infinity),30,_CCquad);
> time() - t;
> t := time():  ID := `evalf/int`(f, x = -infinity..infinity),30,_Dexp);
> time() - t;
> t := time():  Ia := `evalf/int`(f, x = -infinity..infinity),30,_NCrule);
> time() - t;
```

$$Ia := 17.7245385090551602729816748334$$

$$8.000$$

$$In := 17.7245385090551602729816748334$$

$$0$$

Error, (in evalf/int)
singularity in or near interval of integration

$$20.000$$

$$ID := 17.7245385090551602729816748334$$

$$306.000$$

$$IN := 17.7245385090551602729816748334$$

$$277.000$$

Es ist nicht immer derselbe Algorithmus, der glaubt, eine Singularität gefunden zu haben, wie das folgende Beispiel zeigt. Wenn Sie die y-Koordinate des geometrischen Schwerpunktes der Kardioide

$$x = (1 + \cos(t))\cos(t), y = (1 + \cos(t))\sin(t)$$

berechnen lassen, so ist aus Symmetriegründen klar, daß das Ergebnis 0 sein muß. Dies ist bei exakter Berechnung auch der Fall; bei der numerischen Berechnung tritt einmal die bekannte Fehlermeldung auf, und in den übrigen Fällen wird das Integral nicht Null.

```
> w1 := (1 + cos(t)) * cos(t):  w2 := (1 + cos(t)) * sin(t):
> w1_t := diff(w1, t):  w2_t := diff(w2, t):
> S_y := int(w2 * sqrt(w1_t^2 + w2_t^2), t = 0 .. 2 * Pi);
```

$$S\_y := 0$$

```
> S_ynum := evalf(Int(w2 * sqrt(w1_t^2 + w2_t^2), t = 0 .. 2 * Pi));
```

$$S\_ynum := -.1302883504\,10^{-14}$$

```
> `evalf/int`(w2 * sqrt(w1_t^2 + w2_t^2), t = 0 .. 2 * Pi, Digits, _CCquad);
```

$$S\_ynum := -.1302883504\,10^{-14}$$

```
> `evalf/int`(w2 * sqrt(w1_t^2 + w2_t^2), t = 0 .. 2 * Pi, Digits, _Dexp);
```

$$.1734582973\,10^{-12}$$

```
> `evalf/int`(w2 * sqrt(w1_t^2 + w2_t^2), t = 0 .. 2 * Pi, Digits, _NCrule);
```

Error, (in evalf/int) unable to handle singularity

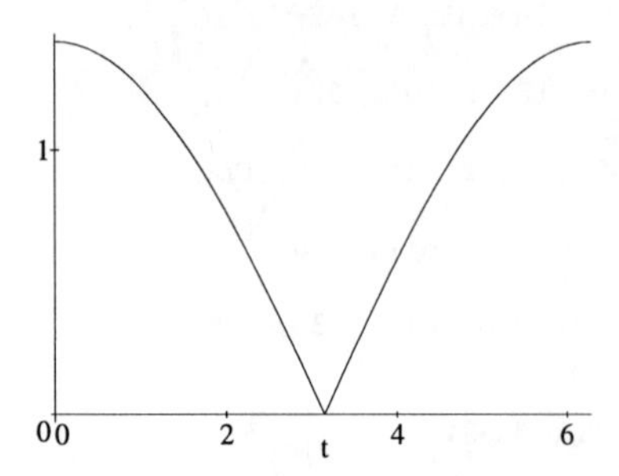

Bild 3.3 Die Funktion $f(x) = \sqrt{1 + \cos(t)}$

3.1.5 Probleme beim Integrieren

Neben den im letzten Abschnitt behandelten treten sie z. B. immer dann auf, wenn bei einem bestimmten Integral der Integrand positiv ist, jedoch aufgrund interner Umrechnungen diese Eigenschaft verlorengeht. Wir demonstrieren dies am Beispiel $\sqrt{1 + \cos t}$

```
> plot(sqrt(1 + cos(t)), t = 0 .. 2 * Pi);
```

Obwohl der Integrand im Intervall $[0, 2\pi]$ nirgends negativ ist, gibt *MapleV* für das Integral den „exakten" Wert 0 an.

```
> int(sqrt(1 + cos(t)), t = 0 .. 2 * Pi);
```

$$0$$

Auch durch den Versuch, sich eine Vereinfachung des Ausdrucks ausgeben zu lassen, ist der Grund für diese Fehlleistung nicht zu erkennen:

```
> simplify(sqrt(1 + cos(t)), trig);
```

$$\sqrt{1 + \cos(t)}$$

```
> combine(sqrt(1 + cos(t)), trig);
```

$$\sqrt{1 + \cos(t)}$$

Dies ist einer der Gründe, warum wir uns inzwischen angewöhnt haben, trotz des zeitlichen Mehraufwandes bei bestimmten Integralen grundsätzlich beide Varianten zu verwenden und bei Unstimmigkeiten nähere Untersuchungen folgen zu lassen.

```
> evalf(Int(sqrt(1 + cos(t)), t = 0 .. 2 * Pi));
```

$$5.656854249$$

Wenn Sie nun aber Wert auf eine exakte Antwort legen (wer garantiert denn schließlich, daß das neue Ergebnis richtig ist?), sollten Sie sich die Zeichnung noch einmal anschauen und sich inspirieren lassen. Wir berechnen das Integral in zwei Teilen und finden nun tatsächlich einen Hinweis auf die Fehlleistung.

```
> int(sqrt(1 + cos(t)), t = 0 .. Pi);
```

$$2\sqrt{2}$$

```
> int(sqrt(1 + cos(t)), t = Pi .. 2 * Pi);
```

$$-2\sqrt{2}$$

Wenn Sie die Absolutbeträge dieser Ergebnisse addieren und numerisch auswerten lassen, erhalten Sie im wesentlichen das Ergebnis der numerischen Integration.

```
> evalf(abs("") + abs("));
```

$$5.656854248$$

Falls Sie im Einzelfall auch nach zusätzlichen Überlegungen trotzdem nicht sicher sind, welches Ergebnis nun stimmt, empfiehlt sich in kritischen Fällen u. U. die Hinzuziehung einer Mathematikerin oder eines Mathematikers.

3.2 Integralrechnung mehrerer Veränderlicher

Zur Berechnung von Mehrfachintegralen können Sie den Befehl `int` entsprechend oft verwenden. Zur Berechnung von $\iint x^2 y^3 dy\, dx$ müssen Sie also eingeben

```
> int(int(x^2 * y^3, x), y);
```

$$\frac{x^3 y^4}{12}$$

Wegen der Stetigkeit des Integranden ist bei der Bestimmung der Stammfunktion die Reihenfolge der Integrationen beliebig. Für ein bestimmtes Integral können die Integrationsgrenzen jedoch auch Funktionen von x sein.

```
> int(int(x^2 * y^3, y = sin(x) .. x + sin(x)), x = 0 .. 2);
```

$$-\frac{33\sin(2)\cos(2)}{8} + \frac{1837}{140} - \frac{976\cos(2)}{9} - \frac{15\cos(2)^2}{2} - \frac{20\sin(2)^2\cos(2)}{9} + \frac{34\sin(2)^3}{27} - \frac{328\sin(2)}{9}$$

Eine Vereinfachung dieses Ergebnisses erhalten Sie mit `combine`.

```
> combine(", trig);
```

$$-109\cos(2) + \frac{5\cos(6)}{9} - \frac{15\cos(4)}{4} + \frac{328}{35} - \frac{71\sin(2)}{2} - \frac{33\sin(4)}{16} - \frac{17\sin(6)}{54}$$

Die Anzahl der Variablen darf selbstverständlich auch größer als 2 sein.

```
> int(int(int(x * y * z, z = 0 .. y^2), y = 0 .. x), x = 0 .. 1);
```

$$\frac{1}{96}$$

Die Schwierigkeit besteht bei bestimmten Mehrfachintegralen also hauptsächlich darin, den Bereich, über den integriert werden soll, als Normalbereich bzw. Vereinigung von Normalbereichen darzustellen. Diese Aufgabe kann *MapleV* Ihnen nicht abnehmen, aber es kann Sie dabei unterstützen. Dies wollen wir an einem Beispiel zeigen. Es ist

$$\iint_B x^2 y^3 dy\, dx$$

zu berechnen, wobei B von den Kurven $y = x$, $x \cdot y = 1$ und $y = 2$ berandet sein soll. Um von *MapleV* eine Zeichnung fertigen zu lassen, können Sie z. B. jede der Gleichungen nach derselben Variablen auflösen und dann zeichnen lassen.

```
> plot({x, 1/x, 2}, x = 0.3 .. 2.5);
```

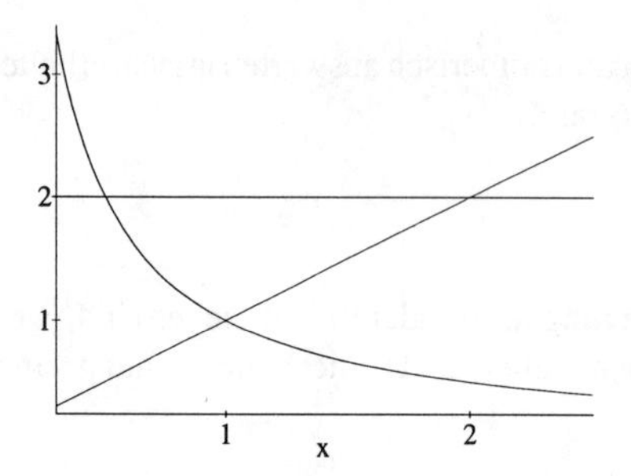

Bild 3.4 Die das Gebiet B berandenden Funktionen

Die andere Möglichkeit, die sich vor allem für den Fall komplizierter implizit gegebener Funktionen empfiehlt, ist die Verwendung des Befehls `implicitplot` aus dem Graphikpaket (genauere Informationen s. 7), wobei Sie allerdings derzeit starke Abstriche hinsichtlich der Qualität des Bildes machen müssen, auch wenn Sie über die Option `numpoints` die Anzahl der Stützpunkte erhöhen.

```
> with(plots):
> implicitplot({y = x, x * y = 1, y = 2}, x = 0.3 .. 2.5, y = 0 .. 3);
```

Nehmen wir an, Sie wollen B in der Form

$$B = \{(x, y) \in \mathbb{R}^2 : a \leq x \leq y, s(x) \leq y \leq t(y)\}$$

schreiben. Durch `solve` können Sie die Schnittpunkte der Kurven berechnen lassen. Sollte dies wegen der Komplexität der beteiligten Funktionen nicht exakt möglich sein, so verwenden Sie das numerische Lösungsverfahren `fsolve` unter Angabe geeigneter Suchintervalle.

```
> l1 := solve(x = 1/x, x);
```

$$l1 := 1, -1$$

```
> l2 := solve(1/x = 2, x);
```

$$l2 := \frac{1}{2}$$

Die Zeichnung Abb. 3.4 zeigt Ihnen, welche dieser Schnittpunkte tatsächlich in Frage kommen. Um nun die richtige Beschreibung von B zu finden, beachten wir, daß für die x-Werte gilt $0.5 \leq x \leq 2$. Genauer gilt: für jedes x mit $0.5 \leq x \leq 1$ liegen die zugehörigen y-Werte (auf der eingezeichneten linken Hilfsgeraden) zwischen $1/x$ und 2, für jedes x mit $1 \leq x \leq 2$ liegen die zugehörigen y-Werte (auf der eingezeichneten rechten Hilfsgeraden) zwischen x und 2. Damit ergibt sich

$$B = \{(x, y) : 0.5 \leq x \leq 1, 1/x \leq y \leq 2\} \cup \{(x, y) : 1 \leq x \leq 2, x \leq y \leq 2\} .$$

Nun können Sie das Integral berechnen:

```
> Integral := int(int(x^2 * y^3, y = 1/x .. 2), x = 0.5 .. 1) +
>                int(int(x^2 * y^3, y =  x .. 2), x = 1 .. 2);
```

$$5.714285714$$

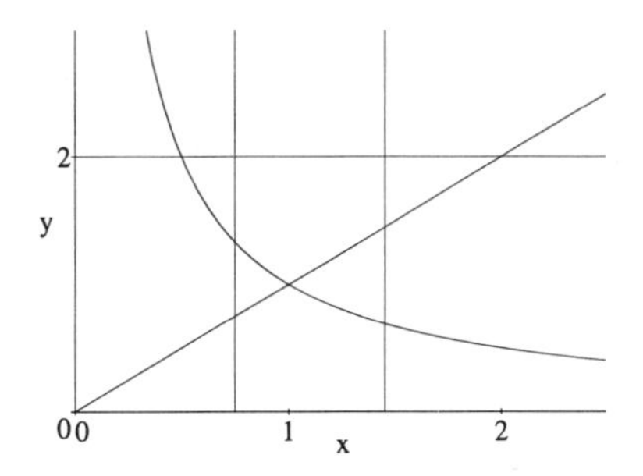

Bild 3.5 Zur Beschreibung von B als Vereinigung von Normalbereichen

3.3 Fourierreihen und Fouriertransformation

3.3.1 Fourierreihen periodischer Funktionen

Ist eine Funktion $f(x)$ stückweise stetig differenzierbar und periodisch mit der Periode T, so gilt für die Fourierentwicklung

$$S_f(t) = \sum_{k=-\infty}^{\infty} c_k e^{i\omega kt} = \frac{a_0}{2} + \sum_{n=1}^{\infty}(a_n \cos(n\omega t) + b_n \sin(n\omega t))$$

mit

$$c_k := \frac{1}{T}\int_0^T f(t)e^{-ik\omega t}\,dt \quad (k \in \mathbb{Z})$$

bzw.

$$a_n := \frac{2}{T}\int_0^T f(t)\cos(n\omega t)\,dt$$

und

$$b_n := \frac{2}{T}\int_0^T f(t)\sin(n\omega t)\,dt \quad (n \in \mathbb{N})$$

- Ist f stetig auf dem Intervall $I = [a, b]$, so konvergiert S_f auf I gleichmäßig gegen f.
- Für jede Sprungstelle t von f gilt $S_f(t) = \frac{1}{2}(f(t+) + f(t-))$

Für Funktionen, die symmetrisch zur y-Achse sind, ist die Fourierreihe eine reine Cosinusreihe; für zum Nullpunkt punktsymmetrische Funktionen enthält S_f nur Sinusfunktionen. Die ersten n Koeffizienten der Fourierreihe einer Funktion müssen Sie selbst berechnen lassen, weil es derzeit hierfür keinen *MapleV*-Befehl gibt. Allerdings sollten Sie beachten, daß für große Werte von n auch die Rechenzeit groß wird. Beispiele:

- Die punktsymmetrische Funktion $f(x) = x$ soll außerhalb des Intervalls $[-\pi, \pi]$ symmetrisch fortgesetzt sein („Sägezahnfunktion"). Wir berechnen die ersten 10 Summanden der trigonometrischen Fourierreihenentwicklung und lassen die benötigte Rechenzeit mit ausgeben.

```
> T := time():  Ftx10 := sum(1/Pi * int(t * sin(n * t), t = - Pi .. Pi)
>                          * sin(n * t), n = 1 .. 10);  time() - T;
```

$$Ftx10 := 2\sin(t) - \sin(2t) + \frac{2\sin(3t)}{3} - \frac{\sin(4t)}{2} + \frac{2\sin(5t)}{5} - \frac{\sin(6t)}{3} + \frac{2\sin(7t)}{7} - \frac{\sin(8t)}{4} + \frac{2\sin(9t)}{9} - \frac{\sin(10t)}{5}$$

$$1.000$$

In Abb. 3.6a sehen Sie, daß dies bereits eine sehr gute Näherung ist.

```
> plot({t, Ftx10}, t = - Pi .. Pi);
```

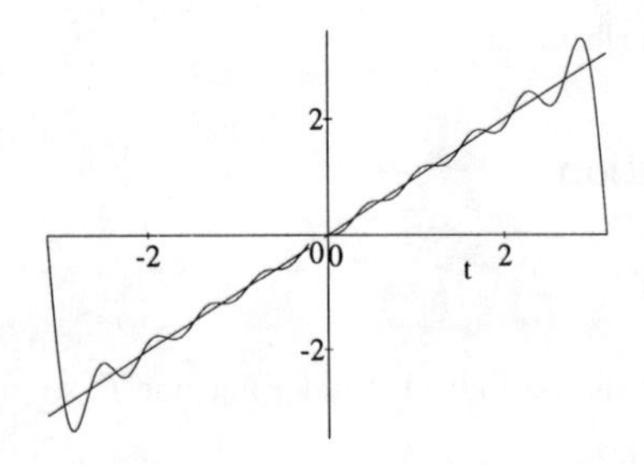

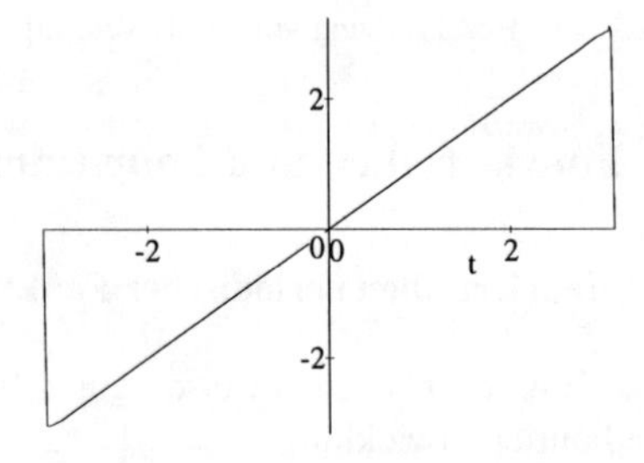

Bild 3.6 Sägezahnfunktion und die ersten 10 (links) bzw. 1000 (rechts) Summanden der Fourierentwicklung

Wenn Sie die ersten 1000 Summanden ausrechnen lassen, sollten Sie etwas Geduld mitbringen. Abb. 3.6b zeigt allerdings auch nur noch eine kleine Abweichung in den Eckpunkten.

```
> T := time():  Ftx1000 := sum(1/Pi * int(t * sin(n * t), t=- Pi..Pi)
>       * sin(n * t), n = 1 .. 1000):  time() - T;
```

$$107.000$$

```
> plot(Ftx1000, t = - Pi .. Pi);
```

Den Versuch, die Abweichung der Fourierreihe von der ursprünglichen Funktion berechnen zu lassen, haben wir nach $3\frac{1}{2}$ Stunden ergebnislos abgebrochen.

```
> evalf(Int(abs(Ftx1000 - t), t = - Pi .. Pi));
```

- Anstelle der trigonometrischen Fourierentwicklung können Sie sich auch die exponentielle Fourierentwicklung ausgeben lassen. Allerdings haben wir hier beim ersten Versuch, bei dem wir analog zur trigonometrischen Entwicklung vorgingen, eine unerklärliche Fehlermeldung erhalten.

```
> T := time():
> Ftx_exp3 := sum(1/(2 * Pi) * int(t * exp(- I * n * t), t =- Pi..Pi)
>                * exp(I * n * t), n = - 3 .. 3);  time() - T;
```

Error, (in sum) division by zero

$$6.000$$

Dies ist deswegen merkwürdig, weil die einzelnen Summanden korrekt berechnet werden und sich dann auch problemlos summieren lassen.

```
> c := [seq(1/(2 * Pi) * int(t * exp(- I * (j) * t), t = - Pi .. Pi)
>                         * exp(I * (j) * t),  j = - 1 .. 1)];
```

$$c := [Ie^{-It}, 0, -Ie^{It}]$$

```
> sum(c[i], i = 1 .. 3);
```

$$Ie^{-It} - Ie^{It}$$

Es gibt verschiedene Möglichkeiten, wie Sie hier Abhilfe schaffen können. Der gedanklich einfacher zu vollziehende Weg ist die Aufteilung der Summe in Summanden zu positivem, negativem und verschwindendem Index n. Dies liefert gleichzeitig ein exaktes Ergebnis.

```
> T := time():
>  Ftx_exp4 := sum(1/(2*Pi)*int(t*exp(-I*k*t),t=-Pi..Pi)
> * exp(I*k*t),k=1..4)+sum(1/(2*Pi)*int(t*exp(-I*k*t),t=-Pi..Pi)
> * exp(I*k*t),k=-4..-1)+1/(2*Pi)*int(t*exp(-I*0*t),t=-Pi..Pi);
> time() - T;
```

$$Ftx\_exp4 := -Ie^{It} + \frac{Ie^{2It}}{2} - \frac{Ie^{3It}}{3} + \frac{Ie^{4It}}{4} - \frac{Ie^{-4It}}{4} + \frac{Ie^{-3It}}{3} - \frac{Ie^{-2It}}{2} + Ie^{-It}$$

$$0$$

Der andere Weg führt über die inaktive Variante des `sum`-Befehls. Damit die Summe dann aber doch ausgewertet wird, müssen Sie dies mit `eval` oder `evalf` erzwingen[1] Dabei erhalten Sie von `eval` die mathematische Summendarstellung

```
> Ftx_exp4a := simplify(eval(Sum('1/(2 * Pi)*int(t * exp(- I * n * t),
>              t = - Pi .. Pi) * exp(I * n * t)',  'n'  =  - 3 .. 3)));
```

$$Ftx\_exp4a := \sum_{n=-3}^{3} \frac{I\left(ne^{In(t-\pi)}\pi - Ie^{In(t-\pi)} + n\pi\, e^{In(t+\pi)} + Ie^{In(t+\pi)}\right)}{2\,\pi\, n^2}$$

und von `evalf` ein numerisches Ergebnis

```
> Ftx_exp4f := evalf(Sum('1/(2 * Pi) * int(t * exp(- I * n * t),
> t = - Pi .. Pi) * exp(I * n * t)', 'n' = - 3 .. 3));
```

$$Ftx\_exp4a := 0.3333333333Ie^{-3.0It} - 0.5000000000Ie^{-2.0It} + 1.0Ie^{-1.0It}$$
$$-1.0Ie^{1.0It} + 0.5000000000Ie^{2.0It} - 0.3333333333Ie^{3.0It}$$

Das Ergebnis können Sie nun wieder in eine trigonometrische Entwicklung umrechnen lassen. Um die Sinusentwicklung zu erhalten, müssen Sie zusätzlich den Befehl `combine` verwenden.

```
> expand(convert(Ftx_exp4, trig));
```

$$\frac{4\,\sin(t)}{3} - 4\,\sin(t)\cos(t)^3 + \frac{8\,\sin(t)\cos(t)^2}{3}$$

```
> combine(", trig);
```

[1] Falls Sie auf die Idee kommen, daß durch `evala` ein besseres Ergebnis zu erzielen ist, werden Sie feststellen, daß die Ausgabe den Anschein erweckt, daß jetzt das Integral nicht ausgewertet wird. Wenn Sie sich die Ausgabe jedoch im `latex`-Format ausgeben lassen, erhalten Sie im wesentlichen dasselbe wie mit `eval`.

$$2\sin(t) - \frac{\sin(4\,t)}{2} - \sin(2\,t) + \frac{2\sin(3\,t)}{3}$$

Das folgende Beispiel zur Benutzung dieser Befehle soll Ihnen jedoch zeigen, daß Funktionen, die mit dem Absolutbetrag einer Zahl gebildet sind, bei der Fourierentwicklung zum einen sehr viel Zeit benötigen (die Ausführung des Befehls dauerte etwa vierzehnmal so lange wie bei der Funktion $f(t) = t$!), zum anderen regelmäßig numerische Schwierigkeiten auftreten, da Sie diese Integrale nicht exakt bestimmen lassen können. Die exakten Koeffizienten der Kosinusfunktionen mit geradem Index sind Null.

```
> T := time(): Ftx10 := evalf(sum(1/Pi*Int(abs(t)*cos(n*t),t=-Pi..Pi)
> * cos(n*t),n=1..10))+1/(2*Pi)*int(abs(t),t=-Pi..Pi); time() - T;
```

$$Ftx10 := -1.273239544\cos(t) + 4.139569346 \times 10^{-13}\cos(2.0t) - 0.1414710605\cos(3.0t)$$
$$+4.129042787 \times 10^{-13}\cos(4.0t) - 0.05092958178\cos(5.0t) + 4.137595615 \times 10^{-13}\cos(6.0t)$$
$$-0.02598448050\cos(7.0t) + 4.143516806 \times 10^{-13}\cos(8.0t) -$$
$$0.01571900672\cos(9.0t) + 4.141543074 \times 10^{-13}\cos(10.0t) + \frac{\pi}{2}$$

$$14.000$$

3.3.2 Fourierentwicklung periodisch fortgesetzter Funktionen

Es gibt verschiedene Methoden, eine im Intervall $[0, T]$ definierte Funktion periodisch fortzusetzen. Als Beispiel wählen wir die Funktion $f(x) = x$ für $x \in [0, \pi]$, setzen sie nach den unterschiedlichen Verfahren fort, lassen das Ergebnis und die jeweils ersten 10 Summanden der Fourierreihe ausgeben.

- Sie können die Funktion direkt mit Periode T fortsetzen, indem Sie den Graphen von f auf jedes Intervall $[nT, (n+1)T]$ verschieben, d. h.

$$g(x) = f(x - n\pi) \qquad x \in [n\pi, (n+1)\pi$$

Wir wollen $g(x)$ im Intervall $[-\pi, \pi]$ definieren.

```
> g := proc(x) if 0 <= evalf(x) then x else x + Pi fi end:
```

Die Integration stückweise definierter Funktionen ist *MapleV* nur unter Verwendung der numerischen Algorithmen möglich, und wir haben eine ganze Weile gebraucht, bis wir die richtige Version des Befehls herausgefunden hatten. Auch eine Zeichnung der Funktion (Bild 3.7) kam zustande.

```
> `evalf/int`('g(x)', 'x' = - Pi .. 0.01);
```

$$4.934859596$$

```
> plot('g(x)', x = - Pi .. Pi);
```

Wenn Sie nun allerdings versuchen, die Fourierentwicklung berechnen zu lassen, werden Sie enttäuscht.

```
> sum('(`evalf/int`('g(x)*sin(k*x)','x'=-Pi..0.01)*sin(k* x))',
> 'k' = 1 .. 4);
```

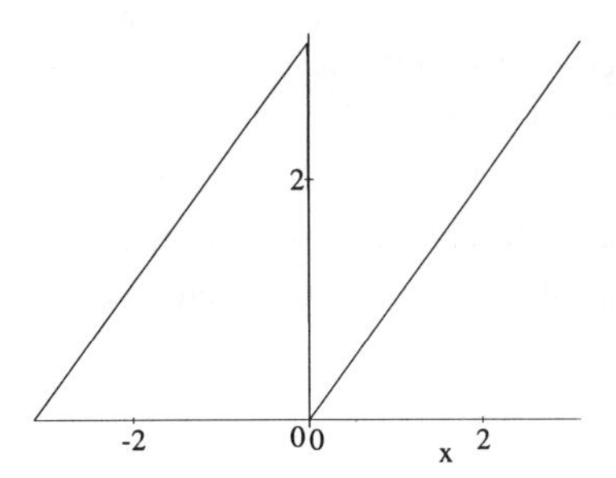

Bild 3.7 Periodisch durch Verschieben fortgesetzte Sägezahnfunktion und die ersten 10 Summanden der Fourierentwicklung

Error, (in evalf/int) unable to handle singularity

Um herauszufinden, wann der Fehler auftritt, wollen wir die ersten drei Koeffizienten einzeln bestimmen lassen.

```
> `evalf/int`('g(x) * sin(x)', 'x' = - Pi .. 0.01) * sin(x);
```

$$-3.141595118\sin(x)$$

```
> `evalf/int`('g(x) * sin(2 * x)', 'x' = - Pi .. Pi);
```

Error, (in evalf/int) unable to handle singularity

Bei Verwendung eines anderen Integrationsalgorithmus wurde zwar noch der zweite Koeffizient berechnet, aber beim dritten versagten alle Varianten.

```
> `evalf/int`('g(x) * sin(2 * x)', 'x' = - Pi .. Pi, Digits, _NCrule);
```

$$-3.141595118\sin(x)$$

```
> `evalf/int`('g(x) * sin(3 * x)', 'x' = - Pi .. Pi, Digits, _NCrule);
```

Error, (in evalf/int) unable to handle singularity

- Sie können die Funktion achsensymmetrisch $2T$-periodisch fortsetzen, indem Sie zunächst den Graphen von f an der y-Achse spiegeln und dann weiter wie unter Punkt 1 verfahren, d. h. Sie setzen

$$h(x) = \begin{cases} x & \text{falls } x \in [0, \pi] \\ -x & \text{falls } x \in [-\pi, 0] \end{cases}$$

und setzen dann wie in Punkt 1 mit der Periode 2π fort.[2]

```
> h := abs(x):

> abs := evalf(sum(Int(h * cos(k*x), x = - Pi..Pi) * cos(k*x),
>         k = 1..10)/Pi)+ evalf(Int(h, x = - Pi .. Pi)/(2 * Pi));
```

[2] In solchen Fällen, die Funktionen wie den Absolutbetrag enthalten, müssen Sie darauf achten, zuerst nur formal integrieren zu lassen mit Hilfe der inaktiven Anweisung `Int`, und erst als allerletztes die numerische Auswertung durchzuführen, da Sie sonst nur Fehlermeldungen erhalten.

$$-1.273239544\cos(x) + 4.139569346\times 10^{-13}\cos(2.0x) - 0.1414710605\cos(3.0x) +$$
$$4.129042787\times 10^{-13}\cos(4.0x) - 0.05092958178\cos(5.0x) + 4.137595615\times 10^{-13}\cos(6.0x)$$
$$-0.02598448050\cos(7.0x) + 4.143516806\times 10^{-13}\cos(8.0x) -$$
$$0.01571900672\cos(9.0x) + 4.141543074\times 10^{-13}\cos(10.0x) + 1.570796327$$

Die Fourierreihe der entstehenden (geraden) Funktion ist eine Kosinusreihe. In Bild 3.8 ist der Unterschied zwischen der Fourierentwicklung und der Funktion fast nicht zu erkennen.

```
> plot({h, Abs}, x = - Pi .. Pi);
```

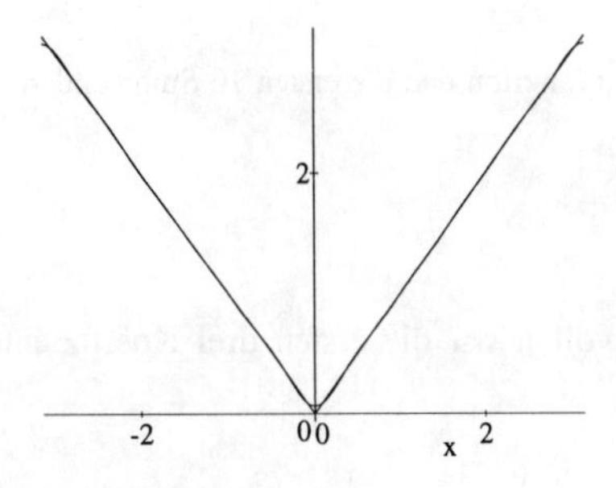

Bild 3.8 Periodisch als gerade Funktion fortgesetzte Sägezahnfunktion und die ersten 10 Summanden der Fourierentwicklung

- Sie können die Funktion auch punktsymmetrisch 2T-Periodisch fortsetzen, indem sie zunächst den Graphen von f am Nullpunkt spiegeln und dann weiter wie unter Punkt 1 verfahren, d.h. Sie setzen

$$h(x) = x \qquad \text{für } x \in [-\pi, \pi]$$

  und setzen dann wie in Punkt 1 mit der Periode 2π fort. Die Fourierreihe der entstehenden (ungeraden) Funktion ist eine Sinusreihe. Diesen Fall haben wir bereits behandelt, die Abbildung der Fourierentwicklung finden Sie in Bild 3.6a.

3.3.3 Diskrete Fouriertransformation

Zur Analyse von Meßwerten ist es häufig erforderlich, die Foriertransformierte (auch Spektrum genannt) dieser Daten zu finden. Anstelle des allgemeinen Algorithmus enthält *MapleV* die schnelle Fouriertransformation (FFT), bei der die Anzahl der Daten also eine Potenz von 2 sein muß. Die Befehle heißen `FFT` bzw. `iFFT` zur Bestimmung der inversen Fouriertransformierten. In verschiedenen Gebieten werden bei der Definition unterschiedliche Konventionen benutzt. *MapleV* greift auf die übliche physikalische Definition der Fouriertransformierten b_s der n Meßdaten a_r zurück:

$$\frac{1}{\sqrt{\pi}}\sum_{r=1}^{n} a_r e^{2\pi i\frac{(r-1)(s-1)}{n}}$$

In elektrotechnischen Anwendungen wird das Vorzeichen umgedreht, so daß diese Liste umzukehren ist. Wir berechnen die Fouriertransformierte einer Liste von Daten. Diese müssen als zwei Vektoren (je einer für die Real- bzw. Imaginärteile aller Daten) vorliegen. Nach Ausführung des Befehls finden Sie in diesen Vektoren die Real- bzw. Imaginärteile der Fouriertransformierten. Warum beim Funktionsaufruf die Potenz von 2 angegeben werden muß, die die Anzahl der Daten angibt, ist ebenso unerfindlich, wie die Antwort auf die Frage, warum bei der Ausgabe die Anzahl der Daten erscheint.

```
> readlib(FFT):
> daten_re := array([1, 1, 1, 1, 0, 0, 0, 0]):
> daten_im := array([0, 0, 0, 0, 0, 0, 0, 0]):
> FFT(3, daten_re, daten_im);
```

$$8$$

```
> print(daten_re);  print(daten_im);
```

$$[4, 1.0, 0, 0.9999999996, 0, 0.9999999996, 0, 1.0]$$
$$[0, -2.414213561, 0, -0.4142135626, 0, 0.4142135626, 0, 2.414213561]$$

Wenden wir auf diese Liste die inverse Fouriertransformation an, so ergibt sich die ursprüngliche Liste erst nach dem Runden auf die von `Digits` vorgegebene Zahl signifikanter Stellen.

```
> iFFT(3, daten_re, daten_im);
```

$$8$$

```
> print(daten_re);  print(daten_im);
```

$$[1.0, 0.9999999996, 0.9999999995, 0.9999999996, 0, 0.0000000003750000000,$$
$$0.0000000005000000000, 0.0000000003750000000]$$
$$[0, -0.0000000001250000000, 0, 0.0000000001250000000, 0,$$
$$0.0000000001250000000, 0, -0.0000000001250000000]$$

3.3.4 Fouriertransformation

Die Spektralfunktion oder Fouriertransformierte $F(\omega)$ der Funktion $f(t)$ ist gegeben durch $F(\omega) = A \int_{-\infty}^{\infty} e^{Bi\omega t} f(t)dt$, falls dieses Integral für alle reellen ω existiert. Beachten Sie bitte, daß die Konstanten A und B in dieser Definition in der Literatur nicht immer dieselben Werte haben. Für *MapleV* ist $A = -B = 1$; falls Sie diese Voreinstellung ändern wollen, so müssen Sie die Eingabe entsprechend ändern. Allerdings sollten Sie sich von diesem Befehl nicht allzuviel erwarten, wie das folgende Beispiel zeigt.

```
> readlib(fourier):
> f := exp(- a * abs(t)):
> F := fourier(f, t, omega);
```

$$F := \mathit{fourier}(e^{-a|t|}, t, \omega)$$

Erst ein konkreter Wert für a führt zum Erfolg.

```
> f1 := subs(a = 1, f):
> F1 := fourier(f1, t, omega);
```

```
> f1 := subs(a = 1, f):
```

```
> F1 := fourier(f1, t, omega);
```

$$F1 := \frac{2}{1+\omega^2}$$

Aus einer Tabelle des Ergebnisses für verschiedene Werte von a kommen Sie vielleicht auf die gewünschte Formel, daß die Fouriertransformierte die Funktion $\frac{2a}{a^2+\omega^2}$ ist.

Bei der Ausgabe des Ergebnisses müssen Sie auf einige Überraschungen gefaßt sein. Die Fouriertransformierte der Spaltfunktion $\frac{\sin x}{x}$ ist eine Rechteckfunktion

```
> g := sin(x)/x:
```

```
> G := fourier(g, x, omega);
```

$$G := -\pi\, Heaviside(\omega - 1) + \pi\, Heaviside(\omega + 1)$$

Dabei ist

$$Heaviside(x) := \begin{cases} 1 & \text{falls } x \geq 0 \\ 0 & \text{sonst} \end{cases}$$

Was geschieht nun, wenn wir diese Funktion abermals transformieren lassen?

```
> gr := fourier(G, omega, x);
```

$$gr := -\pi\left(\pi\, Dirac(x) - \frac{I e^{-Ix}}{x}\right) + \pi\left(\pi\, Dirac(x) - \frac{I e^{Ix}}{x}\right)$$

Auch wenn Sie schon mit der Dirac-Funktion zu tun hatten, ist nicht leicht zu erkennen, daß es sich hierbei bis auf den Faktor 2π um die ursprüngliche Funktion handelt. Um dies explizit zu sehen, versuchen wir, das Ergebnis zu vereinfachen.

```
> ge := expand(gr);
```

$$ge := \frac{I\pi}{x e^{Ix}} - \frac{I\pi\, e^{Ix}}{x}$$

Es bietet sich nun die Umwandlung in trigonometrische Funktionen an. Aber auch die Hauptnennerbildung bewirkt nicht, daß der Ausdruck $1 - \cos^2 x$ durch $\sin^2 x$ ersetzt wird, wie wir auch an anderer Stelle bereits gesehen haben.

```
> g1 := normal(convert(ge, trig));
```

$$g1 := -\frac{I\pi\left(-1 + \cos(x)^2 + 2\, I \cos(x)\sin(x) - \sin(x)^2\right)}{x\,(\cos(x) + I\sin(x))}$$

Vielleicht kommen Sie nun auf die Idee, daß dies vielleicht an den Vorfaktoren liegt oder an der Tatsache, daß die Vereinfachung im Zähler eines Bruches geschehen soll. Dies schalten wir nun aus.

```
> z := simplify(numer(g1)/(2 * Pi * I), trig) * 2 * Pi;
```

$$z := 2\left(1 - \cos(x)^2 - I\cos(x)\sin(x)\right)\pi$$

Nach vielen Versuchen haben wir aufgegeben und die Ersetzung persönlich vorgenommen. Das Übrige können Sie dann wieder *MapleV* überlassen.

```
> zneu := factor(2 * (I * sin(x)^2 + cos(x) * sin(x)) * Pi);
```

$$zneu := 2\,\sin(x)\,(\cos(x) + I\sin(x))\,\pi$$

```
> g2 := zneu/denom(g1);
```

$$g2 := \frac{2\,\sin(x)\pi}{x}$$

Zum Abschluß lassen wir noch eine Zeichnung fertigen.

```
> plot(G, omega = - infinity .. infinity):
```

```
> plot(gr, x = - infinity .. infinity)
```

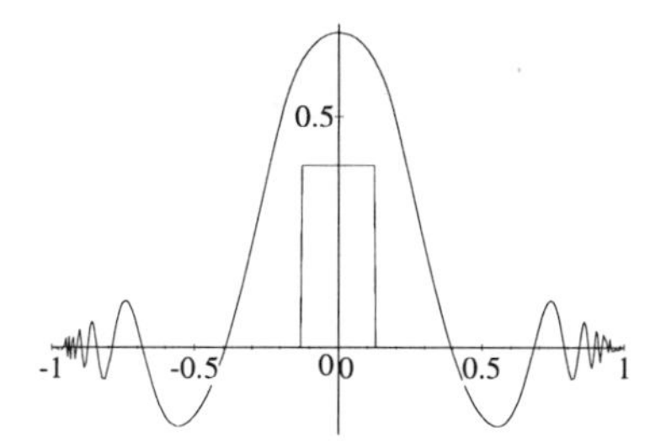

Bild 3.9 Die Rechteckfunktion als Fouriertransformierte der Spaltfunktion $\frac{\sin x}{x}$

3.4 Übungen

1. Berechnen Sie die Fläche, die von der Geraden $y = 0$ sowie den folgenden Kurvenstücken berandet wird (Skizze?!): in $[0, 1]$ durch die Winkelhalbierende des 1. Quadranten, in $[1, 2]$ durch den Graphen der Funktion $y = x^2 - 2x + 2$, in $[2, 3]$ durch den Graphen der Funktion $y = -2(x - 3)^3$ und in $[3, 4]$ durch den Graphen der Funktion $y = (x - 3)(x - 4)$

2. Bestimmen Sie das Volumen des Körpers, dessen Grundfläche der Kreis mit Radius 2 in der x-y-Ebene und dessen Deckfläche $h(x, y) = 2 + e^x$ ist.

3. Es sei die Funktion $\vec{f}(x, y) = (xy, 2x^2 y)$ und die Kurve K gegeben. K verlaufe zunächst geradlinig von $(2, 1)$ nach $(0, -1)$, danach geradlinig von $(0, -1)$ nach $(1, 2)$ und schließlich von $(1, 2)$ nach $(2, 1)$ auf der Kurve, die durch $\gamma(t) = (e^t, 2e^{-t})$ parametrisiert ist mit $t \in [0, \ln 2]$ (Skizze?!). Bestimmen Sie $\oint_K f\, dK$!

4. Für welche Funktion $g(x, y)$ ist $\vec{v}(x, y, z) = (2x + yz, 4y + xz, 2z + g(x, y))$ ein Gradientenfeld?

5. Berechnen Sie $\int_{w_i} \vec{v} \cdot d\vec{x}$ für die drei Wege $\vec{w}_1(t)$ = Verbindungsstrecke von $(0, 1)$ nach $(1, 2)$ $\vec{w}_2(t)$ = zuerst Verbindungsstrecke von $(0, 1)$ nach $(1, 1)$, danach Verbindungsstrecke von $(1, 1)$ nach $(1, 2)$ $\vec{w}_3(t) = (t, t2{+}1) \quad 0 \le t \le 1$ für die Vektorfelder a) $\vec{v}(x, y, z) = (x^2 - y, y^2 + x)$ b) $\vec{v}(x, y, z) = (x^3 - 3xy^2, y^3 - 3yx^2)$

6. Für welche Werte von a liegt ein Potentialfeld vor?
$$\vec{v}(x, y, z) = (\frac{ay}{x - y^2}, \frac{2x}{x - y^2} + 1, z); (x, y, z) \in \mathbb{R}^3, x \neq y$$
Bestimmen Sie gegebenenfalls für ein geeignetes Gebiet das Potential!

7. Berechnen Sie die Masse M des Bereiches
$$B = \{(x, y) : x \geq 0, y \geq 0, \frac{x^2}{a^2} + \frac{y^2}{b^2} \leq 1\}$$
bei gegebener Massenbelegung $\mu(x, y) = x \cdot y$

8. Berechnen Sie das Volumen des Bereichs
$$V = \{(x, y, z) : x^2 + y^2 \leq 1, z^2 + x^2 \leq 1\}$$

4 Differentialgleichungen

4.1 Gewöhnliche Differentialgleichungen

4.1.1 Richtungsfelder

Richtungsfelder sind eine einfache Möglichkeit, sich über die Gestalt der Lösung einer Differentialgleichung Klarheit zu verschaffen. Mit *MapleV* lassen sich Richtungsfelder von Differentialgleichungen zeichnen. Wir benötigen daher das Paket `DEtools` und den Befehl `dfieldplot`. Bevor wir ihn benutzen, wollen wir kurz erklären, was wir machen. Wir haben eine Differentialgleichung $y' = f(x, y)$ ohne Anfangswertproblem. Dies bedeutet: Setzen wir einen konkreten Punkt (a, b) in f ein, so erhalten wir die Ableitung der Lösungskurve in diesem Punkt. Und genau dies ergibt das Richtungsfeld. Es besteht aus kleinen Pfeilen, die die Steigung einer Lösungskurve der Differentialgleichung in dem Fußpunkt des jeweiligen Pfeils angeben. Oder anders gesagt, verbindet man geschickt die Pfeile des Richtungsfeldes, so hat man die Differentialgleichung geometrisch gelöst. Für die Differentialgleichung $y' = x + y$ benötigen wir folgenden Aufruf:

```
> with(DEtools):

> dfieldplot(diff(y(x), x) = x + y(x), [x, y], -2 .. 2);
```

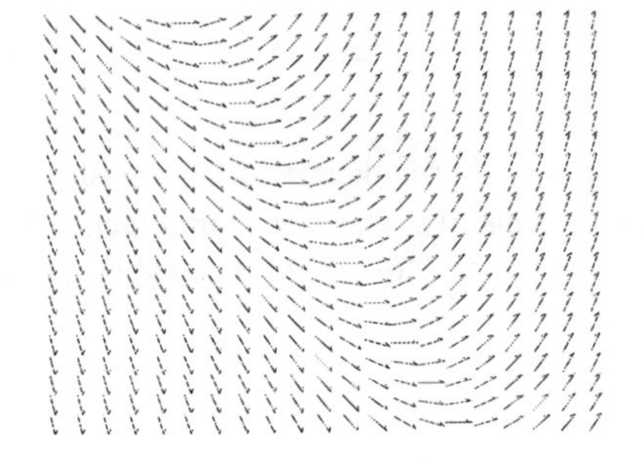

Bild 4.1 Richtungsfeld der Differentialgleichung $y' = x + y$

Wie Sie sehen, hat der Befehl `dfieldplot` drei Parameter: die Differentialgleichung, die Liste mit den unabhängigen und abhängigen Größen sowie den Bereich, aus dem die unabhängige Größe gewählt werden soll.[1]

[1] Diesen, wie auch weitere `plot`-Befehle für Differentialgleichungen können Sie auch für Systeme von zwei Differentialgleichungen benutzen.

4.1.2 Lösen von einfachen Differentialgleichungen

Um in *MapleV* Differentialgleichungen zu lösen, benötigen Sie nur die Kenntnis eines einzigen Befehls, `dsolve`. Dabei ist es für Sie als Benutzer unwichtig, welchen Ansatz man aus theoretischen Gründen nehmen sollte, um diese Differentialgleichung zu lösen. Falls *MapleV* die betrachtete Differentialgleichung nicht lösen kann, haben Sie eigentlich Pech gehabt.[2] Sie können zwar im Befehl `dsolve` einen zusätzlichen Parameter `explicit, laplace, series, numeric` für die Art der Lösung angeben, aber normalerweise wollen Sie die Differentialgleichung explizit lösen. Beim Arbeiten mit `dsolve` werden Sie schnell den Eindruck gewinnen, daß *MapleV* fast alle lösbaren Differentialgleichungen beherrscht, aber Sie werden manchmal die Darstellung der Lösung als nicht optimal ansehen.

Wir betrachten als erstes eine Differentialgleichung, die man für gewöhnlich mit Trennung der Veränderlichen löst, $y' = -x^2 \cdot y$, und übertragen sie in die Syntax von *MapleV*:

```
> dsolve(diff(y(x), x) = - x^2 * y(x), y(x));
```

$$y(x) = e^{-\frac{x^3}{3}}\_C1$$

Hierbei hat `dsolve` drei Parameter, als ersten die Differentialgleichung, als zweiten die Funktion, die zu bestimmen ist, und als dritten eine Option, mit der die Art der Lösung spezifiziert werden kann. Die Option können Sie auch weglassen, dann wird das Ergebnis von *MapleV* fast immer wie bei Angabe von `explicit` sein.[3] Dabei müssen Sie beachten, daß die gesuchte Funktion immer als abhängig von ihrer Variablen in der *MapleV*-Eingabe geschrieben wird. Desweiteren erkennen Sie an der Ausgabe, daß *MapleV* die freien Konstanten mit _C1, _C2, _C3, ... bezeichnet. Um ein Anfangswertproblem zu lösen, müssen Sie die Anfangsbedingung, die ja eine weitere Gleichung ist, zusammen mit der Differentialgleichung, in geschweifte Klammern eingeschlossen, eingeben. Als Beispiel betrachten wir jetzt den Spannungsabbau über eine Spule: $L \cdot I' + R \cdot I = 0$ mit $I(0) = U/R, U \neq 0$

```
> dsolve({L * diff(I(t), t) + R * I(t) = 0, I(0) = U/R}, I(t));
```

Error, (in dsolve) wrong number or type of arguments

Obwohl wir genau die im Handbuch aufgeführte Syntax verwendet haben, ist ein Fehler aufgetreten. Er besteht darin, daß wir die Differentialgleichung wörtlich übernommen haben, ohne zu beachten, daß der Buchstabe `I` die komplexe Zahl $\sqrt{-1}$ darstellt. Wir versuchen es daher mit anderer Bezeichnung noch einmal:

```
> dsolve({L * diff(Is(t), t) + R * Is(t) = 0, Is(0) = U/R}, Is(t));
```

$$Is(t) = e^{-\frac{Rt}{L}} U R^{-1}$$

Betrachten wir noch eine andere Differentialgleichung

$$y' = -x^{-2} \cdot \cos^2 y$$

die mit Trennung der Veränderlichen gelöst werden kann.

```
> dsolve(diff(y(t), t) = t^(-2) * (cos(y(t))^2), y(t));
```

$$\frac{\sin(y(t))t + \cos(y(t))}{\cos(y(t))t} = \_C1$$

[2] Es könnte aber auch sein, daß Sie Ihr Problem nicht richtig erkannt haben und in der Differentialgleichung (z. B. aus der Elektrotechnik) eine Sprungfunktion oder etwas ähnlich Unstetiges vorkommt. Lesen Sie dazu den Abschnitt 4.1.9.

[3] Unterschiede werden am Ende dieses Paragraphen hervorgehoben.

Eigentlich suchen wir die Lösungsfunktion $y(t)$ und sind daher mit dieser Darstellung nicht zufrieden. In diesem Fall sehen Sie die mögliche Vereinfachung, die sich aus der Ersetzung von $\frac{\sin x}{\cos x}$ durch $\tan x$ ergibt, selbst, aber dies wird in komplizierteren Beispielen nicht immer der Fall sein. Wir wollen daher versuchen, die Vereinfachung von *MapleV* durchführen zu lassen.

```
> normal(");
```

$$\frac{\sin(y(t))t + \cos(y(t))}{\cos(y(t))t} = \_C1$$

```
> simplify(");
```

$$\frac{\sin(y(t))t + \cos(y(t))}{\cos(y(t))t} = \_C1$$

Es gab noch weitere Fehlversuche, zum Beispiel mit `convert`. Es gibt an dieser Stelle anscheinend nur folgende Möglichkeit:

```
> readlib(isolate)(",y);
```

$$y = proc(t) \arctan((\_C1 * t - 1)/t) end$$

Der Nachteil ist, daß die Lösung jetzt als Prozedur vorliegt. Auf die damit verbundenen Schwierigkeiten wird an anderer Stelle in diesem Buch eingegangen.

Als nächstes wollen wir Differentialgleichungen höherer Ordnung betrachten, bei denen im Anfangswertproblem auch die Steigung der Lösung vorgegeben wird:

$$y'' = \sin(x), y(0.5) = 0.25, y'(0.5) = 0.4$$

Zur Kennzeichnung der höheren Ableitung geben wir im Befehl `diff` hinter `x`, der Variablen, nach der abgeleitet werden soll, mit dem `$`-Zeichen die Ordnung der Ableitung an.

Um nun *MapleV* mitzuteilen, daß wir bei den Anfangsbedingungen auch eine Ableitung von $y(t)$ betrachten, nämlich $y'(0.5) = 0.4$, müssen wir den Differentialoperator `D` benutzen. Für unsere Anfangsbedingung ist `D(y)(0.5)=0.4` zu schreiben. Dies bedeutet: Differenziere erst y, setze dann die Variable gleich 0.5; das Ergebnis soll den Funktionswert 0.4 haben.

```
> dsolve({diff(y(x), x$2) - sin(x) = 0, y(0.5) = 0.25,
>                                  D(y)(0.5) = 0.4}, y(x));
```

$$y(x) = -\sin(x) + 0.0906342576 + 1.277582562x$$

Falls in den Anfangsbedingungen höhere Ableitungen auftreten, muß die entsprechende Ordnung der Ableitung hinter `D@@` geschrieben werden. Zur Lösung von

$$y'''' = \sin(x), y''(0) = 0, y''(\pi) = 0$$

ist daher einzugeben

```
> dsolve({diff(y(x), x$4) = sin(x),
>          (D@@2)(y)(0) = 0, (D@@2)(y)(Pi) = 0}, y(x));
```

$$y(x) = \sin(x) + \_C1 + \_C2\, x$$

Beim Umgang mit dem `D`-Operator ist äußerste Vorsicht geboten, wie wir Ihnen in den folgenden Beispielen zeigen wollen. Dies liegt hauptsächlich daran, daß die Operatordenkweise in einem Maße abstrakt ist, wie es außerhalb eines Mathematikstudiums selten gelehrt wird.

Enthält eine Differentialgleichung Ableitungen anderer Funktionen, z. B. $y' = x \cdot \sin''(x)$, so entsteht die Frage, wie diese einzugeben sind, ohne daß Sie selbst die Ableitung berechnen. Zunächst probieren wir die Eingabe mit Hilfe des Differentialoperators aus. Hierbei müssen Sie jedoch darauf achten, daß das Argument von `D` eine Funktion ist und nicht etwa ein (wenn auch unbestimmter) Funktionswert wie etwa $\sin x$.

```
> dsolve(diff(y(x), x) = x * (D@@2)sin(x), y(x));
```

syntax error:
dsolve(diff(y(x), x) = x * (D@ @2)sin(x), y(x));

```
> dsolve(diff(y(x), x) = x * (D@@2)(sin(x))(x), y(x));
```

Error, (in D) univariate operand expected

```
> dsolve(diff(y(x), x) = x * (D@@2)(sin)(x), y(x));
```

$$y(x) = -\sin(x) + x\cos(x) + \_C1$$

Wenn nun aber als Argument des Sinus $3 \cdot x$ oder x^2 auftritt und *MapleV* die zweite Ableitung berücksichtigen soll, wir also etwa die Differentialgleichung $y' = x \cdot \sin''(3 \cdot x)$ lösen wollen, so führt die Verwendung von `D` zu einem falschen Ergebnis, da jetzt die Kettenregel beim Ableiten nicht berücksichtigt wird (schließlich wird das Argument erst nach dem Ableiten eingesetzt).

```
> dsolve(diff(y(x), x) = x * (D@@2)(sin)(3 * x), y(x));
```

$$y(x) = \frac{4\,x\cos(x)^3}{3} - \frac{4\,\sin(x)\cos(x)^2}{9} + \frac{\sin(x)}{9} - x\cos(x) + \_C1$$

Richtig muß Ihre Eingabe also lauten

```
> dsolve(diff(y(x), x) = x * (diff(sin(3 * x), x$2)), y(x));
```

$$y(x) = 12\,x\cos(x)^3 - 4\,\sin(x)\cos(x)^2 + \sin(x) - 9\,x\cos(x) + \_C1$$

Diese Beispiele zeigen, daß Sie `D` nur dann benutzen sollten, wenn Sie es nicht vermeiden können, nämlich für Ableitungen als Bestandteil des Anfangswertproblems oder des Randwertproblems.

Betrachten wir nun die Differentialgleichungen, die durch Substitutionsansätze gelöst werden: So ist zum Beispiel zur Lösung der Differentialgleichung $t \cdot y' - y = t^3 \cdot \frac{t^2}{y^2}$ die Substitution $v = \frac{y}{t}$ angebracht. Geben Sie die Differentialgleichung in der üblichen Form ein, so löst *MapleV* sie ohne Angabe des Lösungsweges. Das können Sie in einem gewissen Umfang ändern!

```
> infolevel[dsolve] := 2;
```

$$infolevel[dsolve] := 2$$

```
> dsolve(t * diff(y(t), t) - y(t) = t^3 * (t^2/(y(t))^2), y(t));
```

dsolve/diffeq/linbern:
determining if d.e. is linear or bernoulli
dsolve/diffeq/bernsol: trying Bernoulli solution
dsolve/diffeq/linearsol: solving 1st order linear d.e.

$$y(t)^3 = \frac{3\,t^5}{2} + t^3\_C1$$

Nachdem Sie das Informationsniveau für den Befehl `dsolve` angehoben haben, erfahren Sie von *MapleV* jedesmal, unter Verwendung welcher Unterprogramme die Differentialgleichung gelöst wurde.

In manchen Fällen, wie etwa in der folgenden Aufgabe:

$$y'(x) = \frac{y(x)}{x} - \left(\frac{x}{y(x)}\right)^2 \qquad y(1) = 1\,,$$

bei der die Aufgabensammlung ebenfalls eine Substitution empfiehlt, werden Sie mit mehreren Lösungen überrascht.

```
> dsolve({diff(y(x), x) = y(x)/x - (x/y(x))^2, y(1) = 1}, y(x));
```

$$y(x) = \sqrt[3]{-3\,x^3\ln(x) + x^3}\,,$$
$$y(x) = -\frac{\sqrt[3]{-3\,x^3\ln(x) + x^3}}{2} - \frac{I\sqrt{3}\,\sqrt[3]{-3\,x^3\ln(x) + x^3}}{2}\,,$$
$$y(x) = -\frac{\sqrt[3]{-3\,x^3\ln(x) + x^3}}{2} + \frac{I\sqrt{3}\,\sqrt[3]{-3\,x^3\ln(x) + x^3}}{2}$$

Sie müssen also selber herausfinden, welche von den drei Funktionen die richtige ist. Da wir die Probe machen wollen, wiederholen wir die Eingabe, geben den Lösungen dabei einen Namen und vereinbaren zur Vereinfachung noch, daß sie in einer Liste zusammengefaßt werden sollen, um bequem die Anzahl der Lösungen abfragen zu können[4]. Da wir das Ergebnis im Prinzip kennen, lassen wir seine Ausgabe unterdrücken.

```
> loes := [dsolve({diff(y(x), x) = y(x)/x - (x/y(x))^2, y(1) = 1}, y(x))]:
```

Nun fragen wir mit `nops` nach der Anzahl der Lösungen, und überprüfen dann in einer Schleife für jede von ihnen den Anfangswert.

```
> nops(loes);
```

$$3$$

```
> seq(evalf(subs(x = 1, loes[i])), i = 1 .. 3);
```

$$y(1) = 1.0, y(1) = -0.5000000000 - 0.8660254040I, y(1) = -0.5000000000 + 0.8660254040I$$

Damit ist klar, daß die erste Lösung die von uns gesuchte ist und wir lassen sie ausgeben.

```
> loes[1];
```

$$y(x) = \sqrt[3]{-3\,x^3\ln(x) + x^3}$$

Das gelegentliche Ignorieren der Anfangsbedingung ist nicht das einzige, worüber der Anwender irritiert sein könnte. Häufig wird eine einfache Lösung so kompliziert ausgegeben, daß sie praktisch nicht wiederzuerkennen ist.
Als Beispiel betrachten wir die Differentialgleichung

$$y'(x) = (x + y(x))^2, y(0) = 1,$$

zu deren Lösung die einfache Substitution $u(x) = x + y(x)$ erforderlich ist. Wir vernachlässigen zunächst die Anfangsbedingung.

```
> dsolve(diff(y(x), x) = (x + y(x))^2, y(x));
```

$$y(x) = -x + I + \frac{e^{2\,I\,x}}{\_C1 + \frac{I e^{2\,I\,x}}{2}}$$

```
> expand(");
```

$$y(x) = -x + I + \frac{e^{I\,x^2}}{\_C1 + \frac{I e^{I\,x^2}}{2}}$$

```
> simplify(");
```

[4] Dies ist in unserer Situation zwar überflüssig, soll Ihnen aber zeigen, wie Sie in entsprechenden von Ihnen geschriebenen Programmen vorzugehen haben.

$$y(x) = \frac{-2\,x\_C1 - I x e^{2\,I\,x} + 2\,I\_C1 + e^{2\,I x}}{2\,\_C1 + I\,e^{2\,I x}}$$

Anscheinend hat diese Differentialgleichung eine hochkomplizierte Lösung. Wir sind einmal mutig und versuchen, sie mittels der angegebenen Substitution zu lösen: [5]

$$u' = 1 + y' \quad \Rightarrow \quad y' = u' - 1 = u^2 \quad \Rightarrow \quad u'[x] = u[x]^2 + 1$$

```
> dsolve(diff(u(x), x) = (u(x))^2 + 1, u(x));
```

$$\arctan(u(x)) + x = \_C1$$

Durch `readlib(isolate)(",u);` wird diese Lösung nach u(x) aufgelöst, und Sie sehen, daß die ursprüngliche Differentialgleichung die Lösung $y(x) = \tan(x + c) - x$ hatte. Aber dieses Vorgehen ist nicht optimal, denn wir erhalten die endgültige Lösung ohne Umwege durch Eingabe von

```
> dsolve(diff(u(x), x) = (u(x))^2 + 1, u(x), explicit);
```

$$u(x) = -\tan(-x + \_C1)$$

Wenn wir die Anfangsbedingung hinzunehmen, gibt es keinen Unterschied in der Lösung, sobald wir die Option `explicit` verwenden.

```
> F1 := dsolve({diff(y(x), x) = (x + y(x))^2, y(0) = 1}, y(x));
```

$$F1 := y(x) = -x + \frac{\cos(x)^2}{1/2 - \sin(x)\cos(x) + \sin(x)^2\cos(x)^2 + \cos(x)^4 - \cos(x)^2} - \frac{1}{1 - 2\,\sin(x)\cos(x) + 2\,\sin(x)^2\cos(x)^2 + 2\,\cos(x)^4 - 2\,\cos(x)^2} + I + \frac{I\sin(x)\cos(x)}{1/2 - \sin(x)\cos(x) + \sin(x)^2\cos(x)^2 + \cos(x)^4 - \cos(x)^2} - \frac{2\,I\sin(x)^2\cos(x)^2}{1/2 - \sin(x)\cos(x) + \sin(x)^2\cos(x)^2 + \cos(x)^4 - \cos(x)^2} - \frac{2\,I\cos(x)^4}{1/2 - \sin(x)\cos(x) + \sin(x)^2\cos(x)^2 + \cos(x)^4 - \cos(x)^2} + \frac{2\,I\cos(x)^2}{1/2 - \sin(x)\cos(x) + \sin(x)^2\cos(x)^2 + \cos(x)^4 - \cos(x)^2} - \frac{I}{1 - 2\,\sin(x)\cos(x) + 2\,\sin(x)^2\cos(x)^2 + 2\,\cos(x)^4 - 2\,\cos(x)^2}$$

Wir versuchen, diese Lösung zu vereinfachen:

```
> f1 := simplify(F1);
```

$$y(x) = -\frac{2\,x\cos(x)^2 - 2\,\sin(x)\cos(x) - 1 - x}{2\,\cos(x)^2 - 1}$$

```
> combine(f1, trig);
```

$$y(x) = -x + \frac{\sin(2\,x)}{\cos(2\,x)} + \cos(2\,x)^{-1}$$

Damit endeten die erfolgreichen Versuche, den Ausdruck zu vereinfachen oder ihn gar auf die gewünschte Gestalt $\tan(x + \pi/4) - x$ zu bringen. Aber natürlich ist die von *MapleV* gefundene Lösung richtig, wie man selber mit den Formeln:

[5](Um mit dem Befehl `changevar` aus dem Paket `student` zu arbeiten, müssen Sie eingeben: `a := changevar(y(x) = u(x) - x, diff(y(x), x)) = changevar(x + y(x) = u(x), (x + y(x))^2);` und können dann fortfahren mit `dsolve(a,u(x));`.)

$$\sin(2\,x) = \frac{2\,\tan(x)}{1+\tan(x)^2}, \cos(2\,x) = \frac{1-\tan(x)^2}{1+\tan(x)^2}, \tan(x+y) = \frac{\tan(x)+\tan(y)}{1-\tan(x)\tan(y)}, y = \frac{\pi}{4}$$

leicht nachrechnen kann.

Wahrscheinlich haben Sie in Ihrer Vorlesung gehört, daß Sie bei Differentialgleichungen zuerst die Gleichung lösen und danach die Anfangsbedingung einsetzen dürfen oder die Anfangsbedingungen sofort beim Lösen (als Integrationsgrenzen) einsetzen dürfen. Falls Sie also zunächst die Anfangsbedingungen nicht mitangegeben haben, können Sie sie auf folgende Weise nachträglich einsetzen.

```
> F10 := dsolve({diff(y(x), x) = (x + y(x))^2}, y(x), explicit):
> solve(subs(x = 0, rhs(F10)) = 1, _C1);
```

$$1/2$$

```
> F11 := subs(_C1 = 1/2, F10):
> F12 := simplify(F11);
```

$$F12 := y(x) = -\frac{2\,x\cos(x)^2 - 2\,\sin(x)\cos(x) - 1 - x}{2\,\cos(x)^2 - 1}$$

Falls Sie jedoch bei der Berechnung der Lösung die Option `explicit` vergessen haben, wird es Ihnen nicht gelingen, den Ausdruck nachträglich in gewünschter Weise zu vereinfachen.

Falls Sie jetzt beschließen, immer die Option `explicit` angeben, müssen wir Sie warnen, denn das folgende Beispiel zeigt, daß die so gefundenen Lösungen manchmal wesentlich komplizierter sind als erforderlich.

```
> dsolve(diff(y(x), x) * (x + x^2 * y) = y(x) -x * (y(x))^2,
>                                         y(x), explicit);
```

$$y(x) = W(\frac{x^3}{\_C1^2\,RootOf(-x+\_Z^2)^2})x^{-1}$$

```
> simplify(");
```

$$y(x) = W(\frac{x^2}{\_C1^2})x^{-1}$$

```
> convert(", exp);
```

$$y(x) = W(\frac{x^2}{\_C1^2})x^{-1}$$

Hierbei haben wir versucht, eine Exponentialdarstellung der Lösungsfunktion zu erzwingen, weil die ohne `explicit` gefundene Lösung so ausgegeben wird.

```
> dsolve(diff(y(x), x) * (x + x^2 * y) = y(x) - x * (y(x))^2, y(x));
```

$$x = \_C1\,e^{\frac{x\,y(x)}{2}}\sqrt{y(x)}\sqrt{x}$$

Insbesondere müssen Sie nicht herausfinden. welche Funktion sich hinter `W` verbirgt[6]. Fazit: *MapleV* als Hilfsmittel befreit Sie nicht von allen Schwierigkeiten, das Nachdenken dürfen Sie nicht dem Computer überlassen!

[6] Die ω-Funktion erfüllt die Funktionalgleichung $W(x)\cdot\exp(W(x)) = x$

4.1.3 Lineare Differentialgleichungen

Natürlich ergeben sich für *MapleV* keine Probleme! Als Beispiel lösen wir die Differentialgleichung $y' - 5y = \cos x$

```
> dsolve(diff(y(x), x) - 5 * y(x) = cos(x), y(x));
```

$$y(x) = -\frac{5\cos(x)}{26} + \frac{\sin(x)}{26} + e^{5x}\_C1$$

Bei nicht-konstanten Koeffizienten wird die Bestimmung der Lösung mit Papier und Bleistift etwas schwieriger. Wir betrachten $y' + \frac{1-2\cdot t}{t^2} \cdot y = 1$

```
> dsolve(diff(y(t), t) + (1 - 2 * t)/t^2 * y(t) = 1, y(t));
```

$$y(t) = t^2 + e^{t^{-1}} t^2 \_C1$$

Auch bei unbekannten Koeffizienten findet *MapleV* die Lösung.

```
> dsolve(diff(y(t), t$2) + a * diff(y(t), t) + b * y(t) = 0, y(t))
```

$$y(t) = \_C1\, e^{-\frac{\left(a-\sqrt{a^2-4b}\right)t}{2}} + \_C2\, e^{-\frac{\left(a+\sqrt{a^2-4b}\right)t}{2}}$$

Ein typischer Vertreter für die Standardaufgabe „Eine erzwungene Schwingung mit Dämpfung" ist die Differentialgleichung

$$y''(x) - 2y'(x) + y(x) = x \exp -x \cos x$$

```
> dsolve(diff(y(x), x$2) - 2 * diff(y(x), x) + y(x) =
>               x * exp(-x) * cos(x), y(x));
```

$$y(x) = \frac{3\,xe^{-x}\cos(x)}{25} + \frac{4\,e^{-x}\cos(x)}{125} - \frac{4\,e^{-x}\sin(x)x}{25} - \frac{22\,e^{-x}\sin(x)}{125} + \_C1\,e^{x} + \_C2\,e^{x}x$$

4.1.4 Grenzen von `dsolve` bei Differentialgleichungen erster Ordnung

Wir haben schon festgestellt, daß *MapleV* manchmal Schwierigkeiten hat, eine Lösung einer Differentialgleichung in eine Form zu bringen, die der Anwender als angenehm betrachten würde. Außerdem haben wir gesehen, daß manchmal die Option `explicit` die Darstellung der Lösung angenehm oder unangenehm verändert. Die folgende nichtlineare Differentialgleichung zeigt, daß Sie von *MapleV* gefundene Lösungen grundsätzlich kritisch betrachten sollten.[7]

```
> dsolve({2 * (y(x))^2 - 3 * x * y(x) + (3 * x * y(x) -
>          2 * x^2) * diff(y(x), x) = 0, y(1) = 1}, y(x));
```

$$y(x) = RootOf(-\_Z^{10}\left(x - \_Z^5\right))^5$$

```
> LL1 := [allvalues(", d)];
```

$$LL1 := [y(x) = 0, y(x) = 0, y(x) = 0, y(x) = 0, y(x) = 0, y(x) = 0, y(x) = 0, y(x) = 0,$$

$$y(x) = 0, y(x) = 0, y(x) = x, y(x) = \left(\frac{\sqrt{5}}{4} - 1/4 + \frac{I\sqrt{2}\sqrt{5+\sqrt{5}}}{4}\right)^5 x,$$

$$y(x) = \left(-\frac{\sqrt{5}}{4} - 1/4 + \frac{I\sqrt{2}\sqrt{5-\sqrt{5}}}{4}\right)^5 x,$$

[7] Zur Lösung: Man multipliziert die Differentialgleichung mit $x \cdot y$ und „sieht" dann die Stammfunktion $y(x) = x$.

$$y(x) = \left(-\frac{\sqrt{5}}{4} - 1/4 - \frac{I\sqrt{2}\sqrt{5-\sqrt{5}}}{4}\right)^5 x,$$

$$y(x) = \left(\frac{\sqrt{5}}{4} - 1/4 - \frac{I\sqrt{2}\sqrt{5+\sqrt{5}}}{4}\right)^5 x]$$

```
> map(expand, LL1);
```

$$[y(x) = 0, y(x) = 0, y(x) = 0, y(x) = 0, y(x) = 0, y(x) = 0, y(x) = 0, y(x) = 0,$$
$$y(x) = 0, y(x) = 0, y(x) = x, y(x) = x, y(x) = x, y(x) = x, y(x) = x]$$

Es obliegt hier Ihnen, die gefundenen fünfzehn Lösungen soweit zu vereinfachen, daß Sie sie vergleichen und erkennen können, *MapleV* fand zehnmal die Lösung $y(x) = 0$ und fünfmal die Lösung $y(x) = x$. Am Ende ist als Probe die Anfangsbedingung $y(1) = 1$ zu überprüfen.

4.1.5 Nichtlineare Differentialgleichungen höherer Ordnung

Betrachten wir dazu die einfache Differentialgleichung:

$$x^2 \cdot y''(x) - 6 \cdot x \cdot y'(x) + 9 \cdot y(x) = 2 \cdot x, y(1) = y'(1) = 1$$

```
> dsolve({x^2 * diff(y(x),x$2) - 6 * x * diff(y(x),x) + 9*y(x) = 2*x,
>         y(1) = 1, D(y)(1) = 1}, y(x), explicit);
```

$$y(x) = -\frac{8\,x}{\left(-5+\sqrt{13}\right)\left(5+\sqrt{13}\right)} - \frac{\left(\frac{10\sqrt{13}}{13}+2\right)x^{7/2-\frac{\sqrt{13}}{2}}}{\left(-5+\sqrt{13}\right)\left(5+\sqrt{13}\right)} - \frac{\left(-\frac{10\sqrt{13}}{13}+2\right)x^{7/2+\frac{\sqrt{13}}{2}}}{\left(-5+\sqrt{13}\right)\left(5+\sqrt{13}\right)}$$

Natürlich löst *MapleV* diese Differentialgleichung. Die Grenzen von *MapleV* erreichen Sie erst dann, wenn Sie in der Gleichung $y(x)$ durch $y'(x)$ ersetzen.

```
> dsolve({x^2 * diff(y(x), x$2) - 6 * x * diff(y(x), x) +
>                             9 * diff(y(x), x)          = 2 * x,
>         y(1) = 1, D(y)(1) = 1}, y(x), explicit);
```

Eine mögliche Ausgabe sehen Sie in dem Bild 4.2. *MapleV* selbst konnte mit dieser Lösung nicht weiterrechnen. Aber auch mit den anderen Lösungen, die es bei anderen Gelegenheiten zu dieser Differentialgleichung anbot, konnte es selbst nicht viel anfangen. Die verschiedenen Lösungen unterschieden sich substantiell, desweiteren waren manchmal diverse elementare Integrale nicht ausgeführt worden, einmal sogar das Integral über die Null-Funktion.[8]

4.1.6 Lineare Differentialgleichungen höherer Ordnung

Die Theorie sagt dazu, daß man die Nullstellen des charakteristischen Polynoms bestimmen muß. Dies ist manchmal nicht so einfach. Dazu betrachten wir zwei Differentialgleichungen:

$$y'''''''' - 10 \cdot y'''''' + 35 \cdot y'''' - 50 \cdot y'' + 24 \cdot y = 0$$

```
> dsolve(diff(y(x), x$8) - 10 * diff(y(x),x$6) + 35 * diff(y(x), x$4)
>        - 50 * diff(y(x), x$2) + 24 * y(x) = 0, y(x));
```

[8] Da *MapleV* mit diesen Lösungen nicht weiterrechnen kann, haben wir sie nicht überprüft oder verglichen. Erst im Release 3 kann *MapleV* hier die Lösung finden.

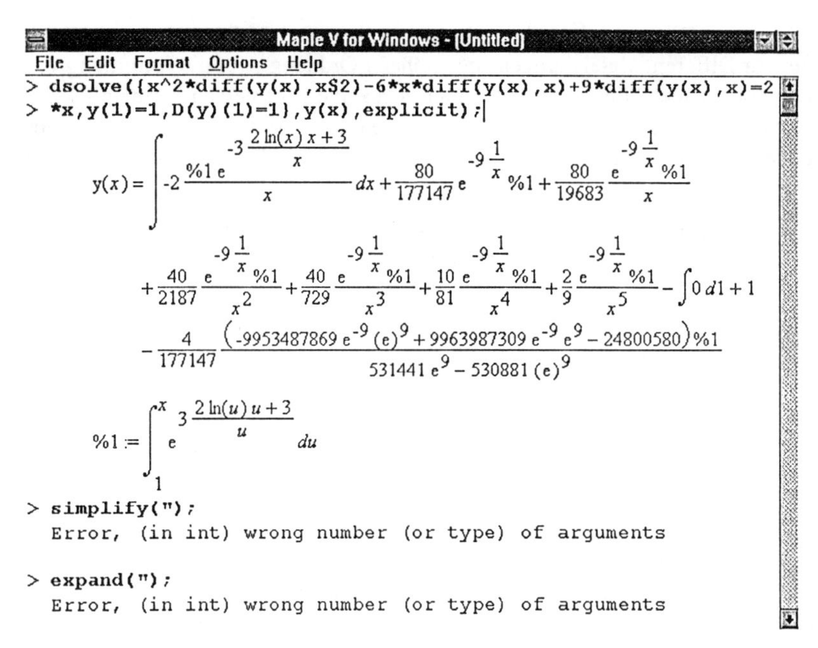

Bild 4.2 Mit dieser Lösung konnte Maple selbst nicht weiterrechnen

$$y(x) = \_C1\, e^{x} + \_C2\, e^{-x} + \_C3\, e^{\sqrt{2}x} + \_C4\, e^{-\sqrt{2}x} + \_C5\, e^{\sqrt{3}x} + \_C6\, e^{-\sqrt{3}x} + \_C7\, e^{2\,x} + \_C8\, e^{-2\,x}$$

Jetzt machen wir es etwas schwieriger: Wir verändern einen Koeffizienten so, daß die Nullstellen offenbar nicht mehr so einfach zu berechnen sind.

$$y'''''''' - 10 \cdot y'''''' + 35 \cdot y'''' - 40 \cdot y'' + 24 \cdot y = 0$$

```
> dsolve(diff(y(x),x$8) - 10 * diff(y(x),x$6) + 35 * diff(y(x),x$4) -
>          40 * diff(y(x),x$2) + 24 * y(x) = 0, y(x));
```

Error, (in dsolve/diffeq/linearc) unable to compute coeff

MapleV hat einige Zeit gerechnet und sich dann so gemeldet. Die Theorie besagt, daß man die Nullstellen des charakteristischen Polynoms benötigt, und anscheinend ist *MapleV* nicht in der Lage, sie zu finden[9]. Nun gibt es aber eine geschlossene Formel für Nullstellen von Polynomen vierten Grades und *MapleV* sollte sie kennen. Also müssen wir es direkt versuchen. Die exakte Lösung ist recht umfangreich, so daß wir sie, da sie nicht zum Verständnis beiträgt, hier unterdrücken.

```
> solve(x^8 - 10 * x^6 + 35 * x^4 - 40 * x^2 + 24 = 0, x):

> evalf(");
```

$$2.119007845 - 0.4340594376I, -2.119007845 + 0.4340594376I, 2.119007845 + 0.4340594374I,$$
$$-2.119007845 - 0.4340594374I, 0.9341618340 - 0.4176661124I, -0.9341618340 + 0.4176661124I,$$
$$0.9341618344 + 0.4176661123I, -0.9341618344 - 0.4176661123I$$

[9] In der Version 3 erhalten Sie anstelle der Fehlermeldung die formale Lösung mithilfe von `RootOf`-Ausdrücken

Somit müssen Sie bei dieser Differentialgleichung doch noch einen Teil des Lösungsweges alleine gehen. Sie könnnen für Differentialgleichungen noch höherer Ordnung – für die Ermittlung von Nullstellen von Polynomen noch höherer Ordnung gibt es ja keine allgemeinen Formeln – keine Wunder erwarten, sich aber auch nicht auf obige Fehlermeldung verlassen. Unter Umständen kann bereits eine kleine Änderung eines Koeffizienten bewirken, daß die Lösungen nicht mehr gefunden werden.

```
> dsolve(diff(y(x), x$10) - 15 * diff(y(x), x$8) +
>          85 * diff(y(x), x$6) - 225 * diff(y(x), x$4) +
>         274 * diff(y(x), x$2) - 120 * y(x) = 0, y(x));
```

$$y(x) = \_C1\, e^{\sqrt{5}x} + \_C2\, e^{-\sqrt{5}x} + \_C3\, e^{x} + \_C4\, e^{-x} + \_C5\, e^{\sqrt{2}x} + \_C6\, e^{-\sqrt{2}x} + \_C7\, e^{\sqrt{3}x} + \\ \_C8\, e^{-\sqrt{3}x} + \_C9\, e^{2\,x} + \_C10\, e^{-2\,x}$$

```
> dsolve(diff(y(x), x$10) - 15 * diff(y(x), x$8) +
>          85 * diff(y(x), x$6) - 235 * diff(y(x), x$4) +
>         274 * diff(y(x), x$2) - 120 * y(x) = 0, y(x));

>
```

Bei der etwas geänderten Differentialgleichung meldet sich *MapleV* nach weniger als einer Sekunde mit einer leeren Ausgabezeile. Wenn Sie jetzt die Nullstellen der charakteristischen Gleichung suchen lassen, so erhalten Sie zunächst die Lösungen als `RootOf`-Ausdrücke und durch Verwendung von `allvalues` die numerischen Werte der Nullstellen, so daß die von Ihnen so gefundenen Lösungen der Differentialgleichung lediglich Näherungswerte der wahren Lösungen darstellen.

Auch wenn Sie einfachere Differentialgleichungen lösen lassen, sollten Sie sich die *MapleV*-Ergebnisse stets genau anschauen, wie Sie am Beispiel von

$$y'''' - 2 \cdot x \cdot y'' + y = x \cdot \exp(x)$$

sehen.

```
> dsolve(diff(y(x), x$4) - 2 * diff(y(x), x$2) + y(x) = x * exp(x),
>                                                          y(x));
```

$$y(x) = \frac{x^3 e^x}{24} - \frac{e^x x^2}{8} + \frac{3\, e^x x}{16} - \frac{e^x}{8} + \_C1\, e^x + \_C2\, e^x x + \_C3\, e^{-x} + \_C4\, x e^{-x}$$

Warum *MapleV* hier den 4. und 5. sowie den 3. und 6. Summanden nicht zusammenfaßt, ist nicht ersichtlich. Dies zeigt abermals, daß Sie Ergebnisse auf gar keinen Fall unkritisch übernehmen dürfen.

4.1.7 Vektorielle Differentialgleichungen

Da es in diesem Zusammenhang nicht so einfach ist, vektorwertige Funktionen direkt zu verwenden, geben wir vektorielle Differentialgleichungen zeilenweise ein. Sie müssen nur beachten, daß Sie jeweils Listen von Gleichungen und Listen von Funktionen haben:

```
> dsolve({diff(x(t), t) = - x(t) + 5 * y(t) - 3 * z(t),
>          diff(y(t), t) = x(t) + z(t),
>          diff(z(t), t) = x(t) - 4 * y(t) + 3 * z(t)},
>          {x(t),y(t),z(t)})
```

$$\left\{x(t) = e^t\_C3 - \_C1\, e^{2t} - \frac{8\, e^{-t}\_C2}{3}, y(t) = -\frac{e^t\_C3}{2} + e^{-t}\_C2,\right.$$

$$\left. z(t) = -\frac{3\, e^t\_C3}{2} + \_C1\, e^{2t} + \frac{5\, e^{-t}\_C2}{3}\right\}$$

Diese Lösung und ihre Darstellung ist genau so, wie man es aus der Theorie kennt. Eine vektorielle Differentialgleichung $\dot{\vec{u}} = A\,\vec{u}$ hat die Lösung

$$u(\vec{t}) = C_1 \exp(\lambda_1\, t)\, \vec{v_1} + C_2 \exp(\lambda_2\, t)\, \vec{v_2} + C_3 \exp(\lambda_3\, t)\, \vec{v_3}\ ,$$

wobei die Matrix A die Eigenwerte $\lambda_1, \lambda_2, \lambda_3$ und die Eigenvektoren $\vec{v_1}, \vec{v_2}, \vec{v_3}$ hat. Daß *MapleV* wirklich so das Ergebnis präsentiert hat, können Sie auch überprüfen:

```
> with(linalg):
```

```
> eigenvects(array([[-1, 5, -3], [1, 0, 1], [1, -4, 3]]));
```

$$[2, 1, \{[-1, 0, 1]\}], [-1, 1, \{[-8/3, 1, 5/3]\}], [1, 1, \{[-2, 1, 3]\}]$$

Falls Sie Anfangswerte vorgeben, werden die Listen natürlich länger.

```
> Loes := dsolve({diff(x(t), t) = - x(t) + 5 * y(t) - 3 * z(t),
>                 diff(y(t), t) =   x(t)            +     z(t),
>                 diff(z(t), t) =   x(t) - 4 * y(t) + 3 * z(t),
>                 x(0) = 0, y(0) = 1, z(1) = 1}, {x(t), y(t), z(t)});
```

$$Loes := \left\{ x(t) = -\frac{2\, e^t \left(-5\, e^{-1} + 3 + 8\, e^2\right)}{2\, e^2 - 5\, e^{-1} + 9\, e^1} - \frac{\left(10\, e^{-1} + 2 - 24\, e^1\right) e^{2t}}{2\, e^2 - 5\, e^{-1} + 9\, e^1} + \frac{8\, e^{-t} \left(1 + 2\, e^2 - 3\, e^1\right)}{2\, e^2 - 5\, e^{-1} + 9\, e^1},\right.$$

$$z(t) = \frac{3\, e^t \left(-5\, e^{-1} + 3 + 8\, e^2\right)}{2\, e^2 - 5\, e^{-1} + 9\, e^1} + \frac{\left(10\, e^{-1} + 2 - 24\, e^1\right) e^{2t}}{2\, e^2 - 5\, e^{-1} + 9\, e^1} - \frac{5\, e^{-t} \left(1 + 2\, e^2 - 3\, e^1\right)}{2\, e^2 - 5\, e^{-1} + 9\, e^1},$$

$$\left. y(t) = \frac{e^t \left(-5\, e^{-1} + 3 + 8\, e^2\right)}{2\, e^2 - 5\, e^{-1} + 9\, e^1} - \frac{3\, e^{-t} \left(1 + 2\, e^2 - 3\, e^1\right)}{2\, e^2 - 5\, e^{-1} + 9\, e^1} \right\}$$

```
> evalf(");
```

$$\{y(t) = 1.611438826e^t - 0.6114388260e^{-1.0t},$$

$$z(t) = 4.834316478e^t - 1.592374116e^{2.0t} - 1.019064710e^{-1.0t},$$

$$x(t) = -3.222877652e^t + 1.592374116e^{2.0t} + 1.630503536e^{-1.0t}\}$$

4.1.8 Lösen von Differentialgleichungen durch Taylorreihen

Den Reihenansatz benötigt man eigentlich nur dann, wenn man eine Differentialgleichung nicht explizit lösen kann oder wenn die Darstellung der Lösung dem ungeübten Betrachter nicht viel sagt. Betrachten wir etwa die einfache Gleichung $y'^2 - y = x$.

```
> Loes := dsolve((diff(y(x), x))^2 - y(x) = x, y(x));
```

$$Loes := x + 2\, y(x) - 2\, \sqrt{x + y(x)} + 2\, \ln(1 + \sqrt{x + y(x)}) = \_C1$$

$$x + 2\, y(x) + 2\, \sqrt{x + y(x)} + 2\, \ln(1 - \sqrt{x + y(x)}) = \_C1$$

```
> readlib(isolate)(Loes[1], y);
```

$$2\, y(x) + 2\, \sqrt{x + y(x)} + 2\, \ln(1 - \sqrt{x + y(x)}) = \_C1 - x$$

Der Lösung können wir nicht viel entnehmen, daher lassen wir sie durch Potenzreihenansatz suchen:

```
> dsolve((diff(y(x), x))^2 - y(x) = x, y(x), series);
```

$$y(x) = (y(0) + RootOf(\_Z^2 - y(0))x + \frac{1 + RootOf(\_Z^2 - y(0))}{4\, RootOf(\_Z^2 - y(0))}x^2 - \frac{1 + RootOf(\_Z^2 - y(0))}{24\, RootOf(\_Z^2 - y(0))y(0)}x^3 + \frac{5\, RootOf(\_Z^2 - y(0)) + 3 + 2\, y(0)}{192\, y(0)^2\, RootOf(\_Z^2 - y(0))}x^4 - \frac{26\, RootOf(\_Z^2 - y(0))y(0) + 15\, RootOf(\_Z^2 - y(0)) + 35\, y(0) + 6\, y(0)^2}{1920\, y(0)^4}x^5 + O\left(x^6\right))$$

Falls Sie noch mehr Koeffizienten bestimmen lassen wollen, müssen Sie die globale Variable `Order` entsprechend heraufsetzen:

```
> Order := 8;
```

$$Order := 8$$

```
> dsolve({diff(y(x), x) = y(x), y(0) = 2}, y(x), series);
```

$$y(x) = (2 + 2\,x + x^2 + \frac{1}{3}x^3 + \frac{1}{12}x^4 + \frac{1}{60}x^5 + \frac{1}{360}x^6 + \frac{1}{2520}x^7 + O\left(x^8\right))$$

Zum Abschluß betrachten wir noch eine Differentialgleichung, die *MapleV* nicht explizit lösen konnte:

```
> dsolve((diff(y(x), x))^2 - y(x) = x^3, y(x));
```

Nach ungefähr achteinviertel Stunden erschien die Meldung:
Error,(in dsolve/diffeq/genhomo) object too large

Die `status`-Meldung gab an: `45313 Bytes Used`. Natürlich werden solche Differentialgleichungen mit einem Potenzreihenansatz gelöst:

```
> dsolve((diff(y(x), x))^2 - y(x) = x^3, y(x), series);
```

$$y(x) = (y(0) + RootOf(\_Z^2 - y(0))x + \frac{1}{4}x^2 + \frac{1}{8\, RootOf(\_Z^2 - y(0))}x^4 - \frac{3}{80\, y(0)}x^5 + \frac{1}{80\, RootOf(\_Z^2 - y(0))y(0)}x^6 - \frac{4\, RootOf(\_Z^2 - y(0)) + 1}{224\, y(0)^2}x^7 + O\left(x^8\right))$$

4.1.9 Lösen von Differentialgleichungen mit der Laplace-Transformation

In der Elektrotechnik geht man eigentlich davon aus, daß bei einer elektrischen Schaltung durch das Betätigen eines Schalters an der Spannungsquelle (Lichtschalter) die Spannung sprunghaft ansteigt. Sprünge sind unstetig und daher normalerweise schwer zu handhaben. Wenn wir eine derartige Differentialgleichung betrachten müssen, können wir die `Laplace`-Transformation benutzen. Wir werden jetzt ein Problem untersuchen, das ohne diese Transformation nur schwerfällig gelöst werden kann: eine einmalige Störung eines Schwingkreises durch eine Periode einer Sägezahnspannung. Die Differentialgleichung für den Schwingkreis lautet

$$L \cdot \ddot{I} + R \cdot \dot{I} + 1/C \cdot I = St\ddot{o}rfunktion\ .$$

Bei unserem Schwingkreis soll gelten: $R = 2\,\Omega$, $C = 30\,\mu$F, $L = 0.2$ H. Die Sägezahnspannung müssen wir uns noch mit der `Heaviside`-Funktion definieren. Die `Heaviside`-Funktion ist für $x < 0$ gleich Null, für $x \geq 0$ ist sie 1. Nehmen wir an, daß die Sägezahnspannung zwischen 0 und 5 Volt variiert, und die zeitliche Dauer einer Amplitude 0.3 s beträgt, so erhalten wir folgende Differentialgleichung:

```
> dsolve({0.2 * diff(II(t), t$2) + 2 * diff(II(t), t) +
>         1/0.00003 * II(t) = 5 * diff(t/0.3 * (Heaviside(t) *
>         Heaviside(0.3-t)),t), II(0) = 0, D(II)(0) = 0}, II(t),
>         laplace);
```

$$II(t) = 0.0005000000002 - 0.000006124183691e^{-5.0t}\sin(408.2176708t) -$$
$$0.0005000000002e^{-5.0t}\cos(408.2176708t) - 0.06124183691\mathit{Heaviside}(-3/10+t)$$
$$e^{1.500000000-5.0t}\sin(-122.4653013 + 408.2176708t)$$

Diese Lösung beschreibt vom Zeitpunkt $t = 0$ an das „Abklingen" der Störung (= Stromstärke) in dem Schwingkreis.

4.1.10 Numerisches Lösen von Differentialgleichungen

Man löst dann Differentialgleichungen numerisch, wenn man keine exakten Lösungen gefunden hat oder es keine exakten Lösungen gibt. Dazu muß man nur bei `dsolve` die Option `numeric` angeben. Nehmen wir also an, uns wäre die Differentialgleichung $y' = x$ zu schwierig gewesen.

```
> F := dsolve(diff(y(x), x) = x, y(x), numeric);
```

F := proc(x) 'dsolve/numeric/result2'(x,2806528,[1]) end

Wir erhalten von *MapleV* eine Interpolationsvorschrift als Ergebnis. Meistens will man dann wissen, wie das System, das durch die Differentialgleichung beschrieben wird, sich zu einem bestimmten Zeitpunkt entwickelt hat:

```
> F(0); F(0.28); F(0.5); F(1);
```

$$\{x = 0, y(x) = 1.0\}$$
$$\{y(x) = 1.039200000, x = .2800000000\}$$
$$\{x = .5000000000, y(x) = 1.125000000\}$$
$$\{y(x) = 1.500000000, x = 1.0\}$$

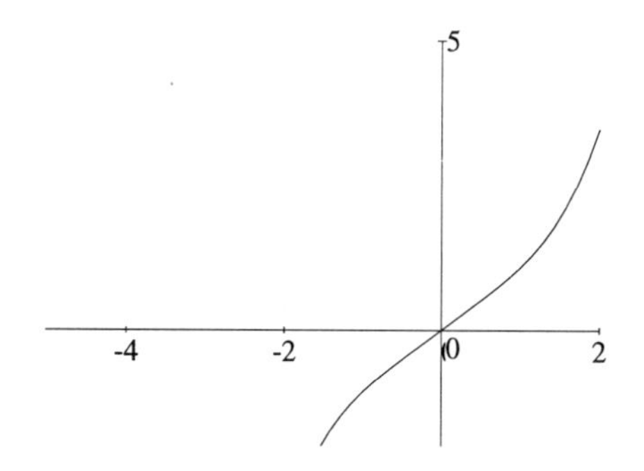

Bild 4.3 Numerische Lösung von $y'(x) = x^2 + \exp -(y(x))^2$ mit der Anfangsbedingung $y(0) = 0$

Zum Abschluß wollen wir noch die numerisch bestimmte Lösung von

$$y'(x) = x^2 + \exp(-(y(x))^2), y(0) = 0$$

zeichnen.

```
> F1 := dsolve({diff(y(x), x) = x^2 + exp(-(y(x))^2), y(0) = 0},
>                                                   y(x), numeric);
```

F1 := proc(x) 'dsolve/numeric/result2'(x,3086420,[1]) end

```
> with(plots):
```

```
> odeplot(F1, [x, y(x)], -5 .. 2, -2 .. 5);
```

Der Befehl `odeplot`, mit dem man einzig numerische Lösungen von Differentialgleichungen zeichnen lassen kann, befindet sich im Paket `plots`, so daß dieses erst geladen werden muß. Er hat vier Parameter, der erste ist der Name, den Sie selbst der numerische Lösung zugedacht haben, der zweite ist die Liste mit unabhängigen und abhängigen Parametern, der dritte ist das Definitionsintervall, der vierte ist der Ausschnitt aus dem Bildbereich für das Bild. Falls Sie nichts vorgeben, ist das Definitionsintervall auf $[-10, 10]$ voreingestellt, und der Ausschnitt aus dem Bildbereich wird von Minima und Maxima begrenzt.

4.1.11 Das Zeichnen von Scharen von Lösungskurven

Oft beschränkt sich die Betrachtung einer Differentialgleichung auf eine Aussage über das qualitative Verhalten der Lösungskurven in Abhängigkeit von verschiedenen Anfangswerten. Dabei ist es sehr hilfreich, wenn man Lösungskurven für verschiedene Anfangswerte in ein Bild zeichnet. Bevor wir dies versuchen können, müssen wir erst das richtige Paket laden. Dabei ist es für Sie wichtig, daß jetzt die Differentialgleichungen approximativ mit dem Runge-Kutta-Verfahren (oder einer (modifizierten) Euler-Methode) gelöst werden. Näheres erfahren Sie, wenn Sie sich im „Browser" der interaktiven Hilfe unter dem Thema `Graphics... Libraries and Packages...` die `DEtools` anschauen.

```
> with(DEtools):
```

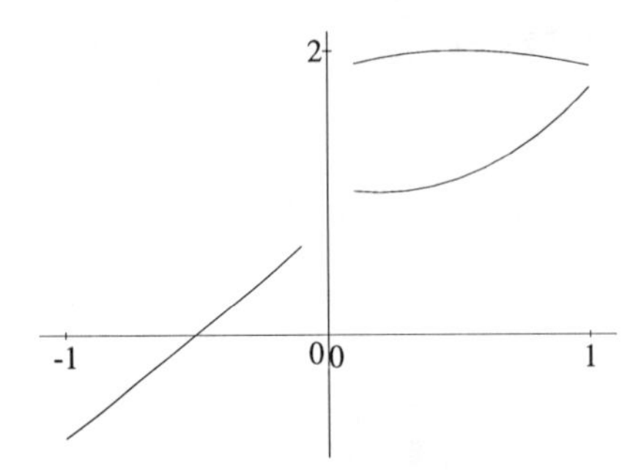

Bild 4.4 Lösung der Differentialgleichung $y''' - x \cdot y' = \sin(x)/x$ für verschiedene Anfangswerte

Mit den Befehl `DEplot` werden Lösungen von Differentialgleichungen n-ter Ordnung gezeichnet. Hier hat `DEplot` vier Parameter: Der erste ist die Differentialgleichung, wobei Sie beim Eintippen darauf achten müssen, daß die Differentialgleichung im Prinzip nach der höchsten Ableitung aufgelöst ist. Wenn Sie die Differentialgleichung also in der Form $x \cdot y''' - x^2 \cdot y' = \sin(x)$ schreiben, werden Sie von *MapleV* keine Zeichnung erhalten. Als zweites folgt die Liste der unabhängigen, dann der abhängigen Parameter. Das dritte ist der Definitionsbereich. Es folgt darauf die Liste mit den Anfangswerten.

```
> DEplot(diff(y(x), x$3) - x * diff(y(x), x) = sin(x)/x, [x, y],
>     -1 .. 1, {[0.2, 1, 0,2], [0.5, 2,0, -1], [-0.5, 0, 1.5, 0.3]});
```

Wenn man genügend Möglichkeiten hat, steigen die Ansprüche und deshalb interessieren wir uns auch noch dafür, inwieweit kleine Störungen, die beim Anfangswert oder auch später auftreten können, die Lösungskurve beeinflussen. Um dies anschaulich beantworten zu können, gibt es in diesem Paket zwei weitere `plot`-Befehle, die die Lösung einer Differentialgleichung in das Vektorfeld einbetten. `DEplot1` zeichnet Lösungen von Differentialgleichungen erster Ordnung und die Liste der Parameter ist dieselbe wie bei `odeplot`. `DEplot2` zeichnet Lösungen eines Differentialgleichungssystems in das Richtungsfeld, wenn das System autonom ist, d.h. die Zeit nicht explizit vorkommt. Für den Fall, daß es sich sogar vektoriell schreiben läßt, $\dot{\vec{u}} = A\,\vec{u}$, so brauchen Sie nur, wie im folgenden Beispiel vorgeführt, $A\,\vec{u}$, als zwei Zeilen in [,] einzugeben. Ansonsten ist die Parameterliste wie bei `odeplot`.

```
> DEplot1(diff(x(t), t) = .3 * x(t) + sin(t), [t, x], 0 .. 4,
>              {[0.3, 0.1], [0.1, 0.2], [.5, 0.7], [0, -1]});

> DEplot2([1.3 * x - .3 * y, 1.3 * y - 1.7 * y], [x, y], -2 .. 2,
>             {[0, -0.05, 0.2], [0, 0, .2], [0, 0.05, .2],
>              [0, 0.1, .2],     [0, 0.15, 0.2]});
```

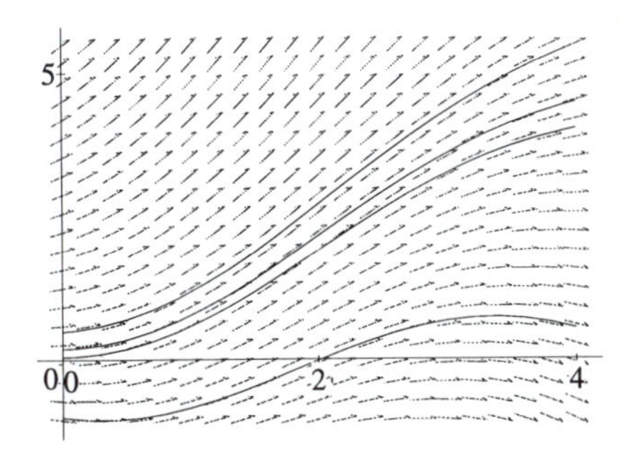

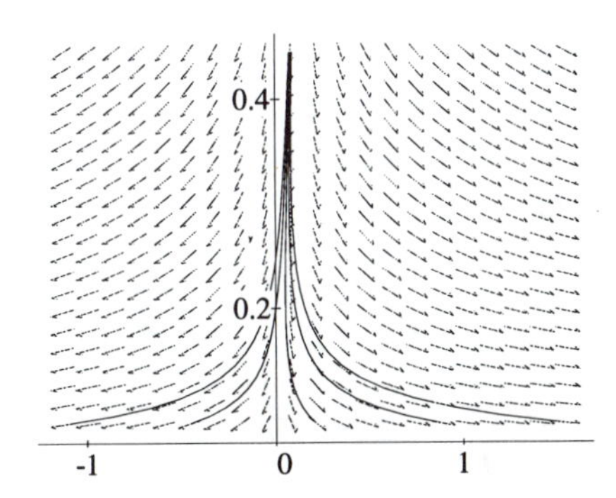

Bild 4.5 $x' = 0.3 \cdot x + \sin(t)$ (links), die vektorielle Differentialgleichung $\dot{\vec{u}} = A\,\vec{u}$ (rechts)

Die Möglichkeiten von `DEplot2` sind damit längst noch nicht erschöpft, wie Sie an folgendem Aufruf erkennen können. Wir betrachten eine Differentialgleichung, die eine chemische Reaktion beschreiben soll.

```
> DEplot2([diff(x(t), t) = 1.5 - 3.3 * x(t) + (x(t))^2 * y(t) - x(t),
>          diff(y(t), t) = 3.3 * x(t) - (x(t))^2 * y(t)],
>          [t, x, y], 5 .. 10, {[3, 0.1, .2], [0.1, 0.2, 0.3],
>          [.5, 0.7, .4], [.8, .2, .7]});
```

Betrachten wir mechanische Systeme, so interessieren uns als Anwender die Bahnkurven im Phasenraum; wir beschreiben Bewegungen durch Kurven (im einfachsten Fall) im Orts-Geschwindigkeits-Raum. Betrachten wir ein einfaches Pendel ohne Reibung, so erhalten wir einen zweidimensionalen Phasenraum.

```
> phaseportrait([diff(y1(t), t) = y2(t),
>                diff(y2(t), t) = -2 * sin(y1(t))], [y1, y2],
>           -5 .. 5, {[1, 1, 1],[0, 1, 0], [0, 2, 0], [0, 0.5, 0]});
```

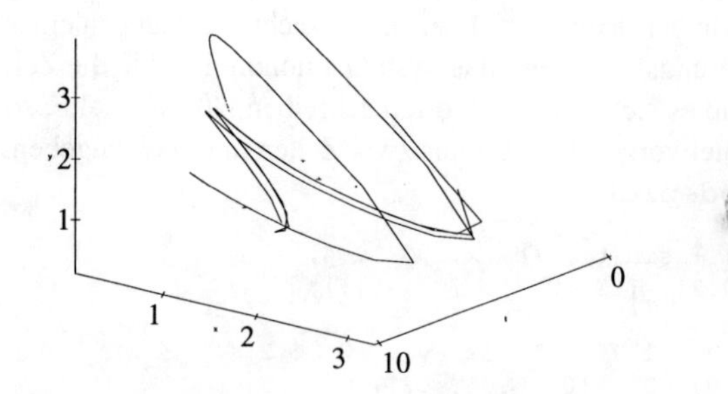

Bild 4.6 Lösungskurven für die chemische Reaktionsgleichung

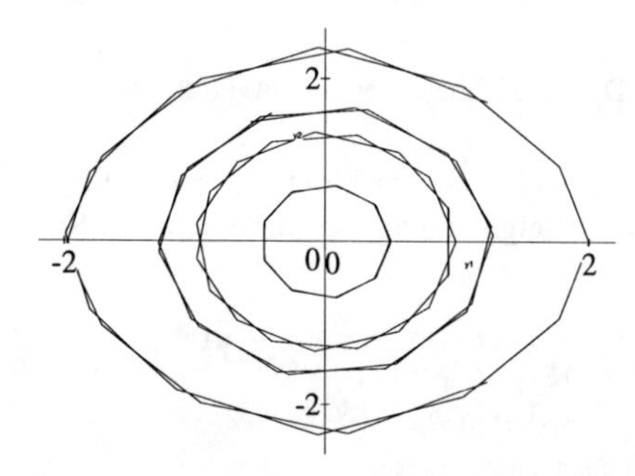

Bild 4.7 Darstellung der Bewegung des Pendels ohne Reibung im Phasenraum

Hierbei müssen Sie für `phaseportrait` die Orts- und Geschwindigkeitskoordinaten benutzen, um aus der Differentialgleichung des Pendels $y'' = -2 \cdot \sin(t)$ die zwei linearen Differentialgleichungen $y_1' = y_2, y_2' = -2 \cdot \sin(t)$ zu erhalten. Ansonsten ist die Liste der Parameter wie gewohnt.

4.1.12 Das Zeichnen von Lösungen

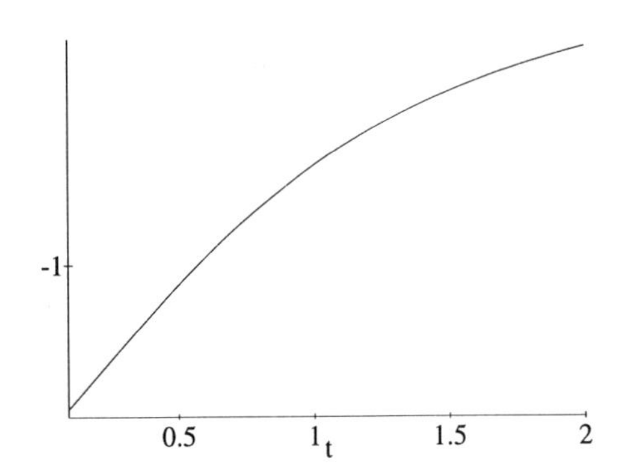

Bild 4.8 Lösung der Differentialgleichung $y'(t) = t^{-2} \cdot (\cos(y(t)))^2$

Hierbei geht es uns um das Zeichnen von Lösungen, die mit `dsolve` bestimmt wurden. Dazu zwei Beispiele:

```
> dsolve(diff(y(t), t) = t^(-2) * (cos(y(t))^2), y(t));
```

$$\frac{\sin(y(t))}{\cos(y(t))} + t^{-1} = \_C1$$

```
> readlib(isolate)(", y);
```

y = proc(t) arctan((_C1*t-1)/t) end

```
> Y:=subs(_C1 = 0.2, rhs("));
```

Y := proc(t) arctan((.2*t-1)/t) end

```
> plot(Y(t), t = .1 .. 2);
```

In diesem Fall entsteht durch das Arbeiten mit `isolate` eine Prozedur, die sich (wegen des Gleichheitszeichens) nicht mehr so einfach zeichnen läßt.

```
> dsolve({diff(y(t), t$2) = .4*y(t) - cos(10*t), y(0) = -1}, y(t));
```

$$y(t) = 0.009960159362 \cos(10.0t) + 3.836225810 \times 10^{-11} \cos(8.0t) +$$
$$0.0000000006040580180 \cos(6.0t) + 0.000000005182086104 \cos(4.0t) +$$
$$0.00000004242572798 \cos(2.0t) + 0.0000003028177324 - -(-1.009960510 -$$
$$1.0\_C2)\, e^{0.6324555320t} + \_C2\, e^{-0.6324555320t}$$

```
> plot3d(rhs("), _C2 = -2 .. 2, t = -3 .. 3);
```

Wir haben durch Festlegung von y zum Zeitpunkt $t = 0$ eine Integrationskonstante bestimmt und betrachten eine stetige Veränderung der zweiten. Um dies zu erreichen, verwenden wir `plot3d`. Die weiteren Möglichkeiten bei der Benutzung der `plot`-Befehle werden an anderer Stelle im Buch ausführlich betrachtet.

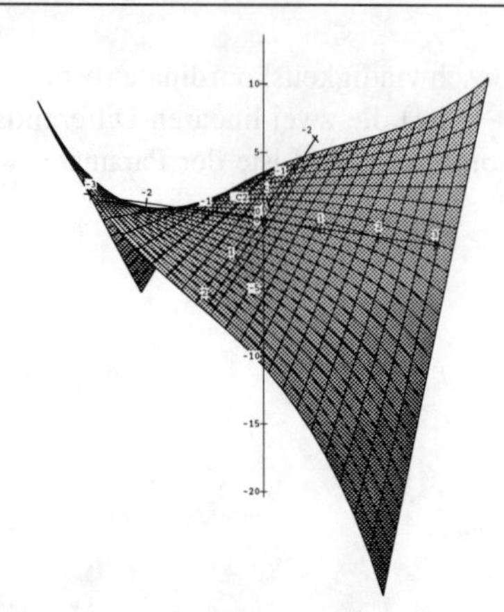

Bild 4.9
Stetige Veränderung eines Parameters der Lösung

4.2 Partielle Differentialgleichungen

4.2.1 Zeichnen von Lösungsflächen partieller Differentialgleichungen

MapleV bietet zwar zur Zeit nach kein spezielles Paket zum Lösen von partiellen Differentialgleichungen an, aber doch einige Hilfsmittel, mit denen man sie näher untersuchen kann. Betrachten wir zum Beispiel die Gleichung $u_y(x, y) - u_x(x, y) = x\,y$, so haben wir eine partielle Differentialgleichung erster Ordnung. Zusätzlich fordern wir noch, daß die Lösung $u(x, y)$ eine Kurve beinhalten soll. Somit fragen wir nach einer Fläche im Raum, die einerseits diese Kurve enthält, andererseits als Funktion der beiden Koordinaten x, y beschrieben wird und obige Beziehung zwischen den partiellen Ableitungen erfüllt. Dieses Problem kann *MapleV* graphisch lösen. Dazu müssen wir nur das Paket `DEtools` laden und die Prozedur `PDEplot` benutzen.

```
> with(DEtools);

> PDEplot(y * D[1](u)(x, y) - x * D[2](u)(x, y) = x * y, u(x,y),
>         [s, s, 0], s = - 2 .. 2, orientation = [55, 80],
>                                    shading = ZGREYSCALE);

> PDEplot(y * D[1](u)(x, y) - x * D[2](u)(x, y) = y * sin(4 * x),
>        u(x, y), [s, - s, s + 1], s = - 2 .. 2,
>                    orientation = [35, 63], shading = ZGREYSCALE);
```

Sie sehen den typischen Aufruf, zuerst die partielle Differentialgleichung in zwei Veränderlichen, wobei sie entweder die partiellen Ableitungen mit $D[1]$, bzw. $D[2]$ kennzeichnen müssen oder sich darauf beschränken, die Funktionen P, Q und R als Liste zu übergeben (wobei $P\,u_x + Q\,u_y = R$ gelten soll). Das zweite Argument dieses Plotbefehls ist die Liste der Variablen, zuerst die unabhängigen Veränderlichen, danach die abhängige. Das dritte Argument ist die Raumkurve[10]. Die Raumkurve müssen Sie in kartesischen Koordinaten angeben, mit einem Parameter. Der Bereich für diesen Parameter ist das vierte Argument. Die Prozedur bestimmt dann bei unveränderter Voreinstellung zehn charakteristische Kurven für diese partielle Differentialgleichung, wobei ein Punkt auf der vorgegebenen Kurve als Anfangspunkt genommen

[10] Achten Sie auf die andere Schreibweise im Vergleich zu `spacecurve`.

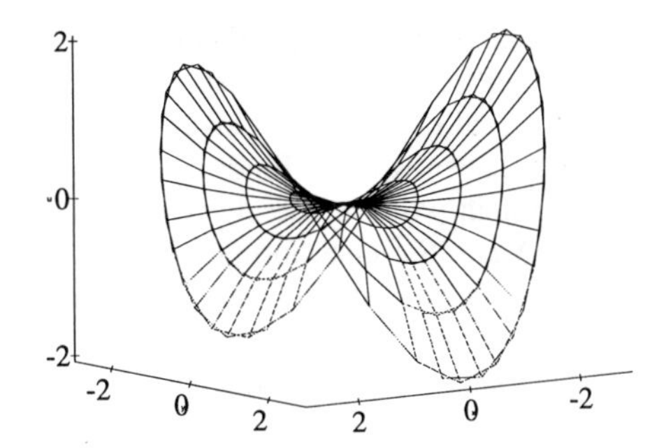

Bild 4.10 Lösungsflächen von $y\,u_x - x\,u_y = x\,y$

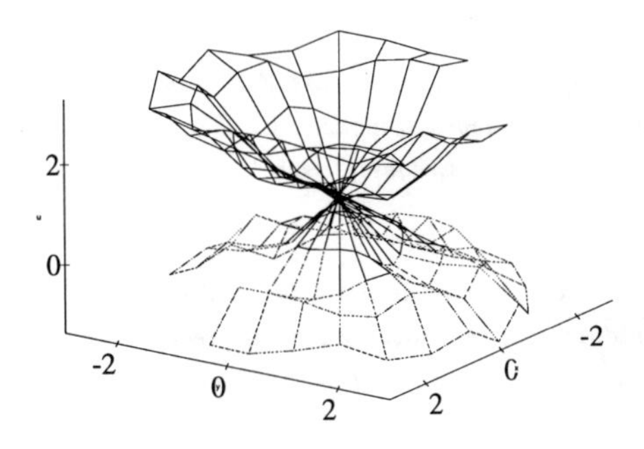

Bild 4.11 Lösungsflächen von $y\,u_x - x\,u_y = y\sin(4\,x)$

wird. Auch hier, wie bei den anderen `plot`-Befehlen aus diesem Paket, wird ein numerisches Verfahren benutzt, um die Kurven zu erstellen. Sie können natürlich bei Bedarf die Schrittweite verändern.

4.2.2 Betrachtung der Lösungsstrukturen von partiellen Differentialgleichungen

An dieser Stelle möchten wir Ihnen Teile eines Paketes vorführen, die es Ihnen erlauben, von einer (bekannten) Lösung einer partiellen Differentialgleichung auf weitere zu schließen. Das Paket ist möglicherweise unvollständig, die Befehle dieses Paketes sind nur teilweise dokumentiert und die Ergebnisse sind manchmal fragwürdig, aber trotzdem haben wir den Eindruck gewonnen, daß dieses Paket, sobald es dem Benutzer offiziell vorgestellt wird, im Bereich der partiellen Differentialgleichungen viele Wünsche erfüllen könnte. Wenn Sie eine normale gewöhnliche Differentialgleichung höherer Ordnung ohne Anfangsbedingungen oder Randwertproblem lösen, so wissen Sie, daß es nicht nur eine Lösung gibt, sondern eine Schar von Lösungskurven. So hat die Differentialgleichung $y''(t) = 2$ nicht nur die Lösung $y(t) = t^2$, sondern weitere, die Sie durch Addition eines linearen Anteils oder einer konstanten Funktion zu $y(t) = t^2$ bestimmen. Bei partiellen Differentialgleichungen gibt es etwas Vergleichbares. Wir betrachten die einfache Gleichung:

$$\frac{\partial}{\partial t}u(x,t) + c\frac{\partial}{\partial x}u(x,t) = 0$$

Bevor Sie jetzt über mögliche Lösungen der Gleichung nachdenken, sollten Sie Ihr Augenmerk auf die „innere Symmetrie“ der Koordinaten x, t in dieser partiellen Differentialgleichung richten. Welcher Zusammenhang muß zwischen diesen beiden Koordinaten für Lösungen bestehen? Die Lösungen sind Funktionen auf der Geraden $x - c \cdot t$. Oder: Die allgemeine Lösung u läßt sich schreiben als:

$$u = f(x - c \cdot t)$$

Falls die Differentialgleichung nicht mehr so einfach oder gar von höherer Ordnung ist, so lassen sich folgendermaßen entsprechende Symmetrien mittels *MapleV* finden:

```
> with(liesymm);
```

$$[\text{`\&\^{}`}, \text{`\&mod`}, Eta, Lie, Lrank, TD, annul, autosimp, close, d, depvars, determine, dvalue, extgen, extvars, getcoeff, getform, hasclosure, hook, indepvars, makeforms, mixpar, prolong, reduce, setup, translate, vfix, wcollect, wdegree, wedgeset, wsubs]$$

```
> with(difftools);
```

$$[\text{`\&where`}, Constant, D, Dsolve, autosimp, basic, constraints, depvars, describe, diffeqs, doubleint, dvalue, finddouble, findfunction, findpartials, findsimple, fragment, freezediff, indepvars, makecanon, newcanon, nonbasic, nontrivial, pdintegrate, powsubs, reset, separate, simpleint, trivial, vfix]$$

```
> equ1 := Diff(u(x, t), t) + c * u(x, t) * Diff(u(x, t), x) +
>         Diff(Diff(Diff(u(x, t), x), x), x) = 0;
```

$$\frac{\partial}{\partial t}u(x,t) + cu(x,t)\frac{\partial}{\partial x}u(x,t) + \frac{\partial^3}{\partial x^3}u(x,t) = 0$$

```
> equ2 := determine(equ1, V, u(x, t), w);
```

$$\left\{ \frac{\partial^3}{\partial u^3} V2(x,t,u) = 0, \frac{\partial^3}{\partial u^3} V1(x,t,u) = 0, \frac{\partial^3}{\partial u \partial x \partial u} V2(x,t,u) = 0, \frac{\partial^2}{\partial u^2} V1(x,t,u) = 0, \right.$$
$$\frac{\partial^3}{\partial x^2 \partial u} V2(x,t,u) = 0, \frac{\partial^2}{\partial x^2} V2(x,t,u) = 0, \frac{\partial}{\partial t} V3(x,t,u) = -\frac{\partial^3}{\partial x^3} V3(x,t,u),$$
$$\frac{\partial^3}{\partial u \partial x \partial u} V3(x,t,u) = \frac{\partial^3}{\partial x^2 \partial u} V1(x,t,u), \frac{\partial^2}{\partial x^2} V1(x,t,u) = \frac{\partial^2}{\partial x \partial u} V3(x,t,u),$$
$$\frac{\partial}{\partial x} V1(x,t,u) = -\frac{V3(x,t,u)}{2u}, \frac{\partial^3}{\partial x^3} V2(x,t,u) = -\frac{2(\frac{\partial}{\partial t} V2(x,t,u))u + 3\,V3(x,t,u)}{2u},$$
$$\frac{\partial^3}{\partial x^2 \partial u} V3(x,t,u) = \frac{\frac{\partial^3}{\partial x^3} V1(x,t,u)}{3} + \frac{\frac{\partial}{\partial t} V1(x,t,u)}{3}, \frac{\partial^2}{\partial u^2} V3(x,t,u) = 3\frac{\partial^2}{\partial x \partial u} V1(x,t,u),$$
$$\frac{\partial^3}{\partial u^3} V3(x,t,u) = 3\frac{\partial^3}{\partial u \partial x \partial u} V1(x,t,u), \frac{\partial^2}{\partial u^2} V2(x,t,u) = 0, \frac{\partial}{\partial x} V3(x,t,u) = 0, \frac{\partial}{\partial u} V1(x,t,u) = 0,$$
$$\left. \frac{\partial^2}{\partial x \partial u} V2(x,t,u) = 0, \frac{\partial}{\partial x} V2(x,t,u) = 0, \frac{\partial}{\partial u} V2(x,t,u) = 0 \right\}$$

```
> equ3 := autosimp(equ2);
```

$$\text{`\&where`}(\{\}, \left\{ V2\_2(t) = C5 - -\left(-\frac{3\,C2}{2\,u} - \frac{3\,C3}{2} - \frac{3\,C4}{2\,u}\right) t,\ V1\_3(t) = C6, \right.$$
$$V3(x,t,u) = C2 + u\,C3 + C4,\ V1\_2(t) = -\frac{C2}{2\,u} - \frac{C3}{2} - \frac{C4}{2\,u},\ V3\_1(t,u) = C2 + u\,C3 + C4,$$
$$V2(x,t,u) = C5 - -\left(-\frac{3\,C2}{2\,u} - \frac{3\,C3}{2} - \frac{3\,C4}{2\,u}\right) t,\ V1(x,t,u)$$
$$= x\,V1\_2(t) + C6,\ V1\_1(x,t) = x\,V1\_2(t) + C6\})$$

```
> equ4 := pdintegrate(equ3);
```

$$\left\{ V2\_2(t) = C5 - -\left(-\frac{3\,C2}{2\,u} - \frac{3\,C3}{2} - \frac{3\,C4}{2\,u}\right) t,\ V1\_3(t) = C6,\ V3(x,t,u) = C2 + u\,C3 + C4, \right.$$
$$V1\_2(t) = -\frac{C2}{2\,u} - \frac{C3}{2} - \frac{C4}{2\,u},\ V3\_1(t,u) = C2 + u\,C3 + C4,\ V2(x,t,u) =$$
$$\left. C5 - -\left(-\frac{3\,C2}{2\,u} - \frac{3\,C3}{2} - \frac{3\,C4}{2\,u}\right) t,\ V1(x,t,u) = x\,V1\_2(t) + C6,\ V1\_1(x,t) = x\,V1\_2(t) + C6 \right\}$$

```
> pdintegrate(equ4);
```

$$\left\{ V1(x,t,u) = -\frac{x\,C2}{2\,u} - \frac{x\,C3}{2} - \frac{x\,C4}{2\,u} + C6,\ V2(x,t,u) = C5 - \frac{3\,t\,C2}{2\,u} - \frac{3\,t\,C3}{2} - \frac{3\,t\,C4}{2\,u},\ V3(x,t,u) = \right.$$
$$\left. C2 + u\,C3 + C4 \right\}$$

Bevor wir das von *MapleV* produzierte Ergebnis auswerten, müssen wir verstehen, was wir gemacht haben. Zuerst haben wir das Paket `liesymm` und danach das darin enthaltene Paket `difftools` geladen. Als Differentialgleichung, die wir betrachten wollten, haben wir die Korteweg-de-Vries-Gleichung eingegeben. Danach bestimmen wir ein System von linearen homogenen partiellen Differentialgleichungen für die Liesymmetrien, das „determining system". Die Parameterliste enthält

- den Namen der partiellen Differentialgleichung, die wir untersuchen[11],
- den Namen eines Vektors, dessen Komponenten wir später Kotangentialrichtungen zuordnen werden,
- die Liste der abhängigen Variablen der partiellen Differentialgleichungen mit jeweiliger Parameterliste,

[11] oder auch des Systems partieller Differentialgleichungen

- einen Namen für intern benutzte Koordinaten.

Mit `autosimp` wird das System der bestimmenden Gleichungen vereinfacht und `pdintegrate` löst es. Nun müßte eigentlich das Endergebnis vorliegen; dies ist jedoch offensichtlich nicht der Fall, wie an auftretenden „Konstanten" wie $V3\_1$ ersichtlich ist. Der erfahrene *MapleV*-Anwender erkennt hieran, daß noch nicht alle partiellen Differentialgleichungen des bestimmenden Systems gelöst worden sind und daher `pdintegrate` nochmals angewandt werden muß. [12] Um das Ergebnis auszuwerten, müssen die theoretischen Grundlagen kurz umrissen werden. Man betrachtet den Raum der unabhängigen und abhängigen Variablen, in unserem Beispiel also die Koordinaten (x, t, u). Dieser Raum wird (lokal) mit seinem Kotangentialraum identifiziert und mit den Koordinaten gemäß `determine` ausgestattet, im Beispiel ist dies V. Die zu untersuchenden partiellen Differentialgleichungen werden als Beziehungen zwischen Differentialformen geschrieben. Damit entsprechen die von uns gesuchten Symmetrien eindimensionalen Gruppen im zugehörigen Jet.[13] Wir betrachten also noch einmal die letzte Ausgabe:

$$\{V1(x,t,u) = -\frac{x\,C2}{2\,u} - \frac{x\,C3}{2} - \frac{x\,C4}{2\,u} + C6,\ V2(x,t,u) = C5 - \frac{3\,t\,C2}{2\,u} - \frac{3\,t\,C3}{2} - \frac{3\,t\,C4}{2\,u},$$
$$V3(x,t,u) = C2 + u\,C3 + C4\}$$

Um zu verstehen, welche Transformationen die Algebra der Symmetrien unserer Differentialgleichung aufspannen, setzen wir in $V1, V2, V3$ jeweils eine Konstante gleich 1 und die anderen gleich 0. Dabei „steht" $V1$ für ∂_x, $V2$ für ∂_t, $V3$ für ∂_u. Wir erhalten somit

1. für $C2 = 1$
$$V3 = 1, V2 = -3/2 \cdot t/u, V1 = -1/2 \cdot x/u$$
und somit $\partial_u - 2/3t/u\partial_t - 1/2x/u\partial_x$
2. für $C3 = 1$
$$V3 = u, V2 = -3/2 \cdot t, V1 = -1/2 \cdot x$$
und somit $u\partial_u - 3/2t\partial_t - 1/2x\partial_u$
3. für $C4 = 1$
$$V3 = 1, V2 = -3/2 \cdot t/u, V1 = -1/2 \cdot x/u$$
und somit $\partial_u - 2/3t/u\partial_t - 1/2x/u\partial_x$
4. für $C5 = 1$
$$V3 = 0, V2 = 1, V1 = 0$$
und somit ∂_t
5. für $C6 = 1$
$$V3 = 0, V2 = 0, V1 = 1$$
und somit ∂_x

Dies bedeutet, nach der Berechnung von *MapleV* wird die Algebra der Symmetrien der Korteweg-de-Vries-Gleichung durch folgende Transformationen s_1, s_2, s_3 aufgespannt[14]:

---

[12] An dieser Stelle kann es zu Schwierigkeiten kommen. Bei anderen partiellen Differentialgleichungen meldete *MapleV*, daß es die bestimmenden Gleichungen nicht lösen konnte. Bei einer anderen waren nach dem Anwenden von `pdintegrate` noch Konstanten der Gestalt _C1, _C2 in den Gleichungen vorhanden. Wie Sie ja wissen, treten Konstanten dieser Gestalt beim Ausführen von `dsolve` auf, den `pdintegrate` benutzt, um die Gleichungen des bestimmenden Systems zu lösen. Anscheinend waren die Gleichungen zu schwierig.

[13] Eine ausführliche Daerstellung der Theorie könnnen Sie zum Beispiel dem Buch von Peter J. Olver[4] entnehmen.

[14] Dabei wurde die letzte Transformation dreimal gefunden!

$$s_1 = \partial_x$$

$$s_2 = \partial_t$$

$$s_3 = x\partial_x + 3t\partial_t - 2u\partial_u$$

Ist also $u = f(x,t)$ eine Lösung der Korteweg-de-Vries-Gleichung, so sind auch

$$\begin{aligned} u^{(1)} &= f(x-\epsilon, t) \\ u^{(2)} &= f(x, t-\epsilon) \qquad \epsilon \in \mathbb{R} \\ u^{(3)} &= e^{-2\epsilon} f(e^{-\epsilon}x, e^{-3\epsilon}t) \end{aligned}$$

Lösungen der Korteweg-de-Vries-Gleichung. Sollten Sie jetzt aber in das vorhin schon erwähnte Buch von Olver schauen, so werden Sie feststellen, daß *MapleV* eine Symmetrie nicht gefunden hat:

$$s_4 = t\partial_x + \partial_u$$

Es ist anzunehmen, daß die Fähigkeit dieses Pakets in künftigen *MapleV*-Versionen deutlich größer sein wird.

5 Algebra

5.1 Nullstellen von Gleichungen

5.1.1 Der allgemeine Fall

Vielleicht ist Ihnen bekannt, daß es keine algebraischen Ausdrücke gibt, um allgemein die Nullstellen von Polynomen vom Grad 5 (oder höheren Grades) zu beschreiben. Da natürlich auch *MapleV* den mathematischen Gesetzen unterworfen ist, können Sie hier keine Wunder erwarten. Trotz allem ist die Leistungsfähigkeit des Systems erstaunlich. Zum Auffinden der Lösungen einer oder mehrerer Gleichungen in einer oder mehreren Variablen dient die Anweisung `solve(gleichungen, variablen)`. Falls es sich um ein lineares Gleichungssystem handelt, können Sie weitere Möglichkeiten im Paragraphen 5.2 nachschlagen. Für spezielle Probleme wie z. B. ganzzahlige Lösungen gibt es weitere Befehle, über die Sie im Abschnitt 5.1.4 nähere Informationen finden. Die Sonderfälle, daß die betrachtete Gleichung ein Polynom oder eine rationale Funktion ist, werden in den Abschnitten 5.1.2 und 5.1.3 ausführlich behandelt.

Der Befehl `solve`

Wenn Sie sämtliche Lösungen der Gleichung $f(x) = 0$ suchen, sollten Sie `solve(f(x) = 0, x)` eingeben, falls Sie f als Funktion definiert haben bzw. `solve(f = 0, x)`, falls Sie f als Ausdruck definiert haben. *MapleV* versucht dann, alle reellen oder auch komplexen Zahlen x, die der Gleichung $f(x) = 0$ genügen, zu finden. Komplexe Lösungen werden gesucht, falls die Gleichung algebraisch ist. Das Ergebnis ist eine Sequenz aller Nullstellen. Diese Darstellung hat Auswirkungen auf die Art, wie Sie die gefundenen Lösungen in Gleichungen einsetzen können (s. u.). Es sollen alle Nullstellen der Gleichung $x^4 - 10x^3 + 47x^2 - 102x + 90 = 0$ berechnet werden.

```
> f := x^4 - 10 * x^3 + 47 * x^2 - 102 * x + 90;
```

$$f := x^4 - 10\,x^3 + 47\,x^2 - 102\,x + 90$$

```
> loes := solve(f = 0, x);
```

$$loes := 2 + I, 2 - I, 3 + 3\,I, 3 - 3\,I$$

Wenn Sie jemals versucht haben, eine nicht biquadratische Gleichung 4. Grades „eigenhändig“ zu lösen, wissen Sie, wie aufwendig und fehleranfällig die Rechnung ist. Wir haben zwar die Koeffizienten der Gleichung so gewählt, daß die Ausgabe nicht sehr viel Raum beansprucht, aber auch bei komplizierteren Zahlen beträgt die Rechenzeit nur wenige Sekunden. Um übrigens auf die benötigte Rechenzeit Zugriff zu haben, gibt es zwei Verfahren. Sie können das Programm `showtime` einlesen lassen und mit `on` aktivieren. Dann werden Ihnen neben dem Ergebnis auch die benötigte Zeit und der Speicherplatz ausgegeben. Außerdem wird die Eingabe durchnumeriert, was insbesondere bedeutet, daß die Symbole `"`, `""` und `"""` jetzt keine Bedeutung mehr haben.[1]

[1] Die Ausgabe von Zeit- und Speicherbedarf wird durch `off` deaktiviert.

```
> readlib(showtime):
> on;

O1 :=
> solve(x^4 - 10 * x^3 + 47 * x^2 - 102 * x + 90 = 0, x);

                        2 + I, 2 - I, 3 + 3 I, 3 - 3 I

time    103.04    words    35808
```

Die Zeitangabe erfolgt hierbei nicht in Sekunden, wie wir im folgenden sehen werden. Die 2. Möglichkeit besteht darin, vor und nach einer Rechnung die seit Beginn der *MapleV*-Sitzung benötigte CPU-Zeit durch `time()` abzufragen, die Differenz gibt dann im wesentlichen die für die Ausführung des Befehls erforderliche Zeit in Sekunden an.

Im folgenden Beispiel wollen wir die verschiedenen Arten der Rechenzeitberechnung vergleichen, und lassen daher das Ergebnis nicht ausgeben, da es ohnehin den Bildschirm zum Überlaufen bringt.

```
O2 :=
> solve(x^4 - sqrt(2) * x^3 + sin(3) * x^2 + x + 10 = 0, x):

time    155.33    words    73016

>off;
> zeit1 := time():
> solve(x^4 - sqrt(2) * x^3 + sin(3) * x^2 + x + 10 = 0, x):
> time() - zeit1;
                                   3.130
```

Die 1. Methode ist also einfacher, liefert aber eine relative Zahl und keine Sekundenangabe.

Falls die Vielfachheit einer Nullstelle größer als 1 ist, wird sie entsprechend ihrer Vielfachheit mehrfach aufgelistet.

```
> solve(x^3 + 3 * x^2 + 3 * x + 1 = 0, x);

                                 -1, -1, -1
```

Die zusätzliche Angabe des Variablennamens kann weggelassen werden, wenn die betrachtete Gleichung keine Parameter enthält.

```
> solve(x^2 + 1 = 0);

                                   I, - I
```

Enthält Ihre Gleichung dagegen weitere Parameter, so versucht *MapleV*, soviele Variablen wie möglich zu eliminieren, wobei das Ergebnis nicht unbedingt Ihren Vorstellungen entsprechen wird. Im folgenden Beispiel werden die Lösungen der allgemeinen quadratischen Gleichung $x^2 + px + q = 0$ gesucht.

```
> solve(x^2 + p * x + q = 0);
```

$$\{q = -x^2 - px, x = x, p = p\}$$

In solchen Fällen ist es also unbedingt erforderlich, die Variable(n) anzugeben, nach der (bzw. denen) aufgelöst werden soll.

```
> solve(x^2 + p * x + q = 0, x);
```

$$-\frac{p}{2} + \frac{\sqrt{p^2 - 4\,q}}{2}, -\frac{p}{2} - \frac{\sqrt{p^2 - 4\,q}}{2}$$

Falls Sie alle Variablen angeben, ist das Ergebnis dasselbe.

```
> solve(x^2 + p * x + q = 0, {x, p, q});
```

$$-\frac{p}{2}+\frac{\sqrt{p^2-4\,q}}{2},-\frac{p}{2}-\frac{\sqrt{p^2-4\,q}}{2}$$

Einige Beispiele sollen Ihnen zeigen, welche Art von Aufgaben Sie nun lösen können.

- Gesucht sind alle reellen Zahlen, die die Gleichung $\sqrt{2x-4}-\sqrt{x-1}=1$ erfüllen.

```
> loes := solve(sqrt(2 * x - 4) - sqrt(x - 1) = 1, x);
```

$$loes := 2, 10$$

Wir müssen nun noch prüfen, ob tatsächlich beide gefundenen Werte Lösungen sind. Dazu müssen die beiden Ersetzungsvorschriften, die für *MapleV* die Namen `loes[1]` und `loes[2]` tragen, auf die Gleichung angewandt werden. (In komplizierteren Fällen lassen wir, um die falschen Werte gleich aussortieren zu können, die numerischen Ergebnisse berechnen.)

```
> subs(x = loes[1], sqrt(2 * x - 4) - sqrt(x - 1) - 1);
```

$$-2$$

```
> subs(x = loes[2], sqrt(2 * x - 4) - sqrt(x - 1) - 1);
```

$$\sqrt{16}-\sqrt{9}-1$$

Erst eine weitere Vereinfachung bringt das Endergebnis.

```
> simplify(");
```

$$0$$

Damit ist klar, daß nur die zweite Lösung 10 in Frage kommt.

- Gesucht sind alle reellen Zahlen, für die $x^3 - x^2 < 2x - 2$ ist. Da `solve` auch eine Ungleichung lösen kann, geben wir sie einfach ein.

```
> solve(x^3 - x^2 < 2 * x - 2, x);
```

$$\left\{x<-\sqrt{2}\right\},\left\{x<\sqrt{2},1<x\right\}$$

Damit ist klar, daß die gesuchte Antwort lautet $x \in (-\infty, -\sqrt{2}) \cup (1, \sqrt{2})$

- Implizite Funktionen: Gesucht sind alle Punkte (x, y) der Ebene, die der Gleichung $(x+y)^2-(x-2y)^2=1$ genügen. Je nachdem, ob wir nach x oder nach y auflösen lassen, ergeben sich ein oder zwei Lösungen. Anders gesagt: x läßt sich als Funktion von y darstellen, y jedoch nicht als Funktion von x.

```
> solve((x + y)^2 - (x - 2 * y)^2 = 1, x);
```

$$-\frac{-3\,y^2-1}{6\,y}$$

```
> solve((x + y)^2 - (x - 2 * y)^2 = 1, y);
```

$$x-\frac{\sqrt{3}\sqrt{3\,x^2-1}}{3},x+\frac{\sqrt{3}\sqrt{3\,x^2-1}}{3}$$

- Ein typischer Fehler kann entstehen, wenn Sie bei der Angabe der Variablen die geschweiften Klammern vergessen, falls es sich um mehrere Variable handelt.

```
> solve(a * x + b * y + c = 0, x, y);
```

Error, (in solve) invalid arguments

- Es sollen alle Werte von a, b, c, d gefunden werden, so daß die Gleichung

$$a \sin c \cdot x + d = b \cos x$$

für jede reelle Zahl x richtig ist. Dies erreichen Sie mit der folgenden Fassung des `solve`-Befehls.

```
> solve(identity(a * sin(c * x + d) = b * cos(x), x), {a, b, c, d});
```

$$\left\{c = -1, d = \frac{\pi}{2}, a = b\right\}, \left\{c = 1, d = \frac{\pi}{2}, a = b\right\}, \{c = 0, b = 0, d = 0\},$$
$$\left\{a = -b, c = -1, d = -\frac{\pi}{2}\right\}, \left\{a = -b, c = 1, d = -\frac{\pi}{2}\right\}, \{a = 0, b = 0\},$$
$$\{a = 0, b = 0, d = \pi\}, \{c = 0, b = 0, d = \pi\}$$

Die angegebene 3. Lösung ist offenbar ein Spezialfall der sechsten, also überflüssig.

- Gesucht ist die Funktion $h(x)$, die der Gleichung $\cos h(x) = \sin x$ genügt. Die Antwort wird als Prozedur ausgegeben, in die Sie jederzeit Werte einsetzen lassen können.

```
> l4 := solve(cos(h(x)) = sin(x), h);

                l4 := proc(x) arccos(sin(x)) end

> l4(Pi/2);

                                0
```

- Auch Gleichungen vom Typ $|x + 1| - |x - 1| = 1$ kann *MapleV* exakt lösen:

```
> solve(abs(x + 1) - abs(x - 1) = 1, x);

                               1/2
```

Wenn hier x eine komplexe Veränderliche sein soll, müssen Sie sie in der Form $\Re(x)+i\Im(x)$ schreiben, also

```
> a := abs(Re(x) + I * Im(x) + 1) - abs(Re(x) + I * Im(x) - 1);
```

$$a := |\Re(x) + I\Im(x) + 1| - |\Re(x) + I\Im(x) - 1|$$

```
> solve(a = 1);

                               1/2
```

Wenn Sie stattdessen direkt mit Variablen für den Real- und Imaginärteil von x arbeiten, werden Ihnen auch komplexe Lösungen berechnet, allerdings erhalten Sie nur Kandidaten für die Lösungsmenge und müssen diese selbst auf Korrektheit überprüfen.

```
> b := evalc(abs(u + I * v + 1) - abs(u + I * v -1)):
> solve(b = 1, {u, v});
```

$$\left\{u = u, v = \frac{\sqrt{3}\sqrt{4\,u^2 - 1}}{2}\right\}, \left\{u = u, v = -\frac{\sqrt{3}\sqrt{4\,u^2 - 1}}{2}\right\}$$

Die 1. Lösung ist, wie Sie durch Einsetzen feststellen können, z. B. für $u = 1$ tatsächlich eine Lösung der Gleichung, für $u = -1$ dagegen nicht.

Beachtung von Sonderfällen

Wenn Sie die allgemeine Lösung der quadratischen Gleichung $ax^2 + bx + c = 0$ suchen, so gibt es neben dem Fall der echten quadratischen Gleichung auch Sonderfälle, wenn nämlich der Koeffizient a Null ist, also gar kein quadratischer Term vorhanden ist. Die lineare Gleichung $bx + c = 0$ hat dann die Lösung $x = \frac{-c}{b}$, falls nicht auch b verschwindet. Falls auch b Null ist, gibt es entweder keine Lösung – wenn nämlich c nicht verschwindet –, da eine Gleichung der Form $1 = 0$ widersprüchlich ist, oder unendlich viele Lösungen – für $c = 0$ –, weil jede Zahl x die Gleichung $0 = 0$ erfüllt. Wenn Sie nun versuchen, diese Lösungen mit `solve` zu finden, so sehen Sie, daß nur die „Standardlösung“ für $a \neq 0$ ausgegeben wird.

```
> quagl := a * x^2 + b * x + c;
```

$$quagl := ax^2 + bx + c$$

```
> solve(quagl = 0, x);
```

$$\frac{-b + \sqrt{b^2 - 4\,ac}}{2\,a}, \frac{-b - \sqrt{b^2 - 4\,ac}}{2\,a}$$

Wenn Sie aus irgendeinem Grund nicht nur diese generische Lösung benötigen, sondern zusätzlich alle speziellen Lösungen (d. h Lösungen für die Fälle, in denen die Parameter spezielle Werte annehmen, sind Sie auf sich selbst gestellt.

```
> g1 := subs(a = 0, quagl);
```

$$g1 := bx + c$$

```
> s2 := solve(g1 = 0, x);
```

$$s2 := -\frac{c}{b}$$

```
> g2 := subs(b = 0, g1);
```

$$g2 := c$$

Daß die Gleichung $c = 0$ für alle x erfüllt ist, wenn c tatsächlich Null ist, können Sie sich ebenfalls nur sukzessive ausgeben lassen. Wenn Sie nämlich versuchen, die Gleichung nach x oder auch nach beiden Variablen x und c auflösen zu lassen, findet *MapleV* keine Lösung.

```
> s3 := solve(g2 = 0, x);
```

$$s3 :=$$

Nur wenn Sie die Gleichung nach c auflösen lassen, erhalten Sie einen Teil der gewünschten Antwort – wobei es in diesem speziellen Fall sicherlich einfacher ist, wenn Sie sich das selbst überlegen, aber wir wollen Ihnen mit diesem Beispiel die grundsätzlich auftretenden Schwierigkeiten zeigen.

```
> s3 := solve(g2 = 0, c);
```

$$s3 := 0$$

Nun können Sie für c den Wert 0 einsetzen lassen und erneut nach den Lösungen für x fragen. Die Antwort bedeutet, daß es keine Restriktionen für x gibt, d. h. jede Zahl x ist Lösung dieser Gleichung.

```
> g3 := subs(c = 0, g2);
```

$$g3 := 0$$

```
> s4 := solve(g3 = 0, x);
```

$$s3 := x$$

Um gefundene Lösungen etwa in weiteren Rechnungen einzusetzen, können Sie entweder mit `subs` oder mit `assign` arbeiten. Der grundlegende Unterschied zwischen beiden Vorgehensweisen besteht darin, daß `subs` nur in der angegebenen Gleichung die Variablen durch die angegebenen Werte ersetzt, `assign` dagegen den Variablen dauerhaft die Lösungswerte zuweist[2]. Nehmen wir also einmal an, wir wollten die Lösung der linearen Gleichung mit `assign` in eine andere Formel einsetzen lassen.

```
> assign(x = s2);

> sinFall3 := sin(q * x^2 + a * x + b);
```

$$sinFall3 := \sin(\frac{qc^2}{b^2} - \frac{ac}{b} + b)$$

Das gleiche gilt, wenn Sie zu einer gegebenen Funktion die Umkehrfunktion und deren Definitionsbereich bestimmen lassen. Zuerst müssen wir x zurücksetzen.

```
> x := evaln(x):

> h := solve(y = (3 * x + 4)/(7 * x + 2), x);
```

$$h := \frac{2\,y - 4}{7\,y - 3}$$

Wir vertauschen die Variablennamen

```
> y := subs(y = x, h);
```

$$y := -\frac{2\,x - 4}{7\,x - 3}$$

Um nun festzustellen, wo die Umkehrfunktion nicht erklärt ist, weil dort Polstellen vorliegen, können Sie zunächst feststellen lassen, ob die Funktion überhaupt Polstellen hat

```
> readlib(iscont):

> iscont(y, x = - 10 .. 10);
```

$$false$$

In unserem Fall könnten wir auf diese Überprüfung natürlich verzichten und gleich die Nullstellen des Nenners suchen lassen. Im allgemeinen müssen Sie sich überlegen, aus welchem Grund wohl Pole auftreten.

```
> solve(denom(y) = 0, x);
```

$$\frac{3}{7}$$

[2] Das bedeutet auch, daß diese Namen nicht mehr als Variablennamen zur Verfügung stehen, bis Sie die Wertzuweisung wieder gelöscht haben.

Grenzen der Lösungsroutinen

Der Befehl `solve` dient hauptsächlich zur Bearbeitung von polynomialen Gleichungen, wobei auch für Polynome von einem Grad, der größer als 4 ist, häufig Nullstellen gefunden werden.

```
> gl := x^5 + 1:
```

```
> solve(gl = 0, x);
```

$$\frac{\sqrt{5}}{4}+1/4+\frac{I\sqrt{2}\sqrt{5-\sqrt{5}}}{4},$$

$$\left(\frac{\sqrt{5}}{4}-1/4\right)\left(\frac{\sqrt{5}}{4}+1/4\right)-\frac{\sqrt{5+\sqrt{5}}\sqrt{5-\sqrt{5}}}{8}$$
$$+I\left(\frac{\sqrt{2}\sqrt{5+\sqrt{5}}\left(\frac{\sqrt{5}}{4}+1/4\right)}{4}+\frac{\left(\frac{\sqrt{5}}{4}-1/4\right)\sqrt{2}\sqrt{5-\sqrt{5}}}{4}\right),$$

$$\left(-\frac{\sqrt{5}}{4}-1/4\right)\left(\frac{\sqrt{5}}{4}+1/4\right)-5/8+\frac{\sqrt{5}}{8}$$
$$+I\left(\frac{\sqrt{2}\sqrt{5-\sqrt{5}}\left(\frac{\sqrt{5}}{4}+1/4\right)}{4}+\frac{\left(-\frac{\sqrt{5}}{4}-1/4\right)\sqrt{2}\sqrt{5-\sqrt{5}}}{4}\right),$$

$$\left(-\frac{\sqrt{5}}{4}-1/4\right)\left(\frac{\sqrt{5}}{4}+1/4\right)+5/8-\frac{\sqrt{5}}{8}$$
$$+I\left(-\frac{\sqrt{2}\sqrt{5-\sqrt{5}}\left(\frac{\sqrt{5}}{4}+1/4\right)}{4}+\frac{\left(-\frac{\sqrt{5}}{4}-1/4\right)\sqrt{2}\sqrt{5-\sqrt{5}}}{4}\right),$$

$$\left(\frac{\sqrt{5}}{4}-1/4\right)\left(\frac{\sqrt{5}}{4}+1/4\right)+\frac{\sqrt{5+\sqrt{5}}\sqrt{5-\sqrt{5}}}{8}$$
$$+I\left(-\frac{\sqrt{2}\sqrt{5+\sqrt{5}}\left(\frac{\sqrt{5}}{4}+1/4\right)}{4}+\frac{\left(\frac{\sqrt{5}}{4}-1/4\right)\sqrt{2}\sqrt{5-\sqrt{5}}}{4}\right)$$

Falls *MapleV* keine Lösungen findet, aber auch keinen Grund für die Annahme, daß keine existieren, so erfolgt die Ausgabe in einer speziellen Form unter Verwendung des Befehls `RootOf`.

```
> solve(gl + 3*x = 0, x);
```

$$s1 := RootOf(\_Z^5+1+3\_Z)$$

Ein Element einer solchen Ausgabeliste können Sie nicht direkt in einen Ausdruck einsetzen lassen.

```
> subs(x = s1[1], x + 3);
```

$$RootOf(\_Z^5+1+3\_Z)_1+3$$

Sie können sich aber jederzeit die Liste der numerischen Ergebnisse ausgeben lassen. Dies geschieht mit dem Befehl `allvalues` – `evalf` würde Ihnen nur einen der Werte ausgeben. Der Parameter `d` bewirkt dabei, daß in ein und derselben Gleichung immer derselbe Wert der Wurzel verwendet wird – das ist in manchen Fällen zwar nicht unbedingt erforderlich, das Weglassen dieses Operanden führt jedoch häufig dazu, daß doppelt soviele Werte wie erwartet ausgegeben werden! Aus diesem Grund verwenden wir ihn regelmäßig.

```
> s2 := allvalues(s1, d);
```

$$s2 := -.8390724331 - .9438515501I, -.8390724331 + .9438515501I, -.3319890296, 1.005066948 - .9372591567I, 1.005066948 + .9372591567I$$

Falls nicht alle Lösungen gefunden werden, werden die nicht exakt angebbaren Wurzeln mit Hilfe von `RootOf` ausgegeben.

```
> solve(x^6 - x^5 + 3 * x^2 - 2 * x - 1 = 0, x);
```

$$1, RootOf(\_Z^5 + 1 + 3\,\_Z)$$

In den Fällen, in denen offensichtlich keine Lösung existiert, gibt *MapleV* keine Antwort, dies wird im Handbuch mit `NULL` bezeichnet.

```
> solve(0 = 1);

>
```

Sobald die zu lösenden Gleichungen nicht nur Potenzen von x enthalten, findet *MapleV* nicht immer alle Lösungen. Es bleibt Ihnen überlassen, sich durch eine Zeichnung, numerische Verfahren oder theoretische Überlegungen selbst Gedanken darüber zu machen, ob tatsächlich alle Lösungen gefunden wurden.

```
> solve(sin(x) = cos(x), x);
```

$$\frac{\pi}{4}$$

Im Zweifelsfall sollten Sie eine Mathematikerin bzw. einen Mathematiker zu Rate ziehen.

5.1.2 Das Rechnen mit Polynomen

Ausmultiplizieren und Zusammenfassen mit Hilfe von `expand` *und* `factor`

Polynome können in ganz unterschiedlicher Weise gegeben sein. So ist z. B.

$$x^2 + 2x + 1 = (x+2)^2 = (x-1)^2 + 4(x-1) + 4 = (x-a)^2 + 4a(x-a) + 3a^2 + 1$$

(wobei a eine beliebige reelle Zahl ist. Je nachdem, was als nächstes mit dem Ausdruck geschehen soll, ist die eine oder andere Darstellung besonders günstig. Deshalb ist es wichtig, ein Polynom von einer in eine andere Darstellung überführen zu können.

Neben der expliziten Eingabe eines Polynoms gibt es die Möglichkeit, mit Hilfe des Befehls `sum` den allgemeinen Term $a_k x^k$ anzugeben zusammen mit der Angabe, welche Werte k dabei annehmen soll. Dabei kann der Koeffizient a_k auf unterschiedliche Weise angegeben werden. Dies wollen wir zunächst demonstrieren. Falls es ein Bildungsgesetz für die a_k gibt, können Sie dies entweder direkt einsetzen[3]

```
> p1 := sum(binomial(4, k) * x^k, k = 0 .. 4);
```

$$p1 := 1 + 4\,x + 6\,x^2 + 4\,x^3 + x^4$$

oder vorher definieren, müssen dann aber beachten, daß *MapleV* Listenelemente bei 1 beginnend durchnumeriert, während Ihr Polynom vielleicht ein nicht verschwindendes absolutes Glied besitzt, und Ihre Angabe entsprechend modifizieren.

```
> a := table([seq(k^2/(2 * k + 3), k = 0 .. 4)]);
```

[3] `binomial(n, k)` ist der Binomialkoeffizient $\binom{n}{k}$

$$a := \texttt{table}([1 = 0, 2 = \frac{1}{5}, 3 = \frac{4}{7}, 4 = 1, 5 = \frac{16}{11}])$$

```
> p2 := sum(a[m + 1] * x^m, m = 0 .. 4);
```

$$p2 := \frac{x}{5} + \frac{4\,x^2}{7} + x^3 + \frac{16\,x^4}{11}$$

Falls es kein allgemeines Bildungsgesetz gibt, können Sie die Koeffizienten in eine Liste packen.

```
> a := [3, 5, 7, 2, 11];
```

$$a := [3, 5, 7, 2, 11]$$

```
> p3 := sum(a[k + 1] * x^k, k = 0 .. 4);
```

Error, improper op or subscript selector

Wenn Sie nun nach der Ursache des Fehlers forschen, sollten Sie auf die viertletzte Eingabe achten – dort ist k als Index bereits aufgetreten. Sie müssen also entweder k zurücksetzen oder einen anderen Indexnamen verwenden.

```
> p3 := sum(a[l + 1] * x^l, l = 0 .. 4);
```

$$p3 := 3 + 5\,x + 7\,x^2 + 2\,x^3 + 11\,x^4$$

Falls Ihnen die Nullstellen b_i des Polynoms bekannt sind, können Sie über `Product` die Darstellung $\alpha \prod_{i=1}^{n}(x - b_i)$ wählen, wobei für die b_i ebenfalls das für die a_k Gesagte gilt.

```
> p4 := product(x - i, i = 1 .. 4);
```

$$p4 := (x - 1)\,(x - 2)\,(x - 3)\,(x - 4)$$

Wenn Sie dieses Polynom in der üblichen Summendarstellung sehen wollen, so benutzen Sie den Befehl `expand` zum Ausmultiplizieren der Klammern.

```
> expand(p4);
```

$$x^4 - 10\,x^3 + 35\,x^2 - 50\,x + 24$$

Um ein in Summendarstellung gegebenes Polynom als Produkt von Linearfaktoren darzustellen, können Sie den Befehl `factor` aufrufen.

```
> factor(p1);
```

$$(x + 1)^4$$

```
> factor(1 - 7 * x + 10 * x^2);
```

$$(5\,x - 1)\,(2\,x - 1)$$

Wenn das betrachtete Polynom auch reelle oder komplexe Nullstellen besitzt, werden mit `Factor` nur die rationalen Nullstellen abgespalten.

```
> factor(p2);
```

$$\frac{x\left(77 + 220\,x + 385\,x^2 + 560\,x^3\right)}{385}$$

Falls es keine rationalen Nullstellen gibt, wird das Polynom unverändert ausgegeben.

```
> factor(p3);
```

$$3 + 5\,x + 7\,x^2 + 2\,x^3 + 11\,x^4$$

Falls Sie trotzdem eine Faktorisierung wünschen, so müssen Sie wissen, von welcher Art diese Erweiterung ist[4]. Im folgenden Beispiel sind die Nullstellen komplexe Zahlen mit rationalem Real- und Imaginärteil, als in Frage kommende Wurzel geben wir also I an.

---

[4] Sie müssen also den entsprechenden algebraischen Erweiterungskörper von Q angeben, in dem die Wurzeln des Polynoms liegen.

```
> factor(x^3 + x^2 + x + 1, I);
```

$$(x - I)(x + I)(x + 1)$$

Im Einzelfall ist es anstelle dieses Verfahrens sicher einfacher für Sie, sich mit `solve` die Nullstellen des Polynoms ausgeben zu lassen und hieraus dann die Faktorisierung selbst anzugeben:

```
> s4 := solve(x^3 + x^2 + x + 1, x);
```

$$s4 := -1, I, -I$$

```
> i := evaln(i):
```

```
> p5 := product(x - s4[i], i = 1 .. 3);
```

$$p5 := (x - I)(x + I)(x + 1)$$

Wenn Sie die Faktoren in Form einer Liste benötigen, um sie weiterverarbeiten zu können, benutzen Sie am einfachsten

```
> s5 := factors(1 - 9 * x + 24 * x^2 - 20 * x^3);
```

$$s5 := [-20, [[\frac{-1}{2} + x, 2], [x - \frac{1}{5}, 1]]]$$

Diese Ausgabe ist folgendermaßen zu verstehen: der Faktor $\frac{-1}{2} + x$ tritt doppelt, der Faktor $x - \frac{1}{5}$ einfach auf; das Ergebnis muß mit -20 multipliziert werden, um das ursprüngliche Polynom zu erhalten. Auf den 1. Faktor einschließlich seiner Vielfachheit greifen Sie mit

```
> s6 := s5[2][1];
```

$$s6 := [\frac{-1}{2} + x, 2]$$

zu; wenn Sie nur den 1. Faktor weiterverwenden wollen, erreichen Sie dies durch

```
> s7 := s5[2][1][1];
```

$$s7 := \frac{-1}{2} + x$$

Es ist manchmal wünschenswert, ein Polynom zu zerlegen in einen quadratischen und einen quadratfreien Anteil. Diese Zerlegung finden Sie (über den rationalen Zahlen) durch

```
> sqrfree(x^5 - x^3 - x^2 + 1);
```

$$[1, [[x - 1, 2], [1 + 2\,x + 2\,x^2 + x^3, 1]]]$$

Hierbei ist die ausgegebene Liste genauso wie im Fall von `factors` zu interpretieren. Um die vollständige Horner-Darstellung

$$f(x) = p_n(x - b)^n + p_{n-1}x^{n-1} + \ldots + p_1(x - b) + p_0$$

eines Polynoms zu finden, könnten Sie versucht sein, den Befehl `convert` unter Verwendung des Parameters `horner` zu benutzen – dies führt jedoch nicht zum Ziel.

```
> p6 := convert(1 + 2 * x + x^2, horner);
```

$$p6 := 1 + (2 + x)\,x$$

Stattdessen sollten Sie das Polynom um $x_0 = b$ in eine Taylorreihe entwickeln und diese wieder als Polynom auffassen. Nähere Informationen zu den Befehlen `series` und `convert` finden Sie im Abschnitt 2.3.1. Dabei sollte die Reihenentwicklung bis zum Grad des Polynoms ausgeführt werden. Diesen Grad können Sie explizit angeben

```
> p7_a := series(1 + 2 * x + x^2, x = 1, 3);
```

$$p7\_a := (4 + 4\,(x-1) + (x-1)^2)$$

```
> p7 := convert(p7_a, polynom);
```

$$p7 := 4\,x + (x-1)^2$$

oder implizit durch die Verwendung von `degree`.

```
> p8_a := series(p1, x = 1, degree(p1) + 1);
```

$$p8\_a := (16 + 32\,(x-1) + 24\,(x-1)^2 + 8\,(x-1)^3 + (x-1)^4)$$

```
> p8 := convert(p8_a, polynom);
```

$$p8 := -16 + 32\,x + 24\,(x-1)^2 + 8\,(x-1)^3 + (x-1)^4$$

Wir haben die Reihenentwicklung und anschließende Umwandlung in ein Polynom hier jeweils in zwei Schritten durchgeführt, weil bei der Umwandlung die Darstellung leider etwas verändert wird.

Rechnen mit Polynomen

Neben den einfachen Rechnungen, wie Addition, Subtraktion und Multiplikation von Polynomen, gibt es eine Reihe weiterer Operationen, die im folgenden kurz aufgelistet sind.

- Sie können den größten gemeinsamen Teiler zweier Polynome bestimmen lassen. Das Ergebnis ist ein Polynom maximalen Grades, das beide Polynome teilt.

```
> p9 := gcd(p1, 1 + 3 * x + 3 * x^2 + x^3, 'a1', 'a2');
```

$$p9 := 1 + 3\,x + 3\,x^2 + x^3$$

```
> eval(a1);
```

$$x + 1$$

```
> eval(a2);
```

$$1$$

  Wie Sie sehen, wird unter den an 3. bzw. 4. Position angegebenen Variablennamen das Ergebnis der Division des 1. bzw. 2. Polynoms durch den größten gemeinsamen Teiler gespeichert.

- Auch das kleinste gemeinsame Vielfache von Polynomen können Sie analog berechnen lassen, wobei auch mehr als zwei Polynome in Ihrer Argumentliste auftreten dürfen.

```
> p10 := lcm(x^2 - 1, p4);
```

$$p10 := x^5 - 9\,x^4 + 25\,x^3 - 15\,x^2 - 26\,x + 24$$

  Selbstverständlich können Sie durch Nullstellenvergleich der Ausgangspolynome mit dem Ergebnis die Probe machen:

```
> {solve(p10 = 0, x)};
```

$$\{-1, 1, 2, 3, 4\}$$

```
> {solve(x^2 - 1 = 0)} union {solve(p4) = 0)};
```

$$\{-1, 1, 2, 3, 4\}$$

Für die Befehle `gcd` und `lcm` gilt allerdings, daß sie nur für Polynome mit rationalen Koeffizienten definiert sind.

```
> lcm(x^2 + 1, x^2 + 3 * I * x - 2);
```

Error, (in gcd)
arguments must be polynomials over the rationals

- Zur Division von Polynomen dient der folgende Befehl, der auch für Polynome mit algebraischen Koeffizienten definiert ist. Die Variable x muß angegeben werden, weil diese Befehle auch für Polynome in mehreren Veränderlichen zugelassen sind. Unter dem Namen, den Sie an 4. Stelle angeben können, wird der sich ergebende Rest gespeichert.

```
> q := quo(p2, p7, x, 'rest');
```

$$q := \frac{16\,x^2}{11} - \frac{21\,x}{11} + \frac{226}{77}$$

```
> eval(rest);
```

$$-\frac{1448\,x}{385} - \frac{226}{77}$$

- Falls Sie nur den Rest benötigen, der sich bei dieser Division ergibt, können Sie auch `rem` verwenden

```
> rem(p2, p7, x);
```

$$-\frac{1448\,x}{385} - \frac{226}{77}$$

Um die Probe zu machen, ob tatsächlich $p_{10}p_7 + p_{11} \equiv p_2$ gilt, können Sie den entsprechenden logischen Wahrheitswert bestimmen.

```
is(p7 * q + rest = p2);
```

$$true$$

- Das Problem, zu $n+1$ Punkten der Ebene ein Polynom vom Grad n zu finden, dessen Graph genau durch diese Punkte verläuft, haben wir bereits im Abschnitt 2.4 behandelt, wollen es aber der Vollständigkeit halber hier noch einmal lösen. `interp` setzt entsprechend der Newton-Methode ein. Da die x- und y-Werte jeweils in einem Vektor vorliegen müssen, laden wir zunächst das Paket „Lineare Algebra".

```
> with(linalg):
> x_Werte := vector([0, 1, 8, 27, 64]);
```

$$x\_Werte := [0, 1, 8, 27, 64]$$

```
> y_Werte := vector([0, 1, 2, 3, 4]);
```

$$ywerte := [0, 1, 2, 3, 4]$$

```
> p13 := interp(x_Werte, y_Werte, x);
```

$$p13 := -\frac{30565\,x^4}{515878272} + \frac{770293\,x^3}{128969568} - \frac{80771975\,x^2}{515878272} + \frac{74199955\,x}{64484784}$$

Polynome in mehreren Veränderlichen

In manchen Fragestellungen tauchen Polynome in mehreren Veränderlichen auf. Auch sie werden von *MapleV* problemlos bearbeitet. Die bisher besprochenen Befehle können alle verwendet werden, allerdings kommen noch einige weitere Möglichkeiten hinzu, die wir hier auflisten wollen. Dazu definieren wir zunächst ein Polynom in zwei Variablen.

```
> p1 := expand((x - 2 * y)*(1 + x)*(x * y + 1));
```

$$p1 := yx^2 + x + yx^3 + x^2 - 2\,y^2x - 2\,y - 2\,y^2x^2 - 2\,yx$$

Bei einem Polynom in mehreren Veränderlichen dient es der besseren Übersicht, Terme geeignet zusammenzufassen, z. B. nach Potenzen von x geordnet. Dies geschieht durch den Befehl `collect`.

```
> collect(p1, x);
```

$$yx^3 - \left(-2\,y^2 + y + 1\right)x^2 - \left(-2\,y^2 - 2\,y + 1\right)x - 2\,y$$

Falls Sie zusätzlich einen Wunsch bzgl. der Darstellung der Koeffizienten haben, können Sie die entsprechende Funktion als weiteres Argument angeben, also etwa

```
> collect(p1, x, factor);
```

$$yx^3 - (2\,y + 1)\,(y - 1)\,x^2 - \left(-2\,y^2 - 2\,y + 1\right)x - 2\,y$$

`collect` können Sie auch verwenden, wenn das Objekt, bzgl. dessen zusammengefaßt werden soll, keine Variable ist:

```
> p3 := -1/5*(sin(y))^4 * cos(x) - 4/15*(sin(y))^2 * cos(x) - cos(x);
> collect(p3, cos(x));
```

$$\left(-\frac{\sin(y)^4}{5} - \frac{4\,\sin(y)^2}{15} - 1\right)\cos(x)$$

Welche Variablen Ihr Polynom enthält, ist wohl nur bei sehr viel komplizierteren Ausdrücken eine spannende Frage, insbesondere, wenn sie im Verlauf eines von Ihnen geschriebenen *MapleV*-Programms gestellt wird.

```
> indets(p1);
```

$$\{x, y\}$$

Allerdings müssen Sie vorsichtig sein mit Vermutungen, alle nicht algebraischen Ausdrücke sowie Parameter sind für *MapleV* Variable, wie die folgenden Beispiele zeigen.

```
> indets(p2);
```

$$\{y, \sin(y), \cos(y)\}$$

```
> p3 := p1 + a * x^5;
> indets(p3);
```

$$x, y, a$$

Wieviele Summanden enthält das Polynom p_3? Der Befehl `coeffs` liefert alle auftretenden Koeffizienten und die Anzahl der Elemente einer Liste wird durch `nops` abgefragt. Wir lassen daher die Koeffizienten in einer Liste zusammenfassen und fragen deren Länge ab.

```
> nops([coeffs(p3)]);
```

$$9$$

Bei einem Polynom mehrerer Veränderlicher gibt es den Grad bzgl. der einzelnen Variablen

```
> degree(p3, x);
```

$$5$$

und den Totalgrad. Diesen erhalten Sie, indem Sie alle Variablen in einer Menge auflisten. Damit der Grad richtig ermittelt wird, muß das Polynom in Summendarstellung vorliegen, da sonst bei einem Ausdruck wie $(x-1)(x-1)-x^2$ nicht erkannt wird, daß in Wahrheit der Koeffizient bei x^2 Null ist und das Polynom daher den Grad 1 hat.

```
> degree(p1, {x, y});
```

$$4$$

Wenn Sie einen bestimmten Koeffizienten des Polynoms benötigen, können Sie ihn sich direkt ausgeben lassen, z. B. den Koeffizienten von x^2 des Polynoms p_1. Auch hierfür muß das Polynom in Summendarstellung vorliegen.

```
> coeff(p1, x^2);
```

$$y+1-2\,y^2$$

Diese Methode liefert allerdings nur dann das richtige Ergebnis, wenn Sie nicht den Koeffizienten von x^0 suchen.

```
> coeff(p1, x^0);
```

Error,
wrong number (or type) of parameters in function coeff;

Aus diesem Grund gibt es eine Variante von `coeff`, die in allen anderen Fällen zum gleichen Ergebnis führt, aber auch den Koeffizienten bei x^0 richtig bestimmt. Der dritte Parameter dieser Variante gibt den Exponenten der als 2. Parameter genannten Variablen an, nach dem gesucht werden soll.

```
> coeff(p1, x, 2);
```

$$y+1-2\,y^2$$

Wählen Sie als 3. Parameter Null, so wird der Koeffizient von x^0 ausgegeben.

```
> coeff(p1, x, 0);
```

$$-2\,y$$

Wenn Sie also den Absolutterm benötigen, müssen Sie fortfahren mit

```
> coeff(", y, 0);
```

$$0$$

Neben dieser Ausgabe einzelner Koeffizienten gibt es, wie bereits erwähnt, die Möglichkeit, sich eine Liste aller Koeffizienten ausgeben zu lassen.

```
> coeffs(p1, x);
```

$$-2\,y, 1-2\,y^2-2\,y, y+1-2\,y^2, y$$

Zum besseren Verständnis sehen Sie hier noch einmal das Polynom, geordnet nach Potenzen von x

$$-2y+x(1-2y-2y^2)+x^2(1+y-2y^2)+x^3y$$

Es wird also zu jeder im Polynom auftretenden Potenz x^i das zugehörige Polynom in y ausgegeben. Wenn Sie auf Polynome in mehreren Veränderlichen die Polynomdivision anwenden, so hängt das Ergebnis natürlich von der gewählten Variablen ab.

```
> quo(x, x - y, x);
```

$$1$$

```
> quo(x, x - y, y);
```

$$0$$

Einige der hier aufgeführten Befehle lassen sich übrigens auch auf Funktionen anwenden, die keine echten Polynome sind, aber gewisse formale Ähnlichkeit mit solchen haben. Wir faktorisieren ein Polynom in $x, \sin x, \cos y$.

```
> factor(2*x*cos(y) + x*sin(x) + 4*cos(y)*sin(x) + 2*sin(x)^2);
```

$$(2\cos(y) + \sin(x))\,(x + 2\sin(x))$$

Bei der Koeffizientenbestimmung darf anstelle eines Variablennamens auch eine Funktion angegeben werden..

```
> coeff(1 + 3 * x * sin(x) + 4 * cos(x) * sin(x), sin(x));
```

$$3\,x + 4\cos(x)$$

5.1.3 Rationale Funktionen und ihre Partialbruchzerlegung

Wir wollen Ihnen im folgenden den Umgang mit rationalen Funktionen zeigen, wobei die Zerlegung in einen ganzen (polynomialen) und einen echt rationalen Anteil mit anschließender Partialbruchzerlegung wohl die wichtigsten Aufgaben in diesem Bereich darstellen. Wenn man jedoch bedenkt, daß häufig die Partialbruchzerlegung nur deshalb gemacht wird, um das Integral über die rationale Funktion berechnen zu können, wird klar, daß die Bedeutung dieser Methode stark zurückgehen wird. Wir definieren zunächst Zähler und Nenner einer rationalen Funktion.

```
> p := 3 + 5 * x + x^2 + 5 * x^3 + 11 * x^4:
```

```
> q := expand((x^2 + x + 1) * (x + 1)):
```

```
> r := p/q;
```

$$r := \frac{3 + 5\,x + x^2 + 5\,x^3 + 11\,x^4}{x^3 + 2\,x^2 + 2\,x + 1}$$

Durch `convert` wird bei Verwendung des Parameters `parfrac` die Partialbruchzerlegung über den reellen Zahlen vorgenommen.

```
> convert(r, parfrac, x);
```

$$11\,x - 17 + \frac{5}{x+1} + \frac{15 + 8\,x}{x^2 + x + 1}$$

Das Ergebnis ist also stets eine reelle Produktdarstellung. Zur Vorbereitung einer komplexen Partialbruchentwicklung sollten Sie hier den zusätzlichen Parameter I verwenden. Er bewirkt, daß der Nenner über den ganzen Gaußschen Zahlen faktorisiert wird.

```
> q1 := expand((1 + x) * (1 + x^2)):
```

```
> r1 := p/q1;
```

$$r1 := \frac{3 + 5\,x + x^2 + 5\,x^3 + 11\,x^4}{1 + x^2 + x + x^3}$$

```
> r2:=p/factor(q1, I);
```

$$-\frac{3+5\,x+x^2+5\,x^3+11\,x^4}{(x+I)\,(x-I)\,(1+x)}$$

Die reelle (bzw. komplexe) Partialbruchzerlegung erhalten Sie nun wieder durch den Befehl `convert`.

```
> s := convert(r2, parfrac, x);
```

$$s := 11\,x-6-\frac{\frac{13}{4}-\frac{13\,I}{4}}{x+I}-\frac{\frac{13}{4}+\frac{13\,I}{4}}{x-I}+\frac{5}{2+2\,x}$$

Wenn Sie eine Summe rationaler Funktionen auf den Hauptnenner bringen wollen, so geschieht dies durch `normal`.

```
> normal(s);
```

$$\frac{3+5\,x+x^2+5\,x^3+11\,x^4}{(x+I)\,(x-I)\,(1+x)}$$

Zum Kürzen gemeinsamer Faktoren des Zählers und Nenners ist der Befehl `simplify` zu verwenden.

```
> simplify((x^3 + 3 * x^2 + 3 * x + 1)/(x + 1));
```

$$x^2+2\,x+1$$

Häufig wird nur der Zähler bzw. Nenner einer rationalen Funktion für den weiteren Verlauf der Rechnung benötigt. Sie werden über eine Abkürzung ihres englischen Namens aufgerufen. [5]

```
> u := 3 * x + numer(r);
```

$$u := 8\,x+3+x^2+5\,x^3+11\,x^4$$

```
> v := x^2 + denom(r);
```

$$v := x^3+3\,x^2+2\,x+1$$

Wenn Sie nun für den Ausdruck u/v die Partialbruchzerlegung bestimmen lassen wollen, so stellen Sie fest, daß der Nenner offenbar keine rationalen Nullstellen besitzt.

```
> a := convert(u/v, parfrac, x);
```

$$a := 11\,x-28+\frac{53\,x+31+63\,x^2}{x^3+3\,x^2+2\,x+1}$$

Da auch der Versuch, eine Zerlegung des Nenners über den ganzen Gaußschen Zahlen zu finden, zu keinem Ergebnis führt, sind Sie bei Fällen wie diesem gezwungen, die Partialbruchentwicklung selbst durchzuführen. Dies wollen wir im folgenden tun. Wir fassen zunächst den ganzen Anteil unter dem Namen s und den Rest unter dem Namen t zusammen. Da der Ausdruck aus 3 Summanden besteht, geschieht dies auf folgende Weise.

```
> s := op(1, a) + op(2, a);
```

$$s := 11\,x-28$$

```
> t := op(3, a);
```

[5] Für manche Befehle ist es erforderlich, daß ein solches Polynom in sortierter Reihenfolge vorliegt. In einem solchen Fall verwenden Sie zusätzlich den Befehl `sort`.

```
> sort(v);
```

$$x^3+3\,x^2+2\,x+1$$

$$t := \frac{53\,x + 31 + 63\,x^2}{x^3 + 3\,x^2 + 2\,x + 1}$$

Nun bestimmen wir die Nullstellen des Nenners von t. Die exakten Werte sind recht komplizierte Ausdrücke, daher lassen wir die Nullstellen numerisch berechnen. Um sofort alle Werte zu erhalten, verwenden wir `fsolve`[6].

```
> Digits := 30:
```

```
> X := fsolve(denom(a) = 0, x, complex):
```

Um zu überprüfen, ob die benutzte Genauigkeit ausreichend ist, müssen wir die Probe machen. Hierfür müssen zunächst die gefundenen Linearfaktoren $x - x_i$ ausmultipliziert und das Ergebnis mit dem Nenner von t verglichen werden.

```
> expand(product(x - X[j1], j1 = 1 .. 3)) - denom(t);
```

$$-0.3\,10^{-29}\,I x - 0.2\,10^{-29} - .1\,10^{-29}\,I$$

Da sich die Genauigkeit als ausreichend erweist, erstellen wir eine Liste der auftretenden Linearfaktoren des Nenners und machen den üblichen Partialbruchansatz mit reellen Zahlen A, B, C.

```
> nenner := seq(x - X[m], m = 1 .. 3):
```

```
> q := A/nenner[1] + B/nenner[2] + C/nenner[3];
```

$$\frac{A}{x + 2.32471795724474602596090885448} +$$
$$\frac{B}{x + 0.337641021377626987019545572761 + 0.562279512062301243899182144909I} +$$
$$\frac{C}{x + 0.337641021377626987019545572761 - 0.562279512062301243899182144909I}$$

Nun muß q wieder auf Hauptnennergestalt gebracht und für den Koeffizientenvergleich der Zähler nach Potenzen von x zusammengefaßt werden. Diesen Zähler benötigen wir im folgenden.

```
> q1 := collect(numer(normal(q)));
```

$$\begin{gathered} q1 := (A + B + C)\,x^2 + (0.675282042755253974039091145522A+ \\ 2.66235897862237301298045442724B - 0.562279512062301243899182144909IB+ \\ 2.66235897862237301298045442724C + 0.562279512062301243899182144909IC)\,x \\ +1.30714127868204548049235257351IC + 0.430159709001946734088600041880A- \\ 1.30714127868204548049235257351IB + 0.784920145499026632955699979061B+ \\ 0.784920145499026632955699979061C \end{gathered}$$

Nun müssen die Koeffizienten von $q1$ und dem Zähler von t verglichen und das entstehende Gleichungssystem gelöst werden.

```
> loes := solve({coeff(q1, x, 0) = coeff(numer(t), x, 0),
>                coeff(q1, x, 1) = coeff(numer(t), x, 1),
>                coeff(q1, x, 2) = coeff(numer(t), x, 2)},
>                                                 {A, B, C}):
```

Um die für A, B, C gefundenen Werte einsetzen zu lassen, verwenden wir den Befehl `assign`. Bei der Ausgabe von q lassen wir uns nur 10 Stellen ausgeben.

```
> assign(loes);
> print(evalf(q, 10));
```

[6] Wenn Sie mit `evalf` arbeiten wollen, lautet der Befehl `X := seq(evalf(solve(denom(t) = 0, x)[k], 20), k = 1 .. 3);`, da `evalf` immer nur auf einen Wert angewendet werden kann.

$$\frac{58.21408406}{x + 2.324717957} + \frac{2.392957972 + 0.8423284993I}{x + 0.3376410214 + 0.5622795121I} + \frac{2.392957972 - 0.8423284993I}{x + 0.3376410214 - 0.5622795121I}$$

Vorsichtshalber machen wir die Probe, ob dieser Ausdruck tatsächlich mit der ursprünglichen rationalen Funktion übereinstimmt.

```
> is(evalf(numer(normal(q)), 10) = numer(t));
```

$$true$$

Sicherlich ist diese Vorgehensweise ein wenig langwierig, führt aber mit Gewißheit zum Ziel.

Falls Sie bei einem rationalen Ausdruck Zähler, Nenner oder beide ausmultiplizieren lassen wollen, ist dies ohne weiteres unter Verwendung von `convert` möglich:

```
> p := (2 + x) * (1 + x):

> q := (2 + 3 * x) * (7 + 5 * x):

> v := p/q;
```

$$v := \frac{(2 + x)(1 + x)}{(2 + 3x)(7 + 5x)}$$

```
> expand(numer(v))/denom(v);
```

$$\frac{2 + 3x + x^2}{(2 + 3x)(7 + 5x)}$$

```
> numer(v)/expand(denom(v));
```

$$\frac{(2 + x)(1 + x)}{14 + 31x + 15x^2}$$

```
> expand(numer(v))/expand(denom(v));
```

$$\frac{2 + 3x + x^2}{14 + 31x + 15x^2}$$

Der Befehl `expand(v)` hat im wesentlichen dieselbe Bedeutung wie `expand(numer(v))/denom(v)`.

5.1.4 Lösungen mod n und andere Spezialfälle

Falls Sie sich nur für ganzzahlige Lösungen einer Gleichung interessieren oder, noch spezieller, für ganzzahlige Lösungen modulo einer ganzen Zahl, so sollten Sie mit den Befehlen `isolve` bzw. `msolve` arbeiten. Wir demonstrieren dies an zwei Beispielen. Die diophantische Gleichung $6x + 8y = 26$ ist $\bmod 2$ für alle ganzzahligen x und y lösbar, $\bmod 3$ muß $y \equiv 1 \pmod 3$ gelten; alle ganzzahligen Lösungen findet man, wenn $y \equiv 1 \pmod 3$ ist und $x = \frac{1}{3}13 - 4y$ gilt.

```
> gl := 6 * x + 8 * y = 26:

> isolve(gl, {x, y});
```

$$\{y = 13 - 3y, x = -13 + 4y\}$$

Wenn Sie die Variablennamen weglassen, ist die Antwort überzeugender:

```
> isolve(gl);
```

$$\{y = 13 - 3\_N1, x = -13 + 4\_N1\}$$

Es bleibt Ihnen überlassen, zu erkennen, daß *MapleV* hier offenbar durch 2 geteilt hat, und die Gleichung auch $\bmod 2$ lösen zu lassen.

```
> msolve(gl, {x, y}, 2);
```

$$\{y = y, x = x\}$$

Damit haben wir alle ganzzahligen Lösungen der Gleichung gefunden. Wenn Sie die Gleichung etwa mod 21 lösen wollen, geben Sie ein:

```
> msolve(gl, 21);
```

$$\{x = x, y = 15\,x + 19\}$$

Wenn *MapleV* mehrere Lösungen findet, werden diese ausgegeben; gibt es jedoch keine Lösung, so wird nichts ausgegeben, was im Handbuch mit NULL bezeichnet wird.

```
> msolve(x^2 = - 1, 5);
```

$$\{x = 2\}, \{x = 3\}$$

```
> msolve(x^2 = - 1, 3);
>
```

Wenn Sie mit Polynomen modulo einer Zahl rechnen wollen, können Sie die Funktion `mod` verwenden. Hierbei werden alle Koeffizienten des Polynoms auf ihren Rest modulo dieser Zahl reduziert.

```
> p := 17 * x^3 + 5 * x^2 + 4 * x + 1;
> p mod 4;
```

$$x^3 + x^2 + 1$$

Falls der Modul ein Polynom ist, müssen Sie den Befehl `rem` verwenden. Durch die zusätzliche Angabe eines Namens im Aufruf erhalten Sie auch den Quotienten der Polynome.

```
> rem(p, x - 1, x);
```

$$27$$

```
> rem(p, x - 1, x, 'a', 'b');
```

$$27$$

```
> a; b;
```

$$1$$

$$17\,x^2 + 22\,x + 26$$

```
> rem(p, 2 * x, x);
```

$$1$$

Falls Sie berechnen lassen wollen, welche Zahlen einer von mehreren Gleichungen genügen, so müssen Sie wissen, daß alle Zahlen, die wenigstens einer von mehreren Gleichungen genügen, in der Vereinigung der Lösungsmengen der einzelnen Gleichungen liegen und daher die Einzellösungen durch den Befehl `union` miteinander verbinden. Sind z. B. alle Zahlen gesucht, die wenigstens einer der beiden Gleichungen $3x + 4 = 0$ und $x^2 + 2x + 1 = 0$ genügen, so ist einzugeben

```
> {solve(3 * x + 4 = 0, x)} union {solve(x^2 + 2 * x + 1 = 0, x)};
```

$$\{-1, -4/3\}$$

Beachten Sie bitte, daß der Befehl `union` nur auf Mengen angewandt werden kann, während `solve` nur eine Folge von Werten liefert. Daher ist hier jeder Aufruf von `solve` in geschweifte Klammern zu setzen.

Bei Gleichungen, die neben den Variablen auch Parameter enthalten, ist es manchmal wichtig zu wissen, ob es Parameterwerte gibt, für die die Gleichung stets richtig ist, unabhängig davon, welche Werte die Variablen haben. So ist die Gleichung $ax + by = 0$ für $a = b = 0$ stets erfüllt.

```
> a := evaln(a):    b := evaln(b):

> solve(identity(a * x + b * y = 0, x), {a, b});
```

$$\{a = 0, b = 0\}$$

Egal, welchen Wert Sie für a einsetzen, die Gleichung $3x + 4a = 0$ hat immer nur eine Lösung.

```
> solve(identity(3 * x + 4 * a = 0, x), a);
>
```

Allerdings hat diese Fassung von `solve` insofern nur begrenzten Wert, als Sie nur eine „Hauptvariable" angeben können, für die die Gleichung stets erfüllt sein soll. Deswegen werden im folgenden Beispiel a_1, b_1, c_1 und y als Parameter aufgefaßt, unabhängig davon, ob Sie y in die Parameterliste aufnehmen oder nicht.

```
> solve(identity(a1 * x + b1 * y + c = 0, x), {a1, b1});
```

$$\left\{a1 = 0, b1 = -\frac{c}{y}\right\}$$

```
solve(identity(a1 * x + b1 * y + c = 0, x), {a1, b1, y});
```

$$\left\{a1 = 0, b1 = -\frac{c}{y}, y = y\right\}$$

5.1.5 Numerische Bestimmung von Nullstellen

In vielen Fällen werden Sie neben einer exakten Lösung auch an numerischen Ergebnissen interessiert sein. Hierfür gibt es die Anweisung `fsolve`. Wenn Sie mit `solve` nicht alle exakten Lösungen finden konnten wie im folgenden Beispiel

```
> solve(x^5 + 2 * x + 1 = 0, x);
```

$$RootOf(\_Z^5 + 2\_Z + 1)$$

dann können Sie sich mit `fsolve` die numerischen Werte aller Lösungen berechnen lassen.

```
> fsolve(x^5 + 2 * x + 1 = 0, x, complex);
```

$$-0.7018735689 - 0.8796971979I, -0.7018735689 + 0.8796971979I, -0.4863890359,$$
$$0.9450680868 - 0.8545175144I, 0.9450680868 + 0.8545175144I$$

Sie haben hier die Möglichkeit, über verschiedene Optionen die Rechnung zu steuern. Die von uns in der letzten Rechnung verwendete Option `complex` findet für Polynome alle Nullstellen, für andere Funktionen eine Nullstelle. Sie können auch ein (offenes) Intervall angeben, innerhalb dessen *MapleV* eine Lösung suchen soll. Um gegebenenfalls gute Startwerte zu finden, sollten Sie sich die Funktion zeichnen lassen, deren Nullstellen gesucht sind. Für die reellen Nullstellen verwenden Sie den Befehl `plot`, wie im Kapitel 7 beschrieben und variieren solange den Argumentbereich, bis Sie sich sicher fühlen.

```
> plot(abs(x + 1) - abs(x - 1) - 1, x = - 2 .. 2);

> fsolve(abs(x + 1) - abs(x - 1) = 1, x);
```

$$fsolve(|x + 1| - |x - 1| = 1, x)$$

```
> fsolve(abs(x + 1) - abs(x - 1) = 1, x, x = - 1 .. 1);
```

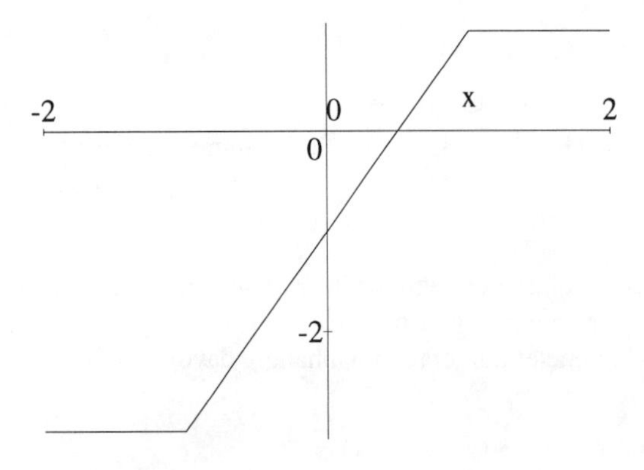

Bild 5.1 Die Nullstellen von $f(x) = \mid x+1 \mid - \mid x-1 \mid -1$

$$.5000000000$$

Falls komplexe Nullstellen zu erwarten sind, lassen Sie sich den Absolutbetrag der Funktion zeichnen und variieren den Real- und Imaginärteil des Arguments solange, bis Sie Startwerte angeben können. Wir wollen dies anhand der Funktion $f(x) = x^5 + 2x + 1$, deren Nullstellen wir schon kennen, ausführen und Ihnen zeigen, auf welche Schwierigkeiten Sie dabei stoßen können. Jeder direkte Versuch, den Real- und Imaginärteil der Funktion als reelle Funktionen zweier Veränderlicher zeichnen zu lassen, schlägt fehl, da bei Bezeichnungen wie `Re(f)` *MapleV* annimmt, daß jeder auftretende symbolische Name eine komplexe Zahl bedeutet. Zunächst ersetzen wir die Variable x durch $u + iv$ und lassen den Absolutbetrag bestimmen.

```
> f := x^5 + 2 * x + 1;
```

```
> fkomp := evalc(subs(x = u + I * v, f));
```

$$u^5 - 10\,u^3v^2 + 5\,uv^4 + 2\,u + 1 + I\left(5\,u^4v - 10\,u^2v^3 + v^5 + 2\,v\right)$$

```
> fbetrag := sqrt(expand(evalc(fkomp * conjugate(fkomp))));
```

$$(1 + 4\,u + 4\,u^2 - 20\,u^3v^2 + 10\,uv^4 + 2\,u^5 + u^{10} + 4\,u^6 + 5\,u^8v^2 + 10\,u^6v^4 + 10\,u^4v^6$$
$$-20\,u^4v^2 + 5\,u^2v^8 - 20\,u^2v^4 + v^{10} + 4\,v^6 + 4\,v^2)^{1/2}$$

Dies ist nun eine Funktion zweier reeller Veränderlichen. Daher kann sie mit `plot3d` gezeichnet werden. Nach einigen Versuchen zum Argumentbereich stellen wir fest, daß offenbar alle fünf Nullstellen in einem Rechteck mit den Ecken $\pm 1 \pm i$ liegen (s. 5.2).[7]

```
> plot3d(fbetrag,u = - 1 .. 1, v = - 1.1 .. 1);
```

Der naive Versuch, einfach die Nullstellen von $fkomp$, einer Funktion der zwei Veränderlichen u, v suchen zu lassen, schlägt jedoch fehl, da *MapleV* laut Fehlermeldung nur den Fall behandeln kann, daß die Anzahl der zu lösenden Gleichungen mit der Anzahl der Variablen übereinstimmt.

[7] Um sich die Zeichnung von verschiedenen Seiten anschauen zu können, klicken Sie mit der Maus die Bildfläche an. Es werden ein Quader und der Text `theta = nn, phi = mm` sichtbar. Klicken der Maus unter gleichzeitiger vertikaler Bewegung auf dem Bildschirm verändert den Winkel θ, während die entsprechende horizontale Bewegung der Maus den Winkel ϕ verändert. Durch Klicken auf die rechte Maustaste (oder Anwählen von `redraw` im `Edit`-Menü wird die Zeichnung in der neuen Sicht ausgegeben. Näheres finden Sie im Kapitel 7.

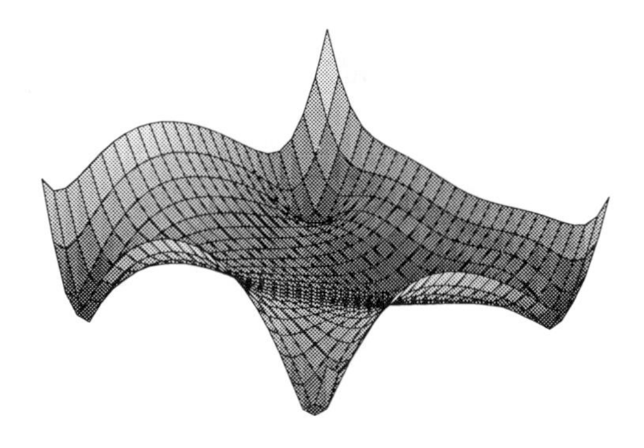

Bild 5.2 Die Nullstellen von $f(x) = x^5 + 2x + 1$

```
> fsolve(fkomp = 0, {u, v}, {u = 0 .. 1, v = 0 .. 1});
```

Error, (in fsolve/gensys)
case not implemented, # of equations <> # of variables

Also zerlegen wir die Gleichung in ihren Real- und Imaginärteil und versuchen es noch einmal.

```
> fsolve({Re(fkomp) = 0, Im(fkomp) = 0}, {u, v},
>                                     {u = 0 .. 1, v = 0 .. 1});
```

Error, (in fsolve/genroot) cannot converge to a solution

Die Fehlermeldung ist ein Hinweis darauf, daß das Intervall ungünstig gewählt ist. Wir variieren also die Intervallgrenzen und sind tatsächlich erfolgreich.

```
> fsolve({Re(fkomp) = 0, Im(fkomp) = 0}, {u, v},
>                                   {u = 0.8 .. 1, v = 0.8 .. 1});
```

$$\{u = 0.9450680868, v = 0.8545175144\}$$

Die übrigen Nullstellen finden Sie analog.

Beim Auffinden numerischer Werte müssen Sie stets bedenken, daß hier grundsätzliche Probleme der Arithmetik für den Rechner auftreten, die zu groben Fehlern führen können, wenn etwa zwei sehr große Zahlen voneinander abgezogen werden und die Differenz sehr klein ist. Dabei treten teilweise merkwürdige Effekte auf. Ein typisches Beispiel hierfür finden Sie im Kapitel 1 ausführlich besprochen.

5.2 Matrizen und die Lösung linearer Gleichungssysteme

5.2.1 Die verschiedenen Möglichkeiten, ein lineares Gleichungssystem zu lösen

Auffinden der Lösungen mit `linsolve`

Ob ein lineares Gleichungssystem

$$\begin{aligned} a_{11}x_1 + a_{12}x_2 + \cdots + a_{1m}x_m &= b_1 \\ a_{21}x_1 + a_{22}x_2 + \cdots + a_{2m}x_m &= b_2 \\ \vdots \quad &\quad \vdots \\ a_{n1}x_1 + a_{n2}x_2 + \cdots + a_{nm}x_m &= b_n \end{aligned}$$

lösbar ist oder nicht, hängt genauso wie die Struktur der Lösung(en), falls es sie gibt, von den Koeffizienten a_{ik} sowie den b_i ab. Zur Abkürzung werden die Koeffizienten in einer Matrix $A = (a_{ik})$ und die b_i in einem Vektor $\vec{b} = (b_1, b_2, \ldots, b_n)^t$ zusammengefaßt. Wenn nun die Lösungen des Gleichungssystems $A\vec{x} = \vec{b}$ gesucht werden, treten verschiedene Fälle auf. Im folgenden werden sie systematisch aufgelistet und jeweils in einem Beispiel mit Hilfe von `linsolve` demonstriert, welches Ergebnis *MapleV* liefert. Damit Sie immer auf einen Blick sehen, ob es sich um eine Matrix oder einen Vektor handelt, haben wir hier meistens diese Namen anstelle des ebenfalls möglichen `array` gewählt.

- Der Rang der Matrix A ist n:
  - Ist $\vec{b} = \vec{0}$, so hat das Gleichungssystem nur die triviale Lösung $x_1 = x_2 = \ldots = x_n = 0$.

```
> with(linalg):
```

Warning: new definition for norm
Warning: new definition for trace

```
> A := matrix([[1, 2], [1, 3], [1, 1]]):
```

Bei nicht-quadratischen Matrizen, die keine symbolischen Elemente enthalten, ist es möglich, mit `rank` den Rang der Matrix festzustellen.[8]

```
> rank(A);
```

$$2$$

Der Rang von A ist also 2, daher erwarten wir, daß es nur die triviale Lösung gibt.

```
> linsolve(A, vector([0, 0, 0]));
```

$$[0, 0]$$

[8] Falls die Matrix symbolische Elemente besitzt, ist die Rangangabe nur im allgemeinen Fall richtig. So hat für *MapleV* die Matrix

$$\begin{bmatrix} 1 & a \\ 1 & b \\ 1 & c \end{bmatrix}$$

ebenfalls den Rang 2, obwohl dies für den Fall $a = b = c$ nicht zutrifft.

- Ist $\vec{b} \neq \vec{0}$ und die Anzahl der Gleichungen gleich der Anzahl der Unbekannten (d. h. die Matrix A ist quadratisch), so hat das Gleichungssystem die eindeutig bestimmte Lösung $\vec{x} = A^{-1}\vec{b}$.

```
> A1 := matrix([[1, 2, 3], [1, 1, 1], [-1, 1, -1]]):
```

Bei quadratischen $n \times n$-Matrizen ist der Rang genau dann gleich n, wenn die Determinante der Matrix nicht verschwindet (vgl. den Abschnitt 5.3).

```
> det(A1);
```

$$4$$

Die Matrix ist also invertierbar, wir erwarten daher genau eine Lösung.

```
> linsolve(A1, vector([1, 1, q]));
```

$$[3/4 - \frac{q}{4}, 1/2 + \frac{q}{2}, -1/4 - \frac{q}{4}]$$

Zur Probe berechnen wir die Inverse von $A1$

```
> A_invers := inverse(A1);
```

$$A\_invers := \begin{bmatrix} -1/2 & 5/4 & -1/4 \\ 0 & 1/2 & 1/2 \\ 1/2 & -3/4 & -1/4 \end{bmatrix}$$

und bestimmen $\vec{x} = A_1^{-1}\vec{b}$.

```
> multiply(A_invers, vector([1, 1, q]));
```

$$[3/4 - \frac{q}{4}, 1/2 + \frac{q}{2}, -1/4 - \frac{q}{4}]$$

- Anderenfalls (d. h. wenn A nicht quadratisch ist) ist das Gleichungssystem lösbar, falls der Rang der erweiterten Matrix $(A \mid \vec{b})$ gleich dem Rang $Rg(A)$ der Matrix A (und somit gleich n) ist.

```
> b := vector([1, 1, 1]);
```

$$[1, 1, 1]$$

Um den Spaltenvektor $\vec{b}$ zur Matrix A hinzuzufügen, müssen Sie beachten, daß *MapleV* Matrizen als geschachtelte Listen zeilenweise speichert, Vektoren jedoch (entgegen der benutzten Schreibweise) als Spaltenvektoren auffaßt. Daher ist `augment` der richtige Befehl zum Erweitern der Matrix um den Spaltenvektor $\vec{b}$.

```
> A1 := augment(A, b);
```

$$A1 := \begin{bmatrix} 1 & 2 & 1 \\ 1 & 3 & 1 \\ 1 & 1 & 1 \end{bmatrix}$$

Der Rang der erweiterten Matrix ist gleich dem Rang von A:

```
> rank(A1);
```

$$2$$

Das Gleichungssystem ist also lösbar:

```
> linsolve(A, b);
```

$$[1, 0]$$

– Ist der Rang der erweiterten Matrix nicht gleich dem Rang der ursprünglichen Matrix, so hat das Gleichungssystem keine Lösung. Um dies zu demonstrieren, wiederholen wir die Rechnung mit einem anderen Vektor $\vec{b}$.

```
> b := vector([1, 0, 1]):
> A1 := augment(A, b):
> rank(A1);
```

$$3$$

Die erweiterte Matrix hat also den Rang 3, und daher erhalten wir von `linsolve` keine Antwort.

```
> linsolve(A, b);
>
```

- Der Rang der Matrix A ist von n verschieden:

– Ist $\vec{b} = \vec{0}$, so enthält die allgemeine Lösung des Gleichungssystems $n - RgA$ freie Parameter.

```
> A2 := matrix([[1, 2, 3, 1], [2, -1, 0, 3], [3, 1, 3, 4]]);
```

$$A2 := \begin{bmatrix} 1 & 2 & 3 & 1 \\ 2 & -1 & 0 & 3 \\ 3 & 1 & 3 & 4 \end{bmatrix}$$

```
> rank(A2);
```

$$2$$

Die Matrix hat also den Rang 2, und daher enthält die allgemeine Lösung $4 - 2 = 2$ freie Parameter.

```
> linsolve(A2, vector([0, 0, 0]));
```

$$[\_t_1, 2\,\_t_1 + 3\,\_t_2, -\frac{5\,\_t_1}{3} - \frac{7\,\_t_2}{3}, \_t_2]$$

Die Ausgabe von Release 2.0 und 3.0 ist bei derart komplizierten Vektoreinträgen leider nicht gut lesbar, da es keine vernünftige Abtrennung zwischen den Komponenten gibt[9]. Schlimmstenfalls können Sie durch `convert/list` wenigstens die Ausgabe von Kommata zwischen den Komponenten erzwingen.

– Ist $\vec{b} \neq \vec{0}$ und der Rang der erweiterten Matrix $(A \mid \vec{b})$ gleich dem Rang von A, so setzt sich die allgemeine Lösung zusammen aus einer speziellen Lösung von $A\vec{x} = \vec{b}$ und der allgemeinen Lösung von $A\vec{x} = \vec{0}$, enthält also insbesondere $n - RgA$ freie Parameter.

```
> b := vector([1, -3, -2]):
```

Der Rang der erweiterten Matrix ist 2:

```
> rank(augment(A2, b));
```

$$2$$

und die Lösung des Gleichungssystems ergibt sich somit

```
> linsolve(A2, b);
```

[9] Wir haben die Kommata nachträglich im LaTeX-Text eingefügt.

$$[\_t_1, 2\_t_1 + 3\_t_2 + 3, -\frac{5\_t_1}{3} - \frac{7\_t_2}{3} - 5/3, \_t_2]$$

als Summe einer speziellen Lösung $x = 0, y = 3, u = -\frac{5}{3}, z = 0$ und der allgemeinen Lösung, die wir bereits kennen.

- Falls die Ränge von Matrix und Erweiterungsmatrix nicht übereinstimmen, gibt es keine Lösung.

```
> b := vector([1, 1, 1]):
> rank(augment(A2, b));
```

$$3$$

```
> linsolve(A2, b);
>
```

Lineare Gleichungssysteme treten in vielen Fragestellungen auf. Wollen Sie z. B. wissen, ob die Vektoren $\vec{b}_1 = (1,0,1)$, $\vec{b}_2 = (0,1,1)$, $\vec{b}_3 = (1,1,1)$ eine Basis des $\mathbb{R}^3$ bilden und welche Koordinaten in dieser Basis der Vektor $\vec{c}$ hat, der in der üblichen Basis $\vec{e}_1 = (1,0,0)$, $\vec{e}_2 = (0,1,0)$, $\vec{e}_3 = (0,0,1)$ die Darstellung $\vec{c} = (1,3,7)$ hat, so ist zunächst aus den drei Vektoren

```
> b1 := vector([1, 0, 2]):
> b2 := vector([0, 1, 1]):    b3 := vector([1, 1, 1]):
```

die Matrix B zu bilden, deren Spalten aus diesen Vektoren bestehen.

```
> B := augment(b1, b2, b3);
```

$$B := \begin{bmatrix} 1 & 0 & 1 \\ 0 & 1 & 1 \\ 2 & 1 & 1 \end{bmatrix}$$

Die Vektoren bilden eine Basis, wenn sie einen Spat aufspannen, und die einfachste Art, dies festzustellen, besteht darin, die Determinante der Matrix B zu bestimmen.

```
> det(B);
```

$$-2$$

Da diese nicht verschwindet, bilden $\vec{b}_1, \vec{b}_2, \vec{b}_3$ tatsächlich eine Basis des $\mathbb{R}^3$. Um nun die Koordinaten (c_1, c_2, c_3) des Vektors $\vec{c}$ in dieser Basis zu berechnen, ist das Gleichungssystem $B\vec{c} = (1,3,7)^t$ zu lösen.

```
> linsolve(B, vector([1, 3, 7]));
```

$$[2, 4, -1]$$

Bei all diesen Rechnungen ist es für *MapleV* unwichtig, ob die auftretenden Koeffizienten konkrete Zahlen oder symbolische Namen sind. Um dies zu zeigen, wandeln wir die letzte Aufgabe ein wenig ab, indem der Vektor $\vec{b}_3$ als 3. Komponente q enthalten soll, also einen symbolischen Namen, dem bisher kein Wert zugewiesen wurde.

```
> b1 := vector([1, 0, 2]): b2 := vector([0, 1, 1]):
> b3 := vector([1, 1, q]):
> B := augment(b1, b2, b3);
```

$$B := \begin{bmatrix} 1 & 0 & 1 \\ 0 & 1 & 1 \\ 2 & 1 & q \end{bmatrix}$$

```
> det(B);
```

$$q - 3$$

Die *MapleV*-Antwort müssen wir nun selbst interpretieren: die Vektoren bilden genau dann eine Basis des $\mathbb{R}^3$, wenn $q \neq 3$ gilt, da dann die Determinante von Null verschieden ist. Entsprechend zeigt sich, daß auch nur in diesem Fall der Vektor $\vec{c}$ sich als Linearkombination der $\vec{b}_i$ schreiben läßt.

```
> linsolve(B, vector([1, 3, 7]));
```

$$[\frac{-5+q}{q-3}, \frac{-11+3\,q}{q-3}, \frac{2}{q-3}]$$

Auffinden der Lösungen eines linearen Gleichungssystems, falls dieses symbolische Einträge enthält

Der Fall, daß die Koeffizientenmatrix oder der Vektor $\vec{b}$ symbolische Namen als Einträge enthalten, ist in *MapleV* nicht ganz einfach zu behandeln.

Beispiel 1: Gesucht sind alle reellen Zahlen p, für die das Gleichungssystem

$$\begin{aligned} x_1 + x_2 + +x_4 &= 1 \\ x_3 + x_4 &= 2 \\ 2x_1 + x_2 + 3x_3 + 4x_4 &= 3 \\ 3x_1 + 2x_2 + 4x_3 + 6x_m &= p \end{aligned}$$

lösbar ist. Für diese p sind jeweils alle Lösungen zu bestimmen.

```
> with(linalg):
```

Warning: new definition for norm
Warning: new definition for trace

```
> A := matrix([[1, 1, 0, 1], [0, 0, 1, 1], [2, 1, 3, 4],
>                                           [3, 2, 4, 6]]):
```

```
> rank(A);
```

$$3$$

Der Rang der Matrix A ist also 3, und aufgrund der Antwort auf den folgenden Befehl scheint es so, als habe die erweiterte Matrix stets den Rang 4.

```
> rank(augment(A, [1, 2, 3, p]));
```

$$4$$

Entsprechend behauptet auch `linsolve`, daß es keine Lösung gäbe.

```
> linsolve(A, vector([1, 2, 3, p]));
>
```

Um die Abhängigkeit von p studieren zu können, müssen Sie in solchen Fällen selbst den Rang der erweiterten Matrix durch elementare Zeilenumformungen (oder auch Spaltenumformungen) bestimmen.[10] In unserem speziellen Fall können Sie sich diese Arbeit von *MapleV* abnehmen lassen, weil alle Einträge der Matrix rational sind.

[10] Falls die erweiterte Matrix quadratisch ist, ist es natürlich einfacher, wenn Sie sich von *MapleV* die Determinante berechnen lassen und dann mit `solve` alle Fälle finden, in denen diese verschwindet.

```
> A1 := augment(A, [1, 2, 3, p]):
> B := gausselim(A1);
```

$$B := \begin{bmatrix} 1 & 1 & 0 & 1 & 1 \\ 0 & -1 & 3 & 2 & 1 \\ 0 & 0 & 1 & 1 & 2 \\ 0 & 0 & 0 & 0 & 0 \end{bmatrix}$$

Der Rang der Erweiterungsmatrix ist also 3, falls p den Wert 6 hat. Deswegen weisen wir p diesen Wert zu und lassen das Gleichungssystem nun noch einmal lösen.

```
> assign(p = 6);
> linsolve(B, [1, 1, 2, - 6 + p]);
```

$$[-4, -\_t_1 + 5, -\_t_1 + 2, \_t_1, 0]$$

Auch falls einige Einträge Ihrer Matrix gebrochen-rationale Funktionen mit rationalen Koeffizienten sind, können Sie diesen Befehl verwenden. Wenn Ihre Matrix jedoch auch Einträge wie $\sqrt{2}$ enthält, müssen Sie die Transformationen einzeln ausführen lassen. In unserem Beispiel müßten Sie die folgenden Befehle eingeben, um dieselbe Wirkung wie mit `gausselim` zu erzielen.

```
> A2 := addrow(A1, 1, 3, -2):
> A3 := addrow(A2, 1, 4, -3):
> A4 := swaprow(A3, 2, 3):
> A5 := addrow(A4, 2, 4, -1):
> A6 := addrow(A5, 3, 4, -1):
```

Nun soll die Koeffizientenmatrix einen Parameter enthalten.

```
> A := matrix([[1, 2, 3, 4], [1, 1, t, 0], [3, 1, 1, t]]):
> rank(A);
```

$$3$$

```
> rank(augment(A, [3, 2, 7]));
```

$$3$$

Wenn Sie sich die ausgegebene Lösung näher betrachten, sehen Sie, daß der Parameter t nicht den Wert $\frac{7}{5}$ annehmen darf.

```
> linsolve(A, vector([3, 2, 7]));
```

$$[-\frac{2\,t^2\_t_1 - 7\,t\_t_1 - 11\,t + 4\,\_t_1 + 16}{-7 + 5\,t}, \frac{t^2\_t_1 - 15\,t\_t_1 + 2\,t + 4\,\_t_1 + 2}{-7 + 5\,t}, \frac{t\_t_1 + 8\,\_t_1 - 3}{-7 + 5\,t}, \_t_1]$$

Daher weisen wir t diesen Wert zu und lassen das Gleichungssystem noch einmal lösen.

```
> assign(t = 7/5);
> linsolve(A, vector([3, 2, 7]));
```

$$[\frac{\_t_1}{5} + \frac{107}{47}, -\frac{8\,\_t_1}{5} - \frac{13}{47}, \_t_1, \frac{15}{47}]$$

In komplizierteren Fällen sehen Sie vielleicht nicht selbst, wann die angegebenen Brüche nicht definiert sind. Dann können Sie die Menge der Nenner der Lösung definieren und fragen, wann diese Null werden.

```
> c:={seq(denom(l[j]),j=1..3)};
```

$$c := \{-7 + 5\,t\}$$

```
> solve(c[1]=0,t);
```

$$\frac{7}{5}$$

Beispiel 3: Beide Seiten enthalten einen freien Parameter. Dies ist merkwürdigerweise ein besonders schwieriger Fall.

```
> A:=matrix([[1,2,3],[1,3,0],[1,1,t]]):
```

```
> b := vector([3, 2 * s, 7]):
```

```
> linsolve(A, b);
```

$$[-\frac{-6\,s + 4\,st + 63 - 9\,t}{-6 + t}, \frac{-6\,s + 2\,st + 21 - 3\,t}{-6 + t}, \frac{2\,s + 1}{-6 + t}]$$

Offenbar müssen wir den Fall $t = 6$ gesondert behandeln. Der naheliegende Versuch, einfach t den Wert 6 zuzuweisen und das Gleichungssystem noch einmal lösen zu lassen, schlägt jedoch fehl.

```
> assign(t = 6);
```

```
> linsolve(A, b);
```

Error, (in solve/linear/sparse) division by zero

Also schauen wir uns die erweiterte Matrix genau an.

```
> A1 := augment(A, b):
```

```
> A2 := gausselim(A1);
```

$$A2 := \begin{bmatrix} 1 & 2 & 3 & 3 \\ 0 & 1 & -3 & 2\,s - 3 \\ 0 & 0 & 0 & 2\,s + 1 \end{bmatrix}$$

Der Rang der erweiterten Matrix wird also nur dann gleich dem Rang der Matrix, wenn $2s + 1$ verschwindet. Also weisen wir s den Wert $-1/2$ zu und zerlegen die erweiterte Matrix in ihre Bestandteile. Wir lassen dieses Gleichungssystem noch einmal lösen.

```
> assign(s = - 1/2):
```

```
> A3 := delcols(A2, 4 .. 4);
```

$$A3 := \begin{bmatrix} 1 & 2 & 3 \\ 0 & 1 & -3 \\ 0 & 0 & -6 + t \end{bmatrix}$$

```
> b1 := subvector(A2, 1 .. 3, 4);
```

$$b1 := [3, 2\,s - 3, 2\,s + 1]$$

Am Bildschirm wird in der Matrix an der Position $(3, 3)$ nach wie vor $-6+t$ ausgegeben, und auch im Vektor $\vec{b}$ taucht der Parameter s weiterhin auf. Trotzdem hat sich *MapleV* die Wertzuweisung an t und s gemerkt.[11]

[11] Beim Aufbereiten der Ergebnisse zum Kopieren aus *MapleV* in dieses Buch, was wir jeweils mit dem Befehl `latex` bewerkstelligen, haben wir übrigens festgestellt, daß bei der Matrix der spezielle Wert von t richtig eingesetzt wird, bei dem Vektor $\vec{b}$ jedoch nicht!

```
> seq(b1[i], i = 1 .. 3);
```

$$3, -4, 0$$

```
> A3[3,3];
```

$$0$$

Daher lassen wir dieses Gleichungssystem noch einmal lösen, scheitern jedoch abermals.

```
> linsolve(A3, b1);
```

Error, (in solve/linear/sparse) division by zero

Das kann nur daran liegen, daß die Werte für t und s beim Aufruf von `linsolve` nicht eingesetzt worden sind. Für solche Fälle verweist das Handbuch auf den Befehl `eval`, der eine vollständige Auswertung bewirke. Allerdings müssen Sie beachten, daß unsere Objekte Matrizen und Vektoren sind, auf die `eval` nur unter Verwendung von `map` angewandt werden kann.

```
> linsolve(map(eval, A3), map(eval, b1));
```

$$[-9\_t_1 + 11, 3\_t_1 - 4, \_t_1]$$

Ein etwas anderes Verhalten zeigt sich hier, wenn Sie aus Sparsamkeitsgründen die Typvereinbarung weggelassen haben. Dann wird zwar sofort für s und t der gewählte Wert eingesetzt, aber der durch den Befehl `subvector` entstandene Vektor muß erst mit `convert` in eine Liste umgewandelt werden, damit die Lösungen gefunden werden.

Auffinden der Lösungen eines linearen Gleichungssystems mit `nullspace`

Beim Lösen homogener linearer Gleichungssysteme haben Sie die Wahl, ob Sie anstelle von `linsolve` mit dem Befehl `nullspace` arbeiten wollen. Der Unterschied besteht darin, daß Sie mit `linsolve` den allgemeinen Lösungsvektor erhalten, während Ihnen `nullspace` eine Basis des Lösungsraums liefert. Bei inhomogenen Geichungssystemen läßt sich die allgemeine Lösung in der Form spezielle Lösung + allgemeine Lösung des homogenen Gleichungssystems $A\vec{x} = \vec{0}$ schreiben, so daß Ihnen ein Befehl zum Auffinden aller Lösungen des homogenen Systems genügt, falls Sie schon eine spezielle Lösung kennen. Dies ist die Anweisung `nullspace`, die eine Basis dieses Lösungsraums berechnet.

```
> A := matrix([[1, 2, 3], [1, 3, 0], [3, 8, 3]]):
```

```
> nullspace(A);
```

$$\{[-9, 3, 1]\}$$

Also sind alle skalaren Vielfachen dieses Vektors Lösung von $A\vec{x} = \vec{0}$. Wir vergleichen dieses Ergebnis mit der Lösung des inhomogenen Systems $A\vec{x} = (1, 5, 11)^t$.

```
> linsolve(A, vector([1, 5, 11]));
```

$$[-7 - 9\_t_1, 4 + 3\_t_1, \_t_1]$$

Auch der Befehl `nullspace` berechnet jedoch nur den generischen Fall, wenn evtl. vorhandene symbolische Namen nicht spezielle Werte annehmen, und arbeitet daher nur dann einwandfrei, wenn die Matrix keine solchen Einträge enthält, wie das folgende Beispiel zeigt.

```
> A := matrix([[1, 2, 3], [1, 3, 0], [1, 1, t]]):
```

```
> nullspace(A);
```

$$\{\}$$

Es wird also behauptet, daß das homogene System $A\vec{x} = \vec{0}$ nur die triviale Lösung $\vec{0}$ hat. Dies ist aber nur dann der Fall, wenn die Determinante von A nicht verschwindet. Wir lassen daher die Determinante von A berechnen

```
> det(A);
```

$$-6 + t$$

und stellen fest, daß sie für $t = 6$ den Wert Null hat. Für jeden von 6 verschiedenen Wert von t ist die Basis des Lösungsraums also tatsächlich leer, da der Nullvektor die einzige Lösung des homogenen Systems ist. Für $t = 6$ wird der Rang der Matrix 2. Wenn `nullspace` nach diesem Einsetzen aufgerufen wird, findet er die Lösung.

```
> t := 6:
> nullspace(A);
```

$$\{[-9, 3, 1]\}$$

5.3 Determinanten, Eigenwerte und Eigenvektoren

5.3.1 Determinanten über den reellen und komplexen Zahlen

Für quadratische Matrizen A ist die Determinante eine wichtige Zahl, die über die Invertierbarkeit der Matrix entscheidet. Bei der Bestimmung der inversen Matrix A^{-1} treten ebenfalls Determinanten auf. Beim Wechsel der Basis des zugrundeliegenden Raumes gibt die zugehörige Determinante die Volumenänderung an, die der Einheitswürfel beim Basiswechsel erfährt. Dies ist z. B. wichtig bei einem differenzierbaren Koordinatenwechsel (etwa von kartesischen zu Kugelkoordinaten), wobei die dann zu bildende Matrix die Funktionalmatrix (oder Jacobimatrix) und die Determinante die Funktionaldeterminante ist. Determinanten spielen auch eine wichtige Rolle bei der Bestimmung der Hauptträgheitsachsen eines Systems. Diesen Aspekt werden wir im folgenden Abschnitt 5.3.2 behandeln.

Für eine beliebige quadratische Matrix wird mit `det` die Determinante berechnet.

```
> A := matrix([[1, 2, 3], [4, 5, 6], [1, 1, 1]]):
> det(A);
```

$$0$$

```
> A := matrix([[1, 2, 3], [4, 5, 6], [1, 2, 1]]):
> det(A);
```

$$6$$

Jede nicht quadratische Matrix wird zurückgewiesen.

```
> det(matrix([[1, 2, 3], [4, 5, 6], [1, 1, 1], [5, 4, 3]]));
Error, (in det) expecting a square matrix
```

Es spielt für *MapleV* dabei keine Rolle, ob Matrixelemente symbolische Namen enthalten, und das Tempo der Berechnung ist durchaus eindrucksvoll.

```
> A := array([[1,  0, 0, 4, 0, 0, 0], [0, 1,  0, -1, 0, 0, 0],
>             [1,  0, 0, 0, 1, 0, 0], [0, 1, -2,  0, 0, 2, 0],
>             [0,  0, 0, 0, 0, 2, 0], [0, 0,  1,  0, 0, 0, 1],
>             [my ,0, 0, 0, 1, 0, 0]]):

> t1 := time(): det(A); time() - t1;
```

$$-16 + 16\mu$$

$$1.000$$

```
> t1 := time(): inverse(A);  time() - t1;
```

$$\begin{bmatrix} 0 & 0 & -(-1+my)^{-1} & 0 & 0 & 0 & (-1+my)^{-1} \\ 1/4 & 1 & \frac{1}{-4+4\,my} & 0 & 0 & 0 & -\frac{1}{-4+4\,my} \\ 1/8 & 1/2 & \frac{1}{-8+8\,my} & -1/2 & 1/2 & 0 & -\frac{1}{-8+8\,my} \\ 1/4 & 0 & \frac{1}{-4+4\,my} & 0 & 0 & 0 & -\frac{1}{-4+4\,my} \\ 0 & 0 & \frac{my}{-1+my} & 0 & 0 & 0 & -(-1+my)^{-1} \\ 0 & 0 & 0 & 0 & 1/2 & 0 & 0 \\ -1/8 & -1/2 & -\frac{1}{-8+8\,my} & 1/2 & -1/2 & 1 & \frac{1}{-8+8\,my} \end{bmatrix}$$

$$1$$

Ist D die zu einer linearen Abbildung bzgl. der kanonischen Einheitsbasis des $\mathbb{R}^3$ gehörende Matrix, so handelt es sich um eine Drehung, falls $D^{-1} = D^t$ und $\det D = 1$ gilt; falls die erste Bedingung erfüllt ist und $\det D = -1$ gilt, so handelt es sich um eine Spiegelung. Wir wollen mögliche Rechnungen an einem Beispiel vorführen. Dazu definieren wir zunächst eine Matrix, von der wir zeigen wollen, daß sie zu einer Drehung gehört.

```
> D := array([[0.1268264841, -0.7803300860,  0.6123724357],
>             [0.9267766957, -0.1268264842, -0.3535533905],
>             [0.3535533905,  0.6123724357,  0.7071067810]]):

> det(D);
```

$$1.000000000$$

Nun überprüfen wir, ob auch die 2. Bedingung erfüllt ist. Wenn Sie übrigens versuchen, mit `is` zu überprüfen, ob D_3 die Nullmatrix ist, erhalten Sie die Antwort `FAIL`, d. h. *MapleV* behauptet, diese Frage nicht beantworten zu können.

```
> D1 := inverse(D):

> D2 := transpose(D):

> D3 := evalm(D2 - D1);
```

$$D3 := \begin{bmatrix} .2\,10^{-9} & .5\,10^{-9} & -.1\,10^{-9} \\ -.1\,10^{-9} & -.2\,10^{-9} & -.3\,10^{-9} \\ -.3\,10^{-9} & .1\,10^{-9} & -.6\,10^{-9} \end{bmatrix}$$

Dies ist wieder eine der Stellen, an denen auch *MapleV* aufgrund von Rundungsfehlern beim Berechnen der inversen Matrix ein falsches Ergebnis liefert. Wenn wir mit `evalf` die durch Rundungsfehler beim Invertieren entstandenen störenden Dezimalstellen unterdrücken, erhalten wir das gewünschte Ergebnis.[12]

[12] In unserem speziellen Fall ist die Matrix das Produkt von Drehmatrizen, deshalb wissen wir, daß es sich um

```
> D4 := matrix(3, 3):
> for i to 3 do
>       for j to 3 do
>             D4[i,j] := evalf(evalm(D2 - D1)[i, j], 8)
>       od
> od:

> print(D4);
```

$$\begin{bmatrix} 0 & 0 & 0 \\ 0 & 0 & 0 \\ 0 & 0 & 0 \end{bmatrix}$$

Da es sich also um eine Drehmatrix handelt, finden wir den Drehwinkel vermöge der Formel $\cos\phi = \frac{1}{2}(Spur(D) - 1)$, wobei die Spur einer Matrix D die Summe der Diagonalelemente ist[13].

```
> cosWinkel := (sum(D[i1, i1], i1 = 1 .. 3) - 1)/2;
```

$$cosWinkel := -0.1464466095$$

Den Drehwinkel können Sie sich nun im Bogenmaß

```
> WinkelimBogenmass : =arccos(cosWinkel);
```

$$WinkelimBogenmass := 1.717771518$$

oder in Grad berechnen lassen.

```
> evalf(convert(WinkelimBogenmass, degrees));
```

$$98.42105811\ degrees$$

Die Drehachsenrichtung ergibt sich aus der Formel

$$\vec{a} = \frac{1}{2\sin\phi}\begin{pmatrix} d_{32} - d_{23} \\ d_{13} - d_{31} \\ d_{21} - d_{12} \end{pmatrix}$$

(da der Drehwinkel von π verschieden ist).

```
> Drehachse := scalarmul(vector([D[3, 2] - D[2, 3],
>                                D[1, 3] - D[3, 1],
>                                D[2, 1] - D[1, 2]]),
>                         1/(2 * sin(WinkelimBogenmass)));
```

$$Drehachse := [0.4882266921, 0.1308199479, 0.8628562097]$$

Von der folgenden Matrix S werden wir zeigen, daß es sich um eine Spiegelung handelt, und die Ebene, an der gespiegelt wird, berechnen.

```
S := matrix([[1/2, -1/2,  -1/sqrt(2)], [-1/2, 1/2, -1/sqrt(2)],
>             [-1/sqrt(2), -1/sqrt(2), 0]]);
```

$$S := \begin{bmatrix} 1/2 & -1/2 & -\frac{\sqrt{2}}{2} \\ -1/2 & 1/2 & -\frac{\sqrt{2}}{2} \\ -\frac{\sqrt{2}}{2} & -\frac{\sqrt{2}}{2} & 0 \end{bmatrix}$$

Wir überzeugen uns zunächst davon, daß die Determinante tatsächlich 1 ist und die Bedingung $S^{-1} = S^t$ erfüllt ist.

Rundungsfehler handeln muß. Wenn Sie von der Matrix überhaupt nichts weiter wissen, können Sie nicht sicher sein. Ist die Abweichung tatsächlich minimal, so wird es vom Problem abhängen, ob Sie mit gerundeten Werten weiterrechnen sollten oder nicht.

[13] Anstelle unseres Befehls können Sie auch `trace` verwenden.

```
> det(S);
```

$$-1$$

```
> inverse(S) = transpose(S);
```

$$\begin{bmatrix} 1/2 & -1/2 & -\frac{\sqrt{2}}{2} \\ -1/2 & 1/2 & -\frac{\sqrt{2}}{2} \\ -\frac{\sqrt{2}}{2} & -\frac{\sqrt{2}}{2} & 0 \end{bmatrix} = \begin{bmatrix} 1/2 & -1/2 & -\frac{\sqrt{2}}{2} \\ -1/2 & 1/2 & -\frac{\sqrt{2}}{2} \\ -\frac{\sqrt{2}}{2} & -\frac{\sqrt{2}}{2} & 0 \end{bmatrix}$$

Um die Spiegelungsebene zu beschreiben, genügt die Angabe eines Vektors $\vec{a} = (a_1, a_2, a_3)$, der auf ihr senkrecht steht, da diese Ebene durch den Nullpunkt verlaufen muß. Wir bestimmen (a_1^2, a_2^2, a_3^2) gemäß $a_i^2 = (1 - s_{ii})/2$.

```
> aquadrat := [seq((1 - S[i, i])/2, i = 1 .. 3)];
```

$$aquadrat := [1/4, 1/4, 1/2]$$

Um nun den Normalenvektor zu bestimmen, ziehen wir die Wurzel aus dem 1. Element der Liste

```
> a1 := sqrt(aquadrat[1]);
```

$$a1 := 1/2$$

und berechnen die 2. und 3. Komponente von $\vec{a}$ aus der ersten Spalte der Matrix. Damit erhalten wir in jeder Komponente das richtige Vorzeichen.

```
> a := vector([a1, -S[1, 2]/(2 * a1), -S[1, 3]/(2 * a1)]);
```

$$a := [1/2, 1/2, \frac{\sqrt{2}}{2}]$$

Hätten wir für a_1 die negative Wurzel genommen, so würden sich die Vorzeichen der anderen Komponenten ebenfalls umdrehen, wir hätten dann also anstelle von $\vec{a}$ einfach $-\vec{a}$ berechnet.

Funktionaldeterminanten

Bei der Berechnung von Gebiets- und Volumenintegralen führt ein Koordinatenwechsel häufig von einem hoffnungslosen Integral zu einem Integral, das gelöst werden kann. Da *MapleV* nicht mit Hilfe solcher Wechsel versucht, das Integral zu berechnen, ist es u. U. sinnvoll, selbst verschiedene Fassungen einzugeben. Auch in der Strömungslehre tauchen bei der Berechnung des Flusses eines Vektorfelds durch eine reguläre Fläche Determinanten auf. Wir wollen dies an einigen Beispielen erläutern. Beim Übergang von kartesischen zu Polarkoordinaten

```
> x := r * cos(phi):  y := r * sin(phi):
```

benötigt man für die Umrechnung von $dx\,dy$ in $dr\,d\phi$ die Determinante der Funktionalmatrix. Diese können Sie mit Hilfe des Befehls `jacobian` berechnen lassen, wobei Sie nur beachten müssen, daß sowohl die Koordinatenfunktionen als auch die Variablennamen jeweils in einer Liste zusammengefaßt sein müssen.

```
> jacobian([x, y], [r, phi]);
```

$$\begin{bmatrix} \cos(\phi) & -r\sin(\phi) \\ \sin(\phi) & r\cos(\phi) \end{bmatrix}$$

Die benötigte Funktionaldeterminante wird berechnet:

```
> simplify(det("));
```

$$r$$

Genauso können Sie beim Übergang von kartesischen zu Kugelkoordinaten vorgehen

```
> x := r * sin(psi) * cos(phi):
> y := r * sin(psi) * sin(phi):
> z := r * cos(psi):
```

```
> jacobianKugel := jacobian([x, y, z], [r, psi, phi]);
```

$$jacobianKugel := \begin{bmatrix} \sin(\psi)\cos(\phi) & r\cos(\psi)\cos(\phi) & -r\sin(\psi)\sin(\phi) \\ \sin(\psi)\sin(\,phi) & r\cos(\psi)\sin(\phi) & r\sin(\psi)\cos(\phi) \\ cos(\psi) & -r\sin(\psi) & 0 \end{bmatrix}$$

```
> jacobiDetKugel := simplify(det(jacobianKugel));
```

$$\sin(\psi)\, r^2$$

Die folgenden Rechnungen zeigen deutlich die Grenzen von *MapleV*. Wir wollen den Fluß $\iint\limits_S \vec{v} \cdot d\vec{O} = \iint\limits_D (\vec{v} \cdot \vec{n})\, dO$ des Vektorfeldes $\vec{v}(x, y, z) = (2z, x + y, xy)$ durch die Sphäre mit Radius 5 (von innen nach außen) berechnen lassen. Hierfür benötigen wir den Wert des Vektorfelds auf der Sphäre, die Normale $\vec{n}$ der Sphäre sowie das Flächenelement dO. Daher lassen wir als erstes die Beschreibung von $\vec{v}$ auf dieser Sphäre berechnen

```
> r := 5:   vaufSphaere := vector([2 * z, x + y, x * y]);
```

$$vaufSphaere := [10\cos(\psi), 5\sin(\psi)\cos(\phi) + 5\sin(\psi)\sin(\phi), 25\sin(\psi)^2\cos(\phi)\sin(\phi)]$$

sowie die Darstellung der Sphäre selbst in Kugelkoordinaten.

```
> sphaere := vector([x, y, z]);
```

$$sphaere := [5\sin(\psi)\cos(\phi), 5\sin(\psi)\sin(\phi), 5\cos(\psi)]$$

Diese Darstellung benötigen wir für die Berechnung der Normale $\vec{n} = \vec{x}_\psi \times \vec{x}_\phi$, wobei $\vec{x}$ die Beschreibung der Sphäre bezeichnet. Die Berechnung der partiellen Ableitung mit `jacobian` ergibt eine Matrix, was sich gleich noch als problematisch herausstellen wird.

```
> n_psi := jacobian(sphaere, [psi]);
```

$$n\_psi := \begin{bmatrix} 5\cos(\psi)\cos(\phi) \\ 5\cos(\psi)\sin(\phi) \\ -5\sin(\psi) \end{bmatrix}$$

```
> n_phi := jacobian(sphaere,[phi]);
```

$$n_phi := \begin{bmatrix} -5\sin(\psi)\sin(\phi) \\ 5\sin(\psi)\cos(\phi) \\ 0 \end{bmatrix}$$

Nun wollen wir das Kreuzprodukt berechnen.

```
> normalrichtung := crossprod(n_psi, n_phi);
```

Error, (in crossprod) invalid arguments

Erst ein Blick in das Handbuch bringt uns auf die richtige Frage an *MapleV*:

```
> hastype(n_phi, vector);
```

$$false$$

Wie bereits gesagt, liefert `jacobian` eine Matrix, während das Kreuzprodukt nur für Vektoren (und Listen) definiert ist. Also wandeln wir die Matrizen in Vektoren um und lassen das Kreuzprodukt noch einmal berechnen. Vorsichtshalber lassen wir auch zusätzlich den Befehl `simplify` auf alle Komponenten des Ergebnisses anwenden.

```
> n1 := convert(n_psi, vector):  n2 := convert(n_phi, vector):
```

```
> normalrichtung := map(simplify, crossprod(n1, n2));
```

$$normalrichtung := [25\cos(\phi) - 25\cos(\phi)\cos(\psi)^2, 25\sin(\phi) - 25\sin(\phi)\cos(\psi)^2,\\ 25\cos(\psi)\sin(\psi)]$$

Dieser Vektor muß noch auf Länge 1 normiert werden. Dazu wollen wir seinen Betrag berechnen. Am einfachsten scheint es zu sein, den eingebauten Befehl `norm` mit dem Parameter 2 zu verwenden; diese Idee erweist sich jedoch als nicht sehr erfolgreich, weil die formal auftretenden Absolutbeträge nicht ausgewertet werden, woran auch die Verwendung von Befehlen wie `simplify` oder `expand` nicht ändert.

```
> simplify(norm(normalrichtung, 2));
```

$$(\left|25\cos(\phi) - 25\cos(\phi)\cos(\psi)^2\right|^2 + \left|25\sin(\phi) - 25\sin(\phi)\cos(\psi)^2\right|^2 + 625\,|\cos(\psi)|^2\,|\sin(\psi)|^2)^{1/2}$$

Also geben wir die Formel für die Norm explizit an.

```
> sqrt(simplify(sum(normalrichtung[i]^2, i = 1 .. 3)));
```

$$\sqrt{625 - 625\cos(\psi)^2}$$

Jeder Versuch, dieses Ergebnis vereinfachen zu lassen, scheitert, obwohl laut Handbuch der Befehl `simplify` unter Verwendung der Option `sqrt` auf jeden Fall die 625 als Quadrat einer ganzen Zahl vor die Wurzel ziehen soll und *MapleV* die Beziehung $\sin^2\phi + \cos^2\phi = 1$ kennt. Dies hat nun katastrophale Auswirkungen auf den weiteren Gang der Rechnung, den wir Ihnen zur Abschreckung vorführen wollen. Wir erhalten die Normale

```
> normale := map(simplify, scalarmul(normalrichtung, 1/"));
```

$$normale := [I\cos(\phi)\sqrt{-1 + \cos(\psi)^2}, I\,sin(\phi)\sqrt{-1 + \cos(\psi)^2}, -\frac{I\cos(\psi)\sin(\psi)}{\sqrt{-1 + \cos(\psi)^2}}]$$

und es dürfte Ihnen schwerfallen, zu erkennen, daß das Ergebnis in vereinfachter Form

$$[\cos\phi\sin\psi, \sin\phi\sin\psi, \cos\psi]$$

lautet[14]. Wir lassen nun den Integranden berechnen. Für das Flächenelement *dO* benötigen wir die vorhin berechnete Funktionaldeterminante des Wechsels von kartesischen zu Kugelkoordinaten. Der Radius $r = 5$ wird beim Einsetzen automatisch benutzt.

```
> integrand := simplify(dotprod(vaufSphaere, normale)
>                       * jacobiDetKugel):
```

Wir wollen Ihnen die Ausgabe des Integranden ersparen, da die folgende Ausgabe abschreckend genug ist. Aus der Tatsache, daß der Fluß durch die gesamte Sphäre gesucht ist, ergeben sich die Integrationsgrenzen. Wir lassen nur den inneren Teil des Doppelintegrals berechnen, erhalten jedoch nur noch einen Formelwust.

[14] Auch ein Versuch, vielleicht über `combine` ein übersichtlicheres Ergebnis zu erlangen, ist erfolglos.

```
> int(integrand, psi = 0 .. Pi);
```

$$
\begin{gathered}
\int_0^{3.141592654} \frac{1}{\sqrt{|625.0-625.0\cos(\psi)^2|}}(-3125.0I\sin(0.7853981635-0.7853981635\,\mathit{signum}(625.0- \\
625.0\cos(\psi)^2))\cos(\phi)^2+6250.0\sin(\psi)\cos(0.7853981635-0.7853981635\,\mathit{signum}(625.0- \\
625.0\cos(\psi)^2))\cos(\psi)\cos(\phi)-6250.0\cos(0.7853981635-0.7853981635\,\mathit{signum}(625.0- \\
625.0\cos(\psi)^2))\sin(\phi)\cos(\phi)\cos(\psi)^2-6250.0\sin(\psi)\cos(0.7853981635-0.7853981635\,\mathit{signum}(625.0- \\
625.0\cos(\psi)^2))\cos(\psi)^3\cos(\phi)+15625.0I\sin(0.7853981635-0.7853981635\,\mathit{signum}(625.0- \\
625.0\cos(\psi)^2))\cos(\phi)\sin(\phi)\cos(\psi)+3125.0\cos(0.7853981635-0.7853981635\,\mathit{signum}(625.0- \\
625.0\cos(\psi)^2))\sin(\phi)\cos(\phi)+15625.0\cos(0.7853981635-0.7853981635\,\mathit{signum}(625.0- \\
625.0\cos(\psi)^2))\cos(\phi)\sin(\phi)\cos(\psi)-31250.0\cos(0.7853981635-0.7853981635\,\mathit{signum}(625.0- \\
625.0\cos(\psi)^2))\cos(\phi)\sin(\phi)\cos(\psi)^3-6250.0I\sin(0.7853981635-0.7853981635\,\mathit{signum}(625.0- \\
625.0\cos(\psi)^2))\cos(\psi)^2+3125.0\cos(0.7853981635-0.7853981635\,\mathit{signum}(625.0- \\
625.0\cos(\psi)^2))+3125.0I\sin(0.7853981635-0.7853981635\,\mathit{signum}(625.0- \\
625.0\cos(\psi)^2))-3125.0\cos(0.7853981635-0.7853981635\,\mathit{signum}(625.0- \\
625.0\cos(\psi)^2))\cos(\phi)^2-6250.0\cos(0.7853981635-0.7853981635\,\mathit{signum}(625.0- \\
625.0\cos(\psi)^2))\cos(\psi)^2+3125.0\cos(0.7853981635-0.7853981635\,\mathit{signum}(625.0- \\
625.0\cos(\psi)^2))\cos(\psi)^4+6250.0\cos(0.7853981635-0.7853981635\,\mathit{signum}(625.0- \\
625.0\cos(\psi)^2))\cos(\psi)^2\cos(\phi)^2-3125.0\cos(0.7853981635-0.7853981635\,\mathit{signum}(625.0- \\
625.0\cos(\psi)^2))\cos(\psi)^4\cos(\phi)^2+3125.0I\sin(0.7853981635-0.7853981635\,\mathit{signum}(625.0- \\
625.0\cos(\psi)^2))\cos(\psi)^4+6250.0I\sin(\psi)\sin(0.7853981635-0.7853981635\,\mathit{signum}(625.0- \\
625.0\cos(\psi)^2))\cos(\psi)\cos(\phi)-6250.0I\sin(\psi)\sin(0.7853981635-0.7853981635\,\mathit{signum}(625.0- \\
625.0\cos(\psi)^2))\cos(\psi)^3\cos(\phi)+3125.0\cos(0.7853981635-0.7853981635\,\mathit{signum}(625.0- \\
625.0\cos(\psi)^2))\sin(\phi)\cos(\phi)\cos(\psi)^4+15625.0\cos(0.7853981635-0.7853981635\,\mathit{signum}(625.0- \\
625.0\cos(\psi)^2))\cos(\phi)\sin(\phi)\cos(\psi)^5+3125.0I\sin(0.7853981635-0.7853981635\,\mathit{signum}(625.0- \\
625.0\cos(\psi)^2))\sin(\phi)\cos(\phi)-6250.0I\sin(0.7853981635-0.7853981635\,\mathit{signum}(625.0- \\
625.0\cos(\psi)^2))\sin(\phi)\cos(\phi)\cos(\psi)^2+3125.0I\sin(0.7853981635-0.7853981635\,\mathit{signum}(625.0- \\
625.0\cos(\psi)^2))\sin(\phi)\cos(\phi)\cos(\psi)^4+6250.0I\sin(0.7853981635-0.7853981635\,\mathit{signum}(625.0- \\
625.0\cos(\psi)^2))\cos(\psi)^2\cos(\phi)^2-3125.0I\sin(0.7853981635-0.7853981635\,\mathit{signum}(625.0- \\
625.0\cos(\psi)^2))\cos(\psi)^4\cos(\phi)^2-31250.0I\sin(0.7853981635-0.7853981635\,\mathit{signum}(625.0- \\
625.0\cos(\psi)^2))\cos(\phi)\sin(\phi)\cos(\psi)^3+15625.0I\sin(0.7853981635-0.7853981635\,\mathit{signum}(625.0- \\
625.0\cos(\psi)^2))\cos(\phi)\sin(\phi)\cos(\psi)^5)d\psi
\end{gathered}
$$

Es ist ganz klar, daß wir bei der Berechnung des Betrages des Normalenvektors hätten korrigierend eingreifen müssen – was bei manuellen Berechnungen ja auch problemlos möglich ist. Dieses Beispiel soll Ihnen aber auch zeigen, warum von Ihnen geschriebene Programme vielleicht kein vernünftiges Ergebnis liefern. Und auch den Versuch, hier mit numerischer Integration, also dem Befehl `evalf(Int(Int(integrand,psi=0..Pi),phi=0..2*Pi)` zum Erfolg zu kommen, haben wir nach einer halben Stunde ergebnislos abgebrochen. Wir wollen also noch einmal an der kritischen Stelle einsetzen und *MapleV* jetzt etwas helfen. Daher definieren wir[15]

```
> betrag := 25 * sin(psi):
```

Nun berechnen wir den Normaleneinheitsvektor und den Integranden.

```
> scalarmul(normalrichtung, 1/betrag));
```

$$[\sin(\psi)\cos(\phi), \sin(\psi)\sin(\phi), \cos(\psi)]$$

[15] Hier hat *MapleV* offenbar Skrupel wegen des Vorzeichens, da wir jedoch später ψ nur zwischen 0 und π variieren lassen werden, wählen wir die positive Wurzel.

```
> integrand := simplify(dotprod(vaufSphaere, normale)
>                       * jacobiDetKugel);
```

$$250\cos(\psi)\cos(\phi) - 250\cos(\psi)^3\cos(\phi) + 125\sin(\phi)\cos(\phi)\sin(\psi) - 125\sin(\phi)\cos(\phi)\sin(\psi)\cos(\psi)^2 + 125\sin(\psi) - 125\sin(\psi)\cos(\phi)^2 - 125\sin(\psi)\cos(\psi)^2 + 125\sin(\psi)\cos(\psi)^2\cos(\phi)^2 + 625\sin(\psi)\cos(\phi)\sin(\phi)\cos(\psi) - 625\cos(\phi)\sin(\phi)\cos(\psi)^3\sin(\psi)$$

Dieser Integrand sieht zwar immer noch recht kompliziert aus, wird aber problemlos integriert.

```
> int(int(integrand, psi = 0 .. Pi), phi = 0 .. 2 * Pi);
```

$$\frac{500\,\pi}{3}$$

5.3.2 Eigenwerte und Eigenvektoren: die Befehle `eigenvals` und `eigenvects`

Eine der wichtigsten Anwendungen von Determinanten ist die Berechnung von Eigenwerten. Da hiermit unmittelbar die Bestimmung der Eigenvektoren der betrachteten Matrix verbunden ist, wollen wir beide Aufgabenstellungen zusammen abhandeln. In der Elastostatik z. B. taucht das Problem auf, zu einem vorgegebenen Spannungstensor A die Hauptnormalspannungen sowie die Spannungshauptachsen zu bestimmen. Dies wollen wir in einem Beispiel tun.

In einem Punkt eines Körpers herrschen die Normalspannungen

$$\sigma_x = 3\,\mathrm{Nmm}^{-2}, \sigma_y = 2\,\mathrm{Nmm}^{-2}, \sigma_z = 4\,\mathrm{Nmm}^{-2}$$

sowie die Schubspannungen

$$\tau_{xy} = 2\,\mathrm{Nmm}^{-2}, \tau_{xz} = 2\,\mathrm{Nmm}^{-2}, \tau_{yz} = 0\,\mathrm{Nmm}^{-2}\ .$$

Es sollen die Hauptnormalspannungen und die Richtungen der Spannungshauptachsen im x, y, z -System bestimmt werden. Wir geben den Tensor A ein

```
> with(linalg):
```

Warning: new definition for norm
Warning: new definition for trace

```
> A := matrix([[3, 1, 1], [1, 2, 0], [1, 0, 4]]):
```

und berechnen die Eigenwerte – dies sind die Hauptnormalspannungen.

```
> eigenvals(A);
```

$$3, 3 + \sqrt{3}, 3 - \sqrt{3}$$

Die Richtungen der Spannungshauptachsen erhalten wir durch die Eigenvektoren von A. Dabei erfolgt die Ausgabe so, daß jeweils der Eigenwert, danach seine Vielfachheit und dann die zugehörigen Eigenvektoren ausgegeben werden. Allerdings wird Sie die folgende Ausgabe wahrscheinlich nicht begeistern.

```
> e := eigenvects(A);
```

$$e := [\mathit{RootOf}(\_Z^2 - 6\,\_Z + 6), 1, \{[\mathit{RootOf}(\_Z^2 - 6\,\_Z + 6) - 2, 1, \mathit{RootOf}(\_Z^2 - 6\,\_Z + 6) - 1]\}], [3, 1, \{[-1, -1, 1]\}]$$

Wir wollen die Eigenwerte (die wir ja schon kennen) und die Eigenvektoren in eine allgemein verständliche Form bringen. Dazu müssen wir die Ausgabe analysieren. Sie besteht aus zwei Komponenten, nämlich Informationen zu den ersten zwei, in gewisser Weise zusammengehörigen Eigenwerten und Informationen zum Eigenwert 1. Aus wievielen Teilen besteht nun die 1. Komponente?

```
> nops(e[1]);
```

$$3$$

Über den Befehl op erhalten wir den gewünschten 1. Teil, was wir vorsichtshalber für Sie noch einmal überprüfen.

```
> op(1, e[1]);
```

$$\mathit{RootOf}(\_Z^2 - 6\_Z + 6)$$

Der Befehl `allvalues` bewirkt die Auswertung des Wurzelausdrucks. Die Angabe von d wäre hier nicht unbedingt erforderlich.

```
> allvalues(", d);
```

$$3 + \sqrt{3}, 3 - \sqrt{3}$$

Nun soll jeweils eine Basis der Eigenvektoren zu diesen Eigenwerten bestimmt werden. Wir vergewissern uns zunächst, daß der 3. Teil der 1. Komponente diese Information enthält.

```
> op(3, e[1]);
```

$$\{[\mathit{RootOf}(\_Z^2 - 6\_Z + 6) - 2, 1, \mathit{RootOf}(\_Z^2 - 6\_Z + 6) - 1]\}$$

Um nun in jeder Komponente den Wurzelausdruck auswerten zu lassen, verwenden wir wieder map; und hier ist es unbedingt erforderlich, als 3. Parameter die Option d anzugeben, um zu erzwingen, daß stets dieselbe Lösung verwendet wird.

```
> map(allvalues, op(3, e[1]),d);
```

$$\{[1 - \sqrt{3}, 1, 2 - \sqrt{3}], [1 + \sqrt{3}, 1, 2 + \sqrt{3}]\}$$

Bei der Bestimmung von Eigenwerten und Eigenvektoren können auch komplexe Eigenwerte und Eigenvektoren mit komplexen Komponenten auftreten, z. B. wenn die Matrix eine Drehung beschreibt. Wenn Sie allerdings Pech haben, geht es Ihnen wie im folgenden Beispiel, und *MapleV* weigert sich, die Eigenvektoren zu finden.[16]

```
> B := matrix([[cos(phi), -sin(phi), 0],
>              [sin(phi),  cos(phi), 0],
>              [0,         0,        1]]):

> eigenvects(B);
```

Error, (in eigenvects) eigenvects only works for a matrix of rationals, rational functions, algebraic numbers, or algebraic functions at present

In einem solchen Fall müssen Sie die Eigenvektoren manuell berechnen, wie wir Ihnen im folgenden demonstrieren. Zunächst lassen wir die Eigenwerte der Matrix bestimmen.

```
> t := eigenvals(B);
```

$$t := 1, \cos(\phi) + \frac{\sqrt{-4\sin(\phi)^2}}{2}, \cos(\phi) - \frac{\sqrt{-4\sin(\phi)^2}}{2}$$

Der Eigenraum zum Eigenwert λ ist die Menge aller Vektoren, die das lineare Gleichungssystem $(B - \lambda\, Id)\vec{x} = \vec{0}$ erfüllen. Um die Einheitsmatrix nicht selbst definieren zu müssen, verwenden wir die im Handbuch (unter evalm) angegebene Methode, hierfür `&*()` zu schreiben. Damit ist die für den ersten Eigenwert erforderliche Rechnung:

[16] Falls Sie eine ältere *MapleV*-Version benutzen, erhalten Sie bereits dann eine Fehlermeldung, wenn Sie versuchen, die Eigenvektoren einer Matrix zu berechnen, die Einträge wie 0.5 hat. Abhilfe schaffen Sie am einfachsten, indem Sie alle Dezimalzahlen in rationale Zahlen verwandeln.

```
> lambda := t[1]:
> C := evalm(B - lambda * &*()):
> nullspace(C);
```

$$\{[0,0,1]\}$$

Dieselbe Rechnung lassen wir nun für den 2.

```
> lambda := t[2]:
> nullspace(C);
```

$$\left\{[\frac{\sqrt{-\sin(\phi)^2}}{\sin(\phi)},1,0]\right\}$$

und 3. Eigenwert durchführen.

```
> lambda := t[3]:
> nullspace(C);
```

$$\left\{[1,-\frac{\sqrt{-\sin(\phi)^2}}{\sin(\phi)},0]\right\}$$

Falls auch die direkte Berechnung der Eigenwerte unmöglich sein sollte, müssen Sie durch `solve` oder `fsolve` die Nullstellen des charakteristischen Polynoms $Det(A - \lambda Id) = 0$ suchen lassen. Dieses lassen Sie dann am einfachsten durch den Befehl `charpoly(A, lambda)` bestimmen.

Falls ein Eigenwert mehrfach auftritt, kann es sein, daß die Dimension des zugehörigen Eigenraums kleiner ist als die Vielfachheit des Eigenwertes. Dies können Sie direkt an der Ausgabe von *MapleV* ablesen, indem Sie die angegebene Vielfachheit des Eigenwertes mit der Anzahl der zugehörigen Eigenvektoren vergleichen.

```
> D := matrix([[2, 1, 3], [0, 2, 1], [0, 0, 2]]):
> eigenvects(D);
```

$$[2,3,\{[1,0,0]\}]$$

Die Frage nach den Hauptachsen eines Körpers wollen wir in einem Beispiel beantworten, wobei wir möglichst konkret rechnen wollen. Es soll entschieden werden, um welche geometrische Figur es sich bei

$$f(x,y,z) = -x^2 - y^2 + z^2 + 6xy + 2xz + 2yz - 12x + 4y - 10z - 11 = 0$$

handelt. Da der höchste auftretende Exponent 2 ist, liegt eine Quadrik vor, deren mögliche Normalformen alle bekannt sind.

```
> f := - x^2 - y^2 + z^2 + 6 * x * y + 2 * x * z + 2 * y * z - 12 * x
>                                 + 4 * y - 10 * z - 11;
```

Als erstes werden die Koeffizienten, die im quadratischen Teil $-x^2 - y^2 + z^2 + 6xy + 2xz + 2yz$ von *f* auftreten, in einer symmetrischen Matrix gemäß der Numerierung

$$a_{11}x^2 + 2a_{12}xy + 2a_{13}xz + a_{22}y^2 + 2a_{23}yz + a_{33}z^2$$

angeordnet. Diese Zuordnung müssen wir selbst vornehmen.

```
> E := matrix([[-1, 3, 1], [3, -1, 1], [1, 1, 1]]);
```

Error, may not assign to a system constant

Derartige Fehler werden Ihnen gelegentlich unterlaufen, wenn Sie die von Ihnen berechneten Größen fortlaufend benennen wollen und dabei vergessen, daß es einige reservierte Namen gibt. Unter `E` versteht *MapleV* die Eulersche Zahl. Deswegen ändern wir den Namen der Matrix etwas ab.

```
> E1 := matrix([[-1, 3, 1], [3, -1, 1], [1, 1, 1]]):
```

Wir lassen nun Eigenwerte und -vektoren von E_1 bestimmen.

```
> eig := eigenvects(E1);
```

$$eig := [3, 1, \{[1, 1, 1]\}], [0, 1, \{[1, 1, -2]\}], [-4, 1, \{[-1, 1, 0]\}]$$

Die normierten Eigenvektoren ergeben das Hauptachsensystem. Dabei müssen Sie jedoch beachten, daß *MapleV* Ihnen jeweils eine Menge von Basisvektoren des Eigenraums liefert. Um nun das eine Element der Menge, die wir im folgenden mit `basis1` bezeichnet haben, anzusprechen, müssen Sie den Befehl `op` nochmals verwenden. Den Betrag des Eigenvektors haben wir in diesem Fall selbst berechnet.

```
> basis1 := (op(3, eig[1]));
```

$$basis1 := \{[1, 1, 1]\}$$

```
> b1 := evalm(1/sqrt(3) * op(1, basis1));
```

$$b1 := [\frac{\sqrt{3}}{3}, \frac{\sqrt{3}}{3}, \frac{\sqrt{3}}{3}]$$

Genauso gehen wir für den 2. und 3. Eigenvektor vor.

```
> basis2 := (op(3, eig[2]));
```

$$basis2 := \{[1, 1, -2]\}$$

```
> b2 := evalm(1/sqrt(6) * op(1, basis2));
```

$$b2 := [\frac{\sqrt{6}}{6}, \frac{\sqrt{6}}{6}, -\frac{\sqrt{6}}{3}]$$

```
> basis3 := (op(3, eig[3]));
```

$$basis3 := \{[-1, 1, 0]\}$$

```
> b3 := evalm(1/sqrt(2) * op(1, basis3));
```

$$b3 := [-\frac{\sqrt{2}}{2}, \frac{\sqrt{2}}{2}, 0]$$

Die Matrix B, deren Spaltenvektoren diese Vektoren sind, beschreibt den erforderlichen Basiswechsel.

```
> F := augment(b1, b2, b3);
```

$$F := \begin{bmatrix} \frac{\sqrt{3}}{3} & \frac{\sqrt{6}}{6} & -\frac{\sqrt{2}}{2} \\ \frac{\sqrt{3}}{3} & \frac{\sqrt{6}}{6} & \frac{\sqrt{2}}{2} \\ \frac{\sqrt{3}}{3} & -\frac{\sqrt{6}}{3} & 0 \end{bmatrix}$$

Die neuen Koordinaten wollen wir u, v, w nennen. Um x, y, und z gemäß der Gleichung

$$\begin{pmatrix} x \\ y \\ z \end{pmatrix} = B \begin{pmatrix} u \\ v \\ w \end{pmatrix}$$

durch sie substituieren zu können, lassen wir die rechte Seite dieser Gleichung berechnen.

```
> X := multiply(F, vector([u, v, w]));
```

$$X := [\frac{\sqrt{3}u}{3} + \frac{\sqrt{6}v}{6} - \frac{\sqrt{2}w}{2}, \frac{\sqrt{3}u}{3} + \frac{\sqrt{6}v}{6} + \frac{\sqrt{2}w}{2}, \frac{\sqrt{3}u}{3} - \frac{\sqrt{6}v}{3}]$$

Nun können wir in f die Variablen x, y, z durch die Komponenten von X ersetzen lassen, müssen *MapleV* dabei jedoch zum Ausmultiplizieren zwingen.

```
> f1 : =simplify(expand(subs({x = X[1], y = X[2], z = X[3]}, f)));
```

$$f1 := -11 + 8\sqrt{2}w + 2\sqrt{2}\sqrt{3}v - 6\sqrt{3}u - 4w^2 + 3u^2$$

Für die quadratisch auftretenden Variablen u und w finden wir durch quadratische Ergänzung die jetzt noch erforderliche Parallelverschiebung des Koordinatensystems. Am einfachsten ist es, hierfür das Paket student zu verwenden, in dem es einen entsprechenden Befehl gibt. Dieser muß für jede Variable getrennt ausgeführt werden.

```
> with(student):
```

```
> f2 := completesquare(f1, u);
```

$$f2 := 3\left(u - \sqrt{3}\right)^2 - 20 + 8\sqrt{2}w + 2\sqrt{2}\sqrt{3}v - 4w^2$$

```
> f3 := completesquare(f2, w);
```

$$f3 := -4\left(w - \sqrt{2}\right)^2 - 12 + 3\left(u - \sqrt{3}\right)^2 + 2\sqrt{2}\sqrt{3}v$$

Es ist nun leicht zu sehen, welche Variablensubstitution für u und w erforderlich ist.

```
> f4 := subs({w = W + sqrt(2), u = U + sqrt(3)}, f3);
```

$$f4 := -4W^2 - 12 + 3U^2 + 2\sqrt{2}\sqrt{3}v$$

Den Absolutterm bringen wir durch eine Verschiebung in Richtung von v zum Verschwinden und erhalten so nach Ausmultiplizieren und Vereinfachen die Normalform

```
> f5 := subs(v = V + sqrt(6), f4);
```

$$f5 := -4W^2 - 12 + 3U^2 + 2\sqrt{2}\sqrt{3}\left(V + \sqrt{6}\right)$$

```
> f6 := simplify(expand(f5));
```

$$f6 := -4W^2 + 3U^2 + 2\sqrt{2}\sqrt{3}V$$

Einer Liste aller möglichen Normalformen von Quadriken im $\mathbb{R}^3$ entnehmen wir, daß es sich um ein hyperbolisches Paraboloid handelt.

5.4 Das Rechnen mit Matrizen modulo einer Primzahl und andere Sonderfälle

5.4.1 Matrizen modulo einer Primzahl

Ebenso wie Gleichungen können auch Matrizen modulo einer Primzahl betrachtet werden. Dies wollen wir Ihnen mit einigen Beispielen zeigen. Wir definieren eine Matrix A

```
> with(linalg:
```

Warning: new definition for norm

Warning: new definition for trace

```
> A := matrix([[7, 5], [1, 1]]):
```

und lassen die Determinante von A auf verschiedene Arten berechnen.

```
> [det(A), det(A) mod 2, det(A) mod 3, mods(det(A), 3)];
```

$$[2, 0, 2, -1]$$

Wir wollen nun eine inhomogene Gleichung $\pmod 2$ lösen und verwenden hierfür `msolve`.

```
> b := evalm(A * [x, y]);
```

$$b := [\frac{7\pi}{2} + 5y, \frac{\pi}{2} + y]$$

```
> c := vector([1, 1]):
> msolve({seq(b[i] = c[i], i = 1 .. 2)}, {x, y}, 2);
```

$$\{X = Y + 1\}$$

Die allgemeine Lösung dieses Gleichungssystems $\pmod 2$ lautet also

$$(x, y) = (1 + y, y)$$

während das Gleichungssystem über den reellen Zahlen nur die triviale Lösung hat, weil dort die Matrix A invertierbar ist. Nun lassen wir die inverse Matrix bestimmen:

```
> inverse(A);
```

$$\begin{bmatrix} 1/2 & -5/2 \\ -1/2 & 7/2 \end{bmatrix}$$

Der Versuch, dies auch $\pmod 2$ berechnen zu lassen, schlägt erwartungsgemäß fehl, da die Determinante $\pmod 2$ Null ist.

```
> B := matrix(2, 2):
> gl := evalm(A * B);
```

$$gl := \begin{bmatrix} 7\,B_{1,1} + 5\,B_{2,1} & 7\,B_{1,2} + 5\,B_{2,2} \\ B_{1,1} + B_{2,1} & B_{1,2} + B_{2,2} \end{bmatrix}$$

```
> Id := matrix([[1, 0], [0, 1]]):
> msolve({seq(seq(gl[i, j] = Id[i, j], i = 1 .. 2), j = 1 .. 2)}, 2);
>
```

Dagegen ist es ohne weiteres möglich, die Inverse von $A \pmod 3$ bestimmen zu lassen.

```
> assign(msolve({seq(seq(gl[i, j] = Id[i, j], i = 1 .. 2),
>                                   j = 1 .. 2)}, 3));
> eval(B);
```

$$\begin{bmatrix} 2 & 2 \\ 1 & 2 \end{bmatrix}$$

5.4.2 Funktionen als Matrizenelemente

Vielleicht haben Sie gelegentlich mit Matrizen zu tun, deren Elemente Funktionen sind, und vielleicht gibt es zwischen diesen Funktionen Beziehungen. Dann hängt es von Ihnen ab, welche Ergebnisse Befehle wie `nullspace` etc. haben. Dies wollen wir an einem Beispiel zeigen. Als Elemente wählen wir trigonometrische Funktionen, weil die Beziehungen zwischen ihnen allgemein bekannt sind.

```
> A := matrix([[sin(x)^2, cos(x)^2], [sin(x)^2, 1 - sin(x)^2]]);
```

$$A := \begin{bmatrix} \sin(x)^2 & \cos(x)^2 \\ \sin(x)^2 & 1 - \sin(x)^2 \end{bmatrix}$$

Solange Sie dies nun nicht ausdrücklich befehlen, wird *MapleV* das Element $1 - \sin^2 x$ nicht durch $\cos^2 x$ ersetzen. Dies hat in vielen Rechnungen schwerwiegende Folgen. Wenn Sie etwa die Determinante von A berechnen lassen, werden Sie dem ausgegebenen Ausdruck nicht mehr so schnell ansehen, daß er 0 entspricht.

```
> det(A);
```

$$\sin(x)^2 - \sin(x)^4 - \cos(x)^2 \sin(x)^2$$

In diesem Fall kommen Sie wahrscheinlich auf die Idee, die Ausgabe vereinfachen zu lassen, und erhalten so ein aussagekräftiges Ergebnis.

```
> simplify(");
```

$$0$$

Wollen Sie sich jedoch die Lösungen des homogenen Gleichungssystems $A\vec{x} = \vec{0}$ berechnen lassen, so erkennt *MapleV* nicht, daß die Matrix nicht invertierbar ist, und liefert daher ein falsches Ergebnis.

```
> nullspace(A);
```

$$\{\}$$

```
> linsolve(A, [0, 0]);
```

$$[0, 0]$$

Es ist Ihre Aufgabe, in solchen Fällen *zuerst* die Matrix vereinfachen zu lassen.

```
> A1 := map(simplify, A, trig);
```

$$A1 := \begin{bmatrix} 1 - \cos(x)^2 & \cos(x)^2 \\ 1 - \cos(x)^2 & \cos(x)^2 \end{bmatrix}$$

Dies spart Ihnen bei der Berechnung der Determinante die nachfolgende Vereinfachung.

```
> det(A1);
```

$$0$$

Hier sollten Sie sich übrigens nicht mit `rank` eine Übersicht verschaffen wollen, da bei der Rangberechnung mit Hilfe des Gaußverfahrens zur Zeit nur rationale Polynome als Matrixelemente zugelassen sind.

```
> rank(A1);
```

Error, (in linalg[gausselim])
matrix entries must be rational polynomials

Bei der vereinfachten Matrix führen sowohl `nullspace` als auch `linsolve` zum richtigen Ergebnis.

```
> w := nullspace(A1);
```

$$w := \left\{ [1, \frac{-1+\cos(x)^2}{\cos(x)^2}] \right\}$$

```
> linsolve(A1, [0, 0]);
```

$$[\_t_1, \frac{\left(-1+\cos(x)^2\right)\_t_1}{\cos(x)^2}]$$

Trotzdem müssen Sie das Ergebnis noch überprüfen, da es nur für $\cos x \neq 0$ richtig ist, wie Sie im folgenden sehen.

```
> x := arccos(0);
```

$$x := \frac{\pi}{2}$$

```
> nullspace(A1);
```

$$\{[0,1]\}$$

Dies zeigt, daß immer noch einige Dinge übrigbleiben, die Sie persönlich berechnen müssen.

5.5 Numerische Lösungen

Bei der Berechnung von Eigenwerten und Eigenvektoren treten eine Reihe von Problemen auf. Zum einen haben Sie bereits gesehen, daß *MapleV* derzeit nicht in der Lage ist, Eigenvektoren exakt zu berechnen, falls die Matrix Einträge wie den Sinus eines symbolischen Namens oder dgl. enthält. Zum anderen kann aufgrund des speziell von *MapleV* benutzten Algorithmus zur Ermittlung der Eigenwerte der Fall auftreten, daß beim Versuch, die Eigenwerte zu berechnen, ein Zusammenhang zwischen den in der Lösung auftretenden `RootOf`-Ausdrücken festgestellt wird. Dies führt zu einer Fehlermeldung, und weder Eigenwerte noch Eigenvektoren können in einem solchen Fall exakt bestimmt werden.

```
> B := matrix([[1,        sqrt(2), sqrt(6), sqrt(2)],
>              [sqrt(5),  6,       sqrt(7),   9],
>              [7,        sqrt(3),   -4,      1],
>              [11,         2,        7,     17]]);
```

$$B := \begin{bmatrix} 1 & \sqrt{2} & \sqrt{6} & \sqrt{2} \\ \sqrt{5} & 6 & \sqrt{7} & 9 \\ 7 & \sqrt{3} & -4 & 1 \\ 11 & 2 & 7 & 17 \end{bmatrix}$$

```
> eigenvects(B);
```

```
Error, (in evala)
reducible RootOf detected. Substitutions are,
RootOf(_Z^2-6) = -RootOf(_Z^2-3)*RootOf(_Z^2-2),
RootOf(_Z^2-6) = RootOf(_Z^2-3)*RootOf(_Z^2-2)
```

Was können Sie in solch einem Fall tun? Die erste Idee ist vielleicht, einfach numerisch rechnen zu lassen. Um dies zu erzwingen, ist es am einfachsten, einen Eintrag der Matrix durch Hinzufügen des Dezimalpunktes in eine Gleitkommazahl umzuwandeln. Anderenfalls müssen Sie den inaktiven Befehl `Eigenvals` verwenden. Das Ergebnis ist in beiden Fällen dasselbe.

```
> t := evalf(Eigenvals(B));
```

$$t := 20.6684805783967, 2.81986869548543 + 2.23469917514082I,$$
$$2.81986869548543 - 2.23469917514082I, -6.30821796936764$$

Wenn Sie jetzt jedoch versuchen, die Eigenvektoren gemäß Definition ausrechnen zu lassen, stellen Sie fest, daß die Matrix

$$B - t\,Id$$

nichtsingulär ist, das zugehörige homogene lineare Gleichungssystem also nur die triviale Lösung besitzt.

```
> det(evalm(B - t[1] * &*()));
```

$$15355.66459 - 72.15343951\sqrt{3}\sqrt{7} - 1239.114278\sqrt{3} - 39.33696120\sqrt{7} - 132.8328037\sqrt{5}\sqrt{2} -$$
$$3.66848060\sqrt{5}\sqrt{3}\sqrt{6} - 7\sqrt{5}\sqrt{3}\sqrt{2} - 2\sqrt{5}\sqrt{6} - 50.67936420\sqrt{2}\sqrt{7} -$$
$$7582.275549\sqrt{2} - 412.0305422\sqrt{6} - 99\sqrt{6}\sqrt{3} + 11\sqrt{3}\sqrt{2}\sqrt{7}$$

```
> evalf(");
```

$$.00018249$$

```
> nullspace(evalm(B - t[1] * &*()));
```

$$\{\}$$

Eine Erhöhung der Rechengenauigkeit über `Digits` läßt zwar den Wert der Determinante kleiner werden, ändert aber nichts am grundsätzlichen Problem.

```
> Digits := 30:

> t := evalf(Eigenvals(B)):

> evalf(det(evalm(B - t[1] * &*())));
```

$$.85251\,10^{-23}$$

Es scheint derzeit nur eine Möglichkeit zu geben, wie Sie sich in einem solchen Fall helfen können – die Umwandlung der Gleitpunktzahlen in Brüche. Wir lassen also zunächst die Matrixeinträge numerisch auswerten und die so erhaltenen Gleitpunktzahlen in (Näherungs-)Brüche umwandeln.

```
> B1 := map(evalf, B):

> B2 := map(convert, B1, fraction);
```

$$B2 := \begin{bmatrix} 1 & \frac{9369319}{6625109} & \frac{20721118}{8459361} & \frac{9369319}{6625109} \\ \frac{16692641}{7465176} & 6 & \frac{8193151}{3096720} & 9 \\ 7 & \frac{13623482}{7865521} & -4 & 1 \\ 11 & 2 & 7 & 17 \end{bmatrix}$$

Die so entstandene Matrix hat erzwungenermaßen rationale Einträge, und wir lassen die Eigenvektoren berechnen. Die Ausgabe gibt Ihnen vielleicht eine Vorstellung von den Fähigkeiten von *MapleV* zum Umgang mit exakten Zahlen, die auftretenden Brüche passen aber nicht mehr auf die Druckseite. Wahrscheinlich ist Ihnen eine numerische Ausgabe der Eigenvektoren lieber.

```
> V := map(allvalues, eig1[3], d):

> V1 := seq(map(evalf, V[j]), j = 1 .. 4);
```

$$V1 := [1.88765524290456, 0.297506899593180, -6.38106277721487, 1.0],$$
$$[0.1346633150676, 0.6566082287330, 0.1248525221697, 1.0], [-0.652410770179792 - 0.258563811945300I,$$
$$-1.01989827098385 + 1.08363960939700I, -0.709116612938457 - 0.222539494648101I, 1.0],$$
$$[-0.652410770179792 + 0.258563811945300I, -1.01989827098385 - 1.08363960939700I,$$
$$-0.709116612938457 + 0.222539494648101I, 1.0]$$

Auch bei relativ kleinen Matrizen kann es zu recht langen Rechenzeiten kommen. Die folgende Matrix enthält nur konkrete Sinus- und Kosinuswerte, ist also für *MapleV* bearbeitbar. Die Eigenwerte und Eigenvektoren, deren Ausgabe wir hier unterdrücken, werden erst nach ziemlich langer Rechenzeit ausgegeben.

```
> A := matrix([[I, I + 3 * sin(2), cos(3)], [4, sqrt(7), cos(Pi/11)],
>              [sqrt(7), sin(Pi/17), ln(3)]]);
```

$$A := \begin{bmatrix} I & I + 3\sin(2) & \cos(3) \\ 4 & \sqrt{7} & \cos(\frac{\pi}{11}) \\ \sqrt{7} & \sin(\frac{\pi}{17}) & \ln(3) \end{bmatrix}$$

```
> t1 := time(): eigenvects(A): time() - t1;
```

588.000

Für den Fall, daß die Anzahl freier (Mega-)Bytes auf Ihrem Rechner nicht sehr groß ist, kann es auch zum Programmabbruch wegen fehlenden Speicherplatzes kommen. Danach ist ein Warmstart erforderlich. In solchen Fällen werden Sie sich sehr freuen, wenn Sie wichtige Ergebnisse Ihrer bisherigen Arbeit gespeichert haben (dies gilt insbesondere, wenn parallel mit Ihrer *MapleV*-Sitzung eine andere Windows-Anwendung läuft). Wenn Sie sich die Ergebnisse sofort numerisch ausgeben lassen, gewinnen Sie übrigens beträchtlich an Zeit. Desgleichen haben wir festgestellt, daß Sie bei manueller Berechnung der Eigenvektoren mit `nullspace` viel schneller als mit `linsolve` ein Ergebnis erhalten.

```
> t1 := time(): evalf(eigenvects(A)); time() - t1;
```

$$[4.90723353526314 + 0.872404985358942I, 1.0, \{\}][-0.968300300745390+$$
$$0.331212004847941I, 1.0, \{\}][-0.194569634785058 - 0.203616990206885I, 1.0, \{\}]$$

80.0

```
> e  := eigenvects(A):

> e1 := [allvalues(e[1], d)]:

> B  := evalm(A - e1[2] * &*()):

> t  := time(): nullspace(B): time() - t;
```

22.000

```
> t := time(): linsolve(B, [0, 0, 0]): time() - t;
```

1318.000

Was geschieht, wenn man auf eine Matrix stößt, bei der der numerische Wert der Determinante sehr dicht bei Null liegt, haben wir bereits gesehen. Solche Matrizen werden als nicht-singulär erkannt bzw. angesehen, und es ist Ihre Aufgabe, sich Gedanken darüber zu machen, ob dies richtig ist oder nicht.

```
> A := matrix(3, 3, [seq(seq(sin(i + j), i = 1 .. 3), j = 1 .. 3)]):

> det(A);
```

$$\sin(2)\sin(4)\sin(6) - \sin(2)\sin(5)^2 - \sin(3)^2\sin(6) + 2\sin(3)\sin(4)\sin(5) - \sin(4)^3$$

```
> evalf(");
```

$$.1\,10^{-9}$$

```
> AN := map(evalf, A):
```

```
> det(AN);
```

$$.1\,10^{-9}$$

Nachdem für die Determinante, unabhängig von der Reihenfolge der Operationen, jeweils derselbe Wert berechnet wird, sieht es so aus, als sei die Determinante tatsächlich nicht Null. Bevor wir den exakten Wert der Determinante angeben, wollen wir die verschiedenen Möglichkeiten, das Gleichungssystem $A\vec{x} = \vec{0}$ zu lösen, ausprobieren. Sowohl `linsolve` als auch `nullspace` behaupten nun, daß entsprechend unserer bisherigen Annahme die Matrix regulär ist. Beim numerischen Pendant der Matrix sind sich die beiden Befehle nicht einig.

```
> l1 := linsolve(A, vector([0, 0, 0]));
```

$$l1 := [0, 0, 0]$$

```
> l2 := nullspace(A);
```

$$l2 := \{\}$$

```
> l3 := linsolve(AN, vector([0, 0, 0]));
```

$$l3 := [0, 0, 0]$$

```
> l4 := nullspace(AN);
```

$$l4 := \{[-0.9254078588, 1, -0.9254078590]\}$$

Bei Verwendung von `solve` sieht es abermals aufgrund des Resultats so aus, als ob beide Matrizen regulär seien.

```
> h1 := multiply(A, vector([x, y, z])):
```

```
> solve({seq(h1[i1] = 0, i1 = 1 .. 3)}, {x, y, z});
```

$$\{y = 0, z = 0, x = 0\}$$

```
> h2 := multiply(AN, vector([x, y, z])):
```

```
> solve({seq(h2[i2] = 0, i2 = 1 .. 3)}, {x, y, z});
```

$$\{y = 0, z = 0, x = 0\}$$

Wenn es in der Mathematik demokratisch zuginge, wäre nun gesichert, daß es sich um eine reguläre Matrix handelt. Die Wahrheit jedoch ist, daß $Det(A) = 0$ ist, wie Sie mit Papier und Bleistift nachrechnen können, wenn Sie bei der Determinantenberechnung die trigonometrische Formel

$$\sin\alpha\sin\beta\sin\gamma = \frac{1}{4}[\sin(\alpha+\beta-\gamma) + \sin(\beta+\gamma-\alpha) + \sin(\gamma+\alpha-\beta) - \sin(\alpha+\beta+\gamma)]$$

berücksichtigen. Lernen kann man aus solchen Beispielen, daß die verschiedenen Befehle gegen numerische Ungenauigkeiten unterschiedlich empfindlich sind und es sich daher gegebenenfalls empfiehlt, das Ergebnis auf mehreren Wegen zu suchen. Es soll in absehbarer Zeit auch ein Intervallarithmetikprogramm für *MapleV* zur Verfügung stehen, das dann solche Überlegungen erleichtert.

5.6 Nichtlineare Gleichungssysteme

Aus gutem Grund werden nichtlineare Gleichungssysteme häufig durch lineare Systeme approximiert, weil es meistens hoffnungslos ist, ein solches System lösen zu wollen. In einzelnen Fällen kann es jedoch sein, daß Sie erfolgreich sind. Im folgenden Beispiel ist eine der Gleichungen linear, sodaß sich durch Einsetzen in die andere Gleichung eine quadratische Gleichung ergibt.

```
> allvalues(solve({x1^2 + 3 * y1^2 = 1, y1 + 2 * x1 = 1},
>                                     {x1, y1}), d);
```

$$\left\{ x1 = \frac{6}{13} - \frac{\sqrt{10}}{13}, y1 = 1/13 + \frac{2\sqrt{10}}{13} \right\}$$
$$\left\{ x1 = \frac{6}{13} + \frac{\sqrt{10}}{13}, y1 = 1/13 - \frac{2\sqrt{10}}{13} \right\}$$

Auch bei der Berechnung der Schnittpunkte der Neilschen Parabel $y^3 = x^2$ mit dem Einheitskreis ist *MapleV* erfolgreich. Die vollständige Ausgabe würde sich allerdings über mehrere Seiten erstrecken, weswegen wir sie uns hier mit der `RootOf`-Darstellung begnügen.

```
> Schnitt := solve({y^3 = x^2, x^2 + y^2 = 1}, {x, y});
```

$$\left\{ y = \mathit{RootOf}(\_Z^3 + \_Z^2 - 1), x = \mathit{RootOf}(\_Z^3 + \_Z^2 - 1)^{3/2} \right\},$$
$$\left\{ y = \mathit{RootOf}(\_Z^3 + \_Z^2 - 1), x = -\mathit{RootOf}(\_Z^3 + \_Z^2 - 1)^{3/2} \right\}$$

Stattdessen lassen wir die Kurven zeichnen; hierfür benötigen wir die Funktion `implicitplot` aus dem Graphikpaket `plots`[17]. Mehr Informationen hierüber finden Sie im Kapitel 7. Sie sollten sich allerdings keine Illusionen über die Qualität dieser Graphik machen – in Wirklichkeit hat die Neilsche Parabel eine Spitze im Nullpunkt. Wenn Sie die Option `numpoints=3 000` angeben, dauert die Erzeugung auf unserem Rechner etwa 5 Minuten und enthält für $x = 0$ zwar so etwas Ähnliches wie eine Spitze, die Kurve verläuft jedoch nicht durch den Nullpunkt. Um das richtige Bild zu erzeugen, gibt es drei Möglichkeiten: Sie können die Anzahl der zu berechnenden Punkte noch weiter erhöhen (*Vorsicht: Absturzgefahr! Sichern Sie vorher Ihre bisherige Arbeit!*), Sie können die Funktionen durch `solve` explizit machen und dann wie in Bild 5.3 durch `plot` zeichnen, oder Sie können beschließen, daß es für Graphik geeignetere Software wie *Mathematica* gibt.

```
> plot({x^(2/3), sqrt(1 - x^2)}, x =  -1.5 .. 1.5, color = black,
> scaling = CONSTRAINED);
```

Das Bild zeigt zwei reelle Schnittpunkte. Um die ungefähren Koordinaten dieser Schnittpunkte zu erfahren, können Sie mit der Maus darauf klicken. In der linken oberen Ecke des Graphikbildschirms werden dann die Koordinaten des angeklickten Punktes ausgegeben. Das Ergebnis ist offenbar recht ungenau und hängt auch davon ab, ob Sie eine ruhige Hand haben. Wir haben als ungefähre Koordinaten `[x = -0.6658, y = 0.7489]` und `[x = 0.6658, y = 0.7489]` ermittelt. Für eine genauere Bestimmung lassen wir feststellen, welche der gefundenen Schnittpunkte reell sind.

```
> L := map(evalf, [seq(allvalues(Schnitt[i], d), i = 1 .. 2)]):

> seq(type(op(2, op(1, L[i])), float), i = 1 .. 6);
```

$$\mathit{true}, \mathit{false}, \mathit{false}, \mathit{true}, \mathit{false}, \mathit{false}$$

Die reellen Schnittpunkte sind also der erste und der vierte der Liste. Diese können Sie sich nun exakt oder als numerische Näherungswerte ausgeben lassen. Aus Platzgründen wählen wir die letztere Möglichkeit.

[17] Diesen Befehl gibt es erst im Release 2 von *MapleV*.

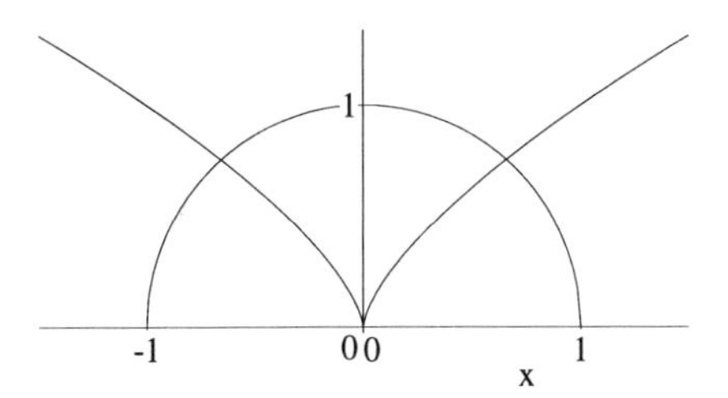

Bild 5.3 Schnittpunkte der Neilschen Parabel $y^3 = x^2$ mit dem Einheitskreis

```
> L[1]; L[4];
```

$$\{x = 0.6558656187, y = 0.7548776667\}$$
$$\{y = 0.7548776667, x = -0.6558656187\}$$

Diese Vorgehensweise, mit `type` die richtigen Werte auszusortieren, hat den Vorteil, daß Ihr Bildschirm nicht von unnützer Information überquillt. Außerdem können Sie dieses Verfahren auch verwenden, wenn Sie in automatisierten Abläufen (Programmen) nur mit bestimmten Werten weiterrechnen wollen.

Nichtlineare Gleichungssysteme treten häufig im Zusammenhang mit der Bestimmung von Extremwerten (mit und ohne Nebenbedingungen) von Funktionen mehrerer Veränderlicher auf. An drei Beispielen wollen wir Ihnen zeigen, wo die Grenzen des Machbaren für *MapleV* liegen.

- Es sollen alle stationären Punkte von $f(x,y) = x^2 + xy + y^2 + a^3/x$ (für $a > 0$ und $x > 0$) zu bestimmt werden. Darüberhinaus ist festzustellen, in welchen von ihnen ein Minimum/Maximum vorliegt.

  ```
  > f := x^2 + x * y + y^2 + a^3/x:
  ```

  Stationäre Punkte sind Punkte, in denen alle Ableitungen verschwinden. Damit ergibt sich das gesuchte Gleichungssystem:

  ```
  > kand := solve({diff(f, x) = 0, diff(f, y) = 0}, {x, a, y});
  ```

  $$kand :=$$
  $$\left\{x = x, a = \frac{\sqrt[3]{3}\, 2^{2/3} x}{2}, y = -\frac{x}{2}\right\}, \left\{x = x, a = \frac{\left(-1 + I\sqrt{3}\right)\sqrt[3]{3}\, 2^{2/3} x}{4}, y = -\frac{x}{2}\right\},$$
  $$\left\{a = -\frac{\left(1 + I\sqrt{3}\right)\sqrt[3]{3}\, 2^{2/3} x}{4}, x = x, y = -\frac{x}{2}\right\}$$

  Nicht alle der von *MapleV* gefundenen Werte sind reell:

  ```
  > evalf(kand);
  ```

$$\{x = x, a = 1.144714243x, y = -0.5000000000x\}, \{x = x, y = -0.5000000000x,$$
$$a = (-0.5723571213 + 0.9913516143I)\, x\},$$
$$\{x = x, y = -0.5000000000x, a = (-0.5723571213 - 0.9913516143I)\, x\}$$

Es gibt also nur einen reellen stationären Punkt; um zu überprüfen, ob es sich um ein Minimum, Maximum oder einen Sattelpunkt handelt, berechnen wir die Hesse-Matrix in diesem Punkt.

```
> with(linalg):
```

Warning: new definition for norm
Warning: new definition for trace

```
> Hesse := hessian(f, [x, y]);
```

$$Hesse := \begin{bmatrix} 2 + \frac{2a^3}{x^3} & 1 \\ 1 & 2 \end{bmatrix}$$

```
> assign(kand[1]):
```

Die Eigenwerte der Hesse-Matrix entscheiden über die Extremeigenschaften des Punktes.

```
> evalf(eigenvals(Hesse));
```

$$5.302775638, 1.697224362$$

Da beide Eigenwerte positiv sind, handelt es sich um ein Minimum.

- Nun sollen alle stationären Punkte von $f(x, y, z) = x \sin y \cosh z$ gefunden werden.

```
> x := evaln(x):    y := evaln(y):    a := evaln(a):
> f := x * sin(y) * cosh(z):
```

Wir suchen die stationären Punkte.

```
> kand := solve({diff(f, x) = 0, diff(f, y) = 0, diff(f, z) = 0},
>                                                       {x,y,z});
```

$$kand := \{z = z, y = 0, x = 0\} \left\{y = y, x = 0, z = \frac{I\pi}{2}\right\} \left\{y = 0, x = x, z = \frac{I\pi}{2}\right\}$$

Vorsichtshalber machen wir die Probe:

```
> probe := [seq(evalf(subs(kand[i], f)), i = 1 .. 3)];
```

$$probe := [0, 0, 0]$$

- Als letztes wollen wir ein Beispiel für die Bestimmung von Extrema mit Nebenbedingungen besprechen. Eine elektrische Leitung sei aus drei Teilstrecken mit den Längen l_1, l_2 und l_3 zusammengesetzt, wobei die Stromstärke in den einzelnen Teilstrecken I_1, I_2 und I_3, der zulässige Spannungsabfall insgesamt U betrage[18]. Die Querschnitte q_1, q_2 und q_3 der Teilleitungen sind so zu bestimmen, daß der geringste Materialverbrauch entsteht. Mit ρ sei der spezifische Widerstand des Leitermaterials bezeichnet. Unter Berücksichtigung der Tatsache, daß der Widerstand eines langen zylindrischen Leiters proportional zu seiner Länge und umgekehrt proportional zum Querschnitt ist, ergeben sich die Gleichungen

[18] Falls sich bei einem Leiter der Durchmesser sprungartig verändert, gilt das Ohmsche Gesetz nur stückweise.

$$V(q_1, q_2, q_3) = l_1 q_1 + l_2 q_2 + l_3 q_3 = Extr!$$

$$NB: \qquad g(q_1, q_2, q_3) = \rho \left(\frac{l_1 I_1}{q_1} + \frac{l_2 I_2}{q_2} + \frac{l_3 I_3}{q_3} \right) - U = 0$$

```
> V := (l1 * q1 + l2 * q2 + l3 * q3):
> g := rho * (l1 * I1/q1 + l2 * I2/q2 + l3 * I3/q3) - U:
```

Wir bilden die Lagrangefunktion und lassen ihren Gradienten bestimmen.

```
> Lagrange := V + lambda * g:
> Gradient := grad(Lagrange, [q1, q2, q3, lambda]);
```

$$Gradient := [l1 - \frac{\lambda\,\rho\,l1\,I1}{q1^2}, l2 - \frac{\lambda\,\rho\,l2\,I2}{q2^2}, l3 - \frac{\lambda\,\rho\,l3\,I3}{q3^2}, \rho \left(\frac{l1\,I1}{q1} + \frac{l2\,I2}{q2} + \frac{l3\,I3}{q3} \right) - U]$$

Wir lassen die hieraus resultierenden vier Gleichungen nun nach den Variablen q_1, q_2, q_3, λ auflösen[19].

```
> kand := solve({seq(Gradient[i] = 0, i = 1 .. 4)},
>                                  {q1, q2, q3, lambda}):
> kand1 := allvalues(kand, d):
> nops([kand1]);
```

$$4$$

```
> kand2 := seq({seq(simplify(normal(expand(kand1[j][i]))),
>                                 i = 1 .. 4)}, j = 1 .. 4);
```

$$kand2 :=$$

$$\left\{ q1 = \frac{(\%1 + \%3 + \%2)\sqrt{I1}\,\rho}{U}, \lambda = \frac{\left(\%1^2 + 2\,\%1\,\%3 + 2\,\%1\,\%2 + 2\,\%2\,\%3 + \%2^2 + \%3^2\right)\rho}{U^2}, \right.$$

$$\left. q2 = \frac{\rho\sqrt{I2}\,(\%1 + \%3 + \%2)}{U}, q3 = \frac{(\%1 + \%3 + \%2)\sqrt{I3}\,\rho}{U} \right\}$$

$$\left\{ q3 = -\frac{(\%1 - \%2 - \%3)\sqrt{I3}\,\rho}{U}, \lambda = \frac{\left(\%1^2 - 2\,\%1\,\%3 - 2\,\%1\,\%2 + 2\,\%2\,\%3 + \%2^2 + \%3^2\right)\rho}{U^2}, \right.$$

$$\left. q1 = \frac{(\%1 - \%2 - \%3)\sqrt{I1}\,\rho}{U}, q2 = -\frac{\rho\sqrt{I2}\,(\%1 - \%2 - \%3)}{U} \right\}$$

$$\left\{ q1 = \frac{(\%1 + \%2 - \%3)\sqrt{I1}\,\rho}{U}, q2 = \frac{\rho\sqrt{I2}\,(\%1 + \%2 - \%3)}{U}, \right.$$

$$\left. q3 = -\frac{(\%1 + \%2 - \%3)\sqrt{I3}\,\rho}{U}, \lambda = \frac{\left(\%1^2 - 2\,\%1\,\%3 + 2\,\%1\,\%2 - 2\,\%2\,\%3 + \%2^2 + \%3^2\right)\rho}{U^2} \right\}$$

$$\left\{ q3 = \frac{(-\%2 + \%3 + \%1)\sqrt{I3}\,\rho}{U}, \lambda = \frac{\left(\%1^2 + 2\,\%1\,\%3 - 2\,\%1\,\%2 - 2\,\%2\,\%3 + \%2^2 + \%3^2\right)\rho}{U^2}, \right.$$

[19] Im Release 3 ist *MapleV* nicht mehr dazu zu bewegen, eine solch einfache Lösung zu produzieren, selbst wenn Sie die Lösungen symbolisch vereinfachen lassen.

$$q2 = -\frac{\rho\sqrt{I2}\,(-\%2+\%3+\%1)}{U},\; q1 = \frac{(-\%2+\%3+\%1)\sqrt{I1}\,\rho}{U}\Bigg\}$$

$$\%1 := l1\sqrt{I1}$$
$$\%2 := l3\sqrt{I3}$$
$$\%3 := l2\sqrt{I2}$$

Da q_i jeweils eine Fläche sein soll, müssen wir in allen Fällen die Lösung wählen, in der nur positive Vorzeichen erscheinen. Es ist also nur die 1. Lösung von uns gesucht[20]. Damit ergibt sich der minimale Materialaufwand zu

```
> factor(normal(subs(kand2[1], V)))
```

$$\frac{\left(\sqrt{I1}\,l1 + \sqrt{I3}\,l3 + l2\sqrt{I2}\right)^2 \rho}{U}$$

Fazit: Auch das beste Computeralgebra-Programm kann den eigenen Kopf nicht ersetzen!

5.7 Übungen

1. Für welche reellen Zahlen ist das Gleichungssystem

$$\begin{pmatrix}1&1&0&1\\0&0&1&1\\2&1&3&4\\3&2&4&6\end{pmatrix}\cdot\begin{pmatrix}x_1\\x_2\\x_3\\x_4\end{pmatrix}=\begin{pmatrix}1\\2\\3\\p\end{pmatrix}$$

lösbar? Bestimmen Sie gegebenenfalls die Lösung bzw. den Lösungsraum!

2. Bestimmen Sie die Normalform von

$$2x^2+3y^2+4z^2-4xy-4yz+2x+2y+2z+3=0$$

3. Gesucht sind die Extremwerte von $f(x,y) = 3x^2 - 2xy + y^2$ auf der Kreisscheibe $x^2+y^2 \le 1$

4. In einem Punkt eines Körpers sind in einem x, y, z-System die Spannungen

$$\begin{array}{lllllllll}\sigma_x & = & 200\,\mathrm{Nm\,m^{-2}} & \sigma_y & = & 1100\,\mathrm{Nm\,m^{-2}} & \sigma_z & = & 500\,\mathrm{Nm\,m^{-2}}\\ \tau_{xy} & = & 200\,\mathrm{Nm\,m^{-2}} & \tau_{yz} & = & 800\,\mathrm{Nm\,m^{-2}} & \tau_{zx} & = & -1000\,\mathrm{Nm\,m^{-2}}\end{array}$$

bekannt. Gesucht sind für den hieraus gebildeten Spannungstensor S die Extremwerte der quadratischen Form

$$\sigma(\vec{n}) = \vec{n}^t S \vec{n}$$

auf der Sphäre $|\vec{n}| = 1$.

5. Für welche Werte von t schneiden sich die folgenden vier Ebenen des $\mathbb{R}^3$?

$$E_1 : y+z=0 \qquad E_2 : 2x-y+z=0$$
$$E_3 : x+y=2t \qquad E_4 : 2(x-y)+t(z+1)=0$$

[20] Leider gibt es zur Zeit nur mit sehr großem Aufwand die Möglichkeit, eine solche Entscheidung in automatisierten Abläufen vornehmen zu lassen.

6 Statistik und Kombinatorik

6.1 Deskriptive Statistik

6.1.1 Einleitung

Das Statistik-Paket von *MapleV* ist zwar nicht so umfangreich wie ein reines Statistik-Software-Paket, von denen es viele auf dem Markt gibt, aber zu umfangreich, als daß wir hier alle Befehle vorführen könnten[1] . In der Statistik werden Daten verarbeitet; manchmal sind es wenige, weil eine kleine Stichprobe gezogen wurde. Wenige Daten können wir schnell eintippen. Manchmal sind es aber viele Daten, wie eine umfangreiche Meßreihe. Wie transportieren wir diese Daten zu *MapleV*, falls sie schon glücklicherweise in einer Datei stehen? Falls Windows diese Datei lesen kann, so ist es kein Problem für Sie, diese Daten dort in die Zwischenablage zu kopieren, um sie dann in *MapleV* mit `_Copy` aus dem Menü `_Edit` problemlos einzufügen. Sie können in *MapleV* aber auch die Daten mit Hilfe von `readdata` direkt aus einer Datei einlesen. Dabei ist es sehr wichtig, daß die Zahlen in einer *MapleV* genehmen Form geschrieben worden sind, d.h. Sie müssen die Zahlendarstellung von C oder Fortran verwenden und können *nicht* die `Float`-Darstellung von *MapleV* benutzen. Im folgenden Beispiel haben wir als Darstellung Gleitkommazahl, übliche Exponentendarstellung mit nicht normierter Mantisse, das Fortran-Eingabeformat (bei expliziter Formatangabe) und eine Zahl im *MapleV*-Format gewählt. Beim Einlesen werden Daten, die *MapleV* unerwünscht sind, ignoriert.

3468.9876   458.9E-15   .986E+59   32.15+3   234.5907,3   Float(2061153622,-18)

Sind nun diese Zahlen in der Datei Versuch1.txt im Verzeichnis Messung auf einer Diskette im Laufwerk A, so lesen wir sie folgendermaßen ein.

```
> readlib(readdata):

> readdata(`a:\\messung\\versuch1.txt`);
```

$$[3468.98760000000000, 4.589000000000000\ 10^{-13}, 9.860000000000000\ 10^{58}, 32.15000000000000, 234.5907000000000, 0]$$

6.1.2 Sortieren von Daten

Wir haben eine große Anzahl von Daten und wollen uns einen Überblick verschaffen. Wie man dabei vorgehen kann, möchten wir an einer Meßreihe von Längen in mm von Kardanwellen für Modellautos aufzeigen:

```
> Werte := [29.5, 29.7 , 29.8 , 29.8 , 29.7 , 29.8 , 30.0 , 29.9 ,
>     29.8, 29.7, 30.0 , 29.9 , 29.9 , 29.6 , 29.7 , 29.6 , 29.7 ,
>     29.8, 30.0 , 29.9 , 29.8 , 29.9 , 30.0 , 29.7 , 29.8 , 29.8 ,
```

[1] Dies gilt insbesondere für die zahlreichen im Release 3 hinzugefügten Befehle, die auch die graphischen Möglichkeiten deutlich verbessern.

```
>     29.8, 30.0 , 29.9 , 29.7 , 29.7 , 29.8 , 30.0 , 29.8 , 30.0 ,
>     29.9, 29.5 , 29.6 , 30.0 , 29.8 , 29.8 , 30.0 , 29.9, 29.5]:
```

Nun wollen wir zunächst wissen, wieviele Daten wir überhaupt haben:

```
> nops(Werte);
```

$$44$$

Nun können wir noch die Meßwerte der Größe nach sortieren.

```
> sort(Werte);
```

$$[29.5, 29.5, 29.5, 29.6, 29.6, 29.6, 29.7, 29.7, 29.7, 29.7, 29.7, 29.7, 29.7, 29.7, 29.8, 29.8, 29.8, 29.8, 29.8, 29.8, 29.8, 29.8, 29.8, 29.8, 29.8, 29.8, 29.8, 29.9, 29.9, 29.9, 29.9, 29.9, 29.9, 29.9, 29.9, 30.0, 30.0, 30.0, 30.0, 30.0, 30.0, 30.0, 30.0, 30.0]$$

Desweiteren ist es noch möglich, festzustellen, welche Meßwerte überhaupt bestimmt wurden.

```
> convert(", set);
```

$$\{29.9, 30.0, 29.8, 29.7, 29.5, 29.6\}$$

Falls Sie aber an so etwas wie der Häufigkeitsverteilung der einzelnen Meßwerte interessiert sind, so sind Sie gezwungen, dazu selber ein Programm zu schreiben[2]. Nachdem also die empirische Häufigkeitsverteilung für *MapleV* kein bekanntes Stichwort ist, gilt dies auch für `piechart` und `barchart`, die graphischen Darstellungsmöglichkeiten von Häufigkeiten. Für die elementare Datenanalyse ist *MapleV* anscheinend nicht geeignet.

6.1.3 Bestimmung von Lage- und Streuungsparametern

Sie kennen sicher noch aus Ihrer Schulzeit den (arithmetischen) Mittelwert und vielleicht sogar die Standardabweichung. Mit Hilfe des Paketes `stats` werden wir sie berechnen. Wir haben ja schon unsere Meßwerte eingelesen und wollen einmal sehen, was die Lageparameter der Verteilung der Daten sind:

```
> average(Werte);
```

$$29.80681819$$

```
> mean(Werte);
```

$$29.80681819$$

```
> median(Werte);
```

$$29.8$$

```
> mode(Werte);
```

$$[29.8]$$

Da die *MapleV* -Hilfe bei der Frage nach `mean` auf `average` verweist, gibt es offenbar keinen Unterschied zwischen diesen Befehlen. Der Median ist eigentlich der Wert in der Mitte der Meßwerte, 50% sollen größer oder gleich sein, 50% sollen kleiner oder gleich sein. Bei *MapleV* ist dies etwas anders. Der Median ist hier der Wert, der nach Sortieren der n Daten den Index `round(n/2)` hat.

[2] Dies wurde durch das Paket `stats[describe]` im Release 3 entscheidend verbessert.

```
> median([1, 20, 20, 1]);
```

$$1$$

Der Modalwert mode ist der Wert, der am häufigsten vorkommt[3].

```
> mode([blau,gelb,rot,gelb,rot,schwarz,weiss,gelb,blau,gruen,blau]);
```

$$[blau, gelb]$$

Damit sind die Möglichkeiten von mode noch nicht erschöpft. Glaubt man dem Handbuch, so ist es möglich, den Bereich der Meßwerte in gleich lange Intervalle zu zerlegen und dann mit mode zu fragen, in welchem Intervall die meisten Meßwerte liegen.

```
> mode(Werte, 12, 1)
```

$$[29 \ldots 30]$$

Wir haben, bei der Zahl 12 beginnend, Intervalle der Länge 1 konstruiert und *MapleV* hat festgestellt, daß in dem Intervall von 29 bis 30 die meisten Meßwerte liegen. Nun wollen wir die Schrittweite verkleineren.

```
> mode(Werte, 25, 0.2);
```

$$[49 \ldots 49.2]$$

Dort liegen bestimmt keine Meßwerte, aber vielleicht mag *MapleV* nur ganze Zahlen als Intervallänge.

```
> mode(Werte, 2, 4);
```

$$[8 \ldots 12]$$

Auch in diesem Intervall liegen keine Meßwerte. Aber vielleicht mag *MapleV* ja nicht unsere Meßwerte. Wir betrachten also das Beispiel aus dem Handbuch.

```
> dat := [1, 1, 2, 2, 2, 2, 5, 5, 9, 9, 9, 9];
```

$$[1, 1, 2, 2, 2, 2, 5, 5, 9, 9, 9, 9]$$

```
> mode(dat, 1, 1);
```

$$[2 \ldots 3, 9 \ldots 10]$$

Wir entnehmen dieser Ausgabe, die ja richtig sein soll, daß *MapleV* halboffene Intervalle betrachtet. Würde die rechte und die linke Intervallgrenze jeweils dazugehören, so hätte das Intervall von 1 bis 2 die meisten Daten.

```
> mode(dat, -1, 2);
```

$$[0 \ldots 2]$$

Betrachtet *MapleV* doch abgeschlossene Intervalle?

```
> mode(dat, -2, 2);
```

$$[0 \ldots 2, 3 \ldots 5]$$

Im Intervall von 3 bis 5 liegen doch nur maximal zwei Werte, aber nur dann, wenn die Intervall abgeschlossen ist. Außerdem ist die Schrittweite 2, d.h. wir beginnen bei -2 und zählen immer 2 dazu: -2, 0, 2, 3, 5, oder?

[3]Beim Versuch, die im folgenden auftretenden Fehler von mode zu beseitigen, wurde dieser Befehl im Release 3 auf ein Minimum reduziert, so daß er nur noch den Modalwert von Zahlen bzw. den feinbestimmten Modalwert klassierter Werte liefert.

```
> mode(dat, -3, 2);
```

$$[-1 \ldots 1]$$

```
> mode(dat, -3, 3);
```

$$[-2 \ldots 1]$$

```
> mode(dat, -4, 2);
```

$$[-1 \ldots 1, 2 \ldots 4]$$

Zum Abschluß noch eine fast richtige Lösung, das Interval hat wirklich die meisten Werte, aber *MapleV* hat die Intervallgrenzen nicht nachvollziehbar bestimmt.

```
> mode(dat, -2, 4);
```

$$[-1 \ldots 3]$$

Wenn Sie wirklich darauf angewiesen sind, für klassierte Werte die Klasse, die die meisten Werte enthält, zu finden, sollten Sie sich ein eigenes Programm schreiben.
Nun wollen wir noch die weiteren Parameter der Verteilung der Meßwerte bestimmen. Es gibt genau drei Befehle, die man nacheinander abarbeitet.

```
> variance(Werte);
```

$$0.02111522197$$

```
> sdev(Werte);
```

$$0.1453107772$$

```
> serr(Werte);
```

$$0.006605035327\sqrt{11}$$

Mit dem ersten bestimmt man die in der analytischen Statistik gebräuchliche Varianz (die Summe über die Quadrate der Abweichungen der Meßwerte vom Mittelwert wird durch n geteilt). Somit ist die Standardabweichung `sdev` die Wurzel aus dieser Varianz, und für `serr` wird dies noch durch die Wurzel aus der Anzahl der Meßwerte geteilt.

6.2 Induktive Statistik

6.2.1 Stetige Verteilungen

MapleV kennt viele stetige Verteilungen aus der Statistik, allerdings stammen die meisten aus der Testtheorie, und der Anwender benötigt sie, sobald er Konfidenzintervalle bestimmt oder Tests auswertet. Die wichtigste stetige Verteilung ist die Normalverteilung. Damit lassen sich Fragen wie folgende beantworten: Eine Maschine füllt Zucker in 1 kg-Tüten ab. Aufgrund mechanischer Einflüsse müssen wir von einer Standardabweichung von 2.5 g ausgehen. Wie groß ist die Wahrscheinlichkeit, daß in einer Tüte höchstens 993g Zucker sind?

```
> N(993, 1000, (2.5)^2);
```

$$0.002555130330$$

Sie sehen, Sie müssen bei der Eingabe aufpassen. Der dritte Parameter beim Aufruf ist die Varianz und nicht die Standardabweichung!

Ein Quantil gibt bei stetigen Verteilungen an, wieviele Prozent der Meßwerte unterhalb einer vorgegebenen Schranke liegen. Wir können also fragen, welches Quantil den 0,1% -igen Anteil der leichtesten Zuckertüten kennzeichnet. Beim Aufruf von `N` wird das Integral von $-\infty$ bis x über die Normalverteilung berechnet. Bei der Bestimmung eines Quantils geben wir die Fläche vor und suchen die zugehörige Integrationsgrenze, was mathematisch die Betrachtung der Umkehrfunktion bedeutet. Der direkte Versuch schlägt jedoch fehl, wie Sie an den folgenden zwei Befehlen sehen, und liefert im 2. Fall sogar ein falsches Ergebnis anstelle einer Fehlermeldung.

```
> fsolve(N(x, 1000, (2.5)^2) = 0.001, x);
```

$$fsolve(0.5000000000 erf(0.2828427125x - 282.8427125) + 0.5000000000 = 0.001, x)$$

```
> evalf(solve(N(x, 1000, (2.5)^2) = 0.001, x));
```

$$1007.697355 - 9.514263431I$$

Auch für die nicht transformierte Normalverteilung tritt das Problem auf.

```
> fsolve(N(x) = 0.001, x);
```

$$fsolve(0.5000000000 erf(0.7071067812x) + 0.5000000000 = 0.001, x)$$

Vergessen Sie in dem Zusammenhang `N( )`, denn für den „`tail`" der Normalverteilung sollten Sie `Q` benutzen. `Q(x)` berechnet die Fläche unter der Normalverteilung von x bis ∞ und läßt sich zum Glück invertieren. Da die Normalverteilung symmetrisch ist, können wir jetzt das Problem lösen[4], wobei wir die Formel benutzt haben, die Sie gewiß aus Ihrer Vorlesung kennen, mit der man die Normalverteilung mit Mittelwert 0 und Standardabweichung 1 zur Normalverteilung mit Mittelwert μ und Standardabweichung σ transformiert: $(X - \mu)/\sigma$.

```
> fsolve(Q(x) = 0.001, x);
```

$$3.090232306$$

```
> 1000 - 2.5 * ";
```

$$992.2744192$$

Somit wissen wir, 0,1% der Zuckertüten haben diese Zuckermenge oder weniger.

Eine andere Fragestellung: Bei einer Telefonauskunft kommt im Durchschnitt alle fünf Sekunden ein Anruf an. Wie groß ist die Wahrscheinlichkeit, daß es einmal bis zum nächsten Anruf mindestens dreizehn Sekunden dauert? Wie Sie sicher wissen, werden solche Probleme mittels der Exponentialverteilung gelöst.

```
> etele := Exponential(1/5):

> readlib(`evalf/int`):

> `evalf/int`('etele(x)', 'x' = 0..13);
```

$$.9257264218$$

```
> 1 - ";
```

$$.0742735782$$

Zuerst müssen wir *MapleV* sagen, daß wir die Exponentialabbildung zu $\lambda = 1/5$ betrachten wollen und danach nur den Integrationsbefehl richtig benutzen. Das Ergebnis ist die Wahrscheinlichkeit, daß innerhalb der 13 Sekunden der nächste Anruf gekommen ist. Uns interessiert aber die Restwahrscheinlichkeit. Das Paket `stats` enthält noch die statistischen Funktionen Student-Verteilung, χ^2-Verteilung und F-Verteilung.

[4] Im Release 3 ist das Statistik-Paket so gründlich neu konzipiert worden, daß wir einige Zeit gebraucht haben, bis wir den nun erforderlichen Befehl fanden. Er lautet in unserem Beispiel `statevalf[icdf,normald[1000,2.5]](0.001);`. Informationen über die neuen Namen erhalten Sie derzeit *nicht* über den Hilfeaufruf mit ?, sondern nur über den Browser, indem Sie `Mathematics..Statistics..` und dann das Sie interessierende Thema wählen, z. B. `Distributions`, wo Sie dann auch sehen, daß beim Aufruf der Normalverteilung jetzt nicht mehr die Varianz, sondern, wie allgemein üblich, die Standardabweichung anzugeben ist.

6.2.2 Konfidenzintervalle

Wenn Sie aufgrund erhobener Daten eine Aussage der folgenden Form treffen: „Mit $\alpha \cdot 100\%$-iger Wahrscheinlichkeit ist der gesuchte Parameter für die Verteilung der Gesamtheit der Daten in dem Intervall $[a, b]$“, so geben Sie ein Konfidenzintervall für diesen Parameter an. Betrachten wir die Kardanwellen vom Anfang. Der Praktiker weiß aus Erfahrung, daß solche Daten einer Normalverteilung genügen, und möchte jetzt das Intervall für den Mittelwert zu 95%-iger Wahrscheinlichkeit bestimmen. Wir nehmen zunächst einmal an, daß wir die Varianz kennen, denn bei vielen mechanischen Prozessen kennt man aus Erfahrung die Streuung der Maschinen. In unserem Beispiel setzen wir die Varianz σ gleich 0.005. In einem Statistikbuch finden wir die Formel für das Konfidenzintervall:

$$[mean - \frac{\sigma\, c}{\sqrt{n}}, mean + \frac{\sigma\, c}{\sqrt{n}}]\,,$$

wobei c das Quantil der Normalverteilung zu $(1 - 0.95)/2$ ist. Erklärung: das Intervall ist symmetrisch um den aus der Stichprobe berechneten Mittelwert, deshalb wird das „Restrisiko“ gleichmäßig nach links und rechts zum Intervall aufgeteilt. Also:

```
> c := fsolve(Q(x) = 0.025, x);
```

$$1.959963985$$

```
> [mean(Werte) - 0.005^0.5 * c/sqrt(44),
>  mean(Werte) + 0.005^0.5 * c/sqrt(44)];
```

$$[29.80681819 - 0.006299562840\sqrt{11}, 29.80681819 + 0.006299562840\sqrt{11}]$$

```
> evalf(");
```

$$[29.78592490, 29.82771148]$$

Wenn man die Standardabweichung nicht kennt, schätzt man sie mit `sdev` und muß wegen der Schätzung für den Fehler bei der Intervallbestimmung die t-Verteilung bemühen. Wir haben daher das Intervall

$$[mean - \frac{sdev\, t}{\sqrt{n}}, mean + \frac{sdev\, t}{\sqrt{n}}]$$

zu bestimmen, wobei t das Quantil der t-Verteilung mit $n - 1 = 43$ Freiheitsgraden zu 0.975 ist.

```
> t := StudentsT(0.975, 43);
```

$$2.016692199$$

```
> [mean(Werte) - sdev(Werte) * t/sqrt(44),
>  mean(Werte) + sdev(Werte) * t/sqrt(44)];
```

$$[29.80681819 - 0.01332032322\sqrt{11}, 29.80681819 + 0.01332032322\sqrt{11}]$$

```
> evalf(");
```

$$[29.76263968, 29.85099670]$$

Aber auch der Wunsch nach einem anderen Vertrauensnivau von 99% läßt sich umsetzen:

```
> t := StudentsT(0.995, 43);
```

$$2.695102079$$

Allerding benötigte *MapleV* für diesen Wert 443 Sekunden.

Beim Testen von Hypothesen will man wissen, ob man eine Hypothese über die Parameter einer Verteilung von Daten, die man sich gebildet hat, aufgrund einer erneuten Stichprobe akzeptieren oder verwerfen soll. Sie müssen die entsprechenden Formeln in Statistikbüchern nachschlagen und können dann mit den Funktionen `ChiSquare`, `Fdist` und `Ftest` arbeiten.

6.2.3 Das Konzept der statistischen Matrix

In der Statistik kommt es häufig vor, daß man zeitabhängige Daten hat, d.h. man hat n Datensätze mit $s+1$ Einträgen $(t_i, x_{1,i}, ..., x_{s,i})$. Nicht nur die Meßwerte wurden durchnumeriert, sondern auch die Zeitpunkte, zu denen Messungen durchgeführt wurden. Dieses Konzept der Zeitreihe läßt sich mit der statistischen Matrix[5] verwirklichen[6]. Wir betrachten als Beispiel die „Bevölkerungswanderungen über die Landesgrenzen von Baden-Württemberg von 1987-1991" (Quelle: Statistisches Landesamt):

```
> Wanderung := [[217991, 166742], [255071, 171059], [358784, 190135],
>               [386395, 204073], [380077, 220646]];
```

$$Wanderung := [[217991, 166742], [255071, 171059], [358784, 190135], [386395, 204073], [380077, 220646]]$$

```
> Zeitrei := array([seq([i, seq(Wanderung[i][j], j = 1..2)],
>                                          i = 1..5)]);
```

$$Zeitrei := \begin{bmatrix} 1 & 217991 & 166742 \\ 2 & 255071 & 171059 \\ 3 & 358784 & 190135 \\ 4 & 386395 & 204073 \\ 5 & 380077 & 220646 \end{bmatrix}$$

```
> Zeitreihe := putkey(Zeitrei, [Zeit, Zuzuege, Fortzuege]);
```

$$Zeitreihe := \begin{bmatrix} Zeit & Zuzuege & Fortzuege \\ 1 & 217991 & 166742 \\ 2 & 255071 & 171059 \\ 3 & 358784 & 190135 \\ 4 & 386395 & 204073 \\ 5 & 380077 & 220646 \end{bmatrix}$$

Zuerst haben wir die Daten aus einer Veröffentlichung abgetippt, jeweils Zuzug und Fortzug eines Jahres. Danach wurde eine Matrix erzeugt, wobei wir die Spalte mit den Zeitpunkten hinzugefügt haben. Zum Abschluß wurde den Spalten mit den Meßwerten der richtige Name zugewiesen. An dieser Zeitreihe können wir das Konzept der statistischen Matrix studieren. Wir können die Varianz eines Meßwertes bestimmen. Dazu geben wir die Matrix an und sagen, welche Meßreihe ausgewertet werden soll.

```
> variance(Zeitreihe, Zuzuege);
```

$$\frac{30178482384}{5}$$

Wir können auch die Meßwerte weiter verarbeiten. Die Ergebnisse bilden dann eine neue Spalte.

```
> evalstat(Zeitreihe, Migrationveraenderung = Zuzuege - Fortzuege);
```

[5] Diese Matrix wird auch häufig als Datenmatrix bezeichnet.

[6] Leider existiert dieses Konzept in Release 3 nicht mehr, so daß Sie stattdessen mit Listen arbeiten müssen. Es bleibt abzuwarten, ob das neue Konzept Bestand hat.

Zeit	*Zuzuege*	*Fortzuege*	*Migrationveraenderung*
1	217991	166742	51249
2	255071	171059	84012
3	358784	190135	168649
4	386395	204073	182322
5	380077	220646	159431

Aber wofür hat man Datenpaare, wenn man nicht die Kovarianz bestimmt.

```
> covariance(Zeitreihe, Fortzuege, Zuzuege);
```

$$\frac{1018877165564923622 5}{1228584794904379324 8}$$

Ein Kollege (Prof. Dr. Bauer, FH Reutlingen) führte uns folgende falsche Bestimmmung der Kovarianz vor, die wegen der Verwendung der vereinfachten Formel zur Kovarianzbestimmung bei Gleitpunktarithmetik auftreten kann.

```
> X := [5201477, 5201478, 5201479];
```

$$[5201477, 5201478, 5201479]$$

```
> Y := [99999, 100000, 100001];
```

$$[99999, 100000, 100001]$$

```
> covariance(X, Y);
```

$$1$$

```
> Xf:=evalf(X);
```

$$[5201477.0, 5201478.0, 5201479.0]$$

```
> Yf := evalf(Y);
```

$$[99999.0, 100000.0, 100001.0]$$

```
> covariance(Xf, Yf);
```

$$500.0000000$$

Die weiteren Möglichkeiten der statistischen Matrix führen zum nächsten Abschnitt.

6.2.4 Lineare Regression

In der Statistik kommt es häufig vor, daß man für zeitabhängige Daten eine Funktion sucht, die den Zusammenhang möglichst gut approximiert. Gibt es etwa für die Daten einen linearen Zusammenhang, dann findet man ihn graphisch, indem man die Daten gegen die Zeit aufträgt und unter allen möglichen Geraden, die man einzeichnen könnte, diejenige heraussucht, deren Abstand zu den einzelnen Meßwerten am geringsten ist. Macht man dies formal und mathematisch exakt, erhält man Gleichungen für die Koeffizienten der Geradengleichung.

```
> linregress(Zeitreihe, Zuzuege = Zeit);
```

$$[183014.8000, 45549.60000]$$

```
> Rsquared(Zeitreihe, Zeit, Zuzuege);
```

$$\frac{1080607323}{1257436766}$$

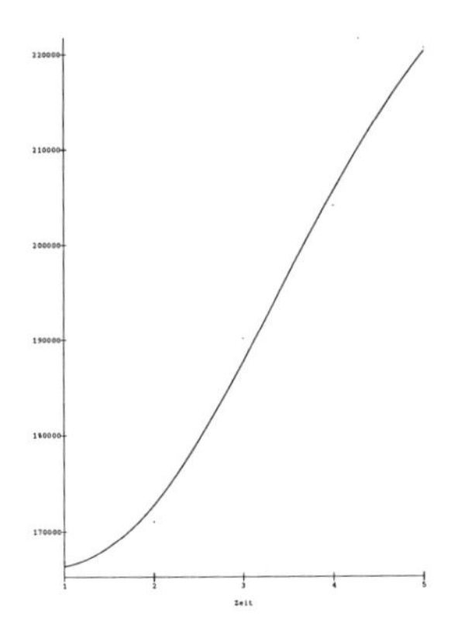

Bild 6.1
Eine mögliche Regressionsfunktion für die „Fortzuege"

```
> evalf(");
```

$$0.8593730931$$

Wir haben zuerst die lineare Regressionskurve $Zuzuege = a + b * Zeit$ bestimmen lassen und erhalten $a = 183014.8$ und $b = 45549.6$. Danach bestimmen wir r^2, wobei r der Regressionskoeffizient des linearen Zusammenhangs ist. Nur wenn er genügend groß ist, kann man in der Praxis wirklich von einem linearen Zusammenhang reden. Falls Sie keinen linearen Zusammenhang vermuten, so sollten Sie den Befehl `regression` verwenden. Er ermöglicht es Ihnen, die Regressionsfunktion als Linearkombination von Funktionen, die Sie vorgeben, zu bestimmen. Auch hier werden die Koeffizienten mit der Methode der kleinsten Quadrate berechnet.

```
> regression(Zeitreihe,
>             Fortzuege = a + b * Zeit + c * Zeit^2 + d * sin(Zeit));
```

$$\{d = -7707.216288, b = 3931.638801, c = 1015.209137, a = 167840.3263\}$$

```
> statplot(Zeitreihe,
>    Fortzuege = subs(", a + b * Zeit + c * Zeit^2 + d * sin(Zeit)));
```

Nachdem wir eine Regressionsfunktion bestimmt haben, ist es ein Leichtes, die Regressionsfunktion und die Datenpaare zeichnen zu lassen. Auch vor Polynomen mit hohem Grad muß keiner Angst haben:

```
> dat := array([[t, x], [1,10], [2,12], [3,14], [4,11], [5,15],
>                        [6,17], [7,14], [8,18], [9,14], [10,16]]);
```

$$dat := \begin{bmatrix} t & x \\ 1 & 10 \\ 2 & 12 \\ 3 & 14 \\ 4 & 11 \\ 5 & 15 \\ 6 & 17 \\ 7 & 14 \\ 8 & 18 \\ 9 & 14 \\ 10 & 16 \end{bmatrix}$$

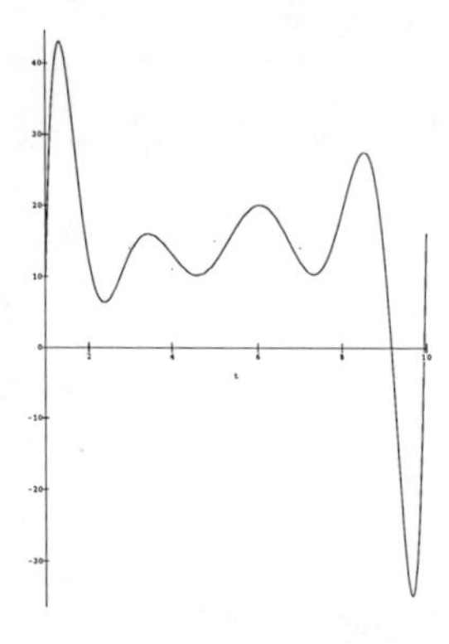

Bild 6.2
Mittels Regresion wurde ein Polynom neunten Grades durch zehn Punkte gelegt.

```
> regression(dat, x = a0 + a1 * t + a2 * t^2 + a3 * t^3 + a4 * t^4 +
>                a5 * t^5 + a6 * t^6 + a7 * t^7 + a8 * t^8 + a9 * t^9);
```

$$\{a6 = -8.989024286, a7 = 0.8282521700, a8 = -0.04220323765, a9 = 0.0009114358220,$$
$$a2 = -925.6791086, a1 = 751.1706340, a4 = -241.9787782, a0 = -238.3753027, a3 = 613.9973203,$$
$$a5 = 59.06491575\}$$

```
> statplot(dat, x = subs(", a0 + a1 * t + a2 * t^2 + a3 * t^3 + a4 *
>       t^4 + a5 * t^5 + a6 * t^6 + a7 * t^7 + a8 * t^8 + a9 * t^9));
```

6.3 Kombinatorik

6.3.1 Lösen von kombinatorischen Problemen mit Binomialkoeffizienten

Falls Sie schon einmal etwas mit Kombinatorik zu tun gehabt haben, so kennen Sie gewiß Fragestellungen wie diese: In einer Urne sind fünf grüne und zwanzig rote Bälle. Wir ziehen dreimal mit Zurücklegen: Wie groß ist die Wahrscheinlichkeit, zwei grüne Bälle zu ziehen? Dazu benötigt man die Binomialverteilung: Der Binomialkoeffizient $\binom{n}{r}$ gibt dabei die Anzahl der Möglichkeiten an, r Kugeln (= Objekte) aus einer Gesamtzahl von n Kugeln auszuwählen. Diese Anzahl wird dann mit den Wahrscheinlichkeiten für das jeweilige Ziehergebnis multipliziert. Auswählen bedeutet hierbei: wir kennen die Reihenfolge der zwei grünen Kugeln unter den drei gezogenen Kugeln nicht.

```
> binomial(3, 2) * (5/(20 + 5))^2 * (20/(20 + 5));
```

$$0.096$$

Wir haben also eingegeben: Anzahl für die Auswahl von zwei aus drei Objekten * Wahrscheinlichkeit für das zweimalige Ziehen einer grünen Kugel * Wahrscheinlichkeit für das einmalige Ziehen einer roten Kugel. Würde man stattdessen fragen, wie groß die Wahrscheinlichkeit für das Ziehen von höchstens zwei grünen Bällen ist, so fragt man nach der kumulativen Wahrscheinlichkeit. (Als erwünschtes Ergebnis sind jetzt null, ein oder zwei grüne Bälle erlaubt):

```
> (20/25)^3 + binomial(3, 1) * 5/25 * (20/25)^2 + binomial(3, 2) *
>                                                  (5/25)^2 * (20/25);
```

$$\frac{124}{125}$$

```
> evalf(");
```

$$0.9920000000$$

Würden wir bei der Stichprobe nicht zurücklegen, so müßten wir die Hypergeometrische Verteilung benutzen: Wie groß ist die Wahrscheinlichkeit, daß man unter 100000 Blitzlichtlampen, von denen 50 defekt sind, beim Ziehen von 100 genau eine defekte gezogen hat? Man wählt unter 100 defekten eine defekte, unter 99900 intakten 49 und aus insgesamt 100000 Blitzlichtlampen 100:

$$\frac{\binom{50}{1} \cdot \binom{99950}{99}}{\binom{100000}{100}}$$

```
> evalf(binomial(50, 1) * binomial(99950, 99)/binomial(100000, 100));
```

$$0.04763066772$$

Man darf bei der Hypergeometrischen Verteilung die drei Größen: Anzahl der Ziehungen, Anzahl der Objekte mit der gewünschten Eigenschaft, Anzahl aller Objekte nicht verwechseln. Wie groß ist dann beim Ziehen von 200 Blitzlichtbirnen die Wahrscheinlichkeit, mindestens zwei der 50 defekten unter den 100000 zu finden?

```
> evalf(1 * binomial(99950, 200)/binomial(100000, 200)
>     + binomial(50, 1) * binomial(99950, 199)/binomial(100000, 200));
```

$$0.9954228990$$

```
> 1 - ";
```

$$0.0045771010$$

7 Graphik

7.1 Kurven und Flächen im $\mathbb{R}^2$

7.1.1 Ausgabe von Funktionsgraphen mit `Plot` und `Listplot`

Die graphischen Fähigkeiten von *MapleV* sind in der Version 2 gegenüber alten Versionen deutlich verbessert worden. Wenn Sie also eine ältere *MapleV*-Version besitzen, wird der größte Teil dieses Kapitels für Sie nutzlos sein, da die meisten Graphik-Befehle neu sind. Die Möglichkeiten, mit *MapleV* Bilder zu erzeugen, sind fast unbegrenzt und reichen bis zur Animation von Objekten, wobei Sie allerdings eine gehörige Portion Zeit mitbringen sollten, vor allem, wenn Sie vorhaben, Bilder auch ausdrucken zu lassen. Wir erheben hier keinen Anspruch auf Vollständigkeit, sondern wollen Ihnen die wichtigsten Befehle und einige Optionen zur genaueren Steuerung der Ausgabe demonstrieren. Alle Beispiele sollen nur eine Anregung sein, selbst weiter auf Entdeckungsreise zu gehen.

Graphen reellwertiger Funktionen über einem Intervall

Jeder reellwertige Ausdruck in einer Veränderlichen $f(x)$ wird durch den Befehl `plot(f(x), x = unten .. oben)` in dem angegebenen Intervall $[unten, oben]$ gezeichnet, wobei Sie durch zusätzliche Optionen die Ausgabe noch genauer steuern können. Die Funktion kann dabei eine *MapleV* bekannte oder eine von Ihnen definierte Funktion sein. Falls es sich um einen von Ihnen definierten Ausdruck handelt, ist die Schreibweise `plot(f, x = unten.. oben)` zu wählen. Für von Ihnen definierte Prozeduren ist `plot('f(x)', 'x' = unten .. oben)` oder alternativ die Operatorschreibweise `plot(f, unten .. oben)` zu benutzen. Je nach Ausstattung Ihres Rechners dauert es nach einem solchen Befehl unterschiedlich lange, bis die Ausgabe erfolgt. Falls nur der Befehl wiederholt wird, haben Sie wahrscheinlich das Semikolon vergessen. Wird die Meldung Warning in iris-plot: empty plot ausgegeben, so haben Sie sich wahrscheinlich verschrieben und sollten Ihre Eingabe noch einmal ganz genau überprüfen. Falls Sie anstelle einer Zeichnung einen von Zahlen überquellenden Bildschirm erhalten, dessen Text mit dem Wort `PLOT` beginnt, so sehen Sie die *MapleV*-interne Darstellung Ihrer Graphik – wahrscheinlich haben Sie der Zeichnung einen Namen gegeben. Dies ist nur dann sinnvoll, wenn Sie im Laufe Ihrer Sitzung mehrere Zeichnungen mit `display` in einer Graphik vereinen wollen. In einem solchen Fall sollten Sie die einzelnen `plot`-Befehle mit einem Doppelpunkt abschließen, um die Ausgabe der internen Darstellung zu unterdrücken. Es wird übrigens keine Fehlermeldung ausgegeben, wenn das angegebene Intervall nicht im Definitionsbereich der zu zeichnenden Funktion liegt. Die folgende Fehlermeldung beruht auf dem falschen Variablennamen y.

```
> plot(sqrt(x), y = - 1 .. 1);
```

Warning in iris-plot: empty plot

Wenn es Ihnen gelungen ist, eine Zeichnung erstellen zu lassen, können Sie diese vergrößern oder verkleinern, indem Sie auf das Systemmenüfeld in der linken oberen Ecke des Graphikfensters

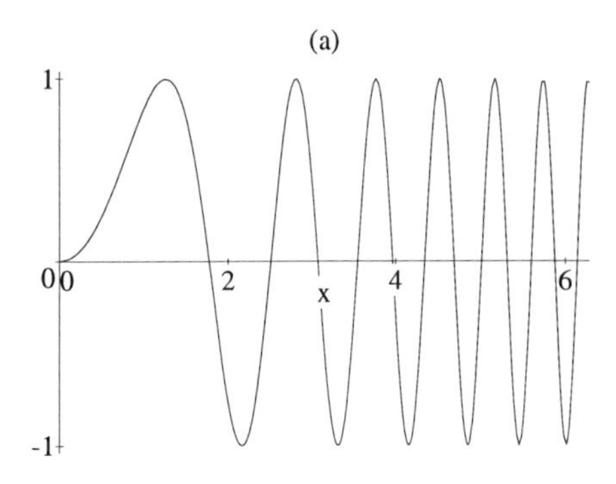

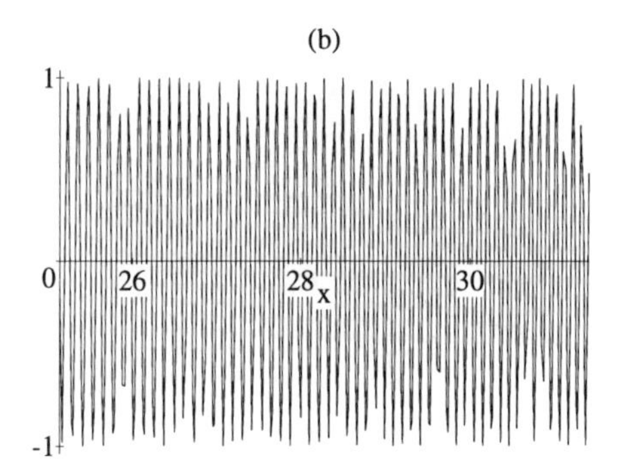

Bild 7.1 Die Funktion $\sin(x^2)$ in verschiedenen Intervallen

klicken und wie in jeder Windowsanwendung verfahren.[1]

Die obenstehenden Bilder zeigen, daß gelegentlich auch fehlerhafte Zeichnungen am Bildschirm auftreten können, wenn der Argumentbereich zu groß gewählt ist. Auch beim Vergrößern der Graphik wird der Fehler nicht korrigiert. Im Intervall $[0, 2\pi]$ wird die Funktion $\sin(x^2)$ richtig gezeichnet, in einem weiter vom Nullpunkt entfernten Intervall tritt ein Fehler auf. Wie ist dies zu erklären?

```
> plot(sin(x^2), x = 0 .. 2 * Pi, title = `(a)`):

> plot(sin(x^2), x = 8 * Pi .. 10 * Pi, title = `(b)`);
```

Wenn Sie das Ergebnis auf Ihrem Bildschirm mit einem Ausdruck Ihrer Bildes vergleichen, werden Sie vielleicht eine deutliche Qualitätsverbesserung bemerken, und falls Sie einen hochauflösenden Drucker benutzen (wie das etwa bei diesem Buch der Fall ist), wird die gedruckte Graphik evtl. fehlerfrei sein. Bei anderen Funktionen werden Sie vielleicht nur eine geringe Verbesserung gegenüber dem Bildschirm erleben. Eine Reihe von möglichen Optionen der Befehle für die graphische Ausgabe steht normalerweise auf Standardwerten, kann jedoch von Ihnen auf andere Werte gesetzt werden. Eine Liste dieser Optionen können Sie sich durch `?plot[options]` ausgeben lassen. Zwei wichtige Optionen aus dieser Reihe regeln, in wievielen Punkten des Intervalls die Funktion ausgewertet wird, um das Bild zu erzeugen. Die eine Option heißt `numpoints` und hat standardmäßig den Wert 49, allerdings erkennt der `plot`-Befehl Bereiche, in denen die zu zeichnende Funktion stark von einer Geraden abweicht, und setzt dann die Anzahl der verwendeten Punkte automatisch höher, bis eine mit der in `resolution` festgelegten Auflösung kompatible Qualität erreicht ist. `resolution` ist auf 200 voreingestellt. Den in 7.1 (b) aufgetretenen Fehler können Sie teilweise vermeiden, indem Sie diese Werte erhöhen. Dies wirkt sich natürlich auch auf die benötigte Zeit aus.

```
> T := time():
> plot(sin(x^2), x = 8 * Pi .. 10 * Pi, resolution = 1000);
> time() - T;
```

$$13.000$$

Normalerweise wird der Wertebereich der Zeichnung automatisch von *MapleV* gewählt, was jedoch gelegentlich zu unerwünschten Effekten führen kann, wenn z. B. die Nachbarschaft einer

[1] Dies hat jedoch keinen Einfluß auf die Größe ausgedruckter Bilder!

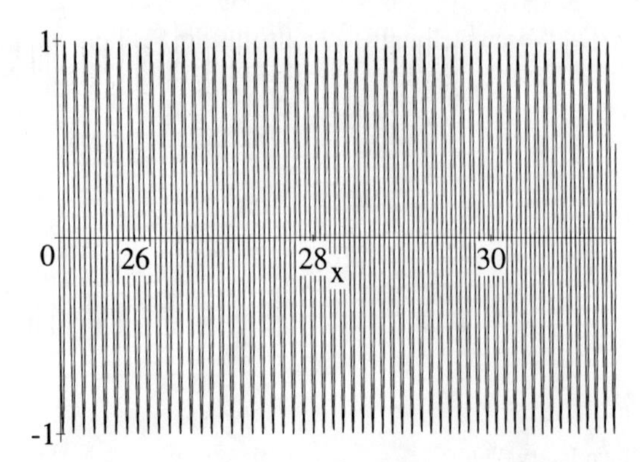

Bild 7.2 Die Funktion $\sin(x^2)$ im Intervall $[8\pi, 10\pi]$, berechnet mit horizontaler Auflösung 1000

Singularität gezeichnet werden soll. Dies wollen wir für die Funktion $\frac{1}{x^2}$ im Intervall $[0, 1]$ zeigen. Die Funktion hat in $x = 0$ einen Pol, so daß der automatisch berechnete Wertebereich so groß wird, daß in Bild 7.3 (a) keine Einzelheiten der Funktion mehr zu erkennen sind.

```
> plot(1/x^2, x = 0 .. 1, title = `(a)`);
```

Um Abhilfe zu schaffen, müssen Sie den Wertebereich selbst festlegen. Dies sollte sinnvollerweise so geschehen, daß Ihr Bild aussagekräftiger wird (vgl. 7.3 (b)).

```
> plot(1/x^2, x = 0 .. 1, y = 0 .. 20, title = `(b)`);
```

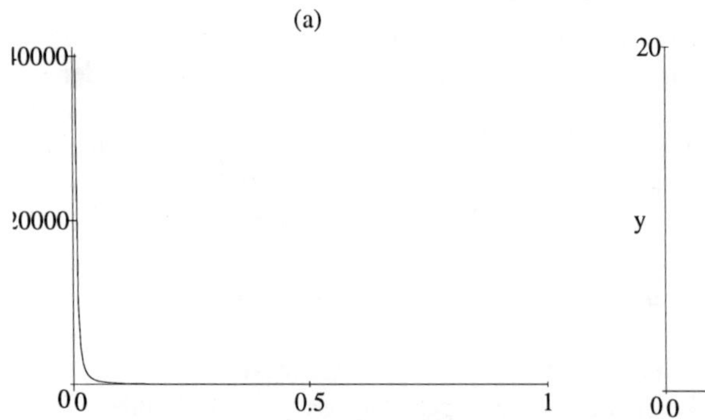

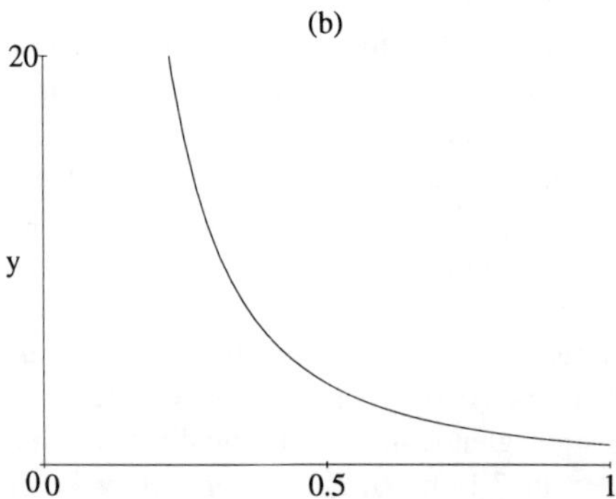

Bild 7.3 Die Funktion $\frac{1}{x^2}$ im Intervall $[0, 1]$, berechnet mit (a) automatisch erzeugtem Wertebereich, (b) definiertem Wertebereich

Die Art und Weise, wie die Kurve gezeichnet wird, können Sie mit der Option `style` beeinflussen. Neben der normalen Ausgabe ist es auch möglich, sich die einzelnen berechneten Punkte ausgeben zu lassen (vgl. Bild 7.4(a)).

```
> plot(sin(x), x = 0 .. 5, style = POINT, title = `(a)`);
```

Weitere Angaben zur Ausgabe bestehen z. B. in der Angabe, ob für beide Achsen die gleiche Skalierung benutzt werden soll oder nicht. Die Voreinstellung ist „keine gleiche Skalierung“, sie wird durch `scaling=CONSTRAINED` unwirksam gemacht (vgl. Bild 7.4(b)).

```
> plot(sin(x), x = 0 .. 5, scaling = CONSTRAINED, title = '(b)');
```

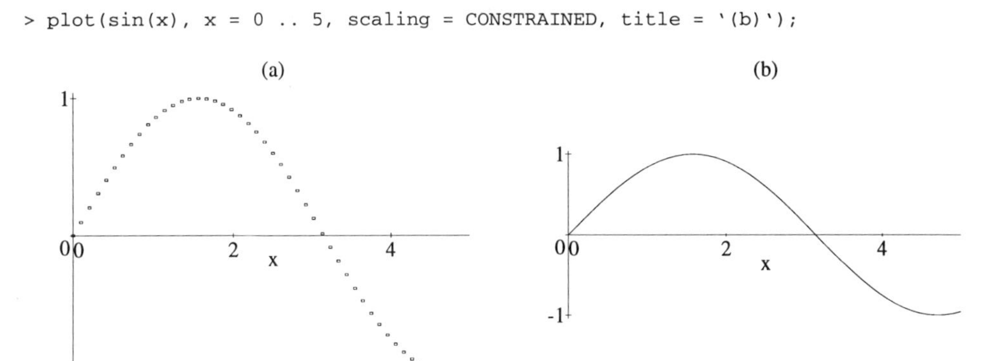

Bild 7.4 Die Funktion $\sin x$ im Intervall $[0, 5]$, (a) gepunktet, (b) mit gleicher Skalierung auf beiden Achsen

Auch eine farbliche Nuancierung der Ausgabe ist möglich. Wenn Sie einen Farbdrucker besitzen, werden Sie mit Farbangaben der Art `color=red` arbeiten. Da derzeit noch Schwarz-Weiß-Drucker überwiegen, wollen wir Ihnen die Möglichkeiten für diesen Fall demonstrieren. Sie können die Kurve anstelle der vorgegebenen Grauwerte auch selbst in einer frei gewählten Grauschattierung ausgeben lassen. (vgl. Bild 7.5(b).

```
> plot(sin(x), x = 0 .. 5, color = grey, title = '(a)');

> plot(sin(x), x = 0 .. 5, color = COLOR(RGB, 0.2, 0.2, 0.2),
>                          title = '(b)');
```

Bild 7.5 Die Funktion $\sin x$ im Intervall $[0, 5]$, (a) grau gefärbter Strich, (b) selbst definierter Grauwert

Sie können auch mehrere Funktionen in einer Graphik zeichnen lassen; diese sind dann in einer Liste aufzuführen. Der Argumentbereich ist dann für alle Funktionen derselbe. Bild 7.6(a) zeigt die Funktionen $\sin x$ und $\frac{2}{3}\sqrt{x}$ im Intervall $[0, 2\pi]$, in dem beide Funktionen definiert sind.

```
> plot({sin(x), 2 * sqrt(x)/3}, x = 0 .. 2 * Pi, title = '(a)',
>                                               color = black);
```

Falls Sie hier die verschiedenen Funktionen beschriften wollen, können Sie mit `textplot` aus dem Paket `plots` arbeiten. Es müssen zunächst die vier Objekte einzeln angelegt werden. Durch die Vergabe von Namen wird dabei die Ausgabe unterdrückt. Danach lassen Sie sie mit `display` ausgeben. Die entstehende Abbildung 7.6(b) sieht dann so aus, wie Sie sich das vorgestellt haben.

```
> with(plots):

> l1a := plot(sin(x), x = 0 .. 2 * Pi, title = `(b)`,
>                                      color = black):

> l1b := plot(2 * sqrt(x)/3, x = 0 .. 2 * Pi, color = black):

> l2 := textplot([3.5, sin(3.5), `sin(x)`], color = black,
>                                      align = {BELOW, LEFT}):

> l3 := textplot([4.5, 2 * sqrt(4.5)/3, `2*sqrt(x)/3`],
>                color = black, align = {BELOW, RIGHT}):

> display({l1a, l3, l2, l1b});
```

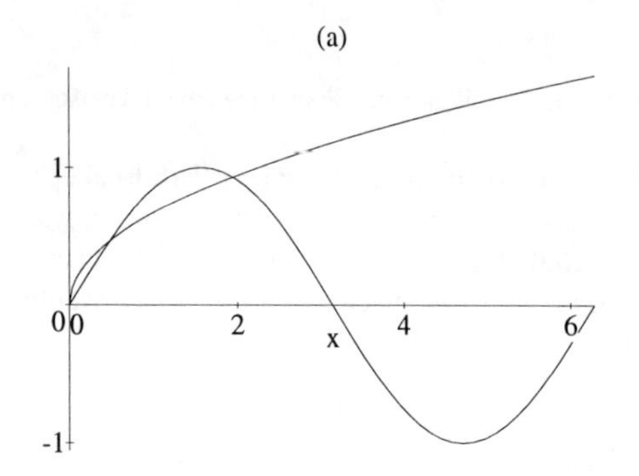

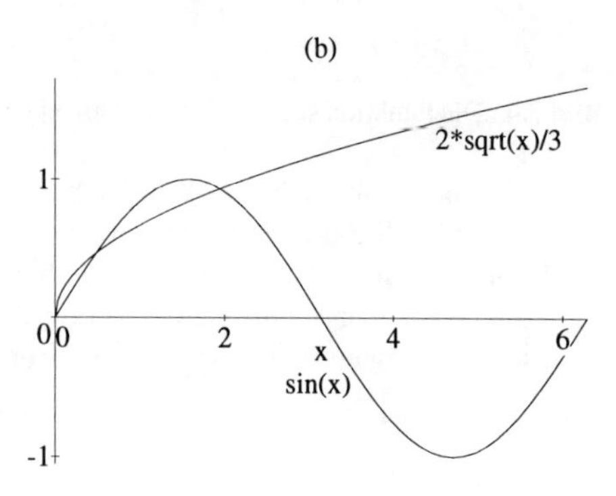

Bild 7.6 Die Funktionen $\sin x$ und $\frac{2}{3}\sqrt{x}$ (a) im Intervall $[0, 2\pi]$, (b) mit Beschriftung im Intervall $[-1, 2\pi]$

Die Anweisung `plot` erwartet konkrete Funktionen und konkrete Argumentbereiche. Es ist daher nicht möglich, ein qualitatives Bild einer Funktion, die einen Parameter enthält, anfertigen zu lassen.

```
> plot(a * x, x = a .. 2 * a);
```

Error, (in plot) invalid range

Dagegen ist es ohne weiteres möglich, eine stückweise definierte benutzereigene Funktion zeichnen zu lassen. Wir definieren die Funktion

$$f(x) = \begin{cases} 2x^2 & \text{für } x > 0 \\ 0 & \text{für } x = 0 \\ 3\sin x & \text{für } x < 0 \end{cases}$$

```
> f:=proc(x) if   x > 0 then 2*x^2
>            elif x < 0 then 3*sin(x)
>            else  0
>            fi end:
```

und lassen sie im Intervall $[-\pi, 1]$ ausgeben (vgl. Bild 7.7). Wenn Sie nun allerdings versuchen, diese Funktion wie einen normalen Ausdruck ausgeben zu lassen, erhalten Sie eine Fehlermeldung, die mit der Vorgehensweise von *MapleV* zu tun hat.

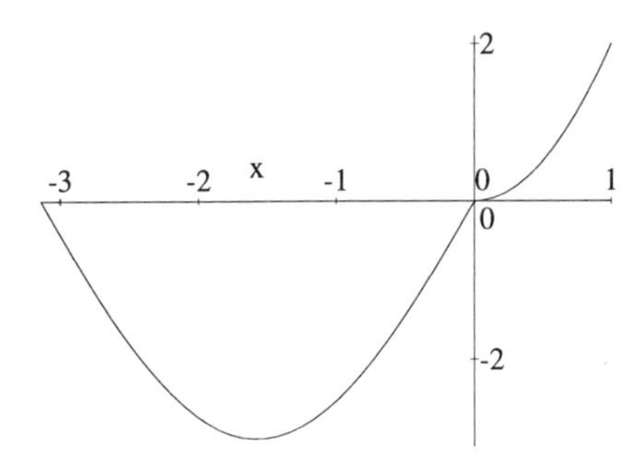

Bild 7.7 Die benutzerdefinierte Funktion f

```
> plot(f(x), x = - Pi .. 1);
```

Error, (in f) cannot evaluate boolean

Stattdessen müssen Sie einen der beiden folgenden Befehle verwenden, um zum Erfolg zu kommen.

```
> plot('f(x)', 'x' = - Pi .. 1);

> plot(f, - Pi .. 1);
```

Graphen von diskreten Funktionen

Vielleicht stehen Sie gelegentlich vor dem Problem, eine Liste von Meßwerten graphisch darstellen zu wollen. Auch dies ist mit Hilfe des Befehls `plot` möglich. Die Liste von Meßwerten kann dabei nur auf eine Art eingegeben werden, nämlich als Liste der Form $[x_1, y_1, x_2, y_2, \ldots, x_n, y_n]$.

```
> liste2d: = [0, 3, 1, 5, 0.5, 2, 3, 6, 1, 7]:

> plot(liste2d, x = 0 .. 3, y = 0 .. 7, style = POINT,
>                                       title = `(a)`);
```

Dabei kann es wie in unserem Fall geschehen (vgl. Bild 7.8(a)), daß einzelne Punkte praktisch nicht zu sehen sind, weil sie von der Beschriftung der Achsen verdeckt werden bzw. weil die Punktgröße einfach zu klein ist. Abhilfe können Sie hier leider nur schaffen, indem Sie wie in Bild 7.8(b) die Punkte durch eine Linie verbinden lassen. Eine Veränderung der Punktgröße ist derzeit nicht möglich[2].

```
> plot(liste2d, x = 0 .. 3, y = 0 .. 7, style = LINE, title = `(b)`);
```

Wenn Sie die Meßpunkte verbinden lassen wollen, müssen Sie allerdings beachten, daß es jetzt sehr wohl auf die Reihenfolge der Listenelemente ankommt, wie Sie in Bild 7.8(c) sehen. Wenn Sie die Punkte gemäß der Reihenfolge ihrer x-Koordinaten verbinden lassen wollen, müssen Sie die Liste zuerst sortieren lassen. Der `sort`-Befehl läßt sich hier nur auf eindimensionale Listen sinnvoll anwenden, würde also die x- und y-Werte ineinander sortieren, so daß das Ergebnis

[2]Im Release 3 gibt es jedoch die Möglichkeit, mit der Option `symbol=s` durch Wahl eines geeigneten Symbols die Punkte besser sichtbar zu machen. Dabei darf `s` einen der Werte `BOX, CROSS, CIRCLE, POINT, DIAMOND` erhalten.

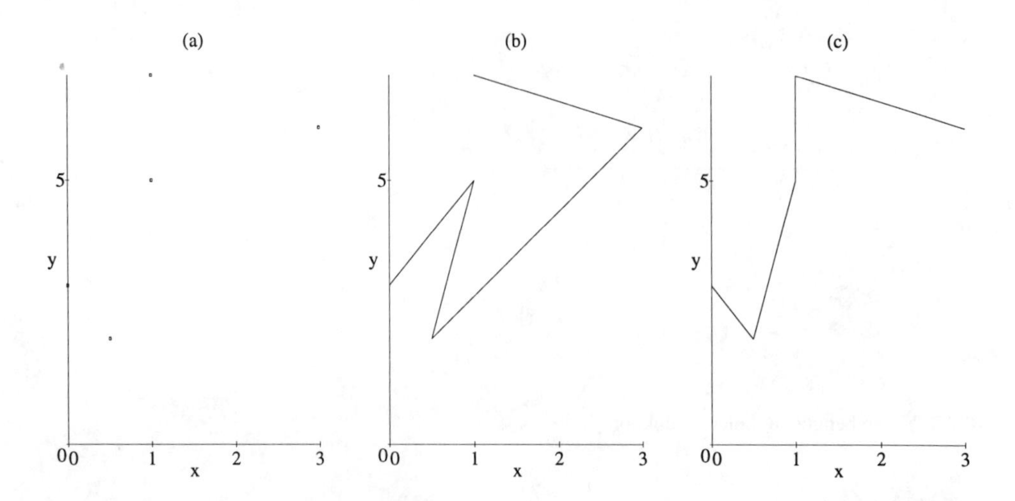

Bild 7.8 Ausdruck einer Liste von Werten

das vollständige Chaos wäre. Da die richtige Vorgehensweise recht kompliziert ist und wir selbst mehrfach vor diesem Problem standen, wollen wir Ihnen das Verfahren erläutern. Der Einfachheit halber machen wir aus der Liste wieder eine Liste von Paaren, wobei jedes Paar einen Punkt $[x_i, y_i]$ darstellt.

```
> hilf1 := [seq([liste2d[2 * i1 + 1], liste2d[2 * i1 + 2]],
>                          i1 = 0 .. nops(liste2d)/2 - 1)];
```

$$[[0, 3], [1, 5], [0.5, 2], [3, 6], [1, 7]]$$

Nun lassen wir die x-Koordinaten sortieren – dies geht problemlos.

```
> hilf2 := [seq(hilf1[i][1], i = 1 .. nops(hilf1))];
```

$$[0, 1, .5, 3, 1]$$

```
> hilf3 := sort(hilf2);
```

$$[0, .5, 1, 1, 3]$$

Die sortierten Punkte sollen unter dem Namen `hilf4` gespeichert werden.

```
> hilf4 := array(1 .. nops(hilf2), 1 .. 2);
```

$$hilf4 := array(1..5, 1..2, [])$$

Nun kommt der schwierigste Teil: zu jedem x-Wert muß der richtige y-Wert gefunden werden, wobei auch der Fall zu beachten ist, daß einzelne x-Werte mehrfach auftreten können. Nähere Erläuterungen finden Sie im Kapitel 8.

```
> Menge := {seq(i, i = 1 .. nops(hilf2))};
```

$$Menge := \{1, 2, 3, 4, 5\}$$

```
> for j from 1 to nops(hilf2) do
>      gefunden := false:
>      for k in Menge while gefunden
>         if hilf1[k][1] = hilf3[j] then
>               hilf4[j,1] := hilf1[k][1];
>               hilf4[j,2] := hilf1[k][2];
```

```
>               K := k; gefunden := true; fi;
>         od;
>         if member(K, Menge) then Menge:=Menge minus {K} fi;
> od; print(hilf4);
```

$$\begin{bmatrix} 0 & 3 \\ 0.5 & 2 \\ 1 & 5 \\ 1 & 7 \\ 3 & 6 \end{bmatrix}$$

Nun bringen wir unsere Hilfsgröße wieder in das für `plot` erforderliche Format und lassen diese Liste zeichnen.

```
> hilf5 := [seq(seq(hilf4[i, j], j = 1 .. 2),
>                                 i = 1.. nops(hilf2))];
```

$$[0, 3, 0.5, 2, 1, 5, 1, 7, 3, 6]$$

```
> plot(hilf5, x = 0 .. 3, y = 0 .. 7, title = `(c)`);
```

Das Ergebnis sehen Sie in Bild 7.8(c). Wie ist nun vorzugehen, wenn Sie aus irgendwelchen Gründen eine Funktion zeichnen lassen wollen, die nur auf den ganzen Zahlen definiert ist? Als Beispiel wählen wir $g(n) = (|n|)!$

```
> g := proc(x) if type(x, integer) then abs(x)
>           else ERROR(`Funktion fuer nicht ganzes Argument\
> nicht definiert:`, x) fi end:
```

Wenn Sie versuchen, eine solche Funktion mit Hilfe von `plot` zeichnen zu lassen, führt dies zu einer Fehlermeldung selbst dann, wenn Sie darauf achten, daß die von *MapleV* benutzten Stützpunkte alle ganze Zahlen sind.

```
> plot(g, - 3 .. 3);
```

Error, (in f)
wrong number (or type) of parameters in function type;

```
> plot(g, - 3 .. 3, numpoints = 7);
```

Error, (in f)
wrong number (or type) of parameters in function type;

Wenn Sie wirklich nur die Werte der Funktion auf den ganzen Zahlen benutzen wollen (anstatt sie auf die reellen Zahlen fortzusetzen), müssen Sie sich eine Liste der benötigten Punkte erstellen.

```
> liste := array([seq([i, g(i)], i = - 3 .. 3)]):
```

```
> listeplot := [seq(seq(liste[i, j], j = 1 .. 2), i = 1 .. 7)];
```

$$[-3, 3, -2, 2, -1, 1, 0, 0, 1, 1, 2, 2, 3, 3]$$

Diese Liste können Sie dann zeichnen lassen und erhalten Bild 7.9(a).

```
> plot(listeplot, title = `(a)`);
```

In vielen Bildern fällt Ihnen beim genaueren Betrachten gewiß auf, daß die x-Achse nicht durch den Nullpunkt verläuft. Dies ist meist dann der Fall, wenn der Bildbereich die x-Achse nicht schneidet (vgl. Bild 7.9(b)).

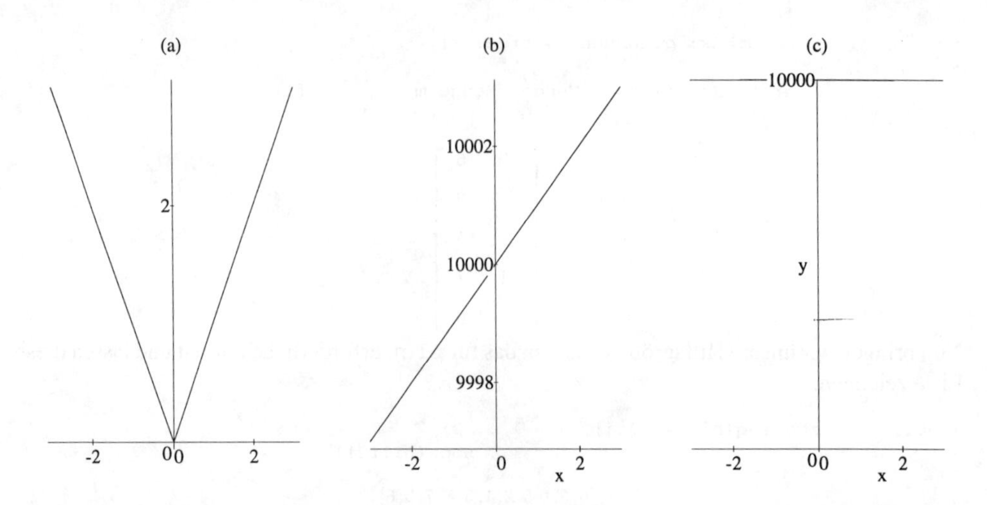

Bild 7.9 Ausdruck einer benutzerdefinierten diskreten Funktion und Lage der Koordinatenachsen

```
> plot(x + 10^4, x = - 3 .. 3, title = `(b)`);
```

Die Frage, in welchem Punkt der Ebene sich die Achsen schneiden sollen, wird durch die Angabe eines auszugebenden Wertebereichs beeinflußt. Dieser wird normalerweise von *MapleV* aufgrund eines internen Algorithmus berechnet. Um zu erzwingen, daß sich die Achsen im Nullpunkt schneiden, müssen Sie ihn explizit angeben (vgl. Bild 7.9(c).

```
> plot(x + 10^4, x = - 3 .. 3, y = 0 .. 10^4 + 10, title = `(c)`);
```

Wenn Sie anstelle einer geradlinigen Verbindung von Meßpunkten eine Interpolationskurve benutzen wollen, lesen Sie bitte den Abschnitt 2.4 im Kapitel 2.

7.1.2 Logarithmische Skalierungen und Polarkoordinaten

Häufig ist es bei Graphiken sinnvoll, keine äquidistanten Koordinatennetze zu verwenden. Von besonderer Bedeutung sind dann logarithmische Skalierungen. Diese Art der Ausgabe wird von dem Paket `plots` unterstützt, das Sie daher zuerst laden müssen, bevor Sie Zeichnungen mit logarithmischem Maßstab erstellen lassen können.

```
> with(plots);
```

$$[animate, animate3d, conformal, contourplot, cylinderplot, densityplot, display, display3d, fieldplot, fieldplot3d, gradplot, gradplot3d, implicitplot, implicitplot3d, loglogplot, logplot, matrixplot, odeplot, pointplot, polarplot, polygonplot, polygonplot3d, polyhedraplot, replot, setoptions, setoptions3d, spacecurve, sparsematrixplot, sphereplot, surfdata, textplot, textplot3d, tubeplot]$$

Bild 7.10 zeigt die Exponentialfunktion mit linearer Skala in x- und logarithmischer Skala in y-Richtung. Leider gibt es derzeit keine Option, das Koordinatennetz einzeichnen zu lassen.

```
> logplot(exp(x), x = 1/E .. E^3);
```

Auch beim Zeichnen von Listen von Meßwerten können Sie einen logarithmischen Maßstab verwenden. Allerdings müssen wir Sie warnen: die Erstellung der Liste dauerte bei uns mehr als 15 Minuten, und das Anfertigen von Bild 7.11 länger als eine halbe Stunde!

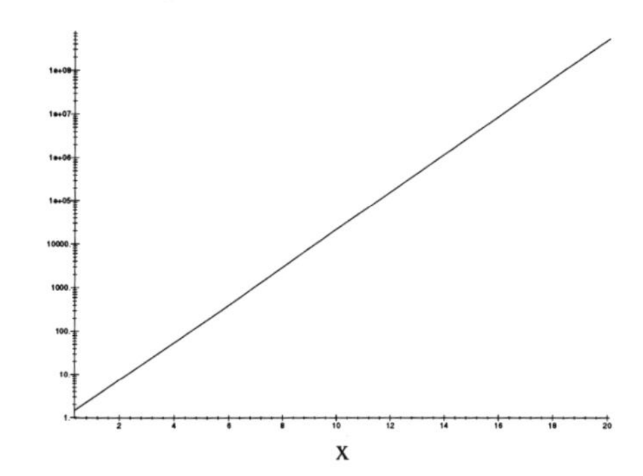

Bild 7.10 Ausgabe von $\exp x$ mit logarithmischem Maßstab in x- und linearem Maßstab in y-Richtung

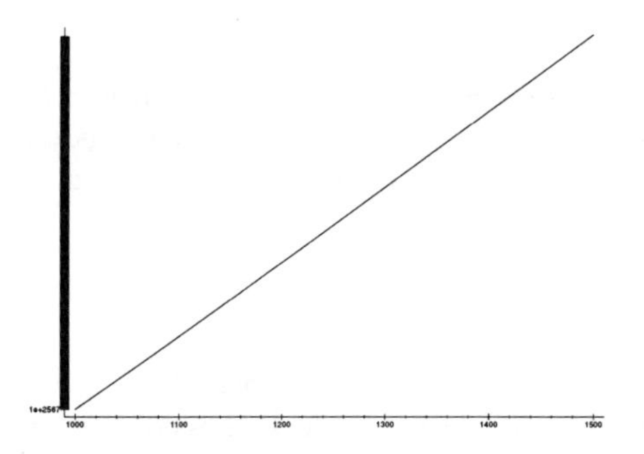

Bild 7.11 Ausgabe von $n!$ mit linearem Maßstab in x- und logarithmischem Maßstab in y-Richtung

```
> liste := array([seq([i, i!], i = 1000 .. 1500)]):

> hilfe := [seq(seq(liste[i, j], j = 1 .. 2), i = 1 .. 501)]:

> logplot(hilfe);
```

Mit einer doppeltlogarithmischen Zeichnung (Bild 7.12) von x^3 wollen wir diese Ausführungen beenden.

```
> loglogplot(x^3, x = 0.001 .. 100);
```

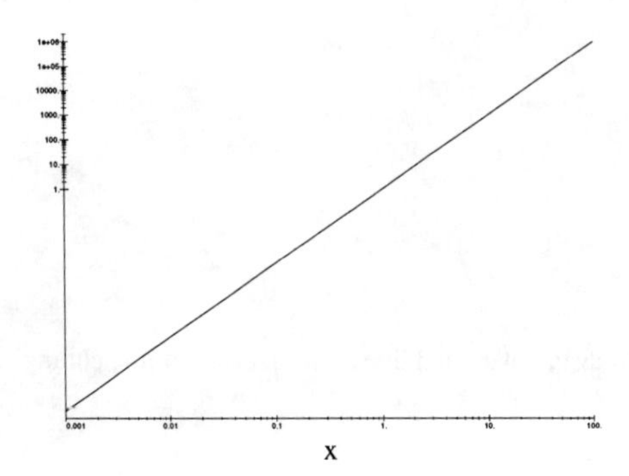

Bild 7.12 Doppeltlogarithmische Ausgabe von x^3

Sie müssen bei solchen Skalierungen allerdings darauf achten, daß der jeweilige Bereich, in dem Sie einen logarithmischen Maßstab wählen, nur positive Werte enthält, da die reellwertige Logarithmusfunktion nur für positive Zahlen definiert ist.

```
> loglogplot(x^3, x = 0 .. 100);
```

Error, (in plots/loglogplot/function)
domain must be from positive axes

Manchmal sind Ihnen Funktionen oder Meßwerte vielleicht auch in Polardarstellung $r = f(\phi)$ gegeben. Dann können Sie sie mit Hilfe des Befehls `polarplot` zeichnen lassen. Hierbei sind in einer Liste Radius, Winkel und Wertebereich des Winkels anzugeben. Bild 7.13(a) zeigt eine archimedische Spirale.

```
> polarplot([3 * phi, phi, phi = 0 .. 6 * Pi],
>                title = `(a)`, scaling = CONSTRAINED);
```

In Bild 7.13(b) und (c) sehen Sie eine Kardioide (Herzkurve) , die in Polardarstellung gegeben ist. Dies ist eine spezielle Rollkurve, nämlich eine Epizykloide, bei der der Radius des festen und des beweglichen Kreises gleich sind.

```
> polarplot([1 + cos(t), t, t = 0 .. 2 * Pi], title = `(b)`,
>                          scaling = CONSTRAINED, style = POINT);

> polarplot([1 + cos(t), t, t = 0 .. 2 * Pi], title = `(c)`,
>                          scaling = CONSTRAINED, style = LINE);
```

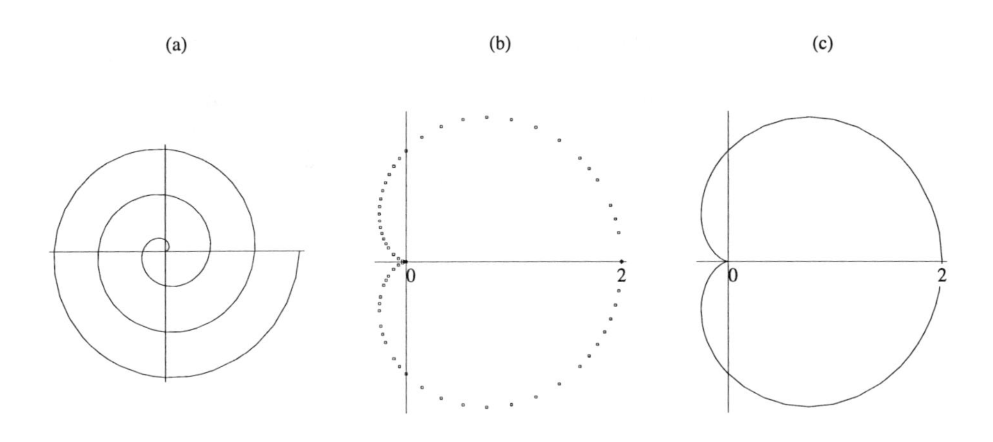

Bild 7.13 Ausgabe von in Polardarstellung gegebenen Funktionen

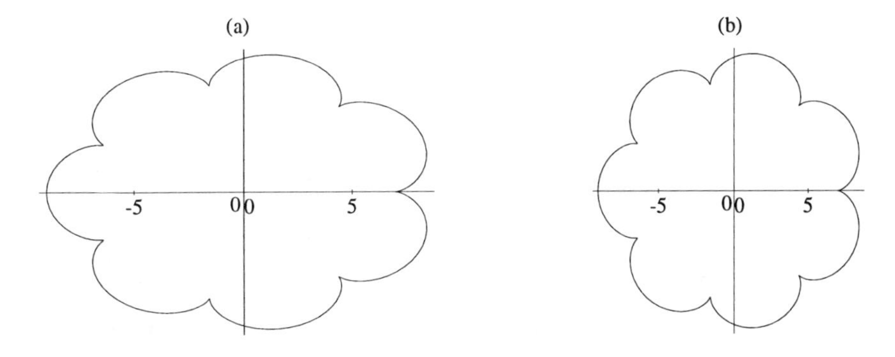

Bild 7.14 Ausgabe der Epizykloide (a) mit Standardbildgröße, (b) mit quadratischem Bildrahmen

7.1.3 Ausgabe parametrisierter ebener Kurven

Viele ebene Kurven sind auf natürliche Weise in parametrisierter Form $x = x(t), y = y(t)$ gegeben. Solche Kurven werden vermöge einer speziellen Variante von `plot` gezeichnet. In Bild 7.14(a) sehen Sie eine Epizykloide, die allerdings merkwürdig verzerrt wirkt.

```
> plot([8 * cos(t) - cos(8 * t), 8 * sin(t) - sin(8 * t),
>                       t = 0 .. 2 * Pi], title = `(a)`);
```

Dies liegt daran, daß üblicherweise für das Verhältnis von Breite zu Höhe einer Graphik der Goldene Schnitt benutzt und die Skalierung der Achsen dann diesem Verhältnis angepaßt wird. Um diese Voreinstellung zu ändern, müssen Sie wieder die Option `scaling=CONSTRAINED` verwenden, damit auch im Bild die Symmetrie der Kurve erkennbar ist. Sie bewirkt, daß das Verhältnis von Breite zu Höhe des Bildes von den tatsächlich vorkommenden Koordinatenwerten abhängt, hier speziell also ein quadratisches Bild entsteht.

```
> plot([8 * cos(t) - cos(8 * t), 8 * sin(t) - sin(8 * t),
>     t = 0 .. 2 * Pi], title = `(b)`, scaling = CONSTRAINED);
```

7.1.4 Ausgabe implizit gegebener Kurven

Um implizit gegebene Kurven zeichnen zu können, benötigen Sie den Befehl `implicitplot` aus dem Paket `plots`, allerdings läßt das Ergebnis derzeit sehr zu wünschen übrig. Wir lassen eine Lemniskate (eine liegende Acht) zeichnen und beobachten die dafür benötigte CPU-Zeit. (Bild 7.15 links). Die Rechenzeit beträgt bei 1000 Stützpunkten etwa 8 Sekunden; geliefert wird ein teilweise recht eckiges Bild.[3]

```
> implicitplot((x^2 + y^2)^2 - 2 * (x^2 - y^2) = 0, x = - 2 .. 2,
>                                   y = - 2 .. 2, numpoints = 1000);
```

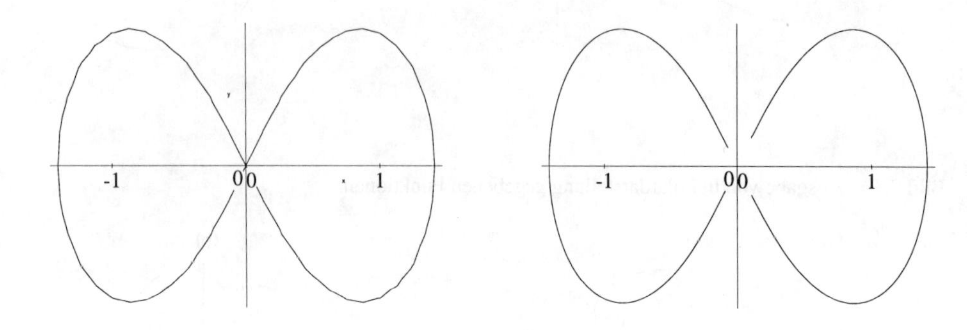

Bild 7.15 Ausgabe der Lemniskate zu $a = 1$ mit 1000 Stützstellen (links) und mit `PolarPlot` (rechts)

Um einen realistischen Vergleich mit anderen Zeichenbefehlen zu erhalten, benutzen wir die Polardarstellung der Lemniskate $r^2(t) = 2\cos 2t$. Für `polarplot` muß diese Darstellung umgewandelt werden in $r(t) = \sqrt{2\cos 2t}$. Die benötigte Zeit ist mit 51 Sekunden wesentlich länger als bei der Verwendung von `implicitplot`, und Bild 7.15 (rechts) weist in der Nähe des Nullpunkts Lücken auf, jedoch ist die Kurve sehr viel glatter bei gleicher Anzahl von Stützpunkten. Welcher Qualitätsverlust für Sie geringer wiegt, müssen Sie also selbst entscheiden. Auch die parametrische Zeichnung

```
> plot([sqrt(2 * cos(2 * t)) * cos(t), sqrt(2 * cos(2 * t)) * sin(t),
>           t = 0 .. 2 * Pi], numpoints = 1000);
```

liefert kein besseres Ergebnis.

```
> polarplot([sqrt(2 * cos(2 * t)), t, t = 0 .. 2 * Pi],
>                                           numpoints = 1000);
```

7.2 Kurven und Flächen im $\mathbb{R}^3$

7.2.1 Raumkurven

Zur graphischen Ausgabe von Raumkurven dient die Anweisung `spacecurve`, die zusätzlich zu den Optionen von `plot` weitere Optionen besitzt. Auf Wunsch wird jede Graphik in einen

[3] Mit der voreingestellten Zahl von Stützpunkten erhalten Sie das Bild zwar schneller, dafür erinnert es aber sehr stark an ein Paar Mickymausohren!

Quader eingeschlossen, der die Illusion einer räumlichen Darstellung erhöht. Die Kanten dieses Quaders sind dabei parallel zu den Koordinatenachsen, und drei von ihnen können Skalierungen tragen.

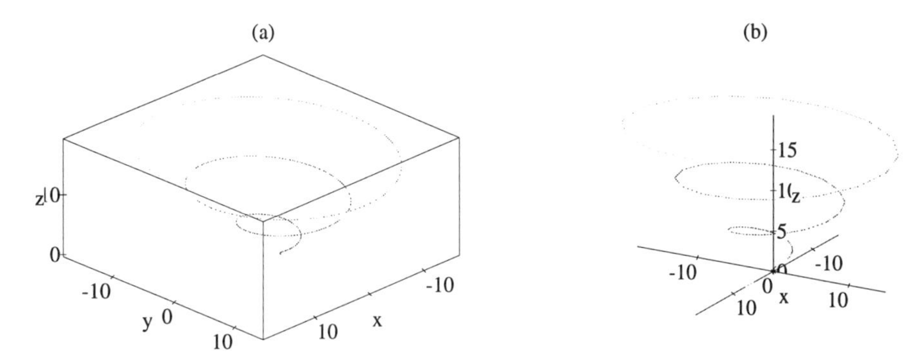

Bild 7.16 Räumliche Spirale (a) eingeschlossen in Quader, (b) mit Koordinatenachsen

Um sich die Kurve im Raum gut vorstellen zu können, ist es wichtig, einen günstigen Standpunkt zu wählen, von dem aus sie betrachtet werden soll. Dies geschieht durch die Option `orientation`, deren Standardwert [45, 45] beträgt. Um einen für die spezielle Graphik günstigen Standpunkt zu finden, gibt es die Möglichkeit, direkt im Graphik-Fenster den die Kurve enthaltenden Quader zu drehen und durch Anklicken von `Redraw` im `Edit`-Menü zu sehen, welche Konsequenzen die Wahl eines bestimmten Standpunktes hat. Dazu müssen Sie mit der Maus auf die Graphik klicken – es erscheint in der linken oberen Ecke der Text `theta = 45, phi = 45`. Wenn Sie nun die Maus waagerecht oder senkrecht über das Bild ziehen, verändern Sie die Sicht auf den Quader. Durch Anklicken von `Redraw` erreichen Sie eine erneute Ausgabe der Graphik mit dem geänderten Standpunkt. Bild 7.16(a) zeigt eine räumliche Spirale, gesehen vom Standardblickpunkt, eingeschlossen in einen Quader mit beschrifteten Achsen, wobei jeweils 3 bzw. 4 Skalenwerte eingetragen sind. Die Rechenzeit beträgt etwa 35 Sekunden.

```
> spacecurve([t * cos(t), t * sin(t), t], t = 0 .. 6 * Pi,
>              title = `(a)`, color = COLOUR(ZGREYSCALE),
>              numpoints = 1000, axes = BOXED, tickmarks = [3, 4, 3],
>              orientation = [45, 45], labels = [x, y, z]);
```

An dieser Graphik kann man nun eine Reihe von Dingen verändern. Wir wollen zuerst die Ausgabe des Quaders unterdrücken; dies geschieht durch Umsetzen der Option `axes` auf den Wert `NORMAL`. Gleichzeitig wollen wir den Standpunkt ändern lassen. In Bild 7.16(b) sehen Sie das Ergebnis.

```
> spacecurve([t * cos(t), t * sin(t), t], t = 0 .. 6 * Pi,
>              title = `(b)`, color = COLOUR(ZGREYSCALE),
>               orientation = [30, 60], labels = [x, y, z],
>               tickmarks = [3, 4, 3], axes = NORMAL);
```

Wenn Sie die Kurve ohne „störendes Beiwerk" betrachten wollen, müssen Sie auch die Ausgabe der Koordinatenachsenparallelen unterdrücken, wobei Sie wieder zusätzlich entscheiden können, ob die Verhältnisse der Kantenlängen des gedachten Quaders automatisch bestimmt werden sollen (s. Bild 7.17(a)) oder ob Sie eine einheitliche Skalierung wollen. In Bild 7.17(b) haben wir den gleichen Maßstab in alle Richtungen gewählt. Wenn Sie andere Farben als die von uns gewählten

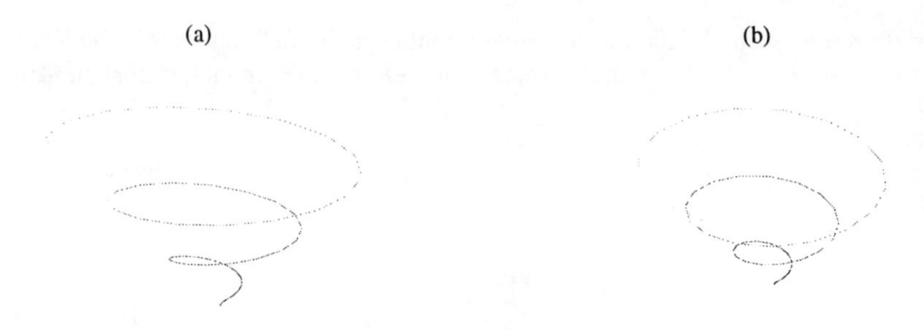

Bild 7.17 Räumliche Spirale (a) ohne Bezugssystem, (b) mit gleichem Maßstab auf allen Achsen

Grautöne sehen wollen, können Sie dies direkt angeben oder nach Erstellen der Graphik im Menüpunkt `Color` ändern.

```
>spacecurve([t * cos(t), t * sin(t), t], t = 0 .. 6 * Pi,
>            title = `(a)`, color = COLOUR(ZGREYSCALE),
>            orientation = [30, 60], axes = NONE,
>            scaling = UNCONSTRAINED);

> spacecurve([t * cos(t), t * sin(t), t], t = 0 .. 6 * Pi,
>             title = `(b)`, color = COLOUR(ZGREYSCALE),
>             orientation = [30, 60], axes = NONE,
>             scaling = CONSTRAINED);
```

Wenn man den Mantel eines Zylinders mit einer Sphäre (also der Kugeloberfläche) schneidet, entsteht bei richtiger Lage der Objekte als Schnitt eine Raumkurve, die unter dem Namen „Fenster der Viviani“ bekannt ist. Dies wollen wir nachvollziehen. Auch zum Zeichnen von parametrisierten Flächen im Raum kann der Befehl `plot3d` benutzt werden. Die Mantelfläche des Zylinders mit Radius 1 parallel zur z-Achse wird parametrisiert durch $(\cos t, \sin t, z)$ mit $t \in [0, 2\pi]$ und z beliebig. Die Sphäre um den Punkt $(-1, 0, 0)$ vom Radius 2 wird am einfachsten durch Kugelkoordinaten

$$x = 2\cos t \sin u - 1, y = 2\sin t \sin u, z = 2\cos u$$

und $t \in [0, 2\pi], u \in [0, \pi]$ parametrisiert. Um den Durchschnitt dieser Objekte zu bestimmen, gibt es nun verschiedene Möglichkeiten. Zum einen können Sie jedes Objekt getrennt zeichnen und sich am Ende beide gemeinsam in einer Graphik ausgeben lassen. Allerdings taucht zuvor ein Problem bei der Farbgebung auf, dem wir nachgehen wollen[4].

```
> plot3d([2 * cos(t) * sin(u) - 1, 2 * sin(t) * sin(u), 2 * cos(u)],
>         t = 0 .. 2 * Pi, u = 0 .. Pi, shading = ZGREYSCALE,
>                                        scaling = CONSTRAINED);
```

Error, (in plot3d/options3d)
unknown or bad optional argument, color = COLOUR(ZGREYSCALE)

Auch der Blick in die Hilfe für die Optionen von `plot3d` hilft nicht weiter, weil dort genau die Angabe `shading = ZGREYSCALE` zu finden ist. Wenn Sie die Option weglassen und dann

[4] Der Fehler ist im Release 3 behoben; da aber auch in der neuen Version bestimmt wieder (andere) Fehler auftreten, haben wir die Schilderung der Vorgehensweise beibehalten.

im Graphikmenü unter Farben `Z (Greyscale)` wählen, erhalten Sie merkwürdigerweise doch das gewünschte Bild. Dies hat uns nicht ruhenlassen, bis wir den Fehler gefunden hatten. Damit Sie einmal sehen, wie Sie auf Entdeckungsreise durch die *MapleV*-Befehle gehen können, geben wir Ihnen die erforderlichen Schritte an.

Um den Quelltext der Programme, die sich hinter den einzelnen Befehlen verbergen, am Bildschirm zu sehen, müssen Sie zunächst eingeben

```
> interface(verboseproc = 2);
```

Von jetzt an können Sie jede bereitgestellte Prozedur mit `eval` am Bildschirm ausgeben lassen. Da der Fehler im Befehl `plot3d` aufgetreten ist, könnten wir diesen ausgeben lassen. Dieses Programm würde mehrere Seiten füllen und der eigentliche Fehler liegt in einem Unterprogramm, so daß wir hier auf die Ausgabe verzichtet haben.

```
> eval(plot3d):
```

Hierbei wird die Unterprozedur `` `plot3d/options3d` `` aufgerufen – aus dieser stammte auch unsere Fehlermeldung. Sie muß allerdings mit `readlib` zunächst eingelesen werden. Wir verzichten auf die vollständige Wiedergabe des Textes; der für uns relevante Teil besteht aus den folgenden 6 Zeilen.

```
> readlib(''plot3d/options3d'');
>         elif s = 'shading' then
>             if assigned(`plot3d/shadings`[t]) then
>                 dshading :=
>                     SHADING(`plot3d/shadings`[t])
>             else ERROR(\`\i{}nvalid shading`,t)
>             fi
```

Was bedeutet dies? Es gibt eine Tabelle namens `` `plot3d/shadings` ``, deren Indizes gerade die möglichen Namen von Farbgebungen sind. Diese wird bei Verwendung der Option `shading` benutzt. Wir lassen uns die Tabelle ausgeben:

```
> eval(`plot3d/shadings`);
```

$$
\begin{array}{rcl}
\mathtt{table}([XYZ & = & XYZSHADING, \\
none & = & NONE, \\
zhue & = & ZHUE, \\
Z & = & ZSHADING, \\
ZGREYSCALE & = & zgreyscale, \\
z & = & ZSHADING, \\
NONE & = & NONE, \\
ZHUE & = & ZHUE, \\
xyz & = & XYZSHADING, \\
xy & = & XYSHADING, \\
XY & = & XYSHADING])
\end{array}
$$

Wenn Sie genau hinschauen, fällt Ihnen wahrscheinlich auf, daß das Tabellenelement mit dem Index `ZGREYSCALE` den Wert `zgreyscale` hat, also eine Zeichenkette von Kleinbuchstaben, im Gegensatz zu jedem anderen Tabellenwert. Wir ändern daher diesen Eintrag

```
> `plot3d/shadings`[ZGREYSCALE] := ZGREYSCALE;
```

$$plot3d/shadings_{[ZGREYSCALE]} := ZGREYSCALE$$

Von jetzt an ist es in dieser Sitzung problemlos möglich, die Option `shading=ZGREYSCALE` zu verwenden.

```
> l1 := [2 * cos(t) * sin(u) - 1, 2 * sin(t) * sin(u), 2 * cos(u)]:
> l2 := [cos(t), sin(t), u]:

> plot3d({l1, l2}, t = 0 .. 2 * Pi, u = - Pi .. Pi,
>                    shading = ZGREYSCALE, scaling = CONSTRAINED);
```

Hierbei ist zwar ein Teil der Sphäre mehrfach gezeichnet worden, jedoch hat dieses Verfahren den Vorteil, daß nur ein Bild erzeugt (und gespeichert!) wird (s. Bild 7.18). Das Ergebnis ist dasselbe, als wenn Sie die Bilder einzeln erzeugen lassen.

```
> l1 := plot3d([2 * cos(t) * sin(u) - 1, 2 * sin(t) * sin(u),
>                2 * cos(u)],
>                t = 0 .. 2 * Pi, u = 0 .. Pi):

> l2 := plot3d([cos(t), sin(t), u], t = 0 .. 2 * Pi, u = - Pi .. Pi):

> display([l1, l2], shading = ZGREYSCALE, scaling = CONSTRAINED);
```

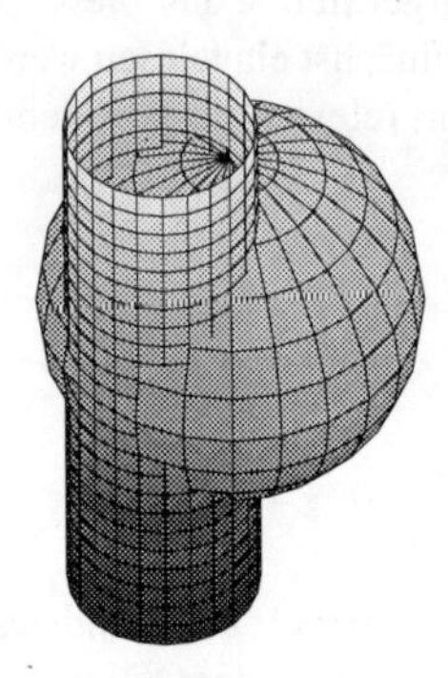

Bild 7.18
Schnitt von Kugel und Zylinder

Wenn Sie versuchen, die Schnittkurve zu bestimmen, hat es keinen Sinn, es mit der Parametrisierung zu versuchen. Einerseits sind dabei trigonometrische Funktionen involviert, die *MapleV* das Leben erschweren. Andererseits ist dieses Vorgehen mathematisch nicht sinnvoll, da unsere Objekte durch Parametrisierungen mit unterschiedlichem Parameterintervall (und unterschiedlicher Parameterdeutung) beschrieben werden. Daher benutzen wir die kartesische Beschreibung, um die Lösung suchen zu lassen.

```
> loes := solve({(x - 1)^2 + y^2 + z^2 = 4, x^2 + y^2 = 1},
>                                               {x, y, z});
```

$$loes := \left\{x = -1 + \frac{z^2}{2}, y = \frac{z\sqrt{4 - z^2}}{2}, z = z\right\}, \left\{x = -1 + \frac{z^2}{2}, y = -\frac{z\sqrt{4 - z^2}}{2}, z = z\right\}$$

Diese zwei Lösungen lassen wir in den Vektor (x, y, z) einsetzen.

```
> viv1 := subs(loes[1], [x, y, z]);
> viv2 := subs(loes[2], [x, y, z]);
```

$$viv1 := [-1 + \frac{z^2}{2}, \frac{z\sqrt{4 - z^2}}{2}, z]$$

$$viv2 := [-1 + \frac{z^2}{2}, -\frac{z\sqrt{4 - z^2}}{2}, z]$$

Nun lassen wir beide Objekte in einer Graphik ausgeben.

```
> spacecurve({viv1, viv2}, z = - 2 .. 2, scaling = CONSTRAINED,
>               shading = ZGREYSCALE, orientation = [156, 99],
>               axes = BOXED);
```

Eine bekannte Parametrisierung des Viviani-Fensters ist

$$x = \cos t, y = \sin t, z = 2\sin\frac{t}{2}$$

mit $t \in [0, 4\pi]$. Wenn Sie diese Kurve zur Kontrolle ausgeben lassen, ergibt sich dasselbe Bild (Bild 7.19).

```
> spacecurve([cos(t), sin(t), 2 * sin(t/2)], t = 0 .. 4 * Pi,
>             color = COLOUR(ZGREYSCALE), orientation = [-6, 81],
>             axes = BOXED);
```

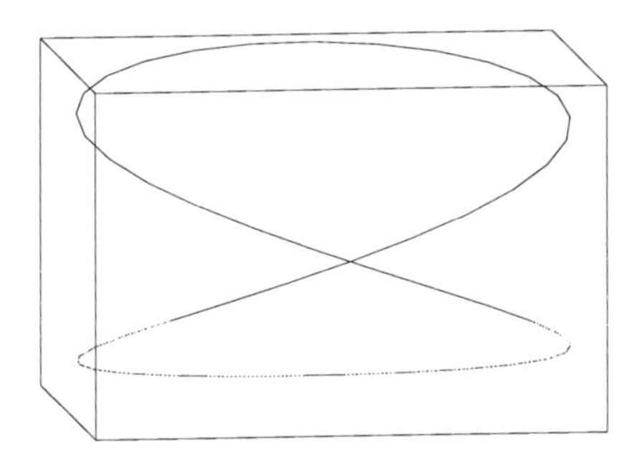

Bild 7.19 Fenster der Viviani

7.2.2 Niveauliniendarstellung

Eine Funktion $z = f(x,y)$ erzeugt im allgemeinen eine Fläche im Raum, und es gibt eine Reihe von verschiedenen Darstellungsformen dieser Fläche in der Ebene der Zeichnung, die in unterschiedlichen Zusammenhängen benutzt werden. Eine dieser Darstellungen ist das Zeichnen von Höhen- oder Niveaulinien $f(x,y) = c$, wobei für c eine Reihe von meist äquidistanten Zahlen gewählt wird. Die Höhen- oder Niveaulinien werden je nach Kontext auch als Isothermen, Isobaren, Isoklinen etc. bezeichnet. Meistens werden die Funktionswerte an die entsprechende Niveaulinie geschrieben. In *MapleV* erhalten Sie die Niveauliniendarstellung durch den Befehl `contourplot`. In Bild 7.20(a) sehen Sie das topographische Bild der gedämpften Schwingung $f(x,y) = \sin x \exp(-y)$. Hierbei gibt die Schattierung einen Hinweis auf den Funktionswert: je heller die Fläche zwischen zwei Niveaulinien ist, desto größer ist er. Wenn Sie diese Graphik übrigens mit einem Postscriptdrucker drucken lassen, werden Sie sich etwas gedulden müssen – sie umfaßt fast 7 Megabyte.

```
> contourplot(sin(x) * exp(- y), x = - Pi .. Pi, y = - 1 .. 1,
>             title = `(a)`, shading = ZGREYSCALE,
>             numpoints = 5000, axes = BOXED, style = PATCHCONTOUR);
```

Auf die Schattierung können Sie auch verzichten (z. B. wenn Sie den Verlauf der Linien besser verfolgen wollen); dies geschieht durch Umsetzen der Option `ContourShading` auf den Wert `False`. Da wir noch andere Optionen verändern wollen, die sich auf die Rechenzeit auswirken, beobachten wir die benötigte Zeit: sie beträgt 8 Sekunden.

```
> contourplot(sin(x) * exp(- y), x = - Pi .. Pi, y = - 1 .. 1,
>           title = `(b)`, shading = ZGREYSCALE,
>           numpoints = 5000, axes = BOXED, style = CONTOUR);
```

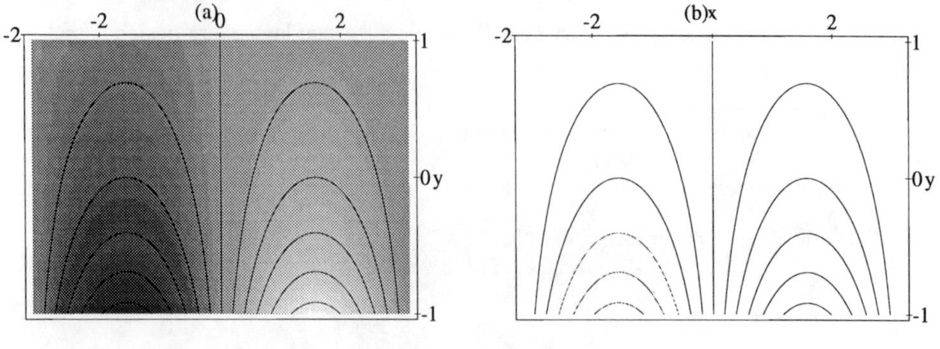

Bild 7.20 Niveaulinien (a) mit, (b) ohne Schattierung verschiedener Niveaus

Die Genauigkeit des Bildes wie auch die Geschwindigkeit, mit der es erzeugt wird, können Sie durch `numpoints` und `grid` steuern. Dabei gilt, daß die Zeichnung umso genauer (und zeitaufwendiger) ist, je höher die von Ihnen angegebenen Werte sind. In Bild 7.21 sehen Sie nun recht deutlich, wie eckig die Niveaulinien sind. Aus dem Hilfetext geht hervor, daß `numpoints` die Mindestzahl von Stützpunkten angibt, während Sie mit `grid` direkt festlegen, welche Maschengröße Sie wählen. Es ist daher nicht verwunderlich, daß die folgenden zwei Befehle unterschiedliche Bilder liefern, obwohl sie nach dem ersten Eindruck dasselbe bewirken müßten.

```
> contourplot(sin(x) * exp(- y), x = - Pi .. Pi, y = - 1 .. 1,
>           title = `(a)`, shading = ZGREYSCALE,
>           axes = BOXED, grid = [10, 10], style = CONTOUR);

> contourplot(sin(x) * exp(- y), x = - Pi .. Pi, y = - 1 .. 1,
>           title = `(a)`, shading = ZGREYSCALE,
>           axes = BOXED, numpoints = 100, style = CONTOUR);
```

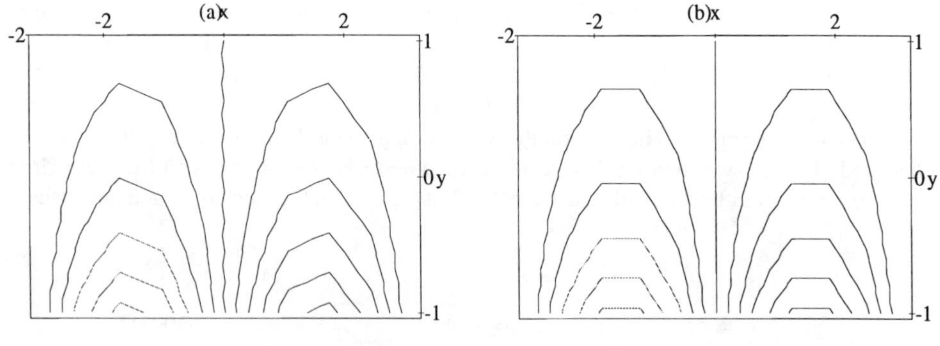

Bild 7.21 Niveaulinien mit festgelegter (a) Mindestanzahl von Stützpunkten, (b) Maschengröße

Die Anzahl der gezeichneten Niveaulinien wird von *MapleV* in Abhängigkeit von der Funktion festgelegt. Unter Verwendung der Option `contours` können Sie diese Voreinstellung jedoch ändern, indem Sie die gewünschte Anzahl in der Form `contours = 30` angeben (s. Bild 7.22(b)). Natürlich steigt auch durch eine größere Zahl von Niveaulinien die Rechenzeit an.

```
> contourplot(ln(x) * exp(- y), x = 0 .. Pi, y = - 1 .. 1,
>             title = `(a)`, shading = ZGREYSCALE,
>             numpoints = 5000, axes = BOXED, style = CONTOUR);

> contourplot(ln(x) * exp(- y), x = 0 .. Pi, y = - 1 .. 1,
>             title = `(b)`, shading = ZGREYSCALE,
>             numpoints = 5000, axes = BOXED, style = CONTOUR,
>                                        contours = 30);
```

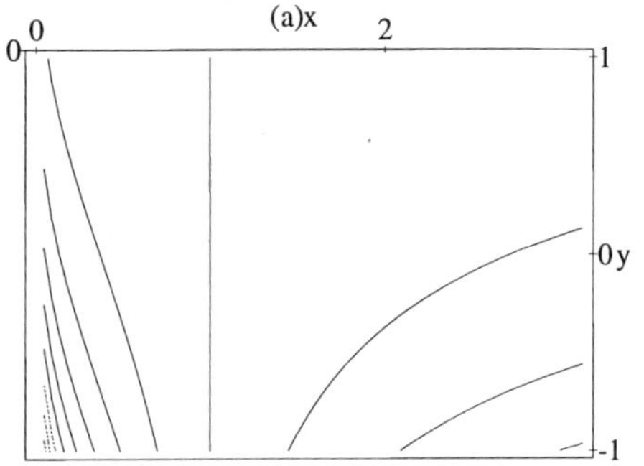

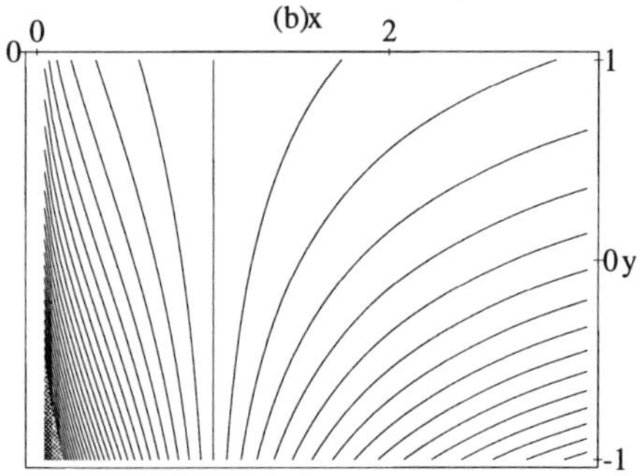

Bild 7.22 Niveaulinien (a) Standardausgabe, (b) mit zusätzlichen Niveaulinien

Die einzige Möglichkeit, die Höhenlinien mit dem entsprechenden Funktionswert zu beschriften, besteht in `textplot`, allerdings müssen Sie eine ganze Weile probieren, bis das Ergebnis zufriedenstellend ist.

7.2.3 Dichtigkeitsdarstellung

Eng verwandt mit der Niveauliniendarstellung ist die Dichtigkeitsdarstellung, bei der die Maschen des Koordinatennetzes entsprechend den dort angenommenen Funktionswerten unterschiedlich eingefärbt bzw. gerastert werden. Dies wollen wir Ihnen für die gedämpfte Schwingung zeigen. Wenn Sie keine zusätzlichen Angaben machen, wird Ihnen das Koordinatennetz mit ausgegeben (Bild 7.23(a)). Auch in dieser Darstellung bedeuten helle Bereiche große Funktionswerte. Die Erzeugung dieses Bildes dauert etwa 7 Minuten.

```
> densityplot(sin(x) * exp(- y), x = - Pi .. Pi, y = - 1 .. 1,
>             title = `(a)`, numpoints = 5000);
```

Die Ausgabe des Koordinatennetzes können Sie nicht unterdrücken, aber die Koordinatenachsen nach außen setzen.

```
> densityplot(sin(x) * exp(- y), x = - Pi .. Pi, y = - 1 .. 1,
>             title = `(b)`, axes = FRAMED);
```

Die Ausgabe von Dichtigkeits- und Niveauliniendarstellung zeigt, daß die Niveaulinien ein sehr viel schärferes Bild liefern, das Erstellen dieser Graphik allerdings auch mehr Zeit in Anspruch nimmt.

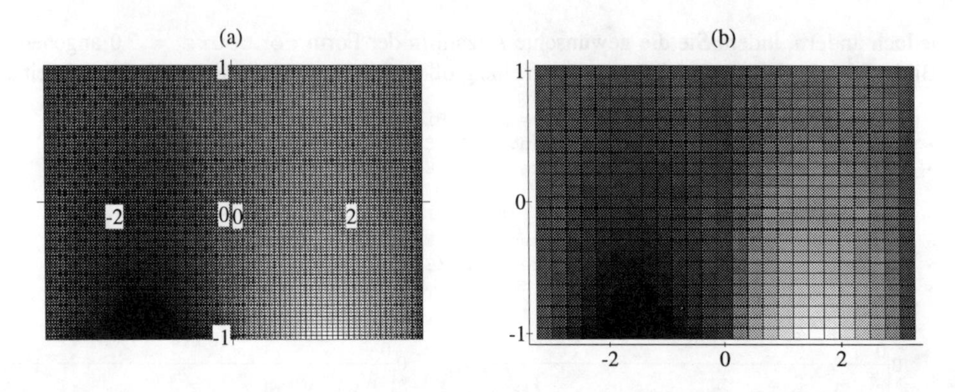

Bild 7.23 Dichtigkeitsdarstellung (a) mit hoher Auflösung, (b) mit Standardauflösung und nach außen gezogenen Achsen

7.2.4 Projektion in die Ebene

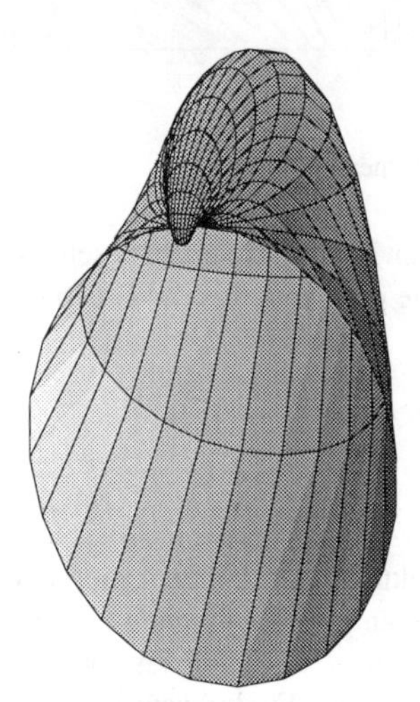

Bild 7.24
Darstellung einer Funktion in Kugelkoordinaten

Häufig versucht man, bei der Darstellung von Flächen eine Projektion auf die Papierebene zu zeichnen, bei der ein dreidimensionaler Eindruck des Objekts entsteht oder entstehen soll. Wenn die Funktion in der Form $z = f(x, y)$ gegeben ist, hängt es von der Art des benutzten Koordinatensystems ab, welchen Befehl Sie benutzen müssen. Wenn es sich um Kugelkoordinaten handelt, ist `sphereplot` zu verwenden, wobei *MapleV* annimmt, daß der zu zeichnende Ausdruck den Radius in Abhängigkeit von den Winkeln darstellt. Bild 7.24 zeigt eine Windung eines Schneckenhauses.

```
> sphereplot((2.0)^z * sin(theta), z = - 1 .. 2 * Pi,
>            theta = 0 .. Pi, shading = ZGREYSCALE,
```

```
>           orientation = [115, 108]);
```

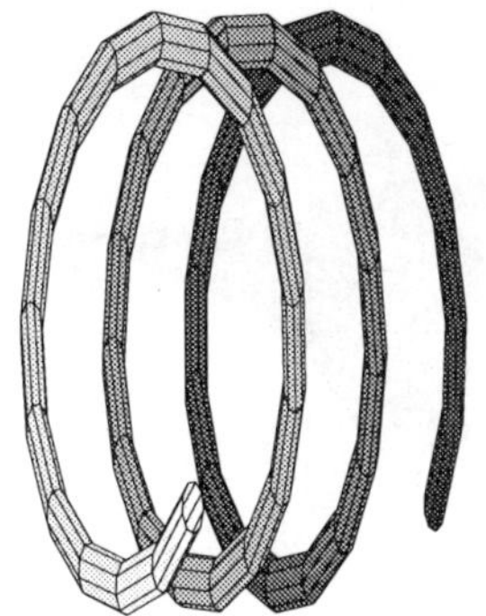

Bild 7.25
Schraubenfeder

Eine ganz spezielle Art von Fläche erhalten Sie mit `tubeplot`, nämlich eine Schlauchumgebung einer Raumkurve, wobei Sie den Radius des Schlauches vorgeben können. Bild 7.25 zeigt eine Schraubenfeder.

```
> tubeplot([cos(t), sin(t), 3 * t, t = 0 .. 6 * Pi, radius = 0.1],
>                                   shading = ZGREYSCALE);
```

Falls Sie Zylinderkoordinaten benutzen, müssen Sie den Befehl `cylinderplot` verwenden; auch hier nimmt *MapleV* an, daß der zu zeichnende Ausdruck den Radius in Abhängigkeit von Winkel und Höhe darstellt.

```
> cylinderplot(z^2 * cos(theta), theta = 0 .. 2 * Pi, z = 0 .. 1);
```

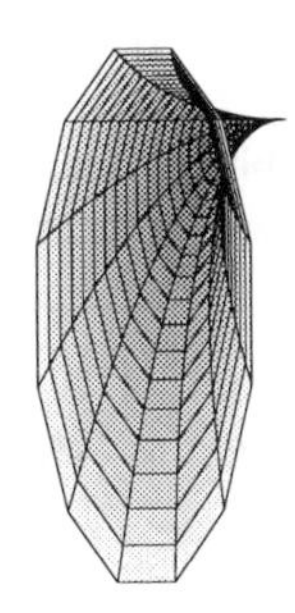

Bild 7.26
Mit `cylinderplot` erzeugter asymmetrischer Trichter

Für Funktionen kartesischer Koordinaten ist `plot3d` zu verwenden. In Bild 7.27(a) lassen wir die gedämpfte Schwingung $\sin x \exp(-y)$ über dem Rechteck $[0, 2\pi] \times [0, 3]$ ausgeben, von deren Verlauf wir durch `contourplot` und `densityplot` schon eine gewisse Vorstellung haben.

```
> plot3d(sin(x) * exp(- y), x = 0 .. 2 * Pi, y = 0 .. 3,
>         title = `(a)`, axes = BOXED, shading = ZGREYSCALE);
```

Die möglichen Optionen können Sie mit `?plot3d[options]` abfragen. Die Liste ist umfangreich, so daß eine vollständige Behandlung den Rahmen dieses Buches sprengen würde. Wir beschränken uns auf eine Verschiebung des Standpunkts (Bild 7.27(b)). Wenn Sie sich Ihre Graphik gern von allen Seiten anschauen wollen, sollten Sie den Paragraphen 7.3 lesen.

```
> plot3d(sin(x) * exp(- y), x = 0 .. 2 * Pi, y = 0 .. 3,
>         title = `(b)`, axes = BOXED, shading = ZGREYSCALE,
>         orientation = [-60, 71]);
```

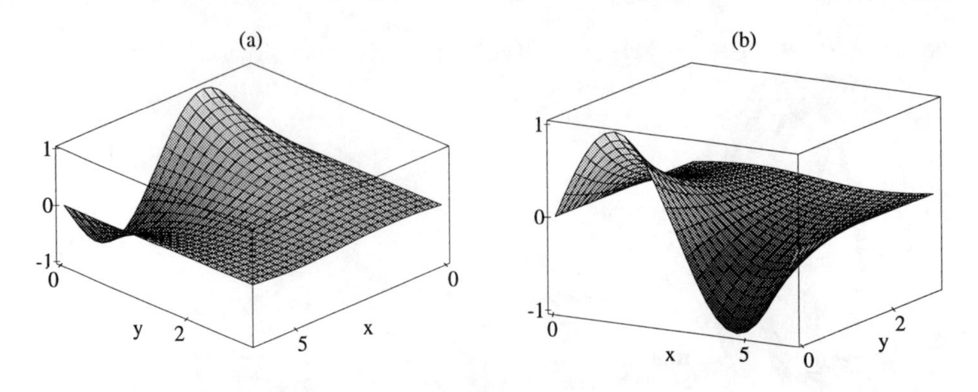

Bild 7.27 Dreidimensionale Darstellung einer gedämpften Schwingung

7.2.5 Erzeugung von Objekten, die nicht Funktionsgraphen sind

Es dürfte Ihnen relativ schwer fallen, ein Polygon (Vieleck) im Raum, ein Polyeder (Vielflach) oder andere komplizierte Gebilde als Funktionsgraphen darzustellen, ganz abgesehen davon, daß dies häufig nicht möglich ist. Zur Erleichterung der Arbeit gibt es spezielle Zeichenbefehle. Darüberhinaus kennt *MapleV* die Namen einiger Polyeder, die Sie jederzeit verwenden können. Zunächst zeichnen wir zwei Rechtecke in die Ebene.

```
> rechteck1 := [[3, 0], [7, 0], [7, 5], [3, 5]]:
> rechteck2 := [[0, 0], [2, 0], [2, 3], [0, 3]]:

> polygonplot({rechteck1, rechteck2}, title = `(a)`);
```

Beachten Sie bitte, das hier das Ergebnis von der Reihenfolge der Eingabe abhängt. Für die Ausgabe in Bild 7.28(b) haben wir die Reihenfolge der Punkte des ersten Rechtecks vertauscht.

```
> rechteck3 := [[3, 0], [7, 5], [7, 0], [3, 5]]:

> polygonplot({rechteck3, rechteck2}, title = `(b)`);
```

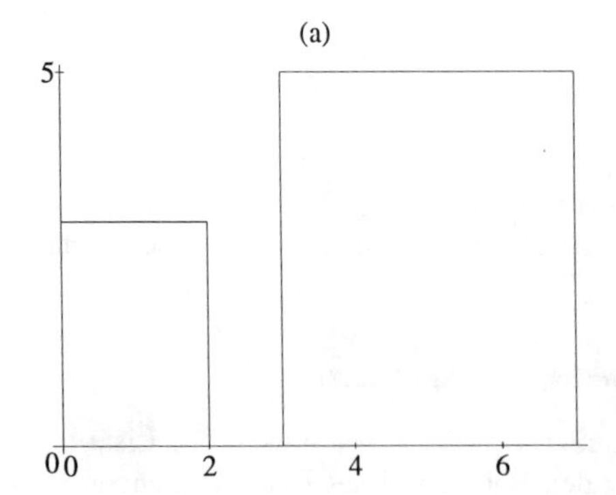

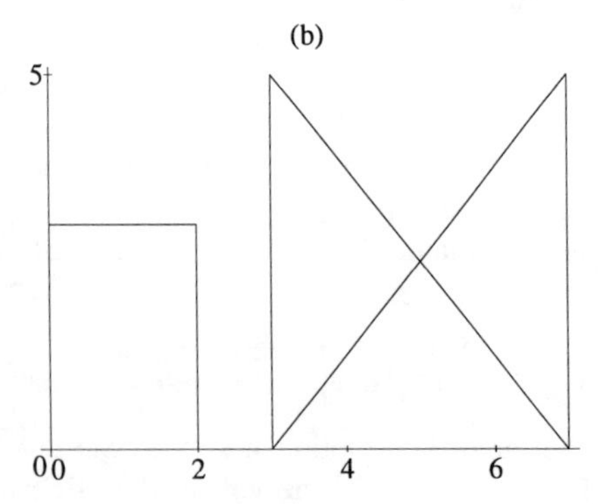

Bild 7.28 Polygonzüge in der Ebene (a) mit Punktreihenfolge im Gegenuhrzeigersinn, (b) mit teilweise vertauschter Punktreihenfolge

Für räumliche Darstellungen von Polygonzügen ist `polygonplot3d` zu verwenden, allerdings ist das Ergebnis wahrscheinlich ganz anders, als Sie es erwarten. Wenn Sie nämlich nur die Eckpunkte eingeben, so werden nur die Kanten aufeinanderfolgender Punkte Ihrer Liste gezeichnet, wie Sie in Bild 7.29a sehen.

```
> wuerfel := [[0, 0, 0], [1, 0, 0], [1, 1, 0], [0, 1, 0],
>             [0, 1, 1], [1, 1, 1], [1, 0, 1], [0, 0, 1]]:

> polygonplot3d(wuerfel, title = `(a)`, axes = boxed,
>               shading = ZGREYSCALE);
```

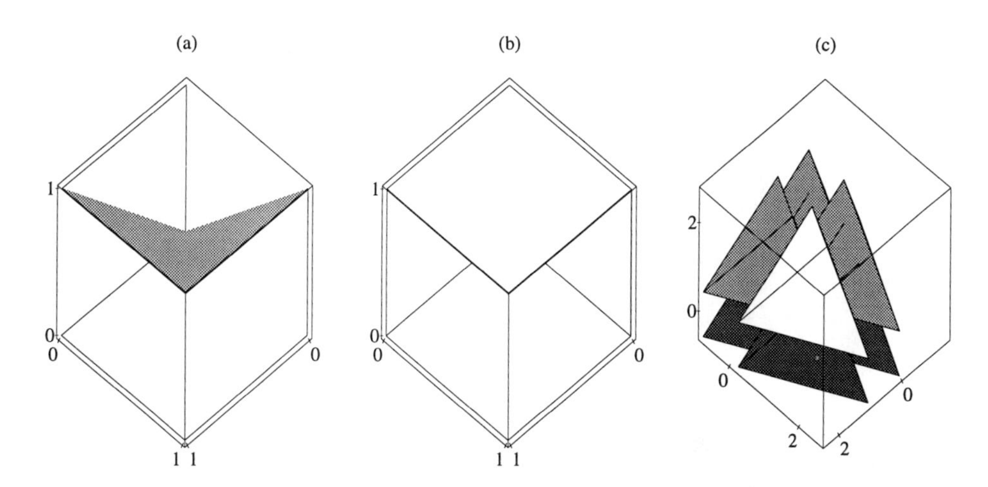

Bild 7.29 (a) Polygonzug durch die Eckpunkte eines Würfels, (b) vollständiger Würfel, (c) durch Würfelecken definierte Polyeder

Um wirklich einen Würfel zu erhalten, müssen Sie alle Kantenend- und -anfangspunkte in der richtigen Reihenfolge eingeben. Damit Sie keine unerwünschten Kanten erhalten, müssen Sie die Punkte in geeignete Teilmengen verteilen.

```
> teil1 := [[0, 0, 0], [1, 0, 0], [1, 1, 0], [0, 1, 0]]:
> teil2 := [[0, 0, 1], [1, 0, 1], [1, 1, 1], [0, 1, 1]]:
> teil3 := [[0, 0, 0], [0, 0, 1]]:
> teil4 := [[1, 0, 0], [1, 0, 1]]:
> teil5 := [[1, 1, 0], [1, 1, 1]]:
> teil6 := [[0, 1, 0], [0, 1, 1]]:

> polygonplot3d({teil1, teil2, teil3, teil4, teil5, teil6},
>     title = `(b)`, axes = BOXED, shading = ZGREYSCALE);
```

In Bild 7.29(b) sehen Sie das Ergebnis.

Der dritte Befehl in diesem Zusammenhang ist `polyhedraplot` zum Erzeugen von Polyedern. Wenn Sie ihn allerdings auf die Würfelecken anwenden, werden Sie keinen Würfel erhalten (Bild 7.29(c)).

```
> polyhedraplot(wuerfel, axes = BOXED, title = `(c)`,
>               shading = ZGREYSCALE);
```

Dies liegt an der Syntax dieses Befehls. Wenn Sie nicht die gewünschte Polyederart angeben, werden automatisch Tetraeder ausgegeben, und zwar für jeden Punkt der Liste eines – die Punkte werden hier nämlich nicht als Eck-, sondern als Mittelpunkte des jeweiligen Polyeders gedeutet. Daher ist auch unser nächster Versuch nicht sehr erfolgreich: anstelle der 8 Tetraeder sehen wir in Bild 7.30(a) 27 Würfel!

```
> polyhedraplot(wuerfel, polytype = hexahedron, axes = BOXED,
>              title = `(a)`, shading = ZGREYSCALE);
```

Dies ist allerdings eine optische Täuschung, die darauf beruht, daß jeder der eigentlich erzeugten 8 Würfel die Kantenlänge 2 hat, so daß sich die Würfel durchdringen. Um dies einzusehen, verkürzen wir als nächstes in Bild 7.30(b) mit `polyscale` die Kantenlänge. Die Voreinstellung 1 bedeutet, daß der Abstand der Kanten zum Mittelpunkt 1 beträgt.

```
> polyhedraplot(wuerfel, polytyp e =hexahedron, polyscale = 1/3,
>              axes = BOXED, title = `(b)`, shading = ZGREYSCALE);
```

Damit ist klar, wie wir unseren Würfel erhalten:

```
> polyhedraplot([1/2, 1/2, 1/2], polytype = hexahedron,
>              polyscale = 1/2, axes = BOXED, title = `(c)`,
>              shading = ZGREYSCALE);
```

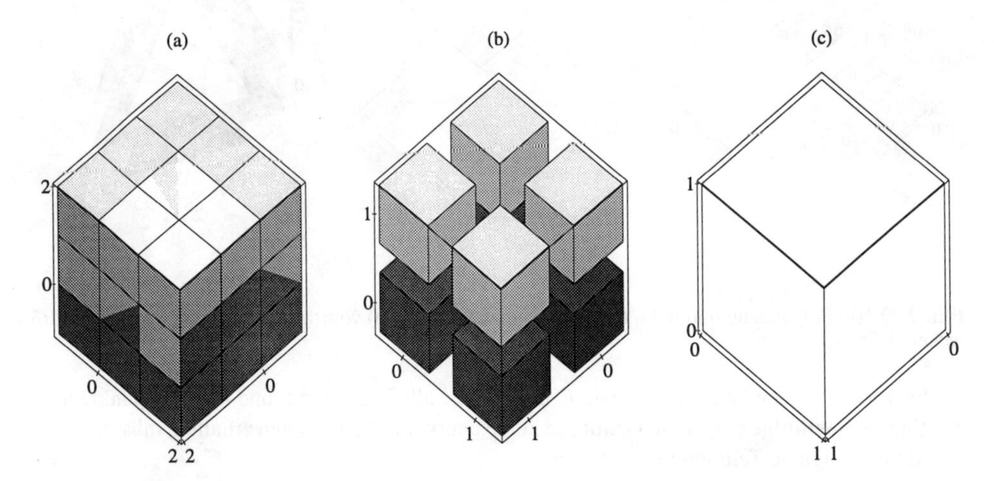

Bild 7.30 Würfel im Raum (a) um acht Punkte mit Kantenlänge 2, (b) um acht Punkte mit Kantenlänge 1/3, (c) Einheitswürfel

Häufig läßt sich eine Fläche im Raum zwar nicht als Graph einer Funktion, wohl aber als parametrisierte Fläche beschreiben. In Bild 7.31 sehen Sie eine Wendelfläche, die mithilfe unterschiedlicher Stützpunktanzahl gezeichnet wurde. Solche Graphiken verbrauchen sehr viel Speicherplatz, so daß es Ihnen durchaus passieren kann, daß nach wenigen solchen Zeichnungen Ihr Speicher voll ist.

```
> plot3d([r * cos(t), r * sin(t), t], r = 0 .. 10, t = 0 .. 6 * Pi,
>        title = `(a)`, axes = BOXED, shading = ZGREYSCALE);

> plot3d([r * cos(t), r * sin(t), t], r = 0 .. 10, t = 0 .. 6 * Pi,
>        title = `(b)`, axes = BOXED, numpoints = 1000,
>        shading = ZGREYSCALE);
```

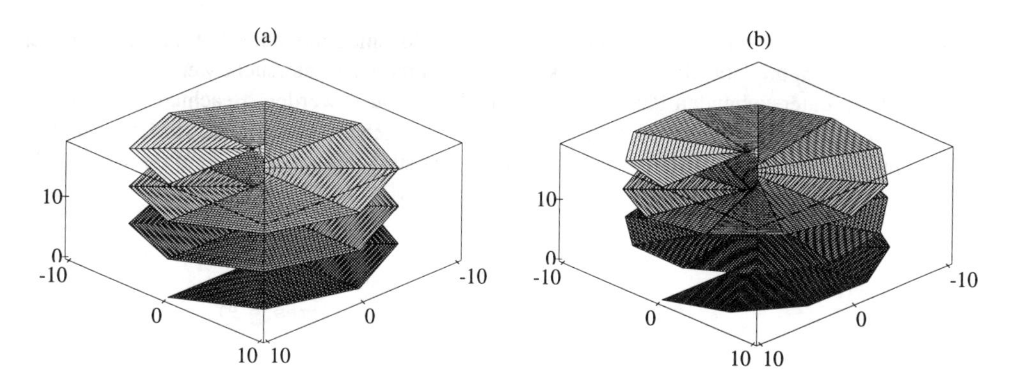

Bild 7.31 Wendelfläche (a) mit `numpoints = 225`, (b) mit `numpoints=1000` berechnet und gezeichnet

7.3 Animation

7.3.1 Ebene Objekte

Vielleicht standen Sie auch schon einmal vor dem Problem, sich den Verlauf einer Kurve in Abhängigkeit von einem oder mehreren Parametern veranschaulichen zu müssen. Eine Möglichkeit ist dann, für eine Liste von Parameterwerten die entstehenden Kurven in einer Graphik zu vereinigen. Wir wollen eine solche Kurvenschar für eine ebene gedämpfte Schwingung, wobei Frequenz und Dämpfungsfaktor variieren sollen, zeichnen. Dazu erzeugen wir eine Folge der zu zeichnenden Kurven, indem wir angeben, welche Werte die Parameter durchlaufen sollen. Das Ergebnis sehen Sie in Bild 7.32.

```
> M := {seq(1 + i/2, i = 0 .. 2)};
```

$$\{1, 2, 3/2\}$$

```
> plot({seq(seq(sin(a * Pi * x) * exp(- b * x), a = M), b = 1 .. 2)},
>                                  x = 0 .. 1, color = black);
```

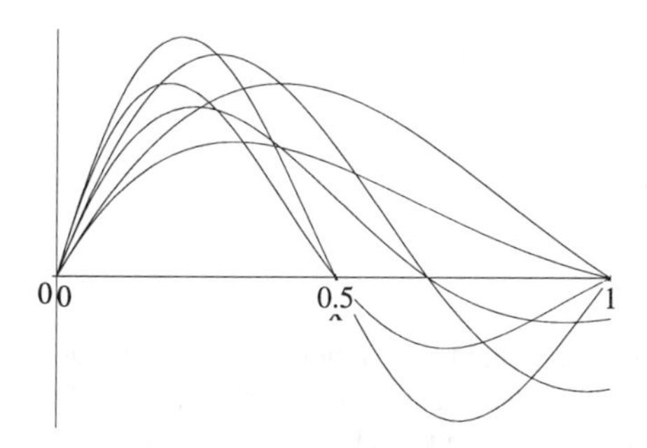

Bild 7.32 Kurvenschar

Wenn die Sie interessierende Kurvenschar nur von einem Parameter abhängt, und Sie sehen möchten, wie sich bei kontinuierlichem Verändern des Parameters das Bild der Kurve ändert, empfiehlt sich eventuell die Verwendung der Animationsmöglichkeiten von *MapleV*. Bei einer Sinusschwingung soll die Abhängigkeit von der Frequenz untersucht werden. Es sollen 9 Werte im zu untersuchenden Parameterintervall $[1, 2]$ benutzt werden. Beachten Sie bitte, daß das Parameterintervall nach dem Variablenintervall angegeben werden muß. Im Gegensatz zur Einzelbildausgabe nimmt *MapleV* hier keine Bildanpassung vor, so daß Sie auf die Angabe des Bildbereichs verzichten können.

```
> a := evaln(a):

> animate(sin(a * Pi * x), x = 0 .. 1,  a = 1 .. 2, color = black,
>                                               frames = 9);
```

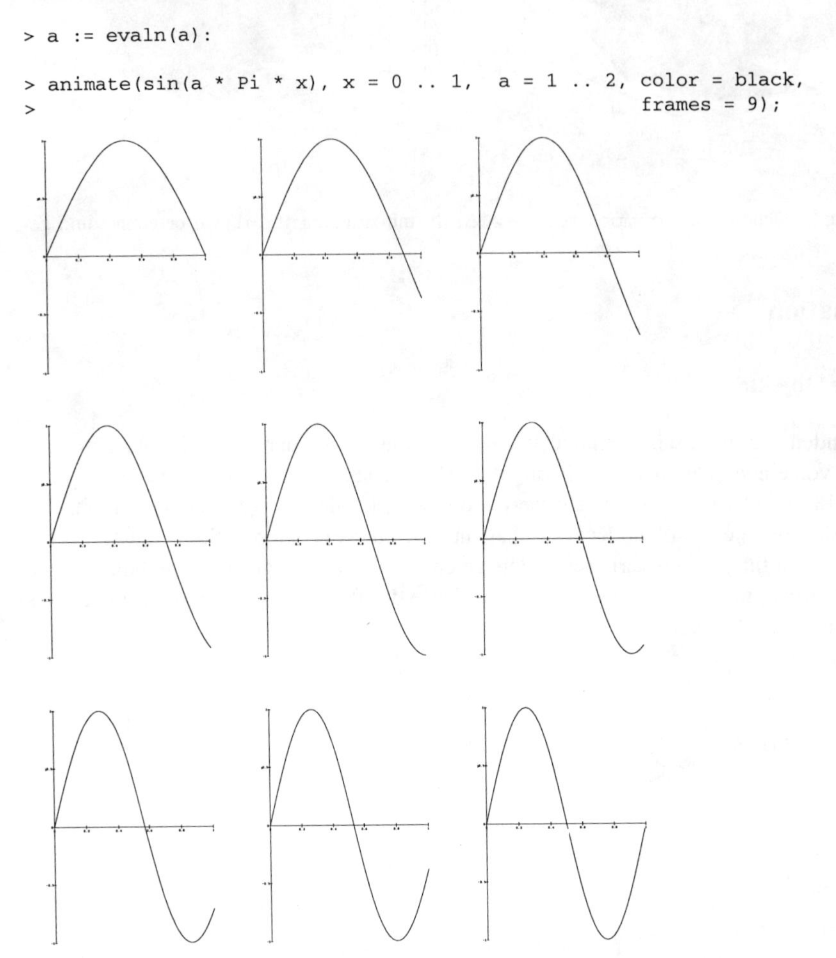

Bild 7.33 Animation einer Kurvenschar

Im Animationsfenster sehen Sie das erste erzeugte Objekt, die anderen sind durch Drücken der Taste `Adv` zu besichtigen. Aus technischen Gründen haben wir die Bilder in Bild 7.33 zusammengefaßt. Klicken Sie nun mit der Maus `Play` an; je nachdem, ob die rechte Taste auf `Once` oder `Loop` steht, wird die Bilderfolge einmal oder bis zum Drücken der `Stop`-Taste wiederholt. Richtung und Geschwindigkeit der Animation können Sie über die Pfeilsymbole steuern.

Nun wollen wir Ihnen zeigen, wie man selbstdefinierte Objekte sich bewegen lassen kann. Als Beispiel wählen wir einen Schubkurbeltrieb, bei dem der Radius der Kurbel 1 und die Länge

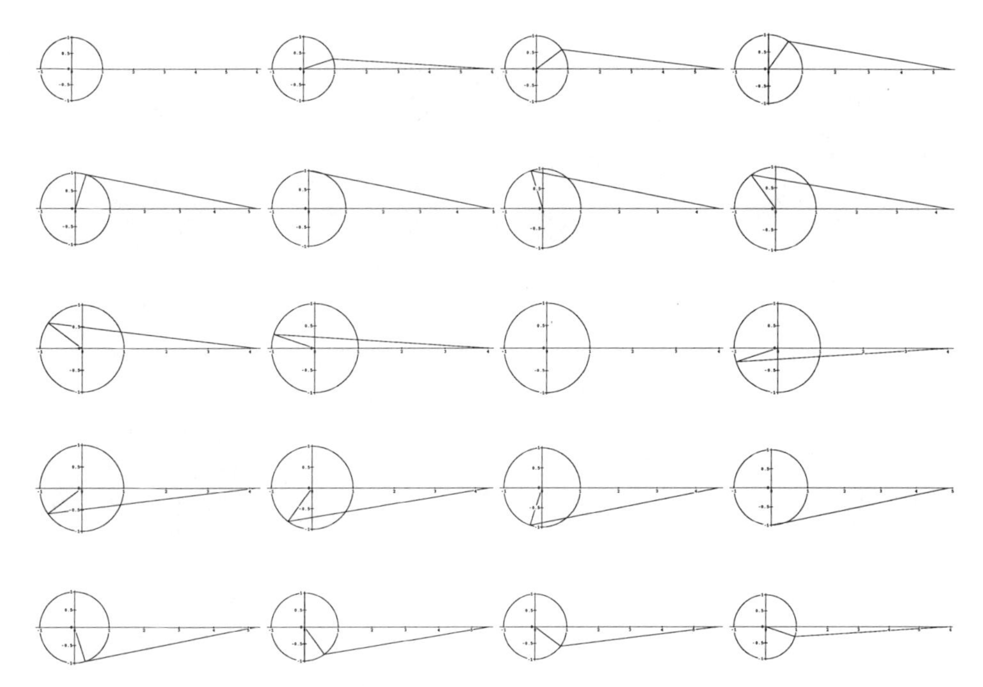

Bild 7.34 Simulierter Schubkurbeltrieb

der Pleuelstange 5 Einheiten beträgt. Mit P bezeichnen wir den Kurbelpunkt, mit Q den sich bewegenden Kolben.

```
> P := [cos(t), sin(t)]:   l := 5:

> Q := [cos(t) + sqrt(l^2 - sin(t)^2), 0]:
```

Wir wollen die Kurbel, die Strecke zwischen dem Kurbellager $(0, 0)$ und dem Kurbelpunkt P sowie die Pleuelstange zeichnen lassen.[5]

```
> LineOP := evalm([0, 0] + x * P);
> LinePQ := evalm(P + x * (Q - P));
```

$$[x\cos(t), x\sin(t)]$$

$$[\cos(t) + x\sqrt{25 - \sin(t)^2}, \sin(t) - x\sin(t)]$$

Den Kreis stellen wir in der parametrisierten Form dar und lassen 20 Bilder herstellen.

```
> animate({[cos(2 * Pi * x), sin(2 * Pi * x), x = 0 .. 1],
>          [LineOP[1], LineOP[2], x = 0 .. 1],
>          [LinePQ[1], LinePQ[2], x = 0 .. 1]},
>                              t = 0 .. 2 * Pi,   frames = 20);
```

Die erzeugten Graphiken sehen Sie in Bild 7.34. Wir wünschen Ihnen bei der Animation der Schubkurbel viel Spaß!

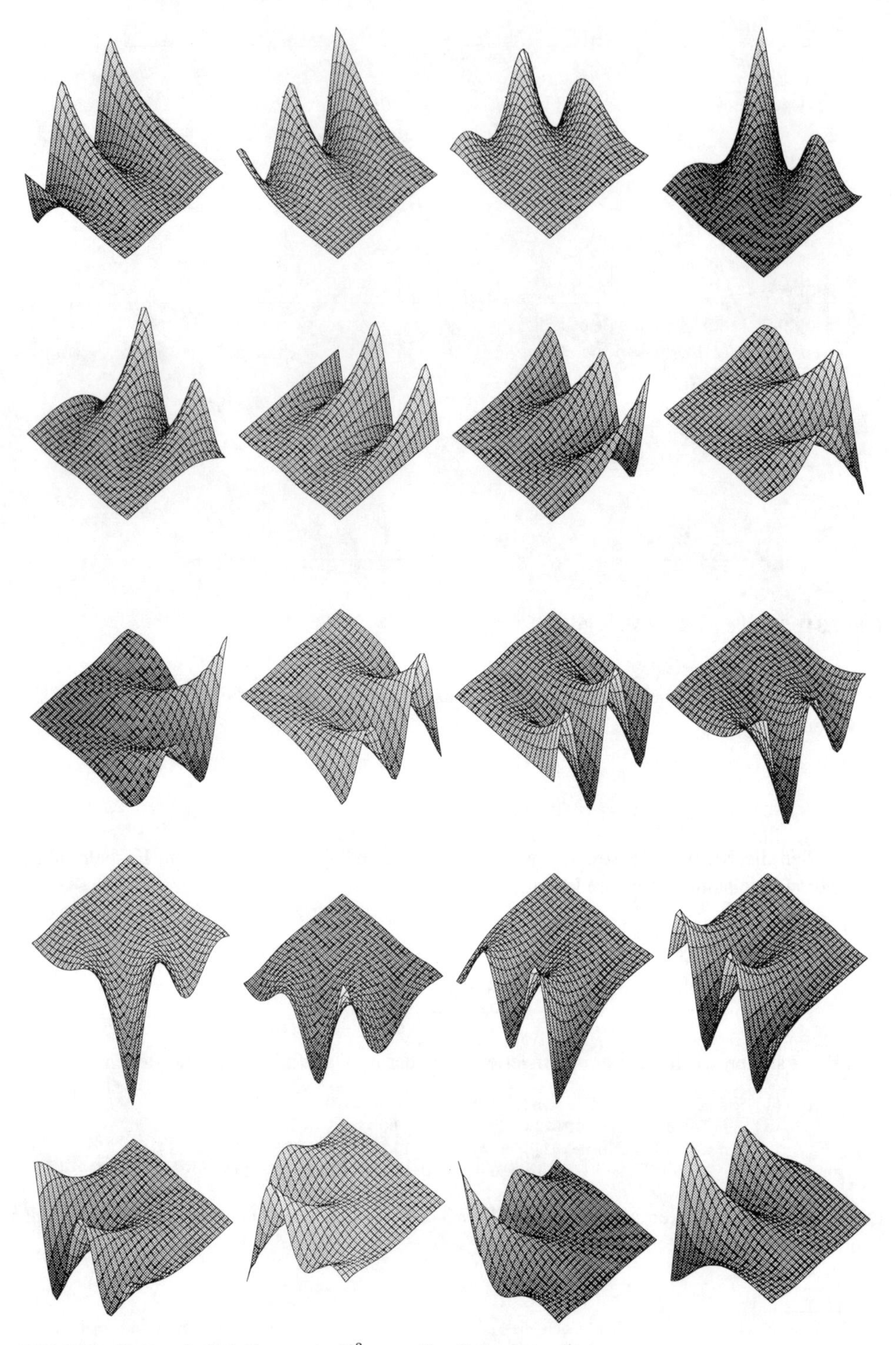

Bild 7.35 Gedämpfte Schwingung im $\mathbb{R}^3$, von allen Seiten betrachtet

7.3.2 Dreidimensionale Objekte

Im folgenden wollen wir Ihnen zeigen, daß auch die Bewegung dreidimensionaler Objekte simuliert werden kann. Als Beispiel wählen wir die gedämpfte Schwingung. Da es keinen Befehl zum Rotieren dreidimensionaler Objekte gibt, wollen wir Ihnen zeigen, wie Sie dies erreichen können. Dazu ist es erforderlich, die x-y-Ebene um die z-Achse zu drehen. Jede solche Drehung wird durch die Formeln

$$x' = x \cdot \cos(t) - y \cdot \sin(t)$$

$$y' = x \cdot \sin(t) + y \cdot \cos(t)$$

beschrieben. Daher lassen wir für 20 verschiedene Werte von t die gedämpfte Schwingung zeichnen. Weil der Bereich der x-y-Ebene immer ein Rechteck ist, sehen Sie bei der Animation ein störendes Flattern der Ecken.

```
> animate3d(sin(x * cos(t) - y * sin(t))
>           * exp(- x * sin(t) - y * cos(t)),
>           x = 0 .. 2 * Pi, y = 0 .. 3, t = 0 .. 2 * Pi,
>           frames = 20, shading = ZGREYSCALE);
```

7.3.3 Übungen

Erstellen Sie für alle folgenden Beispiele (die in den Übungen zu den vorangegangenen Kapiteln auftauchten) eine Skizze.

1. Liegen die Punkte $P_1 = (3, 0, 4), P_2 = (1, 1, 1)$ und $P_3 = (-1, 2, -2)$ auf einer Geraden?
2. Wie liegen die Geraden g_1, g_2 zueinander? g_1 geht durch die Punkte $P_1 = (3, 4, 6)$ und $P_2 = (-1, -2, 4)$; g_2 geht durch die Punkte $P_3 = (3, 7, -2)$ und $P_4 = (5, 15, -6)$.
3. Liegen die Punkte $P_1 = (3, 2, 0), P_2 = (1, 1, 1), P_3 = (12, -4, 12)$ und $P_4 = (4, -1, 5)$ auf einer Ebene?
4. Wie liegen die Gerade g und die Ebene E zueinander? g geht durch den Punkt $P_1 = (5, 1, 2)$ mit Richtungsvektor $\vec{a} = (3, 1, 2)$; E geht durch den Punkt $P_2 = (2, 1, 8)$ mit Normalenvektor $\vec{n} = (-1, 3, 1)$.
5. Bestimmen Sie die Lage der Ebenen E_1, E_2! E_1 geht durch den Punkt $P_1 = (2, 2, -1)$ mit Normalenvektor $\vec{n} = (1, 0, 1)$; E_2 geht durch den Punkt $P_2 = (-1, 2, -11)$ mit den Richtungsvektoren $\vec{a} = (2, 5, 9)$ und $\vec{b} = (1, 8, -3)$
6. Es soll zu erkennen sein, was in der Nähe von $x = 0$ geschieht! a) $f(x) = (\cos x)^{\frac{1}{x}}$, b) $f(x) = (\ln \frac{1}{x})^x$
7. Es sollen die Extrem- und Wendepunkte der folgenden Kurven zu erkennen sein, falls es sie gibt! a) $\arctan(x^2 + 1)$, b) $x^2 \ln |x|$ $(x \neq 0)$ c)

$$f(v) = \begin{cases} \frac{2}{\sigma^3 \cdot \sqrt{2\pi v^2} \cdot \exp \frac{-v^2}{2\sigma^2}} & \text{falls } v > 0 \\ 0 & \text{falls } v \leq 0 \end{cases}$$

[5] Falls Sie einmal vor dem Problem stehen, die Verbindung zwischen den Punkten 0 und P als Objekt und nicht als Graphik benutzen zu wollen, können Sie dies erreichen durch `POLYGONS([[0,0],P])`. Um dieses Objekt zeichnen zu lassen, ist `PLOT(POLYGONS([[0,0],P]));` einzugeben.

(Diese Funktion tritt für $v > 0$ im Maxwellschen Verteilungsgesetz der Geschwindigkeiten von Gasmolekülen auf, wobei v die Molekülgeschwindigkeit ist und $2\sigma^2 = v_0^2$ gilt mit der wahrscheinlichsten Geschwindigkeit v_0.)

8. Gegeben ist die Kurve $F(x, y) = 12y^5 - 20xy^3 + 5x^4 = 0$ (mit $x > 0, y > 0$). Sehen Sie geometrisch, in der Umgebung welcher Punkte hierdurch implizit eine Funktion $y = f(x)$ bestimmt ist?

9. Bestimmen Sie bei der Kurve

$$x^4(x - y) + 2x^2y(x + y) + y(x^2 + y^2) + c = 0$$

die Konstante c so, daß die Kurve durch den Punkt $P_0 = (1, 1)$ geht. Fassen Sie diese Kurve als Niveaulinie von $F(x, y) = 0$ auf und schneiden Sie sie mit der Geraden g durch P_0 mit Richtungsvektor $(1, 4)$.

10. $\vec{w}(t) = (\exp t, \exp -t, \sqrt{2}t)$, $t \in [0, 5]$ ist zu zeichnen.

11. Die Tangentialebene an das Ellipsoid

$$\frac{x^2}{4} + y^2 + \frac{z^2}{16} = 1$$

im Punkt $(1, \frac{1}{2}, 2\sqrt{2})$ ist zu zeichnen.

12. Die Schmiegquadrik an die Niveaufläche

$$x \cos y + y \cos z + z \cos x = 2$$

im Punkt $(0, 0, 2)$ ist zu zeichnen. Um welche geometrische Figur handelt es sich?

13. Zeichnen Sie, soweit möglich, die Umkehrfunktion von $f(x) = \dfrac{3x + 4}{7x + 2}$

14. Zeichnen Sie das Polynom

$$f(x) = x^4 + 9x^3 + 29x^2 + 39x + 18$$

wobei die reellen Nullstellen zu sehen sein sollen.

15. Zeichnen Sie

$$f(x) = \frac{6x^3 + 7x^2 + 10x + 11}{x^4 + 9x^3 + 29x^2 + 39x + 18}$$

Was hat diese Skizze mit der Partialbruchzerlegung von $f(x)$ zu tun?

16. Um welche geometrische Figur handelt es sich bei

$$2x^2 + 3y^2 + 4z^2 - 4xy - 4yz + 2x + 2y + 2z + 3 = 0\ ?$$

17. Gesucht sind die Extremwerte von $f(x, y) = 3x^2 - 2xy + y^2$ auf der Kreisscheibe $x^2 + y^2 \leq 1$

18. Für welche Werte von t schneiden sich die folgenden vier Ebenen des $\mathbb{R}^3$?

$$E_1 : y + z = 0 \qquad E_2 : 2x - y + z = 0$$

$$E_3 : x + y = 2t \qquad E_4 : 2(x - y) + t(z + 1) = 0$$

19. Wie variieren[6] die Lösungen der quadratischen Gleichung $x^2 + px + q = 0$, wenn $p \in -5, -4, \ldots, 4, 5$ und $q \in -2, -1, 0, 1, 2$ gilt?

20. Wie verändert sich qualitativ der Verlauf von $\frac{x^n - 1}{x^m - 1}$ in der Nähe von $x = 1$ für verschiedene von Null verschiedene natürliche Werte von n, m?

21. Wir betrachten die quadratische Gleichung $ax^2 + bx + c = 0$. Was geschieht mit den Nullstellen dieser Gleichung, wenn a gegen Null geht?

[6] Erstellen Sie bei dieser und in den folgenden Aufgaben jeweils Bilder von Kurvenscharen, die die Veränderungen zeigen, die sich bei Variation der Parameter ergeben.

8 *MapleV* als Programmiersprache

8.1 Fertige Pakete

8.1.1 Die verschiedenen Pakete

In den übrigen Kapiteln haben wir bereits an vielen Stellen mit *MapleV*-Paketen gearbeitet, soweit diese zur Lösung eines speziellen Problems erforderlich waren. Im Kapitel 6 haben wir ein Paket systematisch betrachtet, das besonders viele Anwendungen hat, um Ihnen einen Eindruck vom Leistungsumfang solcher Pakete zu geben.

Mit jeder neuen *MapleV*-Version wird die Anzahl der Pakete wohl steigen, wobei nicht alle gleich gut und nützlich sind. So ist etwa beim gleichzeitigen Arbeiten mit den Paketen `linalg` und `geom3d` ständig Datenkonversion erforderlich, weil im Geometrie-Paket viele wichtige Lösungsroutinen fehlen, so daß man selbst unter Verwendung der Matrix- und Vektorbefehle von `linalg` zur Tat schreiten muß. Dies wird vielleicht im Laufe der Zeit besser, trotzdem empfinden wir das unterschiedliche Datenformat dieser Pakete als ausgesprochen störend. Das Handbuch[3] dokumentiert im übrigen z. Zt.(Februar 94) nicht alle Befehle der einzelnen Pakete, so daß wir Ihnen nur raten können, sich in einer stillen Stunde durch die interaktive Hilfe des Sie interessierenden Paketes zu arbeiten. Vielleicht finden Sie unter den derzeit ca. 2500 Befehlen einen, der Ihr Problem elegant löst. Sie sollten allerdings beachten, daß auch in der interaktiven Hilfe nicht alle Pakete dokumentiert sind, z.B. befindet sich in `liesymm` das versteckte Paket `difftools`, auf dessen Befehle wie etwa `pdintegrate` Sie zur Bearbeitung partieller Differentialgleichungen zurückgreifen müssen (s. Kapitel 4). Falls Sie sich dafür interessieren, wie ein Befehl arbeitet, können Sie ihn sich (wenn er nicht zu den *MapleV*-internen Funktionen gehört, wie etwa `op`) anschauen, wobei Sie ihn gegebenenfalls erst mit `readlib` bzw. `with` einlesen lassen müssen..

```
> interface(verboseproc=2):
> eval(op);
```

```
proc() options builtin; 110 end
```

```
> eval(evalm);
```

```
proc(expr)
local a; options ‘Copyright 1992 by the University of Waterloo‘;
if nargs <> 1 then
ERROR(
‘evalm accepts only one argument, an expression‘
)
fi;
if type(expr,‘=‘) then RETURN(map(evalm,expr)) fi;
a := convert(expr,‘evalm/array‘);
a := ‘evalm/evaluate‘(‘evalm/symbolic‘(a));
if has(eval(a,1),’a’) then
```

```
ERROR(
'unnamed vector or array with undefined entries.'
)
fi;
eval(a,1)
end
```

Und wenn Sie eines der in dieser Prozedur aufgerufenen Programme näher betrachten wollen, können Sie genauso vorgehen, nur dürfen Sie den Accent grave vor und hinter dem Namen nicht vergessen.

```
> eval(`evalm/symbolic`);
```

```
proc(f)
local t,flag;
options `Copyright 1992 by the University of Waterloo`;
t := f;
flag := false;
if has(t,`&*`) then
t := subs(`evalm/amperstar` = `&*`,
eval(subs(`&*` = `evalm/amperstar`,t)));
flag := true
fi;
if has(t,'transpose') then
t := subs('transpose' = 'linalg[transpose]',t);
flag := true
fi;
if flag then eval(t) else eval(t,1) fi
end
```

Wie ein solcher Befehl abgearbeitet wird, können Sie sich durch Einschalten des Protokolls anschauen, vorausgesetzt er enthält keinen Aufruf von `traperror` sowie einigen anderen Befehlen.

```
> trace(evalm): trace(`evalm/symbolic`):
> evalm(array([1,2,3]) - t*array([1,4,5]));
```

--> enter evalm, args = VECTOR([1, 2, 3])-t*VECTOR([1, 4, 5])

$$a := [1,2,3] - t[1,4,5]$$

--> enter evalm/symbolic, args = VECTOR([1, 2, 3])-t* VECTOR([1, 4, 5])

$$t := [1,2,3] - t[1,4,5]$$

flag := false

$$[1,2,3] - t[1,4,5]$$

<-- exit evalm/symbolic (now in evalm) = VECTOR([1, 2, 3])- t*VECTOR([1, 4, 5])

$$a := [1-t, 2-4t, 3-5t]$$

$$[1-t, 2-4t, 3-5t]$$

<-- exit evalm (now at top level) = VECTOR([1-t, 2-4*t, 3-5 *t])

$$[1-t, 2-4t, 3-5t]$$

Wenn Sie genug gesehen haben, können Sie das Protokoll wieder ausschalten.

```
> untrace(evalm): untrace(`evalm/symbolic`):
```

Eine andere Möglichkeit, Informationen zu erhalten, besteht in den `userinfo`-Meldungen, die einige der *MapleV*-Entwickler in ihren Programmen verwenden. Diese erhalten Sie dadurch, daß Sie `infolevel[all]` einen positiven Wert zuweisen. Je größer dieser Wert ist, umso mehr Informationen erhalten Sie, wobei die Angabe des Handbuchs, das höchste Informationsniveau betrage 5, überholt ist – im Paket `difftools` haben wir Zahlen im Bereich von 20 gefunden. Falls Sie nur für bestimmte Befehle diese Informationen wollen, können Sie anstelle von `all` auch einen konkreten Namen verwenden.

8.2 Realisierung von Programmstrukturen

8.2.1 *MapleV* und Programmiersprachen

MapleV erlaubt Ihnen die Vorbereitung von Programmen, die in anderen Programmiersprachen geschrieben sind. Dies wollen wir an einigen Beispielen erläutern. Wir lassen die Gleichung $x^5 - 1 = 0$ lösen, und definieren einen arithmetischen Ausdruck.

```
> a:=solve(x^5-1=0,x);
```

$$a := 1, \frac{\sqrt{5}}{4} - 1/4 + \frac{I\sqrt{2}\sqrt{5+\sqrt{5}}}{4}, -\frac{\sqrt{5}}{4} - 1/4 + \frac{I\sqrt{2}\sqrt{5-\sqrt{5}}}{4},$$
$$-\frac{\sqrt{5}}{4} - 1/4 - \frac{I\sqrt{2}\sqrt{5-\sqrt{5}}}{4}, \frac{\sqrt{5}}{4} - 1/4 - \frac{I\sqrt{2}\sqrt{5+\sqrt{5}}}{4}$$

```
> b := x^5/7 + c * y^3 - Log(y);
```

$$b := \frac{x^5}{7} + cy^3 - \log(y)$$

Wenn Sie einen mathematischen Ausdruck etwa in eine LaTeX-Datei übernehmen wollen, können Sie ihn natürlich von Hand in das LaTeX-Format übersetzen. Dies ist ausgesprochen mühsam, wobei man sich meistens bei der Anzahl der öffnenden und schließenden geschweiften Klammern vertut. Stattdessen können Sie durch `latex` den Ausdruck automatisch umwandeln lassen und danach z. B. über die Zwischenablage in Ihre LaTeX-Datei kopieren.

```
> latex(b);

              \frac {x^{5}}{7}}+cy^{3}-\log (y)
```

Allerdings ist der Aufruf nur dann so einfach, wenn das umzuwandelnde Objekt keine Folge ist.

```
> latex(a);
```

Error, latex expects its 2nd argument, filename,
to be of type string, but received `1/4*5^(1/2)-1/4+1/4*I*2^`
`(1/2)*(5+5^(1/2))^(1/2)` Hier muß also auf jedes Element der Folge `latex` angewandt werden.

```
> seq(latex(a[i]),i=1..5);

1, {\frac {\sqrt {5}}{4}}-1/4+{\frac { I\sqrt {2}\sqrt {5+\sqrt {5}}}{4}},
-{\frac {\sqrt {5}}{4}}-1/4+{\frac { I\sqrt {2}\sqrt {5-\sqrt {5}}}{4}},
-{\frac {\sqrt {5}}{4}}-1/4-{\frac { I\sqrt {2}\sqrt {5-\sqrt {5}}}{4}},
{\frac {\sqrt {5}}{4}}-1/4-{\frac { I\sqrt {2}\sqrt {5+\sqrt{5}}}{4}}
```

Das gleiche gilt für das Einbauen arithmetischer Ausdrücke in FORTRAN [1].

```
> fortran(a);
```

Error, (in fortran) bad option, 1/4*5^(1/2)-1/4+1/4*I*2^(1/
2)*(5+5^(1/2))^(1/2)

```
> seq(fortran(a[i]),i=1..5);

      t0 = 1
      t0 = sqrt(5.E0)/4-1.E0/4.E0+cmplx(0.E0,1.E0)*sqrt(2.\
E0)*sqrt(5+sqr
     #t(5.E0))/4
      t0 = -sqrt(5.E0)/4-1.E0/4.E0+cmplx(0.E0,1.E0)*sqrt(2\
.E0)*sqrt(5-sq
     #rt(5.E0))/4
      t0 = -sqrt(5.E0)/4-1.E0/4.E0-cmplx(0.E0,1.E0)*sqrt(2\
.E0)*sqrt(5-sq
     #rt(5.E0))/4
      t0 = sqrt(5.E0)/4-1.E0/4.E0-cmplx(0.E0,1.E0)*sqrt(2.\
E0)*sqrt(5+sqr
     #t(5.E0))/4
```

Auch Gleichungen können Sie erzeugen lassen.

```
> fortran([y=b]);

      y = x**5/7+c*y**3-Log(y)
```

Sogar Vektoren lassen sich nach Fortran übertragen.

```
> a1:=array([a]):
> fortran(a1);

      a1(1) = 1
      a1(2) = sqrt(5.E0)/4-1.E0/4.E0+cmplx(0.E0,1.E0)*sqrt\
(2.E0)*sqrt(5+
     #sqrt(5.E0))/4
      a1(3) = -sqrt(5.E0)/4-1.E0/4.E0+cmplx(0.E0,1.E0)*sqr\
t(2.E0)*sqrt(5
     #-sqrt(5.E0))/4
      a1(4) = -sqrt(5.E0)/4-1.E0/4.E0-cmplx(0.E0,1.E0)*sqr\
t(2.E0)*sqrt(5
     #-sqrt(5.E0))/4
      a1(5) = sqrt(5.E0)/4-1.E0/4.E0-cmplx(0.E0,1.E0)*sqrt\
(2.E0)*sqrt(5+
     #sqrt(5.E0))/4
```

Anstelle von Fortran können Sie auch in C übersetzen lassen. Allerdings muß dieser Befehl erst eingelesen werden. Hier sind dieselben Ausdrücke in C.

```
> readlib(C):
> seq(C(a[i]),i=1..5);

      t0 = 1.0;
      t0 = sqrt(5.0)/4-1.0/4.0+sqrt(-1.0)*sqrt(2.0)*sqrt(5.\
0+sqrt(5.0))/4;
      t0 = -sqrt(5.0)/4-1.0/4.0+sqrt(-1.0)*sqrt(2.0)*sqrt(5\
.0-sqrt(5.0))/4;
      t0 = -sqrt(5.0)/4-1.0/4.0-sqrt(-1.0)*sqrt(2.0)*sqrt(5\
.0-sqrt(5.0))/4;
      t0 = sqrt(5.0)/4-1.0/4.0-sqrt(-1.0)*sqrt(2.0)*sqrt(5.\
0+sqrt(5.0))/4;
```

[1] Steuerstrukturen können Sie nicht übersetzen lassen.

```
> C([y=b]);

y = pow(x,5.0)/7+c*y*y*y-Log(y);

> C(a1);

      a1[1] = 1.0;
      a1[2] = sqrt(5.0)/4-1.0/4.0+sqrt(-1.0)*sqrt(2.0)*sqrt\
(5.0+sqrt(5.0))/4;
      a1[3] = -sqrt(5.0)/4-1.0/4.0+sqrt(-1.0)*sqrt(2.0)*sqr\
t(5.0-sqrt(5.0))/4;
      a1[4] = -sqrt(5.0)/4-1.0/4.0-sqrt(-1.0)*sqrt(2.0)*sqr\
t(5.0-sqrt(5.0))/4;
      a1[5] = sqrt(5.0)/4-1.0/4.0-sqrt(-1.0)*sqrt(2.0)*sqrt\
(5.0+sqrt(5.0))/4;
```

Diese Möglichkeiten der direkten Umwandlung sind sehr interessant, wenn Sie aus irgendwelchen Gründen gezwungen sind, Programme in FORTRAN oder C zu schreiben. Viel angenehmer ist es jedoch, *MapleV* selbst als Programmiersprache zu nutzen, da Ihnen dabei alle *MapleV*-Befehle zur Verfügung stehen. Die Grundzüge der möglichen Vorgehensweisen wollen wir Ihnen im folgenden demonstrieren.

8.2.2 Programmstrukturen in *MapleV*

Schleifen

Jedes Programm setzt sich aus wenigen Grundstrukturen zusammen, so daß man als erstes die Umsetzung dieser elementaren Bausteine in *MapleV* kennen muß. Für die Realisierung von Wiederholungen stehen Ihnen zwei verschiedene Konstruktionen mit Varianten zur Verfügung. Mit ihrer Hilfe soll die Summe die Quadrate der Zahlen $1, 3, 21$ und 903 ausgegeben werden, wobei wir einige Varianten dieser Aufgabe betrachten wollen.

- Der Befehl `while` muß nach einer Bedingung hinter dem Wort `do` die auszuführenden Anweisungen enthalten, gefolgt von dem Wort `od`, das das Schleifenende kennzeichnet. Falls das Zeilenendezeichen hinter dem Schleifenende ein Doppelpunkt ist, müssen Sie für die Ausgabe des Ergebnisses am Bildschirm den Befehl `print` verwenden, andernfalls werden auch alle Zwischenergebnisse mitausgegeben. In dieser Variante soll die Wiederholung beendet werden, wenn zum ersten Mal die Summe größer als 100 ist.

```
> summe:=0; z:=1; while summe < 100 do summe := summe + z^2;
> z:=z+2*z^2 od;
```

$$summe := 0$$
$$z := 1$$
$$summe := 1$$
$$z := 3$$
$$summe := 10$$
$$z := 21$$
$$summe := 451$$
$$z := 903$$

- Stattdessen können Sie auch mit einer `for`-Konstruktion arbeiten. Hier wird ein von Ihnen vereinbarter Schleifenzähler von einem Anfangswert bis zu einem Endwert hochgezählt, wobei Sie durch die Angabe `by` auch noch eine Schrittweite vereinbaren können. Diesmal soll die Summe aller vier Quadratzahlen bestimmt werden.

```
> summe:=0; z:=1; for i from 1 to 4 do summe := summe + z^2;
> z:=z+2*z^2;  od;
```

$$summe := 0$$
$$z := 1$$
$$summe := 1$$
$$z := 3$$
$$summe := 10$$
$$z := 21$$
$$summe := 451$$
$$z := 903$$
$$summe := 815860$$
$$z := 1631721$$

- Nicht immer wird es Ihnen gelingen, für eine zusammengewürfelte Menge von Zahlen eine Formel zu finden, die diese Menge erzeugt. Für solche Fälle ist die Möglichkeit, die Zahlen direkt anzugeben, sehr angenehm.

```
> M1:=1,3,21,903:
> summe:=0; for z in M1 do summe:=summe + z^2 od;
```

$$summe := 0$$
$$summe := 1$$
$$summe := 10$$
$$summe := 451$$
$$summe := 815860$$

Sowohl `while` als auch `for` überprüfen zunächst, ob die Laufbedingung erfüllt ist und führen dann erst die Schleifenanweisungen aus. Es liegt also an Ihnen, ob die Schleife überhaupt durchlaufen oder übergangen wird. Dabei dürfen Sie auch beide Angaben für ein und dieselbe Schleife benutzen.

```
> summe:=0; for z in M1 while summe < 1000 do summe:=summe + z^2 od;
```

$$summe := 0$$
$$summe := 1$$
$$summe := 10$$
$$summe := 451$$
$$summe := 815860$$

Jetzt spielt es allerdings eine wichtige Rolle, ob die einzusetzenden Zahlen eine Menge darstellen oder nicht, da hiervon das Ergebnis beeinflußt wird, wie Sie im folgenden sehen.

```
> M:={1,3,21,903}:
> summe:=0; for z in M while summe < 1000 do summe:=summe + z^2 od;
```

$$summe := 0$$
$$summe := 1$$
$$summe := 10$$
$$summe := 815419$$

Dies liegt daran, daß die Speicherreihenfolge von Mengenelementen willkürlich ist.
Wenn Sie einen Schleifenzähler benutzen und dieser rückwärts laufen soll, müssen Sie hinter dem Anfangswert die Zusatzangabe `by` und eine negative Schrittweite schreiben. Natürlich müssen Sie dann auch den Anfangs- und den Endwert gegenüber der „Standardfassung" vertauschen. Schrittweite und Zählerendwert können nicht vom Ablauf der Wiederholungen abhängig sein, da dann zu ihrer Berechnung der Wert beim Eintritt in die Schleife herangezogen wird.

```
> summe:=0; for z from 1 by 2*z^2 to 903 do
> summe:=summe + z^2;z od;
```

$$summe := 0$$
$$summe := 1$$
$$1$$

Zum Abschluß soll der Kettenbruch

$$\frac{1}{1+\dfrac{5}{1+\dfrac{3}{1+x}}}$$

berechnet werden. Da nur das Endergebnis interessiert, lassen wir in der Schleife nichts ausgeben.

```
> t := x; for k from 1 by 2 to 5 do t:=1/(1+k*t); od: t;
```

$$t := \left(1+5\left(1+\frac{3}{1+x}\right)^{-1}\right)^{-1}$$

Um die Entstehung ebenfalls zu dokumentieren, müssen wir die Schleife mit einem Semikolon abschließen..

```
> t := x; for k from 1 by 2 to 5 do t:=1/(1+k*t); od;
```

$$t := x$$
$$t := (1+x)^{-1}$$
$$t := \left(1+\frac{3}{1+x}\right)^{-1}$$
$$t := \left(1+5\left(1+\frac{3}{1+x}\right)^{-1}\right)^{-1}$$

Verzweigungen

Auch Verzweigungen kommen häufig in Programmen vor, und Ihnen steht die in vielen Programmiersprachen übliche Realisierung zur Verfügung. Dabei ist nur zu beachten, daß das Ende einer solchen Struktureinheit durch `fi` bezeichnet wird.

- Abhängig von der Gültigkeit einer Bedingung sind unterschiedliche Aktionen durchzuführen. Als Beispiel nehmen wir an, es seien die Zahlen x und y gegeben.

```
> x:=5: y:=9:
```

Falls $4x > 2y$ gilt, soll x am Bildschirm ausgegeben werden. Danach ist x um 2 zu erhöhen. Zur Kontrolle soll x dann nochmals ausgegeben werden. Falls die Ungleichung nicht gilt, soll y ausgegeben und danach um 1 verringert und ebenfalls zur Kontrolle y nochmals ausgegeben werden.

```
> if 4*x > 2*y then x; x:=x+2 else y; y:=y-1 fi;
```

$$5$$

$$x := 7$$

Wenn Sie $x = 2$ und $y = 11$ setzen und den Befehl wiederholen, wird der Nein-Zweig durchlaufen.

```
> x:=2: y:=11:
> if 4*x > 2*y then x; x:=x+2 else y; y:=y-1 fi;
```

$$11$$

$$y := 10$$

- Eine Möglichkeit der Definition von Treppenfunktionen haben Sie bereits kennengelernt[2].

```
> h:= proc(x) if x <= 1 then 3 else 2 fi end:
> h(0.5); h(4);
```

$$3$$

$$2$$

Um eine von Ihnen definierte Funktion zu zeichnen, gibt es zwei Wege. Einer besteht darin, die Variable im `plot`-Befehl konsequent wegzulassen.

```
> plot(h,-1..3);
```

Alternativ können Sie Funktion und die linke Seite der Bereichsangabe in Hochkomma setzen.

```
> plot('h(x)', 'x'=-1..3);
```

Wenn Sie dies nicht tun, erhalten Sie eine Fehlermeldung.

```
> plot(h(x), x=-1..3);
```

Error, (in h) cannot evaluate boolean

- Zur Formulierung von Mehrfachverzweigungen ist in entsprechender Anzahl eine mit `elif` beginnende Teilstruktur einzusetzen – das Ende wird aufgrund des nächsten `elif` bzw. `else` bzw. `fi` erkannt. Es soll die Funktion

$$h(x) = \begin{cases} z^2 & \text{falls } z < 0 \\ z^3 & \text{falls } z \geq 5 \\ 0 & \text{sonst} \end{cases}$$

definiert werden.

[2] Bis Sie die Treppenfunktion `Heaviside` richtig justiert haben, sind Sie längst mit der eigenen Definition fertig.

```
> g:=proc(x) if x < 0 then x^2 elif x >= 5 then x^3
>                   else 0 fi end:
```

Bei jedem Funktionsaufruf werden die einzelnen Bedingungen von links nach rechts der Reihe nach überprüft. Die erste Bedingung, die den Wert `true` hat, bestimmt den Funktionswert.

```
> u := g(5); v := g(1); w := g(-1);
```

$$u := 125$$
$$v := 0$$
$$w := 1$$

- In Abhängigkeit von dem Rest, den x bei ganzzahliger Division durch 3 läßt, wird r der Wert a, b oder c zugewiesen:

$$r(x) = \begin{cases} a & \text{falls } x \equiv 0 \pmod 3 \\ b & \text{falls } x \equiv 1 \pmod 3 \\ c & \text{falls } x \equiv 2 \pmod 3 \end{cases}$$

```
> r := proc(x) if type(x, integer) and x mod 3 = 0 then a
>            elif type(x, integer) and x mod 3 = 1 then b
>            elif type(x, integer) and x mod 3 = 2 then c
>            else ERROR('Diese Funktion kann nur mit \
> ganzzahligem Argument aufgerufen werden', x) fi end:
> r(5); r(7); r(-9);
```

$$c$$
$$b$$
$$a$$

```
> r(q);
```

Error, (in r) Diese Funktion kann nur mit ganzzahligem Arg
ument aufgerufen werden, q

- Nicht immer läßt sich von einem Ausdruck entscheiden, ob er wahr oder falsch ist; ob x gleich y ist, weiß man erst, wenn den Variablen konkrete Werte zugewiesen wurden.

$$t(x,y) = \begin{cases} a & \text{falls } x = y \\ b & \text{falls } x \neq y \end{cases}$$

Bei dieser Definition ist z. B. der Wert von $t(x, y)$ nicht definiert, wenn x und y keine konkreten Zahlen sind. Es ist daher guter Programmierstil, für solche Fälle Vorsorge zu treffen. Hier reicht es offenbar nicht, auf Gleichheit zu fragen, da dann der unentscheidbare Fall in den `else`-Zweig fiele.

```
> t:=evaln(t): a:=evaln(a): b:=evaln(b):
> t:=proc(x,y) if x=y then a else b fi end:
> x:=2: y:=11: t(x,y); t(3,3); t(X,Y);
```

$$b$$
$$a$$
$$b$$

Erst ein wenig Nachdenken, warum die Frage unentscheidbar sein kann, wird Sie auf die Zusatzbedingung bringen, daß die Argumente numerisch sein müssen. Als Formulierungshilfe für diesen Fall bietet Ihnen *MapleV* den Namen FAIL an, was als „ich weiß es nicht" zu interpretieren ist. Mit diesem Namen kann *MapleV* korrekte logische Berechnungen vornehmen.

```
> t2:=proc(x,y) if type(x, numeric) and
>                  type(y, numeric) and x=y   then a
>             elif type(x, numeric) and type(y, numeric)
>                                   and x <>y then b
>             else FAIL fi end:
> t2(X,Y);
```

$$FAIL$$

8.2.3 So schreiben Sie Ihr eigenes Paket

In diesem Abschnitt wollen wir mit Ihnen erste Schritte auf dem Weg zu guten *MapleV*-Paketen gehen. Als Beispiel wollen wir einige Funktionen, die uns ständig fehlen, programmieren, und zwar den Betrag eines Vektors, der auch symbolische Namen in seinen Komponenten enthalten kann, die Parameterform einer durch zwei Punkte gegebenen Geraden und den Abstand zweier solcher Geraden.
Der Betrag oder die Länge eines Vektors $\vec{x} = (x_1, x_2, \ldots, x_n)$ ist gegeben als

$$|\vec{x}| = \sqrt{\sum_{i=1}^{n} x_i^2}$$

Die einfachste Art, einen solchen Befehl zu schreiben, besteht im direkten Formelumsetzen. Da es sich um eine Zuweisung handelt, die für jedes $\vec{x}$ auf gleiche Art erfolgt, können wir auch die Pfeilschreibweise verwenden. Die Anzahl der Komponenten finden wir über nops.

```
> Betrag0 := x -> sqrt(sum(x[i]^2, i=1..nops(x))):
> Betrag0([1,1,1]);
```

$$\sqrt{3}$$

Unser Befehl funktioniert jedoch nur noch, falls das Argument eine Liste ist, weil nops sonst ein falsches Ergebnis liefert.

```
> u1:=array([1,1,1]): u2:=[1,1,1]:
> Betrag0(u1); Betrag0(u2);
```

$$1$$
$$\sqrt{3}$$

Damit unsere Betragsfunktion in jedem denkbaren Fall funktioniert, sollten wir also überprüfen, von welchem Typ das übergebene Argument ist und es gegebenenfalls in eine Liste konvertieren, damit die Anzahl der Komponenten immer über denselben Befehl `nops` bestimmt werden kann. Welche Fälle können auftreten? Das Argument kann eine Liste sein, ein Vektor, aber auch eine Matrix, die nur genau eine Zeile oder Spalte hat, kann auftreten. Also listen wir alle diese Fälle auf und lassen gegebenenfalls in eine Liste konvertieren. Erst danach wird der Betrag berechnet. Gleichzeitig sorgen wir dafür, daß unsere Zählvariable i nicht durch eine eventuelle Wertzuweisung an i in unserer laufenden *MapleV*-Sitzung beeinflußt wird. Dies geschieht dadurch, daß wir i zu einer lokalen Variablen ernennen.

```
> Betrag :=
>
> proc(x)
> local i,y;
>     if type(x,matrix) and rowdim(x) = 1 then
>         y := convert(row(x,1),list)
>     elif type(x,matrix) and coldim(x) = 1 then
>         y := convert(col(x,1),list)
>     elif type(x,vector) then y := convert(x,list)
>     elif type(x,list) then y := x
>     else
>         ERROR(
>         `Argument muss Vektor, eindimensionaler Array oder \
>         Liste sein`
>         ,x)
>     fi;
>     sqrt(sum(y[i]^2,i = 1 .. nops(y)))
> end
```

Dabei wird über ERROR eine Fehlermeldung ausgegeben und die Prozedur abgebrochen. Wir testen sie an einigen Beispielen.

```
> x:=[1,2,3]: y:=array([1,2,3]): z:=array([[1,2,3]]):
> w:= array([[1],[2],[3]]):
> Betrag(x); Betrag(y); Betrag(z); Betrag(w); Betrag({1,2,3});
```

$$\sqrt{14}$$
$$\sqrt{14}$$
$$\sqrt{14}$$
$$\sqrt{14}$$

Error, (in Betrag1) Argument muss Vektor, eindimensionaler Array oder Liste sein, $\{1, 2, 3\}$

Um diese Definition auch in Zukunft benutzen zu können, gibt es verschiedene Möglichkeiten. Wenn Sie nur eine solche Funktion benötigen, können Sie diese natürlich als normale *MapleV*-Datei speichern und zu Beginn jeder Sitzung öffnen. Dieses Vorgehen ist jedoch äußerst gefährlich, da Sie ja am Ende der Sitzung gefragt werden, ob die Änderungen gespeichert werden sollen. Wenn Sie jetzt versehentlich mit „Ja" antworten, haben Sie hinterher einige Mühe, den Originalzustand wiederherzustellen. Bei diesem Verfahren sollten Sie also – am besten gleich nach dem Öffnen der Ihre Prozedur enthaltenden Datei – Ihr Arbeitsblatt unter einem neuen Namen speichern, so daß Sie sich auf keinen Fall etwas überschreiben.

Besser ist es, die Prozedur zu einem sogenannten `readlib`-definierten Befehl zu machen. Hierzu dient der Befehl `save`, den Sie in folgender Weise verwenden müssen.

```
> save ``. libname . `/`. Betrag . `.m`;
```

Beachten Sie bitte, daß hier die Angaben *nicht* in Klammern eingeschlossen werden dürfen und Sie bis auf den Namen Ihres Befehls, der bei uns jetzt „Betrag" heißt, alles so übernehmen müssen, wie es hier steht. Hierbei ist `libname` ein globaler Name, der den Pfadnamen von *MapleV* in Ihrem System bezeichnet – bei uns ist das C:\MAPLEV2\LIB, der Accent grave schließt Zeichenketten ein, wie wir schon an verschiedenen Stellen gesehen haben und der Punkt bewirkt das Hintereinanderschreiben (Konkatenation) von Zeichenketten, so daß der Name, der sich bei uns ergibt, C:\MAPLEV2\LIB/Betrag.m ist. Von jetzt an können wir den Befehl einfach mit

```
> readlib(Betrag):
```

wieder einlesen lassen und bei Bedarf jederzeit auf ihn zurückgreifen.

```
> Betrag([1,5,a]);
```

$$\sqrt{26+a^2}$$

Als nächstes wollen wir die Parameterdarstellung einer Geraden durch zwei Punkte aufstellen – diese Aufgabe erscheint nur auf den 1. Blick als trivial. Das Problem besteht in der Frage, mit welchen Argumenten die Funktion aufgerufen werden soll. Wenn wir nämlich nur die beiden Punkte an die Prozedur übergeben und dann etwa (von noch einzubauenden Typüberprüfungen und -konversionen einmal abgesehen) definieren

```
> Gerade := proc (P, Q) evalm(P + t*(Q-P)) end:
```

so liefert diese Definition nur unter günstigen Umständen das richtige Ergebnis.

```
> Gerade([0,0,0],[1,2,3]);
```

$$[t, 2t, 3t]$$

Falls jedoch im bisherigen Verlauf Ihrer *MapleV*-Sitzung t bereits ein Wert zugewiesen wurde, wird dieser Wert direkt eingesetzt.

```
> t:=3: Gerade([0,0,0],[1,2,3]);
```

$$[3, 6, 9]$$

Diesen Fehler könnten wir z. B. durch die Erklärung von t zur lokalen Variablen abstellen[3]; nicht so einfach behebbar ist jedoch der Fehler, der auftritt, wenn eine der Komponenten unserer Punkte den Namen t enthält – anstelle einer Geraden erhalten Sie eine Parabel im Raum!

```
> t:=evaln(t): Gerade([0,0,t],[1,2,3]);
```

$$[t, 2t, t + t(3-t)]$$

Sie können nun verfahren wie die Entwickler des `geom3d`-Pakets, die einfach die Verwendung der Namen `x`, `y`, `z` und `_t` verboten haben, oder Sie können einen benutzerfreundlichen Ausweg suchen. Wenn Sie außerdem bedenken, daß der Benutzer u. U. mit mehreren Geraden gleichzeitig arbeiten will, wobei es seine Rechnungen erheblich stören kann, wenn der Parameter stets den gleichen Namen trägt, werden Sie auf die Idee kommen, als optionales 3. Argument den Parameternamen zuzulassen. Dann muß unsere Prozedur zunächst prüfen, wieviele Argumente beim Aufruf mitgegeben wurden – hierzu dient `nargs` – und dann entsprechend verfahren. Werden 3 Argumente übergeben, so muß der dritte ein Name sein und wird als Parametername verwendet. Werden nur 2 Argumente übergeben, so ist zunächst zu überprüfen, ob dem zukünftigen Parameter t vielleicht während der bisherigen *MapleV*-Sitzung bereits ein Wert zugewiesen wurde sowie, ob eine der Komponenten der Punkte den Namen t enthält. Falls dies eintritt, ist die Prozedur mit einer entsprechenden Meldung zu beenden, anderenfalls ist die Geradengleichung unter Verwendung des Parameters t auszugeben.

[3]Wir werden uns allerdings dafür entscheiden, stattdessen in diesem Fall den Benutzer zur Übergabe eines Parameternamens aufzufordern, da bei Verwendung von t als lokaler Variabler die Funktion `has` nicht mehr erkennen könnte, ob der Name t auch in den Punktkomponenten auftritt.

```
> Gerade :=
>
> proc(P,Q,lambda)
> local p,q;
>     if nargs < 2 then
>         ERROR(
>             `Anzahl der Argumente muss mindestens zwei sein`,
>             args)
>     fi;
>     if nargs = 3 and not type(lambda,numeric) or nargs = 2
>          then
>         if type(P,vector) then p := convert(P,list)
>         elif type(P,matrix) and rowdim(P) = 1 then
>             p := convert(op(1,row(1,P)),list)
>         elif type(P,matrix) and coldim(P) = 1 then
>             p := convert(op(1,col(1,P)),list)
>         elif type(P,list) then p := P
>         else
>             ERROR(
>             `Argument muss Vektor oder Liste oder eindimens\
>             ionaler Array sein`
>             ,P)
>         fi;
>         if type(Q,vector) then q := convert(Q,list)
>         elif type(Q,matrix) and rowdim(Q) = 1 then
>             q := convert(op(1,row(1,Q)),list)
>         elif type(Q,matrix) and coldim(Q) = 1 then
>             q := convert(op(1,col(1,Q)),list)
>         elif type(Q,list) then q := Q
>         else
>             ERROR(
>             `Argument muss Vektor oder Liste oder eindimens\
>             ionaler Array sein`
>             ,Q)
>         fi
>     else ERROR(`Parameter  darf keinen Wert haben`,lambda)
>     fi;
>     if nops(p) <> nops(q) then
>         ERROR(`Falsche Dimensionen`,p,q)
>     fi;
>     if p = q then
>         ERROR(
>         `Es muessen 2 verschiedene Punkte eingegeben werden\
>         !`
>         ,p,q)
>     fi;
>     if nargs = 2 and not type(t,name) then
>         ERROR(
>         `Zur Vermeidung von unerwuenschten Nebeneffekten so\
>         llten Sie diese Prozedur noch noch einmal unter Ver\
>         wendung eines Parameternamens als 3. Argument aufru\
>         fen`
>         ,t)
>     fi;
>     if nargs = 2 and (has(q,t) or has(p,t)) then
>         ERROR(
>         `Mindestens einer Ihrer Punkte hat eine Komponente,\
>          die den Namen t enthaelt, daher kommt es zu Missve\
>         rstaendnissen -- rufen Sie die Prozedur mit einem ge\
>         eigneten Parameternamen als drittem Argument noch e\
>         inmal auf!`
```

```
>           ,p,q)
>       fi;
>       if nargs = 3 then evalm(p + lambda*(q-p))
>       else evalm(p+t*(q-p))
>       fi;
> end
```

Wir testen unser Programm mit verschiedenen Werten.

```
> t:=evaln(t):
> Gerade([1,2,3],[4,5]);
```

Error, (in Gerade) Falsche Dimensionen, [1, 2, 3], [4, 5]

```
> Gerade([1,2,3],[4,5,6]);
```

$$[1 + 3t, 2 + 3t, 3 + 3t]$$

```
> Gerade([1,t,3],[2,r,s],3);
```

Error, (in Gerade) Parameter darf keinen Wert haben, 3

```
> Gerade([1,t,3],[r,s,t]);
```

Error, (in Gerade) Mindestens einer Ihrer Punkte hat eine K
omponente, die den Namen t enthaelt, daher kommt es zu Miss
verstaendnissen – rufen Sie die Prozedur mit einem geeignet
en Parameternamen als drittem Argument noch einmal auf!, [1
, t, 3], [r, s, t]

```
> t:=1: Gerade([1,2,3],[4,5,6]);
```

Error, (in Gerade) Zur Vermeidung von unerwuenschten Nebene
ffekten sollten Sie diese Prozedur noch noch einmal unter V
erwendung eines Parameternamens als 3. Argument aufrufen, 1

Bei der Bestimmung des Abstandes zweier Geraden ist nur noch der korrekte Funktionsaufruf zu überprüfen, weil alle anderen möglichen Fehler beim Aufruf von `Gerade` und `Betrag` gefunden werden.

```
> Abstand :=
>
> proc(P1,Q1,P2,Q2)
> local u1,u2,s,t,lambda,kreuz;
>       if nargs < 4 or 4 < nargs then
>           ERROR(`Genau 4 Vektoren eingeben!`,args)
>       fi;
>       g1 := Gerade(P1,Q1,t);
>       g2 := Gerade(P2,Q2,s);
>       u1 := convert(evalm(Q1-P1),list);
>       u2 := convert(evalm(Q2-P2),list);
>       if solve(
>          {seq(u1[i] = lambda*u2[i],i = 1 .. nops(u1))},lambda
>          ) = NULL then
>           kreuz := linalg[crossprod](u1,u2);
>           abs(linalg[dotprod](evalm(P1-P2),kreuz))/
>               Betrag(kreuz)
>       else
>           Betrag(linalg[crossprod](evalm(P1-P2),u1))/
>               Betrag(u1)
>       fi
> end
```

Wir kontrollieren mit `trace` den Ablauf des Programms.

```
> trace(Abstand):
> Abstand([2,4,-1],[5,4,0],[0,1,5],[1,2,2]);
```

{–> enter Abstand, args = [2, 4, -1], [5, 4, 0], [0, 1, 5], [1, 2, 2]
g1 := [2+3t, 4, -1+t]
g2 := [s, 1+s, 5-3s]
u1 := [3, 0, 1]
u2 := [1, 1, -3]
kreuz := [-1, 10, 3]
10
<– exit Abstand (now at top level) = 10}

10

Wir könnten nun natürlich auch `Gerade` und `Abstand` als `readlib`-definierte Befehle vereinbaren; da es sich jedoch um zusammengehörige Befehle handelt, wollen wir sie zu einem Paket machen. Hierzu müssen Sie nur wissen, daß für *MapleV* ein Paket eine Tabelle ist; wobei der Index eines Tabellenelementes gerade der Name des Befehls und das Tabellenelement selbst die sich hinter diesem Befehl verbergende Prozedur ist. Wir wollen unser Paket „mein" nennen und definieren daher in einem leeren Arbeitsblatt:

```
> mein[Betrag] :=
>
> proc(x)
> local i,y;
>     if type(x,matrix) and rowdim(x) = 1 then
>         y := convert(row(x,1),list)
>     elif type(x,matrix) and coldim(x) = 1 then
>         y := convert(col(x,1),list)
>     elif type(x,vector) then y := convert(x,list)
>     elif type(x,list) then y := x
>     else
>         ERROR(
>         `Argument muss Vektor, eindimensionaler Array oder \
>         Liste sein`
>         ,x)
>     fi;
>     sqrt(sum(y[i]^2,i = 1 .. nops(y)))
> end
>
> mein[Gerade] :=
>
> proc(P,Q,lambda)
> local p,q;
>     if nargs < 2 then
>         ERROR(
>             `Anzahl der Argumente muss mindestens zwei sein`,
>             args)
>     fi;
>     if nargs = 3 and not type(lambda,numeric) or nargs = 2
>          then
>         if type(P,vector) then p := convert(P,list)
>         elif type(P,matrix) and rowdim(P) = 1 then
>             p := convert(op(1,row(1,P)),list)
>         elif type(P,matrix) and coldim(P) = 1 then
>             p := convert(op(1,col(1,P)),list)
>         elif type(P,list) then p := P
>         else
>             ERROR(
>             `Argument muss Vektor oder Liste oder eindimens\
```

```
>             ionaler Array sein`
>             ,P)
>         fi;
>         if type(Q,vector) then q := convert(Q,list)
>         elif type(Q,matrix) and rowdim(Q) = 1 then
>             q := convert(op(1,row(1,Q)),list)
>         elif type(Q,matrix) and coldim(Q) = 1 then
>             q := convert(op(1,col(1,Q)),list)
>         elif type(Q,list) then q := Q
>         else
>             ERROR(
>             `Argument muss Vektor oder Liste oder eindimens\
>             ionaler Array sein`
>             ,Q)
>         fi
>     else ERROR(`Parameter  darf keinen Wert haben`,lambda)
>     fi;
>     if nops(p) <> nops(q) then
>         ERROR(`Falsche Dimensionen`,p,q)
>     fi;
>     if p = q then
>         ERROR(
>         `Es muessen 2 verschiedene Punkte eingegeben werden\
>         !`
>         ,p,q)
>     fi;
>     if nargs = 2 and not type(t,name) then
>         ERROR(
>         `Zur Vermeidung von unerwuenschten Nebeneffekten so\
>         llten Sie diese Prozedur noch noch einmal unter Ver\
>         wendung eines Parameternamens als 3. Argument aufru\
>         fen`
>         ,t)
>     fi;
>     if nargs = 2 and (has(q,t) or has(p,t)) then
>         ERROR(
>         `Mindestens einer Ihrer Punkte hat eine Komponente,\
>          die den Namen t enthaelt, daher kommt es zu Missve\
>         rstaendnissen -- rufen Sie die Prozedur mit einem ge\
>         eigneten Parameternamen als drittem Argument noch e\
>         inmal auf!`
>         ,p,q)
>     fi;
>     if nargs = 3 then evalm(p + lambda*(q-p))
>     else evalm(p+t*(q-p))
>     fi;
> end
>
> mein[Abstand] :=
>
> proc(P1,Q1,P2,Q2)
> local u1,u2,s,t,lambda,kreuz;
>     if nargs < 4 or 2 < nargs then
>         ERROR(`Genau 4 Vektoren eingeben!`,args)
>     fi;
>     g1 := Gerade(P1,Q1,t);
>     g2 := Gerade(P2,Q2,s);
>     u1 := convert(evalm(Q1-P1),list);
>     u2 := convert(evalm(Q2-P2),list);
>     if solve(
>        {seq(u1[i] = lambda*u2[i],i = 1 .. nops(u1))},lambda
```

```
>         ) = NULL then
>          kreuz := linalg[crossprod](u1,u2);
>          abs(linalg[dotprod](evalm(P1-P2),kreuz))/
>              Betrag(kreuz)
>      else
>          Betrag(linalg[crossprod](evalm(P1-P2),u1))/
>              Betrag(u1)
>      fi
> end
>
> # Hilfetext.
> `help/text/mein` := TEXT(
> ` `,
> `Hilfe fuer mein -- Paket`,
> `  `,
> `Aufruf:`,
> `  <funktion>(argumente)`,
> `  mein[<funktion>](argumente)`,
> `    `,
> `Zusammenfassung:`,
> `- Es gibt die Funktionen:`,
> `     `,
> `    Betrag  Gerade  Abstand`,
> `      `,
> `- Betrag(argument) berechnet den (euklidischen)`,
> `  Betrag eines Vektors (Liste, 1-dimensionaler`,
> `  Array) mit beliebig vielen Komponenten`,
> `      `,
> `- Gerade(arg1, arg2) bestimmt die Gerade durch`,
> `   die 2 Punkte arg1, arg2, die als Vektor, Liste`,
> `  oder 1dimensionaler Array eingegeben werden koennen.`,
> `       `,
> `- Abstand(arg1, arg2, arg3, arg4) bestimmt den `,
> `  Abstand der Geraden durch die Punkte arg1 und arg2`,
> `  von der Geraden durch die Punkte arg3 und arg4.`,
> `        `  ):
```

Dabei haben wir einen Hilfetext hinzugefügt, der analog zu den sonstigen *MapleV*-Hilfen mit Fragezeichen aufgerufen werden kann. Den gesamten Inhalt des Arbeitsblattes speichern wir nun mit

```
> save ``. libname . `/`. mein . `.m`;
```

ab. Von nun an können wir unsere Funktionen wie jedes andere *MapleV*-Paket mit `with` einlesen lassen.

```
> with(mein);
```

$$[Abstand, Betrag, Gerade]$$

```
> Betrag([1,2,3]);
```

$$\sqrt{14}$$

```
> ?mein
```

8.2.4 Übungen

1. Ergänzen Sie unser kleines Paket um die p-Norm eines Vektors

$$\|\vec{x}\| = \sqrt[p]{\sum_{i=1}^{n} x_i^p}$$

2. Schreiben Sie ein Paket, daß eine Gleichung nach Möglichkeit exakt, ggfls. jedoch numerisch löst.

3. Schreiben Sie ein Paket, das Ihnen die einzelnen Teile einer Kurvendiskussion abnimmt. Es soll die Befehle `FindeExtremum`, `FindeWendepunkt` und `Zeichne` enthalten, nach Möglichkeit exakt rechnen und nur, wenn dies nicht möglich ist, numerische Ergebnisse liefern.

   Hinweis: Es gibt verschiedene Arten der Realisierung. Falls Sie ausnutzen wollen, daß *MapleV* unter Umständen Meldungen ausgibt, benötigen Sie die Befehle `traperror` und `lasterror`.

Literaturverzeichnis

[1] Bruce W. Char, Keith O. Geddes, Gaston H. Gonnet, Benton L. Leong, Michael B. Monagan, Stephen M. Watt: *MapleV*- *MapleV*Library Reference Manual, Springer 1992

[2] Bruce W. Char, Keith O. Geddes, Gaston H. Gonnet, Benton L. Leong, Michael B. Monagan, Stephen M. Watt: *MapleV*- *MapleV*Language Reference Manual, Springer 1992

[3] Bruce W. Char, Keith O. Geddes, Gaston H. Gonnet, Benton L. Leong, Michael B. Monagan, Stephen M. Watt: *MapleV*- First Leaves: A Tutorial Introduction To *MapleV*, Springer 1992

[4] Peter J. Olver: Applications of Lie Groups to Differential Equations, Springer 1986

[5] D. Redfern: The Maple Handbook: MapleV Release 3, Springer 1994

[6] N. Blachman: Maple griffbereit. Vieweg 1995

Sachwortverzeichnis

Maple griffbereit

von Nancy Blachman

Aus dem Amerikanischen übersetzt von Hans J. Wolters.

1995. Ca. 350 Seiten. Kartoniert.
ISBN 3-528-06529-X

Aus dem Inhalt: Einführung in Maple – Die Benutzeroberfläche – Liste der Sachgebiete – Liste der Befehle – Elektronische Ressourcen – Oft gestellte Fragen – Mathematica und Maple im Vergleich – Wie man mehr über Maple erfährt – Verzeichnis wichtiger Begriffe – Tabellen.

Maple gehört zusammen mit Mathematica zu den am weitesten verbreiteten Computeralgebra-Paketen und stellt eine wichtige Hilfe beim Lösen der verschiedensten mathematischen Probleme dar. Dieses Buch erklärt alle Maple-Befehle sowohl von Sachgruppen aus („Welche Befehle helfen mir beim Lösen von Differentialgleichungen?") als auch in alphabetischer Reihenfolge, und das für alle Betriebssysteme. Benutzer, die vorher schon mit Mathematica gearbeitet haben, finden einen Teil, in dem die Funktionen von Maple im Vergleich zu Mathematica dargestellt sind. Insgesamt ein Buch, das jeder Maple-Benutzer neben seinem Rechner liegen haben sollte!

Über den Autor: Nancy Blachman ist seit vielen Jahren an der Entwicklung und am Einsatz von Computeralgebrasystemen wie Maple und Mathematica beteiligt.

Verlag Vieweg · Postfach 58 29 · 65048 Wiesbaden